普通高等教育“新工科”系列规划教材
暨智能制造领域人才培养“十三五”规划教材

现代机电产品设计理论与方法

主 编 乔雪涛

华中科技大学出版社
中国·武汉

内容简介

本书是在充分考虑机电类研究生工程需要的基础上编写而成的，较全面系统地介绍了现代机电产品设计相关的理论与方法，并着重进行了案例分析。全书内容包括设计问题的描述与解决、计算机辅助设计、计算机辅助工程分析、机械最优化设计、机械可靠性设计、机电产品模块化设计、机电产品动态性能设计与优化、产品仿真与数字样机、机械系统创新设计等。本书基本囊括了机电工程技术人员需要掌握的现代设计理论知识，在内容上充分体现了理论性和工程实践性，并力求做到深入浅出。

本书可作为高等院校机电类专业高年级本科生、研究生教材，也可作为机电领域工程技术人员的参考书。

图书在版编目(CIP)数据

现代机电产品设计理论与方法/乔雪涛主编. —武汉：华中科技大学出版社，2023.1
ISBN 978-7-5680-6199-5

Ⅰ.①现… Ⅱ.①乔… Ⅲ.①机电设备-产品设计-教材 Ⅳ.①TH122

中国版本图书馆 CIP 数据核字(2021)第 198851 号

现代机电产品设计理论与方法 乔雪涛 主编
Xiandai Jidian Chanpin Sheji Lilun yu Fangfa

策划编辑：万亚军
责任编辑：姚同梅
封面设计：原色设计
责任监印：周治超
出版发行：华中科技大学出版社(中国·武汉) 电话：(027)81321913
武汉市东湖新技术开发区华工科技园 邮编：430223
录　排：武汉市洪山区佳年华文印部
印　刷：武汉市洪林印务有限公司
开　本：787mm×1092mm
印　张：16.5
字　数：430 千字
版　次：2023 年 1 月第 1 版第 1 次印刷
定　价：48.00 元

华中出版

前　　言

随着《中国制造 2025》的颁布实施和我国制造强国战略的不断推进，机电产品和设备正加速向高效、高速、精密、轻量化方向发展，机电产品和设备的结构日趋复杂，对产品的功能性、可靠性、经济性等方面提出了更高的要求。因此，广大从事机电产品设计和制造的工程技术人员需要尽快掌握更新的设计理论和设计方法，提高设计开发能力，以满足不断增长的各种社会需要。

目前研究生课程“现代设计方法论”所使用的教材多是按照本科生教材内容编排的，适用于研究生教学的教材不多。随着对课程内容和现代设计理论研究的不断深入，编者越来越认识到有一本新的适用于研究生“现代设计方法论”课程教材的重要性，因此，结合近年来的理论研究成果编写了本书。

基于现代设计理论与方法的种类多、内容广的特点，编者结合多年来从事本课程的教学和科研工作经验，同时参考同类教材和近年来的现代设计理论的研究成果，优选了几类常见的、实用性较强的设计理论和方法，使本书既具有现代设计理论体系，又有所侧重，从而使学生在有限的时间内，既能对本门新兴学科有较全面的了解，又能对若干重要的设计理论和方法进行深入学习，并能予以灵活应用，从而提高创新思维能力和设计技能。

在本书编写过程中，编者注意紧密联系当前高校机械工程学科建设和科研工作实际，充分考虑研究生阶段学习特点。本书结合机械工程类研究生必须掌握的现代设计理论与方法，以设计为主线，突出系统设计的核心理念，与机械工程学科发展前沿相结合，引导研究生关注现代机械设计领域的最新发展趋势和研究热点，从而达到提高研究生机械创新设计能力和科学研究能力的目的。本书的突出特点是：内容和习题与工程设计案例相结合，有利于学生掌握研究性学习方法，培养严谨认真、科学求实的态度；本着“能用、够用”的原则，充分体现了理论性和工程实践性的完美结合。

本书可作为高等院校机电类专业高年级本科生、研究生教材，也可作为机电领域工程技术人员的参考书。

本书由乔雪涛担任主编。参加本书编写的主要有乔雪涛（第 1～5 章，第 9、10 章）、任东旭（第 6 章）、闫存富（第 7、8 章）。贾克、杨泽、王朋三位研究生也参与了部分章节的编写工作，周世涛、盛坤、曹康、张宏伟、王一鸣、王京、张宇翔、翟进、刘锋卓等多位研究生对本书中的插图进行了绘制。

本书的编写得到了中原工学院研究生教材建设项目的资助，在此表示深深的谢意。

限于编者水平，书中错误、疏漏在所难免，恳请广大读者批评、指正。

乔雪涛

2022 年 6 月

前言

目　　录

第1章　绪　　论

1.1　现代设计学

“设计”一词早在《三国志·魏书·三少帝纪》就已出现。古人将设计解释为“筹划计策”。在中华文明中，人们十分重视综合思考，长于提出计谋。我们可以把古代的“设计”一词解读为“设定目标，提出计谋”，这与现代“设计”的内涵十分贴近。设计是一切制作行为的起点，本质是由功能到结构的映射过程，是技术人员根据需求进行构思、计划并把设想变为现实可行的机械系统的过程。采用新方法解决未被解决过的问题以满足新的需求，是设计的精髓。

设计是一种创造性活动，设计的核心是创造。设计是一种优化过程，是在设定好的条件下，对设计对象寻求一个最合理和最优结果的过程。设计是将各种先进的科学技术转变成为生产力的一种手段，它反映了所处时代的生产力的水平，是先进生产力的代表。设计是一种技术性、经济性、社会性、艺术性的综合产物。从本质上来说，设计是为满足人类和社会的需求而进行的一种创造性思维活动的实践过程。设计是通过分析、创造与综合，创造性地构建满足特定功能要求的技术系统的活动过程。我国设计人员早在20世纪60年代就总结出了全面考虑试验、研究、设计、制造、安装、使用、维护的“七事一贯制”设计方法。

1.1.1　设计发展的基本阶段

在人类社会的不同发展阶段，设计有不同的表现形式和不同的发展水平。从人类发展的历史来看，设计经历了四个阶段：直觉设计阶段、经验设计阶段、半理论半经验设计阶段和现代设计阶段。

1. 直觉设计阶段

直觉思维是一种创造性思维方式，是人类长期认识某种对象后直接得到某种结果。17世纪以前，设计活动完全是靠人的直觉思维来进行的，这种设计称为直觉设计，或称自发设计，即利用直觉思维来构思设计理念，得到设计方案。由于人类认识世界的局限性，设计者往往是知其然而不知其所以然，在设计过程中基本上没有信息交流，全凭人的直观感觉来设计制作工具，设计方案存在于手工艺人头脑中，无法记录表达，产品也比较简单。通常一项简单产品从设计到问世的周期很长，且一般无经验可以借鉴。

古代设计是依靠人的触觉来进行的比较直观的设计，很多古代产品是从自然环境中获得启发而设计制作或是全凭人的直观感觉来设计制作的。古代的设计者多为具有丰富经验的手工艺人，他们之间缺少信息交流。产品的制造只是根据制造者本人的经验或其头脑中的构思完成的，设计与制造无法分开。这种直觉设计阶段在人类历史中占据了很长的一段时间，17世纪以前基本都属于这一阶段。

2. 经验设计阶段

从哲学的角度来说，经验是人们在实践过程中，通过感官直接接触外界而获得的对客观事物的表面现象的认识。一般来说，经验是从已发生的事件中获取的知识或技能，不仅仅是对事物表面现象的认识，还包括对事物的客观描述、系统分析和对其因果的解释，可以成为一种科学。因此，经验对于一位设计师来说是十分重要的。

到了17世纪，随着人们对自然认识的深入与生产的发展，产品的复杂性增加，人们对产品的需求量也开始增大，单个手工艺人的经验或其头脑中的构思已难满足这些要求，这就促使一个个孤立的设计者联合起来，互相协作，并逐渐开始利用设计信息的载体——图纸进行信息交流、设计及制造。另外，数学和力学得到了长足的发展，二者结合初步形成了机械设计理论的雏形，从而使工程设计有了一定的理论指导。

图纸的出现，既可使具有丰富经验的手工艺人通过图纸将其经验或构思记录下来，传于他人，便于用图纸对产品进行分析、改进和提高，推动设计工作向前发展，又可使更多的人同时参与同一产品的生产活动，从而满足社会对产品的需求及对生产率的要求。利用图纸进行设计，使人类设计活动由直觉设计阶段进步到经验设计阶段，但是其设计过程仍是建立在经验与技巧能力的积累之上。它虽然较直觉设计前进了一步，但设计周期长，质量也不易保证。

3. 半理论半经验设计阶段

20世纪初以来，人类对自然的认识进一步深入，并不断地开发出新的产品的试验技术和测试手段，将其应用到产品设计当中，把局部试验、模拟试验等作为设计辅助手段。利用大量的试验和测试获取可靠的数据，选择较合适的结构，从而缩短试制周期，提高设计可靠性。这个阶段称为半理论半经验设计阶段（又称中间试验设计阶段）。在该阶段，随着科技的进步、实验手段的加强，设计水平得到进一步提高，人们在设计技术方面也取得了如下进展：

（1）加强了对设计基础理论和各种专业产品设计机理的研究，从而为设计提供了大量信息，如包含大量设计数据的图表、图册和设计手册等。

（2）加强了关键零件的设计研究，大大提高了设计速度和成功率。

（3）加强了“三化”研究，即零件标准化、部件通用化、产品系列化的研究设计组合化，进一步提高了设计的速度、质量，降低了产品的成本。

该阶段由于加强了设计理论和方法研究，与经验设计阶段相比，设计的盲目性大大降低，设计效率和质量得到有效提高，设计成本有所降低。

4. 现代设计阶段

在科学技术和经济迅速发展的背景下，人们对客观世界的认识越来越深入，更进一步丰富了设计所需的理论基础和方法，尤其是计算机技术在设计中的应用和发展，对设计工作产生了深远的影响，提供了实现设计自动化的条件。例如利用CAD技术能够精确地得出设计所需的结果参数和生产图纸，利用一体化的CAD/CAM技术可将CAD的输出结果通过工程数据库以及有关应用接口输入CAM系统，并生成数控加工程序，从而可利用数控机床直接加工出所设计的零件，实现无图纸化生产，使人类设计工作步入现代设计阶段。

从某种意义上讲，人类文明的历史，就是不断进行设计活动的历史。从张衡地动仪的设计发明，到卡尔·本茨发明的第一辆汽车成功试跑，再到今天的高速计算机，各类产品的发明都离不开设计。设计是技术与艺术的综合。在设计中，技术和艺术是矛盾的统一体，两者完美结合，造就优良的设计，反之则让设计面目可憎。当设计中的技术与艺术达到动态的平衡时，设计表现为一种较为稳定的风格。技术在革新发展，艺术在不断变化，设计也就随之呈现出不同的面目。设计是人类改造自然的基本活动之一，与人类的生产活动及生活息息相关。而人类在制作任何事物时，基本上总要经过这样一些阶段：设计、实现、应用和维护，乃至废弃和废弃后的处理。在这个可称作产品生命周期的过程中，设计作为制作行为的起点，要预先估计和规划事物在全生命周期中的际遇和行为。新事物或者新产品的出现，主要的原因是现有的事物(新产品)无法满足人类社会的需求，制约了社会生产力的发展，阻碍了经济的快速增长。新事物(产品)之所以新，是因为之前它不存在，关于它的设计和发展的一切都是未知的，那么在设计的过程中需要用新的方法来解决新的问题，这就是设计的核心。

设计内容不仅仅局限于产品，它有多种形式，可以是产品，也可以是一个操作过程、一种材料、一个软件、一个系统、一个组织机构或者一种服务等。不同领域对设计内容的定义是不同的，苏(N. P. Suh)曾经说过，机械工程师提到设计，往往指的是产品设计，制造工程师指的是工艺过程设计，材料工程师指的是新材料设计，软件工程师指的是软件设计，系统工程师讲的是系统设计，管理人员讲的则是组织机构设计。值得注意的是，设计本身同样也可以是一项服务，但是设计所要遵循的基本规律是相同的。

以现代主义的理念贯穿整个设计过程的设计活动简称现代设计，通常又称为功能主义设计。“现代设计”是现代建筑、现代工业产品、现代平面设计的总称。它是基于现代社会、现代生活的计划内容，受现代市场营销、一般心理学、人体工程学约束，具有较强应用性的设计活动。其内容包括现代建筑设计、现代产品设计、现代平面设计、广告设计、服装设计、纺织品设计，以及为平面设计和广告设计服务的几种特殊的技术活动，如摄影、电影与电视制作、商业插图设计等。

伴随着科学技术的快速发展和生产力的持续解放，设计和设计学科的发展也变得更加完善和全面，设计内容、要求、手段和理论等设计因素得到不断更新。各行各业对设计学的要求不同，但典型的设计特点及含义却是相通的。

这个阶段的特点如下：

(1) 现代设计是面向市场、面向用户的设计，不仅要考虑技术，还要考虑经济、社会效益。

(2) 在争取用户满意度的竞争中，现代设计要求对产品进行全生命周期设计，不仅需考虑当前，还需考虑长远发展。

(3) 现代设计不仅要面对一个时变的对象，还要面对越来越复杂的系统，在设计中除了考虑产品本身以外，还要考虑产品对系统和环境、人机工效的影响。

(4) 现代设计的设计对象不断延伸到过去未到达的领域。

(5) 现代设计技术需要多层次、多方面的支持和巨大投入。

1.1.2 现代产品设计的四个阶段

目前，设计学的研究热点主要集中在以下两个方面。

(1) 人的设计活动涉及智能科学前沿，所以机电产品智能设计吸引了大量研究兴趣，特别是随着信息技术的飞速发展，人们希望通过设计任务和过程建模，使计算机能代替人进行设计。

(2) 制造业的发展要求对当前产品做出更新的设计或重新设计，促使许多解决实际问题的研究成果问世。在进行产品设计的过程中，有针对某些特定实际问题而进行的研究，还有可靠性设计、优化设计、极限应力设计、动态设计、摩擦学设计、绿色设计、全生命周期设计等。

现在的技术和理论足够丰富和繁杂，很多设计者基于不同的理论，采用不同的方法，利用不同的技术设计出功能相同的不同产品。

但是对于现代产品，其设计进程无外乎以下四个阶段。

1. 产品规划阶段

产品规划就是对待开发产品进行需求分析、市场预测、可行性分析，确定设计参数及制约条件，最后拟写出详细的设计任务书（或设计要求表），作为设计、评价和决策的依据。

进行产品开发的过程涉及核心技术、经济、社会等各方面的问题，需要详细分析并对开发可能性进行综合研究，提出产品开发的可行性报告。报告内容一般包括：①产品开发的必要性说明，市场调查及预测情况；②有关产品的国内外水平，以及发展趋势；③技术上预期所能达到的水平，对将来带来的经济效益和社会效益的分析；④设计、工艺等方面需要解决的关键问题；⑤投资费用及开发时间进度；⑥现有条件下开发的可能性及准备采取的措施等。产品规划阶段的最终目的是确定任务，并拟写出详细的设计任务书（设计要求表）。

2. 原理方案设计阶段

原理方案设计就是新产品的功能原理设计，要在功能分析的基础上通过创新构思，优化筛选，求取较理想的功能原理方案，选定必要的原理参数，并作出新产品的功能原理方案图。这个阶段的设计将决定产品性能、成本，关系到产品水平及竞争能力。

3. 技术设计阶段

该阶段的任务是将新产品的最优功能原理方案或示意图以具体化的装置及零部件的合理结构呈现出来。相对于原理方案设计阶段的创新设计，技术设计阶段有更多反映设计规律的合理化设计要求。首先是总体设计，应按照人-机-环境整体系统合理合适的要求，对产品各部分的位置、运动、控制等进行总体布局。然后分实用化设计和商品化设计两条设计路线，同时分别进行结构设计（涉及材料、尺寸等）和造型设计（涉及美感、宜人性等），得到若干个结构方案和造型方案。最后经过试验和评价，选出最优结构方案和最优造型方案，分别得出结构设计技术文件、总体装置草图、结构装配草图和造型设计技术文件、总体效果草图、外观构思模型。必须指出，以上两条设计路线中的每一个步骤，都必须相互交流、相互补充，而不是完成了结构设计再进行造型设计，最后完成的图纸和文件所表示的是统一的新产品。技术设计阶段应提供新产品的总装图、结构装配图和造型图。

4. 施工设计阶段

施工设计是把技术设计的结果变成施工过程的技术文件。该阶段的任务就是完成零件工作图、部件装配图、造型效果图、设计说明书、工艺文件、使用说明书等有关技术文件。

现代设计学是一个远未完善的研究领域，但是只有会设计的人才知道在这一领域中需要研究什么和应怎样研究。事实上，目前的任何方法都是针对设计中一些特定的问题、在特定范围内逐渐完善和发展起来的。设计者如果不能从总体上懂得设计，了解设计的任务和过程，了解当前设计竞争的态势，没有掌握设计的一般原理和方法，仅仅想凭某一种方法就做好设计，就不可能成为一个优秀的设计者。

1.1.3 现代产品设计的设计要求与产品设计类型

根据对设计产品的要求,现代产品设计可分为如下几种:

(1) 对功能与性能有全面要求的设计。对于新产品的设计,一般要考虑的问题比较多,要求达到的目标也比较全面,因此,通常可以选择综合类设计方法,如采用基于系统工程的综合设计理论与方法。

(2) 要求有良好技术性能的设计。对于一些已经完成功能设计的产品,对其性能可能有特殊的要求,如某些汽轮机,其功能设计已经完成或基本得以实现,对于这类机器,其设计的主要内容为三大性能的设计,如振动设计,以及工作稳定性、工作可靠性与疲劳强度等的设计等。

(3) 要求降低产品成本的设计。降低产品制造成本是产品设计始终要考虑的一个问题,但对于某些产品,要将降低产品制造成本作为设计的主要目标来考虑,在这种情况下,在设计时要从产品的各个方面,如材料、产品结构、制造工艺、智能化与自功化程度等方面,来寻求降低产品制造成本的途径,以设计出制造成本较低的产品。

(4) 要求缩短生产周期的设计。产品的生产周期会直接影响产品投放市场的时间,对于某些产品,其市场竞争力的强弱直接依赖于产品投入市场的早晚。在这种情况下,应在产品研究、开发、设计、制造到试验的整个过程中采用快速的方法,如并行设计与制造、协同设计与制造、网络设计与制造,来加快设计制造的进度。

(5) 要求改型升级的设计。产品总是要不断更新,或改型、升级。

(6) 要求进一步提高设备的自动化程度和技术含量的设计。机电一体化和智能化设计是提高产品自动化程度和技术含量的一种有效的设计方法,当然这其中还需要辅以其他设计方法。

(7) 适应环境的设计。采用绿色设计与和谐设计可以更好地满足产品环保的要求。绿色设计主要针对环保与资源的合理利用,而和谐设计除考虑上述要求外,还要考虑社会环境、技术环境、市场环境和资金环境等。

现代设计之所以成为“现代设计”,并不是随意地在“设计”前面加上“现代”这个修饰词的结果,不是因为其是伴随计算机技术、网络技术、人工智能的发展而发展起来的,也不是因为其应用了有限元分析、可靠性分析、动力学分析、多目标优化、网格化协同平台等先进的软件工具。如前所述,根据设计而制作产品,是为了满足人类和社会生产力的需求,因此设计需要获取新的知识以解决过去未被解决的问题,并为未能正确预见和采取正确的解决方案而承担风险。设计是社会性和技术性交织的活动,正确认识和预见社会需求不是一件容易的事;同时,对需求和爱好的理解因人而异,解决方法也因人而异,因此设计又是技术和艺术的综合。由于经济全球化导致制造业竞争形势的变化,现在设计中社会性与技术性的关系、技术与艺术的关系越来越支配着设计的成败,越来越显示出它们对认识设计的重要性。

1.2 我国制造业的现状和发展形势

制造业在我国的国民经济中具有重要作用,主要表现在以下几个方面:

(1) 制造业是我国国民经济的支柱产业,对国民经济具有巨大的促进作用,其每年增加值占国内生产总值的比例较大。

(2) 制造业作为社会经济发展的重要依托,是城镇就业的主要渠道,能够提供大量的就业岗位,提高就业率,进而增加国民收入。

(3) 制造业的不断发展可以促进相关科学技术的发展。

(4) 可以吸引外商不断投资,增加我国的外汇储备。

(5) 制造业的发展壮大能够增强我国的经济实力,提高我国的国际地位。

从 1979 年到 2004 年,中国 GDP 的年平均增长率为 9.6%,其中制造业的贡献在 1/3 以上,且国内制造业具备广阔的消费市场。同时,经济全球化要求任何国家的发展都不能固守其本国市场,必须积极参与国际市场的竞争。“中国制造”崛起的一个重要原因就是中国制造在国际市场地位的提升和所占市场份额的持续快速增长。走出国门,同时依托于牢固的国内市场,“中国制造”必将拥有更广阔的发展空间。根据海关总署发布的数据:2007 年上半年,我国仅仅机电产品出口就占出口总值的 56.7%;2010 年,我国制造业总产值高达 1.955 万亿美元,在全球制造业总产值中所占比例首超美国,在世界制造业中的地位不断提升,迎来了发展的转折点;2015 年,制造业互联网化趋势进一步向产品延伸,产品的物理属性逐渐减弱,而更多地是扮演互联网接口及信息采集与传输的角色。制造业互联网化逐渐渗透到企业研发、生产、物流、销售、售后等价值链环节。产品将借助物联网技术、云计算技术、大数据技术、移动技术等互联网技术实现虚拟世界与现实世界的融合。

我国在高端技术、核心技术层面上和国外的差距比较大,这其中有历史的原因,也有现实的原因。

中国现在是一个制造大国,世界上制造业大公司多数都把它们的制造厂转移到了中国,世界各地市场上可以看到许许多多“中国制造”(Made in China)的产品。虽然我们的祖先创造了许多古代文明,发明了造纸、火药、指南针与先进的制造技术,但是我国近代制造业的萌芽却是在 19 世纪中叶。从中国的近代史可以发现,由于封建统治阶级愚昧无知,没有意识到科学技术的重要性,更没有意识到制造业对一个国家的国计民生的重要性,因此近代我国制造技术远远不能与先进国家相比。中华人民共和国成立后,随着科技的不断进步,我们也取得了不菲的成绩,如第一颗人造地球卫星、第一颗原子弹和氢弹、第一辆从流水生产线上下来的汽车、第一台万吨水压机、第一艘核潜艇、第一套 200 MW 汽轮发电机组、第一艘载人飞船等陆续面世。改革开放之后,我国制造业持续快速发展,建成了门类齐全、独立完整的产业体系,有力推动工业化和现代化进程,显著增强综合国力,支撑我制造大国地位。然而,与世界先进水平相比,我国制造业仍然大而不强,在自主创新能力、资源利用效率、产业结构水平、信息化程度、质量效益等方面差距明显,转型升级和跨越发展的任务紧迫而艰巨。新一代信息技术与制造业深度融合,正在引发影响深远的产业变革,形成新的生产方式、产业形态、商业模式和经济增长点。各国都在加大科技创新力度,力图在三维(3D)打印、移动互联网、云计算、大数据、生物工程、新能源、新材料等领域取得新突破。基于信息物理系统的智能装备、智能工厂等智能制造主体正在引领制造方式变革;网络众包、协同设计、大规模个性化定制、精准供应链管理、全生命周期管理、电子商务等新模式正在重塑产业价值链体系;可穿戴智能产品、智能家电、智能汽车等智能终端产品不断开拓制造业新领域。我国制造业转型升级、创新发展迎来重大机遇。全球产业竞争格局正在发生重大调整,我国在新一轮发展中面临巨大挑战。2018 年国际金融危机发生后,发达国家纷纷实施“再工业化”战略,重塑制造业竞争新优势，加速推进新一轮全球贸易投资新格局。一些发展中国家也在加快谋划和布局，积极参与全球产业再分工，承接产业及资本转移，拓展国际市场空间。我国制造业面临发达国家和其他发展中国家"双向挤压"的严峻挑战，必须放眼全球，加紧战略部署，着眼建设制造强国，固本培元，化挑战为机遇，抢占制造业新一轮竞争制高点。

制造业经过改革开放以来40多年的发展，已经形成一套比较完整的配套产业链以及工业体系，特别是沿海地区，产业之间的协作和产业内部的配套都比较完善。因此，根据市场优胜劣汰法则，在未来，低端制造业如劳动密集型产业的比重将会减少，而高端制造业、服务业方面的投资将会增加，中国制造业将会发生升级转型的变化。我国经济发展进入新常态，制造业发展面临新挑战。资源和环境约束不断强化，劳动力等生产要素成本不断上升，投资和出口增速明显放缓，主要依靠资源要素投入、规模扩张的粗放发展模式难以为继，调整结构、转型升级、提质增效刻不容缓。形成经济增长新动力，塑造国际竞争新优势，重点在制造业，难点在制造业，出路也在制造业。

虽然当前制造业的发展形势不容乐观，从长期分析制造业的比重会不断下降，但是其地位和主导作用仍然不会发生改变，制造业总量以及增量在今后的时间里仍然呈现上升的趋势，吸纳就业人数仍然呈增长趋势。其内部结构不断优化升级，从粗放型、低端制造业向集约型、高端制造业迈进。区域间，中西部地区利用廉价的劳动力、丰富的资源和土地价格便宜的优势承接东部地区的劳动密集型和资源集约型制造业，而东部地区利用其完整的工业配套设施以及高新技术大力发展科技含量高的制造业。中国必将从制造大国、"世界工厂"转为制造强国。

1.3　现代设计与制造业

制造业的使命是为社会提供产品，但是这个使命只有当产品在市场上竞争取胜以后，才能得以完成。在经济全球化的趋势下，这个原理越来越显示出它的力量。由于技术的发展，全球制造能力的总量超过了全球对产品的需求，这就导致了竞争。先进得以生存和发展，而后进则难逃淘汰的命运。由于国际化市场的激烈竞争和用户对产品的功能、质量、价格、供货期、售后服务等要求越来越高，加上高新技术的飞速发展和以信息科学与微电子技术为代表的现代科学技术对制造业的渗透、改造和更新，传统的制造技术演变成为一门涵盖产品设计、制造、管理、销售到回收再利用的全过程，跨越多个学科且高度复杂化、集成化的先进制造技术。柔性自动化生产，智能化制造，并行工程，虚拟制造，精密、微细加工等，是当今先进制造技术的发展趋势。现代设计技术是先进制造技术的主体技术之一，也是先进制造技术的核心与灵魂，必将伴随着先进制造技术的发展、计算机和信息技术的进步、制造业生产模式的变革、竞争与合作的全球化、人们对生态环境及资源的关注和对产品多样化等方面要求的提高而发生着深刻的变化。

先进制造技术是美国在其制造业发展进程中为促进国家经济的发展，于20世纪80年代末期提出的，是通过研究而涌现出一系列制造技术、设计技术和管理技术的总称。我国近几年在这方面也开展了广泛的研究，取得了许多瞩目的成就，其中有些技术已接近或达到世界先进水平，但从总体情况看与工业发达国家相比尚有较大差距，主要表现在先进制造技术大部分依赖引进，许多精密设备(如数控机床)、仪器、特大型载重汽车和挖掘机，以及不少机电产品的核心部件也依赖进口或合资生产，自主开发的产品份额不大，自主版权(知识产权)的设计软件也不多。这些差距不仅表现在制造工艺上，也表现在现代设计技术诸方面。为了尽快缩短差距，赶超世界先进国家，我们应加强现代设计技术的基础理论、共性理论、方法、技术的研究，例如，通过对产品动态特性、疲劳强度、可靠性、稳定性等的物理试验、仿真试验，根据市场信息和已有经验进行数学建模、几何建模，加强对知识表示与推理、优化方法等的研究，建立产品的静态和动态数据库、知识库、方法库。因为没有可靠的数据，设计中的数学建模和仿真是不可信的。现代产品的设计是基于知识的设计。没有知识和缺乏最新信息，就不可能设计出先进的适应市场的产品；没有运用现代科学技术与方法，也不可能设计出高技术含量的产品。所以，数据和知识的获取以及现代科学技术与方法的运用就成为现代设计重要的共性问题。在加强设计基础技术与共性技术研究中应瞄准现代设计的前沿技术(如虚拟设计与快速成形技术、纳米技术等)，应加强面向工程和产品设计中的关键技术的研究，并及时总结基础技术的研究成果，将其转化为现实的生产力。应把传统的设计理论、方法及技术的研究与创造新理论、方法和技术结合起来，积极推广新的设计技术与方法，提高自主开发产品和 CAD 软件的质量，并增加其数量，增强其在国际市场中的竞争力，创造良好的经济效益和社会效益，使我国的现代设计技术尽快步入国际先进行列。

为了弥补我国在核心技术方面竞争力不足的缺陷，改变高端产品市场占有率低的现状，制造业一定要进行改革，从设计的根源寻找原因是我们要做的第一步。

根据现代设计理论的定义，产品的性能是功能和质量的总和。功能是决定产品竞争力的最重要的因素。用户购买某个产品，首先是购买它的功能，也就是其实现某种所需要的行为的能力。质量则是产品功能在全生命周期中偏差的度量。对保证企业及其品牌的竞争力具有根本和长远作用的是产品性能。

新产品不可能一切都是新的，它必定或多或少采用已有的原理、技术和方法。从这一点讲，新的性能也只能取决于设计，因为引入的新原理、技术和方法必须与需要采用的已有原理、技术和方法匹配，同时必须满足产品全生命周期中的所有约束条件，例如成本的约束、环境的约束、用户所在地法律的约束等。只有在设计阶段才有可能处理好它们之间的冲突，一旦产品生成或部分生成，再改变任何一个局部都将十分困难，并且可能造成巨大的损失甚至危害社会。设计如果不能使所设计对象在满足现有产品不能满足的性能需求和潜在性能需求方面具有竞争力，就不能期望产品出厂后能够为企业及其品牌带来竞争力。从这里可以看到：满足现有产品所不能满足的性能需求或潜在的性能需求，往往是设计竞争和产品一代又一代发展的驱动力。

现在制造业的竞争就是设计的竞争。如果几个企业都看到了某个新的需求，都开始了新产品的研发，那么研发周期最短的产品必定先投放市场，而研发周期长的则会失去商机。由于产品更新的周期越来越短，研发成本给企业造成了很大压力，最小研发成本就成了设计竞争的另一个焦点。传统观点认为，竞争是管理学科的研究领域，而设计则是在技术上实现经营者确定的目标，设计的任务是使所设计对象在物理上和技术能够实现。管理者脱离设计来研究竞争，不掌握设计竞争的内在规律，在目前制造业的竞争就是设计竞争的时代，就像一个赤手空拳的人与手持武器的人打仗，只能是避重就轻；而设计者如果不了解设计是为了竞争取胜，仅仅满足于产生一个物理上和技术上成立的结果，那么最终所设计出来的产品就可能因竞争失败而不能产生价值，那样设计者将不但不能为社会做出贡献，反而会浪费社会的人力、物力和财力，导致社会的损失。现代设计学认为：设计一个正确的事物(即在性能上能够竞争取胜的新产品)，远比把一个事物设计得正确更重要。设计要达到竞争取胜的目的而不仅仅是追求物理上和技术上的无误，这就是现代设计的竞争属性。

设计要达到两个目标：一是要使产品在全生命周期中满足用户对性能的要求，满足全部约束条件；二是要使产品在市场上竞争取胜。前者要求把对象设计得正确，这取决于在设计阶段能否预测产品实现过程和实现以后在整个使用过程中的行为和表现，即在物理域和技术域中掌握正确而充分的相关知识；后者则要求正确认识市场对新产品性能的需求和潜在需求，正确评估满足不同需求所需要的投入和回报，从而正确选择和确定设计的任务，即要满足已有产品所未能满足的性能需求，需要在功能域和经济域中掌握正确而充分的相关知识。设计中掌握的知识越正确、越充分，风险也就越小。设计以知识为基础，以获取新知识为中心。中国在很长的一段时间内都习惯于靠测绘反求和引进技术制造，对以获取新知识为中心在认知上是没有准备的。与加工所依赖的装备相对稳定不同，设计所依赖的知识是一个动态的集合，昨天先进的知识，今天就是一般的知识，明天则可能变成需要更新的知识。另外，设计是需要不断测试、校正，最后得到可以接受结果的过程。因为在确定需求以后，通过联想和其他方法产生若干可能解时，还不知道哪些解是可以接受的和哪一个解比较好，只有经过一系列的测试、评估、优化、回溯和再设计以后，才能够确定要采用的结果。从不知到知，这是一个新知识获取的过程。引入最新技术以实现已有产品不具备的性能，这个新技术本身当然不一定会无人知晓，往往在别的场合早已经用过。不过用在这个特定对象上是否合适、是否与其他技术匹配、是否满足所有约束、是否在全生命周期中表现良好等，通常是过去所不知道的，因为这是一个新的应用。设计的竞争属性决定了它的活动必须以新知识获取为中心。

知识获取是依赖于资源。竞争的另外两个焦点：短研发周期和最小研发成本。企业完全依靠自己的力量来准备这些资源已经越来越不可能了。竞争的压力迫使设计的资源从垂直结构向水平结构变化，也就是从原来设计知识获取所需要的资源大部分在设计实体内部(通常是在企业的研发中心)，转变成在很大程度上要依赖于企业外部的资源。有一项统计表明，现在制造业的开发活动中有 40% ～ 70%依赖外部资源(外部供应商、合同制造商、合同设计服务公司)。这是一个很大的变化，不仅这些资源在地理上是分散的，更重要的是它们从属于不同的拥有者。与原来设计实体可以根据自己意愿来调配设计资源不同，现在设计实体必须与资源的各拥有者协调利益。竞争是现代设计的一个属性，而现代设计的活动是以知识获取为中心，知识获取又是资源依赖的，所以设计的竞争就变成知识获取资源的竞争。在垂直资源结构中，竞争的实力表现在资源建设、发展和应用上；在水平资源结构中，竞争的实力更多表现在运用企业外部资源的能力上。这就体现了现代设计的第二个属性：对分布式资源环境的依赖性。如果企业现在还把注意力仅仅集中在建设和发展自己的资源上，而不能转移到应用分布式资源环境提供的条件来获取新知识，以提高自己的竞争实力上，就必然会在竞争中落败。

企业投身设计竞争需要有精神和物质两方面的条件。在精神方面是竞争的意识，包括对设计竞争属性的认识、竞争意愿、组织竞争的能力和承受风险的心理准备；在物质方面则是竞争的实力，主要是资本积累和知识获取资源，把注意力放在现有资本积累规模下，运用企业外部资源的条件和企业外部可以被利用资源的状态。自主创新要以企业为主体，首先要求企业有竞争意识，如果企业不愿意参与设计竞争，其他一切都是空话。在市场经济条件下，竞争是不能强迫的。政府的首要工作就是从一切可能方面去培育和引导企业对于产品设计的竞争意识,包括政策上、经济上、教育上和文化上,尽量避免做伤害这种意识的事。至于竞争实力,则不应当强调依赖企业内部研发中心的发展,资本、时间和空间都已经不允许中国企业重复这条老路。

有一种正在研究和推行的模式,称为"知识服务",即充分利用信息技术的成果,尽可能做到即插即用,服务请求方和提供方双向选择,一个提供方可以同时为多个请求方服务,一个请求方也可以要求多个提供方提供服务。知识服务模式更加适应知识不断更新、市场竞争和全球经济一体化的态势。现在制造业的竞争是设计的竞争,研究现代设计,掌握和运用现代设计的这些特征是对当前制造业发展而言至关重要的命题。

1.4 现代设计与信息技术

计算机集成制造系统是先进制造技术中的一个热点,先进制造技术也是从国外引进的。由于种种原因,先进制造技术到了中国就变成了先进加工技术。加工依赖的主要是装备而不是信息和知识,除了用很多钱去购买昂贵的装备,又引进许多软件用计算机把它们集成起来,或者管理起来,使得中国更加具备"世界车间"的资质,却没有解决产品设计竞争取胜的问题。

随着世界向多极化方向发展,尤其是21世纪初,中国的经济发生翻天覆地的变化后,信息化在我国的各个行业普及,尤其是在制造业当中。信息技术是以现代通信、网络、数据库技术为基础,将所研究对象各要素汇总至数据库,供特定人群生活、工作、学习、辅助决策等使用,和人类息息相关的各种行为相结合的一种技术。应用该技术,可以极大地提高各种行为的效率,为推动人类社会进步提供极大的技术支持。信息技术主要包括以计算机为中心的人工智能技术和以网络为中心的信息传递技术两方面核心内容。现代信息技术是借助以微电子学为基础的计算机技术和电信技术的结合而形成的手段,对声音的、图像的、文字的、数字的和各种传感信号的信息进行获取、加工、处理、储存、传播和使用的能动技术。我国信息化已走过两个阶段,正向第三阶段迈进。第三阶段主要以物联网和云计算为代表,这两项技术掀起了计算机、通信、信息内容的监测与控制的4C革命,网络功能开始为社会各行业和社会生活提供全面应用。

目前,在从事产品设计的过程中,人工智能技术和以网络为中心的信息传递技术已成为必要条件,比如,在设计新款车型的过程中,我们利用CATIA、SolidWorks、AutoCAD等多种计算机辅助软件完成,当然例子不胜枚举,说明现代设计与信息技术已经融为一体,相辅相成,人工智能技术的应用以及各种先进软件工具的应用,始终是设计竞争力的重要方面。不过要保持清醒头脑,记住人在设计中的地位和作用,始终是人在设计而不是计算机在设计。

人工智能,不论是智能的本质机理还是它的应用,都不等同于知识本身,正如专家系统不等同于专家知识一样。知识总是人工智能运行的基础,所以知识获取永远是不可取代的命题。现代设计中的知识获取不同于人工智能中的知识获取,它范围更为广泛,操作也更为复杂。知识是不能创造的,只能通过观察客观事物的现象和行为来获取。人工智能在知识获取中可以发挥很大的作用,比较常见的如数据的自动采集、传输、处理、管理、判断和知识发现。但是人工智能不能完成知识获取的全部任务,因为还需要各种专门的装备和技术,同样也需要系统的设计。为某特定项目开发的人工智能知识获取系统,人工智能并不是其中的全部,而集成在系统中的人工智能也是由人设计的,因此也需要获取新知识以实现已有系统不具备的性能,目前还没有仅仅由人工智能开发出来的人工智能知识获取系统。用一个更简单的例子比喻,一个能够熟练使用有限元分析软件的人面对一个他不熟悉的对象,不一定能够立刻成功地做出应力场分析或者温度场分析,因为他必须先了解对象实际工作情况,然后才能决定力或温度的边界条件,有时甚至需要经过复杂的知识获取过程,才能够掌握正确的边界条件。人工智能能够帮助人自动剖分单元,还不能代替人确定所有问题的边界条件,也许有一天它能够确定某一类型问题的边界条件,但必然又会产生另一类新型问题的边界条件是它所不能确定的。

网络技术(这里面也包括各种计算机技术)的快速发展和应用,是现时代的特征,对于依赖分布式资源环境的现代设计具有特别重要的意义。设计过程基本上是一个信息和知识流动的过程,与加工是物流过程不同,主要或者完全可以在网络上进行。互联网和相关的支持工具,是分布式资源环境的重要组成部分。网络技术就是分布式资源环境的基础。需要说明的一点是,提供信息流动的条件与信息或知识本身是不同的范畴。信息化可以理解为创造和提供信息流动的条件,但是不能理解为已经解决了信息和更高层次的知识获取问题。这是高速公路和公路上的车的关系。没有路,当然跑不了车,有了路,也并不等同于路上有车。企业大规模投资计算机集成制造系统之所以不能取得预期效果,就是因为仅仅注意了路而没有同时注意车从什么地方来。也有不少人研究关于通过网络将加工装备集成起来,提高装备的使用效率和发挥各地的资源优势。加工终究是一个以物流为主的过程,虽然可以利用各地的优势来最有效地完成加工任务,但是任何一个待加工部件一旦投料,它就只能通过物流系统辗转被传送到达最终目的地,网络是完成不了这个任务的。在这里,信息传递是相对次要的任务。所以,计算机集成制造系统基本上是一个企业内部业务管理和加工管理的系统。设计则不然,它是在虚拟中进行的,它的原料和产品都是由信息构成的,都是知识。

分布式资源环境实际上是分布式智力资源环境的简称。在这个环境中,所有设计实体和智力资源单元之间交换的都是信息或由信息构成的知识,知识服务的请求方发布的是信息,知识服务的提供方提供的是信息或者知识。所有这些在信息高速公路上的传递,连同信息和知识在设计实体和智力资源单元内部的流动,构成了现代设计的基本模式。

如果说竞争是现代设计思想产生的动力,网络技术就是现代设计思想产生的物质基础。当然,网络技术不是设计所需要的知识也不是知识获取所依赖的资源,它们之间是路和车的关系。

1.5 机电产品设计理论与方法

随着科学技术的进步、人民生活水平的不断提高和新的生活方式的出现,市场需求日益个性化和多样化,导致现代机电产品生产的特点更趋于小批量、多品种、多规格、短周期,尤其是消费类产品,如:50%的电子产品的市场寿命为4年;家用电器的市场寿命已缩短到1年;信息产品的生命周期表现为“3-6-1”模式,即从产品开发到生产历时3个月,市场销售历时6个月,而最后1个月则是准备清理库存。高新技术在产品中所占的比重越来越大,传统的设计方法很难适应飞速发展的市场需求。产品设计在很大程度上决定了产品质量、成本、生产效率、产品寿命。同时,产品设计理论和方法也在发生相应变化,主要表现在科学发展观和自主创新思想指导下的设计理论与方法,面向产品质量、成本或寿命的设计理论与方法,为加快设计进度和实施设计智能化的设计理论与方法,面向复杂系统和高难度(非线性、非稳态、高维、强耦合、不确定、多变量等)问题的设计理论与方法,基于系统工程的综合设计理论与方法等方面,如图 1-1 所示。

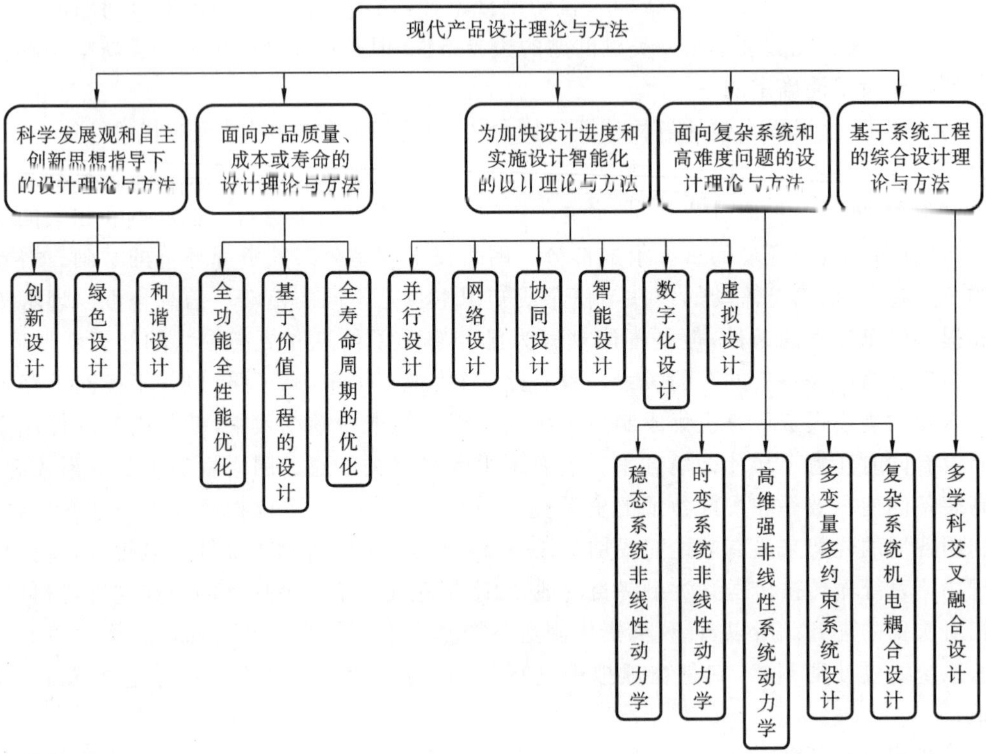

图 1-1 现代产品设计理论与方法

随着信息化程度不断加深,21 世纪产品设计是以计算机和互联网为手段,充分发挥互联网技术优点,形成比较系统的产品设计理论和方法,提升了工厂的智能化程度。就目前来说,机电产品设计具有如下特征。

(1) 程式性:针对产品设计的全部过程,要求设计者从产品规划、方案设计、施工设计等,一直到产品验收要有步骤、有计划地进行。

(2) 系统性:指强调用系统工程处理技术系统问题,设计时应分析各部分的有机关系,使系统最优,即人-机-环境系统处于最和谐的状态。

(3) 创新性:充分利用人的知识、经验和智慧创造出新产品、新方案。

(4) 数字性:指把计算机科学技术引入产品设计,通过与计算机的紧密连接,可采用最先进的设计方法,提高设计的速度和质量。

(5) 最优性:即设计出功能全、性能好、价格低廉、价值高的产品,设计的过程中不仅考虑零部件的参数、性能最合理,而且设计的产品在技术系统方面能够达到最优。

(6) 综合性:由于现代设计方法论是建立在自然科学理论和社会科学理论基础上,利用数学工具和电子计算机技术,总结设计规律,以解决多种设计问题的科学方法,因此,机电产品设计具有综合性。

随着各行各业对“现代设计”的品质要求越来越高，内容越来越丰富，在设计领域中涌现了一些系统的新的理论和方法，并且现在这些新的理论和方法主要是以计算机为工具，在其上面进行分析、计算等，如表1-1所示。

表1-1　现代设计的主要理论和方法

序号	名称	序号	名称	序号	名称
1	设计方法学	9	价值工程	17	人机工程学
2	优化设计	10	抗疲劳设计	18	人工神经元计算方法
3	计算机辅助设计	11	反求设计	19	三次设计
4	可靠性设计	12	虚拟设计	20	稳健设计
5	动态设计	13	相似设计	21	工程遗传算法
6	有限元法	14	模块化设计	22	精度设计
7	产品造型设计	15	智能工程	23	摩擦学设计
8	绿色设计	16	相似设计	24	设计专家系统

虽然设计理论和方法多种多样，但它们有一个共同基础——“十一论”，即信息论、功能论、系统论、突变论、智能论、优化论、对应论、控制论、离散论、艺术论和模糊论，在产品设计中所起的作用分别如下。

(1) 信息论方法学：信号处理是现代设计的依据。

(2) 功能论方法学：功能实现是现代设计的宗旨。

(3) 系统论方法学：系统分析是现代设计的前提。

(4) 突变论方法学：突变创造是现代设计的基石。

(5) 智能论方法学：智能运用是现代设计的核心。

(6) 优化论方法学：广义优化是现代设计的目标。

(7) 对应论方法学：相似模糊是现代设计的捷径。

(8) 控制论方法学：动态分析是现代设计的深化。

(9) 离散论方法学：离散处理是现代设计的细解。

(10) 艺术论方法学：悦心宜人是现代设计的美感。

(11) 模糊论方法学：模糊定量是现代设计的发展。

事实上，在产品设计的过程中，并不是每种设计理论和方法都会用上，要根据产品的自身特点选择合适的设计理论和方法。

习题与思考题

1-1　如何理解“设计”的含义？

1-2　现代设计的发展趋势如何？

第2章　设计问题的描述与解决

2.1　设计的任务和一般过程

设计大体上包括以下内容:确定设计任务,产生若干个可能的解决方案,经测试、评估、优化后确定最终的解决方案。所有这些过程,都是以知识为基础和以知识获取为中心的。

设计是一切制作行为的起点,在这个起点上,要预先估计和规划事物全生命周期中的际遇和行为。在设计制作一个事物时,总会遇到一些新的要求,也就是要解决一些过去未被解决的问题。采用新方法解决未被解决过的问题以满足新的需求是设计的精髓,所以说创新是设计的灵魂。但是创新不是目的,创新是竞争取胜的手段。

人类制作事物的行为是复杂和多样的,决定了设计也必然是情况复杂和多样的,没有一成不变的模式。有时设计的对象规模非常庞大,系统十分复杂,介入设计的资源单元数目很多,例如欧洲空中客车公司的A380客机的设计,几乎所有欧洲国家都有公司参与这项工程。A380客机是目前和将来一个时期中世界上最大的客机,飞机高24 m有余,长约73 m,翼展宽度约80 m。其内部空间比美国波音公司的747客机大4%,但重量却比它轻。A380客机的航程为15000 km,其包机机型可搭载乘客840人,比波音747-400客机可多搭载近300人。毫无疑问,它也是一个非常复杂的技术系统,因为要考虑飞机上所有人员的生命财产安全和人们乘坐时的舒适程度。A380客机由300多万种零件组成,采用了当今世界上最先进的材料、系统和工艺技术。为完成这个项目,空中客车公司与世界上大约120个供应商和行业合作伙伴签订了200多份重要合同。对于这样庞大和复杂的系统,在设计时不但要考虑到它的性能、各种约束条件,而且对于制造、运输和装配以及制成前后的测试,都必须有周密的考虑。

当然也有很简单的设计对象,任务在一个人的脑子里就可以处理完,例如设计一件衬衫。但无论如何,都要牢牢记住设计的任务:要使设计的事物在制造完成后能满足人们的需求,满足所有约束条件,能在市场竞争中取胜。

2.1.1　确定设计任务

确定设计任务是在设计的第一阶段要进行的工作。设计任务的确定往往被设计人员轻视,被认为是管理人员的职责。但是设计的目标是在竞争中取胜,设计任务应当由设计师和管理人员共同确定。

1. 需求分析

制造企业开发新产品,最终目的是获得更多利润,不过获取利润的模式有所不同。一种是努力提高产品的价值,吸引更多用户;另一种则是尽量降低产品价格以增加销售量。按照一般规律,产品开发受性能需求驱动,企业争相引入最新技术以使其产品获得现有产品所不具备的性能。但是技术发展比较快，当技术发展到其先进程度超过需要或该技术也已经为其他企业所掌握时，性能竞争就变成了价格竞争，或者所谓成本驱动的竞争，于是导致利润下降。这时企业可能采取的一个措施就是“普及化”(commoditization)生产：采用标准化、模块化技术和通用技术生产，让那些技术水平较低的企业以许可证方式用低端技术(低端技术也在进步)生产，将制造过程转移到劳动、资源、环境成本比较低的地区，将技术转让给其他还不具备这种技术、利润要求不高的企业。接受技术转让的是一批通过降低价格来追求销售的企业，在竞争中它们的生产将逐步走向微利。转让技术的企业在性能竞争阶段和“普及化”中积累的资金转向开发下一代产品，力图赋予产品更大的价值。通过赋予产品更大价值来追求更大利润的企业与接受“普及化”的企业不同，关于设计什么的决策和设计的竞争性对于这类企业至关重要。开发新产品要引入最新技术(更多是高端技术)以满足现有产品未能满足的性能需求、满足所有必需的约束条件和获得最大竞争力，从而获得最大利润，而在开发新产品前必须先确定设计任务。为此要做好以下各项工作：研究和选择好设计中所要实现的新的性能(并不是所有需求都要去满足)；初步搜集可供选择的新技术(并不是所有需求都能够予以满足)和评估开发的风险。

研究现有产品未能满足的性能需求以及各方面的约束需求，包括潜在需求和可诱导需求，就要研究市场，研究生产和生活，研究社会。只研究销售，往往仅能看到量的需求，仅能看到品种、性能或约束条件在细节上的需求，得到推动成本驱动发展的依据。只有研究生产、生活和人类的社会活动，才有可能对性能需求变化形成比较深远的认识，萌生出在性能上创新的欲望。有许多需求并不是显式存在的，只能通过对生产、生活和社会未来发展的预测才可能看到，所以称为潜在需求。如开发 A380 客机，实际上是基于对未来长途飞行人群规模增长的估计，基于对更大的飞机有可能具备更好性能的估计。研制一个新产品需要时间，尤其像 A380 客机这样复杂的产品。在做出决定的当时，甚至在飞机研发成功并已经投入商业运行的今天，人们对于这种需求也还没有形成共识。也有一些需求是由于社会环境发展阶段或科学技术限制，在过去未能实现的，如果现在开发出满足这种需求的产品并为当前社会所接受，就会创造新的价值，这类需求也是一种潜在的需求。新产品的研发需要一个周期，及早和准确看到潜在的需求，对于竞争取胜非常重要。也有一些功能，如果能够实现，可以诱发出新的需求，即所谓可诱导的需求。

认识和选择设计所要满足的新需求，是设计的出发点，对于所要满足的需求的准确预测，在设计风险评估中占有重要地位。如有一种被称为“铁谱”的技术，可通过采集润滑油中悬浮颗粒携带的信息来检测机械装备的磨损状态和润滑状态。相应的仪器有分析铁谱仪、直读铁谱仪等，是美国 20 世纪 70 年代初的专利。分析铁谱仪的工作原理是：当润滑油流经一片斜放在永磁铁上的玻璃片时，油中悬浮的铁磁性颗粒被磁场吸引并沉积在玻璃片上，由倾斜而致的磁场强度差异，使得玻璃片一端集中较大的颗粒，另一端集中较小的颗粒。分别用两对光电耦合器，原位测量流道上两处沉积物对玻璃片透光面积的百分覆盖率，并由此间接地、相对地推测润滑油中悬浮颗粒的多少和大小比例。清洗残油和固定已经沉积的颗粒后，可以将玻璃片移到光学显微镜下，用肉眼观察放大了的颗粒形状、表面纹理和颜色。过去 30 多年，分析铁谱仪和直读铁谱仪一直在全世界范围内占据铁谱仪市场，虽然其间也有不少仿制和少许改进的产品出现。研究其工作原理，可知这种仪器只能在实验室里操作，在工业领域应用存在以下问题：采样频率有限，难以及时捕捉到异常状态和对状态变化做出及时反应；样品取样、存储、运输和处理过程复杂，不能适应大规模应用需求；取样、存储、运输和处理对人和人的经验的依赖性大，检测结果受到许多随机因素影响，可比性差；等等。这些问题限制了铁谱技术的大规模推广。上述描述包含尚未能够实现的需求、潜在的需求和对于大规模在线应用的可诱导的需求。

仔细研究需求以后，就要考虑满足这些需求的技术可能性。在技术飞速进步的今天，不难找到对上一代产品而言还不成熟，但是现在已经可以采用的技术。技术发展的速度大于需求增长的速度，新技术总是呼唤新的需求，这是可以设计出已有产品所不具备性能的基本依据。但是"不难找到"是对全世界而言，不是对一个企业，新技术要在分布式资源环境中去寻找。不愿意赋予设计对象以新的性能，实际上是观念问题，是对现代设计竞争性的认识问题，是对关于现代设计对分布式资源环境依赖性的认识问题，而不是方法和技术问题。当然，只有那些有实现可能并估计能够为产品带来巨大竞争力的需求才能够予以进一步考虑。此时需要尽力了解可能解决这些过去不能解决问题的新知识、新技术，并对它们的可获得性和可用性做出初步评估。有一些需求，也许当前仍旧没有合适的技术可以使它们得到满足；也有的需求，虽然可以找到相应的新知识、新技术来满足，但是需要耗费的代价太大，找不到降低成本的途径；还有一类需求与其他需求存在冲突，或者虽然有相应的技术，但是无法与其他必须留用的技术匹配；有的需求与某些必须满足的约束条件（如环境保护的约束条件）冲突；等等。

仍以铁谱技术为例。上面提到的铁谱仪是在实验室里使用的仪器，也就是说采用的是离线检测技术。据此可提出研发在线铁谱仪的想法。实现在线分析要解决哪些问题？有没有可行的技术可以应用？在线分析必须是无人值守操作。首先不能为每次制样更换玻璃片，玻璃片要能重复使用，需要在制样前冲洗掉上一次沉积在玻璃片上的沉积物。这时需要取消磁场，因此磁场需要是可控的。这一问题可以通过以电磁铁代替永磁铁构造磁场来解决。不能由人把玻璃片拿到显微镜下去看，摄像技术的发展已经不难解决这个问题，可以把CMOS（互补金属氧化物半导体）或CCD（电荷耦合器件）组件和光学镜头放置在铁谱仪里面流道的上方。这就是第一代的在线铁谱仪——Ⅰ型在线铁谱仪。但是由于成本和位置的原因，摄像组件只能有一个。在显微镜下任意移动谱片、观察不同位置颗粒（不同位置对应不同磁场强度、不同尺寸的颗粒）的需要，可以通过任意改变同一位置上的电磁场强度以得到不同尺寸的颗粒来实现，将位序变成时序；这时已经不需要斜放玻璃片来实现不同位置上的不同磁场强度，而是在一个位置上控制电流来改变磁场强度，这就大大缩短了流道，减小了仪器的尺寸，从而更容易把仪器安装到检测对象内部，使仪器与对象成为一体，于是又做出了Ⅱ型在线铁谱仪。微处理器技术的发展使得可以将所有的控制功能、数据处理功能、初步诊断和报警功能以及数据和图像上传功能都集成在一个芯片上并安置在仪器里，而上传的数据和图像，可以在现代通信技术支持下在几百万米以外的上位计算机中做任何需要的分析、研究和判断。这样就产生了市场上过去所没有的在线铁谱仪。在线技术的发展和铁谱仪的小型化，使得每一装备配置一台铁谱仪成为可能。这一技术的发展，也改变了过去由于稀疏取样不能准确发现装备状态异常的状况，使得人们能够根据需要变换采样频率，从而掌握每一装备性能衰退的规律，并产生了估计装备剩余寿命应用的可能。这些是可诱导的需求。

2. 风险评估

确定设计任务过程中的最后一项工作是风险评估。在已经有了设计要实现哪些新的性能与可能采取哪些新的知识和技术的大致想法以后，就可以进行风险评估。这时要评估的风险主要包括需求预测错误的风险、采用新技术失败的风险、采用新技术成本过高的风险和市场回报率过低的风险等。

例如，欧洲空中客车公司虽然耗时 10 年，投入 195 亿美元，成功地设计和制造了世界上最大的客机 A380，但是市场前景目前仍不明朗。因为在一条航线上是否能够经常保持这样大的客流，仍旧是许多航空公司（飞机产品的用户）不得不认真考虑的问题。由于采用了许多新技术，公司在制造和管理上不能很快适应，并在静力测试中发现机翼上产生裂纹而不得不修改设计，首架飞机交货时间被推迟了 18 个月，这使得公司在财政和信誉方面遭受巨大损失。但是这也并不意味着多年后 A380 客机不会取得商业上的成功。

在确定设计要实现的现有产品不具备的性能的同时，当然也要确定产品还要具备其他哪些性能，以及在全生命周期中可能存在的所有约束条件。

在这个阶段甚至需要做一个经营的规划，包括经营战略、产品战略和经营计划。不过，前面讲到的需求分析或需求研究实际上已经包括这方面的内容。但是记住，设计对象可以是非常复杂的，也可以是非常简单的，需要做的事情可以分得很细，也可以将它们归并在一起。

2.1.2　产生可能的解决方案

在确定了设计任务书，对采用什么新知识和新技术来满足性能需求和其他需求有一个大致的估计以后，就可以进行具体的结构设计，包括方案设计和详细设计。这就是设计的第二阶段。

结构是知识和技术的载体，各种知识和将要采用的技术都集成在这个载体上。产品性能是由结构的行为实现的，产品是否满足约束条件也与结构本身和结构的行为有关。这里不准备严格区分方案设计和详细设计，因为对于不同规模和不同复杂程度的对象，方案设计和详细设计的划分可能存在很大不同。所谓详细，可以有不同的粒度。在分布式资源环境中，结构是在不同的企业中形成的。从前面提到的 A380 客机和在线铁谱仪就不难理解，对于不同对象，设计过程的粒度划分会有很大差别。另外，设计进程常常是反复的过程，不是单向过程。当一个方案在后续设计中不能通过评估时，就要重新修改方案或寻求别的方案，称为回溯。可见，将方案设计和详细设计放在一起讨论，比分开讨论更为方便。

设计进程总体上是由大粒度向小粒度方向发展，先做大粒度的方案设计，草拟了大粒度的结构以后，再根据大粒度结构的要求，产生较小粒度的方案和详细结构等。把方案设计称为功能域求解，即其任务是分解和配置功能需求（function requirement，FR）；把结构设计称为物理域求解，即其任务是确定设计参数（design parameter，DP）。可见，满足功能需求的目标在设计中是起着主导作用的。

在现代设计理论中有一个性能需求驱动理论，其内涵是：满足性能需求始终是整个设计过程的驱动力。但是性能和功能不同，性能还包括对全生命周期中功能偏差的要求。另外，满足性能需求也不是唯一的条件，在得到一个完整的解决方案时，还需要考虑其他方面的需求和各种约束条件。所以这里没有采用方案设计和结构设计这两个名词，而且它们都可以有不同粒度大、小的划分。

例如在线铁谱仪，在方案设计中可以将其分为功能上独立的五个模块来设计，这五个模块是润滑油通流模块、电磁场模块、取像模块、计算和控制模块、屏蔽模块。润滑油通流模块的基本功能是引导待测润滑油流经仪器指定部位，以便接受检测。电磁场模块的基本功能是实现可控的磁场，将流经磁场的润滑油中可以被磁场吸引的颗粒沉积在流道底部。取像模块的基本功能是将沉积下来的颗粒的覆盖率和图像变成数字信息。计算和控制模块的基本功能是完成需要的计算并根据计算结果发出指令，控制系统的行为和上传数据与图像。屏蔽模块的基本功能是将仪器内部各个模块与外界隔离并固定在规定的位置上。设计的功能独立性公理要求功能划分相互独立。功能独立与结构独立是两个不相同的概念。可以看到，以上各个模块的功能是相互独立的。方案初步确定以后，就可以对每一个功能模块进行结构设计，并考虑质量和满足约束条件，如润滑油通流模块的结构由泵、油管、管接头、流道组成。下一步是将泵、油管、管接头、流道的功能细分，并对细分的功能选择合适的结构以满足各自的性能需求和约束条件。其他模块的做法类推。

在设计的这个阶段，可以同时产生若干个不同的解决方案来进行比较。

2.1.3 确定最终解决方案

为确认所提出的方案能够满足性能需求、全部约束条件和在比较中得到最好的解决方案，要做一系列的测试、评估和优化工作。这就是设计的第三个阶段。实际上，测试、评估和优化是在每一个粒度的设计中都要进行的，当存在不能满足需求或约束条件的问题且在本粒度的设计中无法解决时，就要回溯到上一个步骤进行再设计，包括对原有方案做重大修改甚至完全放弃这个方案。放弃并不等于丢掉，要把从方案提出、测试、评估、优化到得出结果的过程，包括放弃的理由都详细记录下来，因为也许在另一种情况下又会重新采用这个方案。这些工作会耗费大量资金 、时间和人力，只能有极少数的可能解决方案进入这个阶段。这是一个完整意义上的知识获取过程。当在设计的第二阶段提出若干个可能解决方案时，人们并不知道它们在全生命周期中能否满足设计任务书中所规定的全部要求，也不知道哪一个方案比较好或者最好。在设计的第三阶段，就要回答这些问题，并做出抉择。

这一系列测试、评估和优化工作要在以下三个层面上进行。

1. 数字仿真

很多物理现象和技术过程都已经有了精确或者粗略的数学模型，通过计算重现这些物理现象和技术过程是测试、评估和优化中常用的方法。

数字仿真和虚拟现实在知识获取方面具有巨大的潜力，但绝不是万能的。如果真正要把数字仿真和虚拟现实当作设计知识获取的一个全面有力的工具，而不是仅仅作为某些狭窄目标知识获取的工具，那就必须面对如下事实：随着对产品性能要求的不断提高和对自然规律认识的不断深化，人们总是处在没有数学模型和有数学模型，以及旧数学模型和新数学模型的不断交替的过程之中。所有新发现的现象或新构想，从一开始都没有数学模型或没有准确的数学模型。这里可以说一说“摩擦学设计”。由于一个机械系统的摩擦学性态及行为有强烈的系统依赖性和时间依赖性，同时这些摩擦学性态和行为又是分属于许多不同学科研究的过程综合影响的结果，所以摩擦学问题的数学建模十分复杂。即使是一个简单的试样，在一种系统条件(例如 Timken 试验机)下试验获得的结果，往往也不同于在另一种系统条件(例如 SRV 机)下试验所获得的结果，当然也不同于在待设计的目标系统条件下的结果。另外，对于新系统、跑合系统、磨损系统，试验结果也不一样。因此，为了仿真的需要，不仅要有系统行为本身的数学模型(这个模型涉及许多不同学科)，还要有系统条件转化的模型和时变规律(为全生命周期设计服务)的模型,否则仿真所做的预测就不准确。在各种特定对象和特定条件下,如何确定使用模型时的边界条件(可以认为是模型的一部分),也会影响计算的精度。这个事实一方面告诉我们,在讨论建立一个无所不包的模型,以及建立在数学模型基础上的各种优化方法时,要持慎重态度;另一方面也为我们提供了几乎无限的现代设计研究空间,因为产品设计总是要求提供的设计知识逼近真知,给出的预测十分精确。

优化问题,首先是模型问题,然后才是算法问题。而模型则是人们对所优化问题的已有知识的集中表现。知识不断更新,模型也不断发展,没有一成不变的模型,所以优化研究归根结底也离不开对所研究问题的知识获取。采用简单的算例讨论算法,是研究数学,不是研究设计。如果认为离开知识获取就能够优化设计问题,就是一种误解。可靠性问题也是一样。

数字仿真不仅要模拟对象在某个时刻的功能,还要模拟它在整个生命周期中由于各种原因而发生的变化。首先是仿真加工制造的过程。选用什么材料、如何进行成形加工、如何进行热处理、如何进行切削加工、如何进行装配等,都可能影响产品在全生命周期中功能的稳定性。如核电站在高温、高压、强辐射中的结构,选择某种材料、某种焊接工艺、某种特性的焊条,经过一年以后,材料腐蚀掉了多少,焊缝的强度降低了多少,剩余寿命还有多少,这在设计时就要预测。又如一个转子轴承系统,当把滑动轴承或滚动轴承改成主动电磁轴承时,因为增加了许多传感器和导线,铸造的壳体形状和装配过程变得十分复杂。设计的壳体在铸造过程中是否会发生裂纹或产生缺陷,以及在装配中会发生什么冲突和困难,都要在设计中有充分的估计。对于前者,可以通过铸造时金属凝固过程的数字仿真进行预测;对于后者,则需利用仿真装配过程的数字样机来判断。

不仅是加工过程,加工以后的储存、运输、使用条件和人员的素质都会影响设计对象对性能和约束条件满足程度的变化。全生命周期设计要求设计师对设计对象在整个生命周期中的风险负责。

不管怎样,数字仿真由于具有便捷、经济等优点,越来越在工程设计中受到青睐,尤其是作为设计的先期评估、测试和优化手段。但是,对于比较重要的零、部件,仍需要进行物理模型试验。

2. 物理模型试验

物理模型试验是在试验台上对实物试件行为进行考察,和数字仿真相比,它需要更多的时间、人力和物力。试验台有通用和专用之分,通用试验台绝大多数已经商品化,例如材料疲劳试验机。专业试验台应用较多的也已经商品化,例如发动机性能试验台、轴承试验台等,其他用途的试验台则需要为特定的试验目的专门设计制造。特别是被试验的试件,总是需要按试验目的专门进行设计和制造。试验人员通常在试验台范围以外操纵试验,有时为了获得主观感受,人也参与其中,成为试验装置的一部分。所以即使已经有了试验台,物理模型试验也比数字仿真复杂,而且根据不同目的,物理模型试验可能要花费很长时间和很多资金。一般物理模型试验只在某些设计解决方案已经通过数字仿真的初步筛选后进行,且仅针对极少数重要的零部件或整机。

在数字仿真中,有时很难对一些行为建立数学模型,这时可以将物理模型试验和数字仿真联合,称为混合仿真。例如模拟宇宙载人舱,它的运动、载荷和环境可以由数字仿真实现,而载人舱、舱中的设施和人员则分别采用物理上和生理上真实的舱和人。这样与发射一个真实的载人舱到宇宙空间相比,花费的时间和资金少得多,更重要的是风险,特别是人的生命安全风险降低了很多。混合试件可以是一个单件、一个部件，也可以是一个整机，但是对所有试件都是在试验条件而不是在实际运行条件下进行评估。因为试验条件不同于运行条件，所以说混合仿真仍旧是一种模拟试验，但是一般比数字仿真更接近实际情况。

还是以前面的 A380 客机为例。不算各个单件和小规模部件的试验时间，A380 客机总装完毕后，在总装配线上要停留将近 3 个月时间，对飞机所有的基础系统进行全面测试，包括液压系统、起落架系统和电子系统、飞行控制系统以及座舱的压力测试，测试压力超过正常情况下最大允许压力的 33%。在为期四周的地面振动测试中，大约有 900 个加速度传感器分别安放于飞机的升力面、舱面、发动机、各种系统和起落架上。超过 20 个激振器迫使飞机进行振动。首架已经组装好的 A380 客机机身要经过静态测试，该机身将不再用于飞行。在德国德累斯顿，另一个机身要经过疲劳试验，这个测试要持续 26 个月（相当于飞机经过 47500 h 飞行），其目的就是模拟飞机经过整个飞行周期（飞机在整个服役期内经过增压和减压）后的结果，只不过模拟服役时间更短而已。

3. 样机试验

对于重要的设计对象，还需要把完全做好的样机放在实际工作条件下进行评估。首架用于试飞的 A380 客机在基本完成地面测试后，就移交给空中客车公司的飞行测试部门，由该部门开始进行 1000h 的飞行测试，以便最终取得飞行认证。如果是汽车，一般是在专门的试车场中进行测试。试车场里有各种可能遇到的路面，样车在这些路面上行驶，设计师可以通过安装在车上的测试仪器了解设计对象的性能，以及其是否满足各种约束条件。如果没有试车场，就在公路上跑车，例如从中国的哈尔滨跑到海南岛。

从以上三个层面上得到的所有信息，经过适当处理后都会变成评估设计所需要的知识。在这些知识的基础上，可以对方案进行回溯、修改、优化和再设计，然后确定哪个解决方案是最终可以接受的。

从以上的描述可以看到，知识获取需要各种各样的资源，所以知识获取是依赖资源的。数字仿真需要专门的软件、可以运行这些软件的硬件，以及安置这些硬件的建筑、环境和辅助设施；物理模型试验需要试验台、试件、建筑、环境和辅助设施；样机试验还需要试验场地和性能参数采集、处理仪器等。但是资源里面最重要的是受过相应教育和训练而能够做这些工作的人。这些人都是设计不可或缺的组成部分。

总结起来，如果将设计的一般过程大致分成三个阶段，那么第一阶段要解决设计什么的问题，第二阶段要回答如何实现的问题，而第三阶段则要确认解决方案可以提交实施。

实际上，还有两个重要的设计知识来源，就是同类对象的上一代产品和竞争对手的产品，对它们同样应进行分析、仿真和试验，知己知彼才能百战不殆。这一点将在后面详细讨论。

2.2 设计中的知识获取和知识流及其分类

2.2.1 设计中的知识流与知识获取

现代设计是以知识为基础，以获取新知识为中心的。从某个视角来看，设计过程可以看成是知识在设计的各个有关方面和各个节点之间流动的过程。对知识流动的研究，最终服务于设计知识获取。设计知识获取是一个复杂的问题，传统的设计理论和方法很少研究这个问题。

1. 设计知识的获取

设计知识获取涉及两方面的问题：技术方面的问题和管理方面的问题。

如前所述，设计要通过引入最新知识和/或技术使设计对象具备现有产品所不具有的性能。往往在开始设计的时候，设计师并不知道这种知识或还没有人掌握这种知识。如果是众所周知的知识或技术，那么在已有产品上就不会没有得到应用，或者即使尚未应用，也会有不能应用的原因或者许多人正在想方设法来应用它。现代产品设计竞争的焦点就是如何尽快和以最低成本将最新知识或者技术成功地引入设计。在分布式资源环境下，企业要进行产品开发，就不能不直接面对如何从知识流获取知识的问题。我国的制造企业因为企业内资源相对匮乏而尤其如此。研究知识流实际上也是研究动态的知识，包括知识分类、知识获取、知识与设计任务之间的关系、知识运动机制、知识流动控制和对以知识获取为中心的设计活动在知识域上的行为做出清晰描述。不同类型的知识用于不同的设计阶段，在不同的区间上流动，不同的知识获取任务涉及不同类型知识服务的请求方和提供方，基于不同的获取机制，要运用不同的工具，依赖不同的硬件和软件资源，由不同领域专家操作。

在知识流理论的讨论中，经常遇到的问题是什么是数据、什么是信息和什么是知识。数据通常被认为是符号的集合，而当这个集合被以某种方式（例如事先约定）赋予特定的意义、说明特定的事实时，它就变成为一个信息。这里讲的数据是广义的，可以是数字、图形、符号（含文字）等。信息通常是单纯的事实，描述的是对象的某个状态，如红灯亮。知识则是一组事实及其相互间的关系（因果关系、所属关系、顺序关系等），如“红灯亮不允许行人过马路”就是一条知识。“红灯亮”和“行人过马路”都可以被理解为单独的事实，当它们通过“不允许”联系起来时，就成了知识。因此，知识是比信息更复杂的概念。根据以上理解，从在分布式资源环境中规范设计知识服务的角度考虑，知识应当是对某一个设计问题可以据以做出决定（也可能是暂时的决定）的事实之间关系的表述。因为信息是关于某一事实的表述，这个事实连同其他事实，就是获得待求关系的前提，所以知识获取包括信息获取和使信息变成知识两个方面。设计知识获取还包括获得关于待求关系本身的表述、初始条件、对答案的约束、获得答案的途径等信息，所以知识流理论更关心的是未知关系，要研究从未知到已知的过程，而不是研究一般的信息。

知识有不同的类型，它们要通过不同的方法获取。有一类知识是独立于人的意愿的自然规律或社会规律，在具备适当的数学模型时，可以通过某种算法（含融合或挖掘算法）直接获取；当没有数学模型时，则需要通过调查和采集信息或者设计专门的试验去得到信息，经过整理计算和思考，找出事实之间的关系，获取知识（含暂时被接受的知识），称之为非意愿知识。但是在设计中还需要获取另外一类被称为“共识”的知识，这是需要经过交互过程才能获取的知识。这种知识分为两种：一种是需要满足一定条件才能获取的知识，例如甲方给出了 A，乙方由 A 给出 B，甲方才由 B 给出 C，等等；另一种是需要多方同时在一起进行多对多讨论，达成共识后才能产生的知识。共识知识的流动总是双向或多向的，包括提出问题和给出答案，都是知识的流动，与前面一类反映自然规律和社会规律的知识不同，这一类里面往往或多或少含有各个利益方的意愿，这表明设计是一个兼有技术性和社会性特征的过程。共识知识绝对不仅仅是意愿的产物，每一方无论是提出问题还是给出答案，都需要得到非意愿知识的支持。

与需要采取行动去获取的知识不同，还有一类经过前人工作已经存在的知识，称为已有知识。已有知识通常已公开发表，有不需要经过授权就可以使用和经过授权才可以使用两类；已有知识还存在于得到授权就可以访问和使用的报告集、数据库等中，这些知识称为显性知识。还有一类知识称为隐性知识，存在于个人的记忆中。如果掌握某种隐性知识的人不是设计师本人，要得到这些知识，也需要经过相应的知识获取过程。

在设计的第一阶段要解决“设计什么”的问题，特别是要选择以那些现有产品不能满足的性能需求作为设计的主攻目标，这就要了解市场的态势，如现有产品的性能、性能需求（包括潜在需求和可诱导需求）、市场能够提供的解决上述问题的知识服务、作为研发成本估计基础的各方面的价格和价格变化趋势以及自己的竞争对手。例如，前面提到的 A380 客机，决定研发的根据是对世界长途航线上旅客数量发展的估计。如果这个需求旺盛，那么在使用某些新技术后，更大型客机的经济性和舒适性就具有竞争力。认识市场态势，其中一部分依靠的是设计实体的已有知识，但是大多数要由市场调查获得，这种调查可以自己做，也可以请求企业外有关资源单元的知识服务。

2. 知识的重用和后设计知识的获取

在知识管理研究中讨论“知识重用”，是研究如何将设计过程中所有设计行为及其结果记录下来并予以整理及保存。即使是失败的行为，也可能在另外一种情况下变得有用或被重用。记录、保存和管理可重用知识是知识流研究的一个目的。如图 2-1 所示，下面向右的箭头代表知识流的记录、保存和管理。知识流研究的另外一个目的则是实现知识的有意识获取，通常称为后设计知识获取。图 2-1 中上面向左的箭头所代表的是知识的获取。与“知识重用”的概念不同，后设计知识获取需要通过采集、传输、分析、保存和控制等行为来实现，即不仅仅属于管理问题。在获取以前，这些知识是未知的，属于新知识的范畴。后设计知识包括已经投入市场的一代产品在设计后各个阶段的表现，例如在加工阶段、存储阶段、运输阶段的表现，特别是在用户手里使用时的表现以及在报废后处理中的表现。关于产品在加工阶段表现的知识，需要由加工部门提供；关于产品在存储、运输阶段表现的知识，需要由销售部门提供。比较复杂的是在使用中的表现，因为产品在不同用户手中，而用户及其使用水平和使用条件又是多种多样的。产品使用阶段包括产品从合格交付到损坏报废的生命衰亡

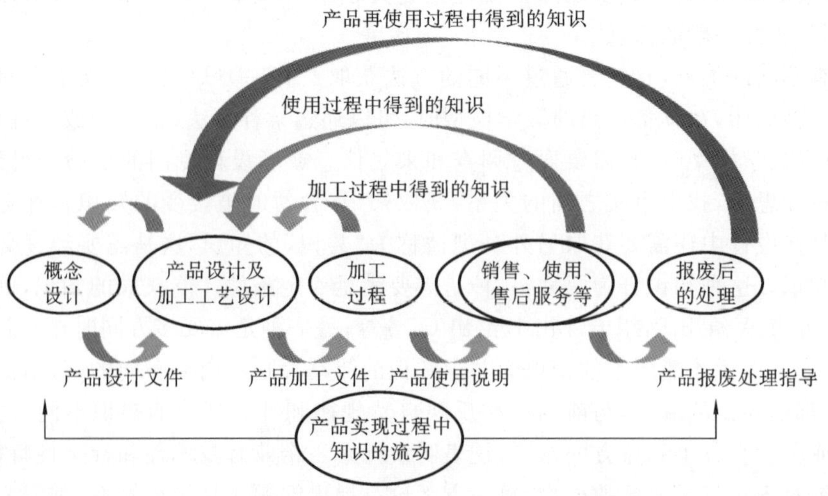

图 2-1　全生命周期设计对后设计知识的依赖

全过程。与产品从设计到合格交付阶段不同，这个阶段恰恰是表现设计竞争力的阶段。产品在这个阶段的表现，对于设计新一代产品非常重要，它关系到企业及其品牌的信誉，同时也是对已有知识的检查。设计师要得到关于这方面知识，需要于产品（全部或抽样）交付用户前在产品中安置必要的信息采集、处理、传输设施，让与生命衰亡有关的信息能够完整无误、及时传递到设计师手里，并在处理成知识后保存下来。这种知识获取，并不限于自己的产品，也包括竞争对手的产品，以进行相互比较。获取后设计知识是设计师为在竞争中取胜所必须要做的工作，但是有时却被认为不是设计师的事。后设计知识不仅可以避免重复失误，而且常常是产生新设计思想的源泉。

由对概念解或已经形成的可能解评估的需要，搜索有关资源单元并请求知识服务，对各种资源单元提供的各类知识，需要有一个集成和融合的过程，其中包括综合、比较、优化、扬弃、回溯和再设计等，最后才能获得一个或少数几个最终设计（解决方案）。这种集成和融合过程，是知识在各个节点间的复杂流动过程。在设计的不同阶段，为了完成不同的任务，需要不同类型的知识，采用不同的知识获取方法，依赖不同的资源。

2.2.2　知识流的分类

根据设计任务，需要采用不同方法区分不同的知识流，图 2-2 所示是按照流动区间来区分知识流。因为流动区间关系到知识是在企业内流动还是在企业间流动，是在属于同一拥有者的节点之间流动还是在属于不同拥有者的单元之间流动，是在局域网上流动还是在互联网上流动。这里要特别关注的是知识在属于不同拥有者的单元之间通过互联网流动时的控制问题。

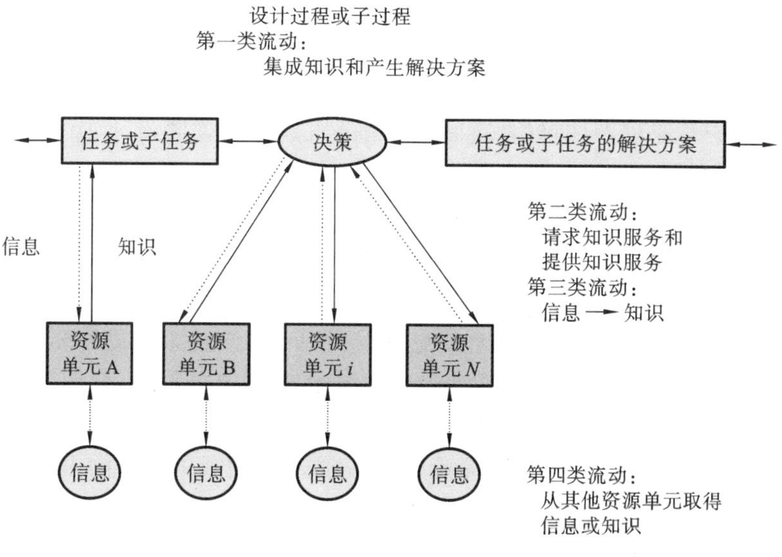

图 2-2　设计过程中的知识流

许多软件开发商使用了工作流的概念。工作流着眼于任务的分配和传递，解决的是已有知识的管理问题。但是现代设计竞争的关键在于能否引入新知识和新技术以使产品具有新性能，能否以最低成本在最短周期中完成设计。新知识和新技术的引入要与留用的已有技术匹配，满足全部约束条件和在全生命周期中得到性能的优化，这些知识在设计前往往是不具备的，需要在设计过程中获取，而知识获取则依赖于资源。不同知识的获取需要不同的资源，有些是技术上非常复杂的且需要专门的条件，所以更深入地了解设计过程中知识获取和传递规律是提高设计效率、缩短研发周期所必需的，是规划工作流的理论基础。可以说，知识的流动是工作能力的先决条件。

在进一步讨论知识流问题时，需要对性能需求、性能、性能特征、约束需求(或约束条件)、约束、约束特征进行定义。现代设计理论将“性能需求”和“性能”区分为不同的概念，认为二者具有不同的用途。前者是用非结构化自然语言表达的市场现象，来自市场考察；后者则是用性能特征表达的对性能需求的结构化描述。性能是独立于结构的，它不包括任何与结构或解决方案有关的要素。同样，约束需求(或约束条件)也是对性能以外各种需求的非结构化自然语言描述，而约束则是用约束特征表达的结构化描述。结构化表达要求严格定义、规范表述，能够通过约定使流动时需要传递的信息量达到最小。

对于任意过程或子过程，有研究人员将设计中的知识流动分为四类(参见文献[24])。

第一类流动是在承担该任务的设计实体内部的流动，流动着的主要是以特征表达的性能、约束和逐步形成的解决方案。设计师根据上游传递来的由性能特征和约束特征规定的设计任务，通过联想等手段得到若干可能的解决方案，并在测试、评估、优化、回溯和再设计之后，产生通过性能特征和约束特征检验的最后解决方案。伴随特征一起流动的还有需要留待以后备查的大量关于各种解决方案、修正方案以及检验成功或失败的记录。规范这些数据量庞大而复杂的信息描述难度很大，由于各行各业、各个学科都有自己的规范和标准表达方法，以及约定俗成的习惯，统一它们几乎是不可能的。事实上，因为这种流动是在一个设计实体内部的流动，一般来讲比较容易解决信息量大和各种非结构化表达的问题。一个设计实体要能够胜任这项任务，必须具有能够组织和控制与任务相关的第一类流动的资质。具体说，通过联想或以相关技术得到可能解集，分解可能解，经过测试、评估、优化、回溯和再设计，集成和融合各方面的知识，再通过协调、决策得到最终解决方案，其中还包括对流动的结果承担风险。

知识和知识获取是资源依赖的，获取知识和新知识经常需要设计实体以外的资源单元的支持，知识由分布的资源单元汇集到设计的第一类流动上。资源单元是以提供知识或知识获取服务支持设计实体的，所以应当称为智力资源单元。在流动控制的设计中，当遇到一个不处理就不能继续流动的问题时，则定义这里存在一个节点。根据待处理的任务，可以给节点定义不同的名称，例如测试节点、评估节点、优化节点、回溯节点、决策节点、求助节点(请求服务)等。在软件结构上，每一个节点可以调用一类组件来完成需要处理的任务。例如，对求助节点，可以设计一个组件，称为请求服务组件，具有能触发，使问题结构化，搜索服务方，选择、确认并建立服务关系，发送请求服务的内容，接收提供服务的内容，验收，付费和中断服务关系等功能。这个组件可以是通用的，独立于要完成的任务的内容之外，具体内容可以在知识流动到节点时按照一定的规范填写进去。

组件作为软件结构的一个组成部分，其应用很普遍，就好比机构中的“构件”一样。请求服务组件本身不具备知识获取的功能，它在求助节点上承担联系设计实体和提供知识获取服务的资源单元、控制第二类流动的任务，相当于一个中间件。

触发是在设计决策过程中，当需要某未知关系时，即调用请求服务组件，启动知识获取进程的机制。请求服务组件在搜索服务提供方之前，需要将问题结构化以使请求特征和所提供的特征能够匹配。搜索一般是在企业外寻求所需要的服务，当搜索到若干个可能的提供方后，就要按照服务内容、服务资质、提供时间和成本条件等在它们之间做出选择，而选择通常是双向的。在与合作对象建立请求服务和提供服务的合同关系后，即可按照双方约定实施连接，正式发送请求服务的内容并在对方完成后接受服务的内容。服务是否符合要求需要经过验收，然后还有付费和中断服务关系等活动。

在第二类流动中，信息和知识是双向流动的。设计实体向企业外请求服务，流动的主要是信息；企业外智力资源单元向实体提供服务，流动的主要是知识。对服务的需求（由设计实体在第一类流动的过程中发布）和可提供服务的性能（由智力资源单元发布）也是以特征表达。而提供的服务内容，如前面所讨论的那样，其描述可能非常复杂。但是在绝大多数情况下，第二类流动所提供的仅仅是一个最终答案，不包括得到答案的过程。服务提供方对最终答案满足请求方的需求（以特征表达）负责。如果事先约定，答案也可以仅仅是一些简单的代码。总之，第二类流动所需要传递的信息量较第一类流动所传递的要小得多。

第三类流动是在各个智力资源单元内部进行的，根据请求方的请求采集信息并加工成可以支持设计（回答请求）的知识。从性质上讲，第三类流动与第一类流动相似，但是前者的拓扑结构会相对简单，规模相对较小，因为其往往只涉及单元技术和一个专门的领域。实现第三类流动的智力资源单元，应具有发布可提供服务、接受服务请求、在第四类流动支持下获得答案并通过第二类流动传递答案所给出的一切条件。

对于产生解决方案这类的知识服务，不仅有专业的不同，还有行为方式的不同。一种知识服务可以由通常意义上的网络服务（web-service）实现，这种知识服务所提供的是不需要经过物理过程（如物理模型试验和生产特定的物质产品）的数字化知识或完全可以通过数字化工具获取的知识。但是有时需要以可视化和交互形式提供以便于形成共识。例如，当为患者装一副与伤患处吻合的定制式人工关节时，外科医生就需要与异地的人工关节供应商通过网络在线视频就患处的CD图像进行反复讨论，以完成关节的最终设计。还有一种是必须通过物理过程才能提供的知识服务（如对于某种具有特殊性能的新产品，例如 dn 值达到 3×10^6 mm · r/min 的滚动轴承，就需要专门进行研制），这种物理过程通常是在后台进行的，并且因为物理过程的时间比较长而往往不能实时提供，组件需要有等待或提供其他替代办法（如先提供虚拟产品）的功能。特殊性能产品也被认为是一种物化的新知识或新技术，市场上一般供应的商品不在此列。也有能以可视化和交互形式提供的服务，使得请求方能够如亲临现场般参与试验。共识知识需要经过几个服务提供方之间或服务提供方与服务请求方之间的互动才能获取。特殊性能产品知识和共识知识服务只能由一种扩展意义上的网络服务来实现。

第四类流动是智力资源单元为得到解决方案、从外部采集信息时实现的流动。没有信息，知识就没有来源，这是一个基本原理。信息采集有需要通过物理过程进行和需要通过社会活动进行这两种。前者涉及传感器系统、前置处理、信息传输的理论和技术等，后者涉及社会调查和信息处理的理论和方法。

如果信息采集采用的是自己布置的或事先约定采用的仪器系统，则流动的仅仅是信息，此时传递的基本上是字符串。如果企业外智力资源单元要完成的服务是一项研发任务（通常是一个子任务，如市场上没有的特殊性能产品），那么它本身就变成了一个设计实体，上面所说的第三类和第四类流动也就具备了第一类和第二类流动的性质。

不同区间的知识流会使用不同的网络：局域网或者互联网。第一类流动通常是在局域网上进行的，属于同一拥有者单元内部的流动。第二类流动是在不同拥有者单元之间的流动,有时会因为使用异构软件而产生问题,需要由请求服务组件和提供服务组件来解决问题。

2.3 知识获取资源

知识获取依赖于资源。如图 2-3 所示,服务于不同需要的不同类型的知识,需要不同的知识获取资源。一般来讲,资源包括人、软件和硬件,其中人是最重要的。人必须接受过相应的教育,具备必要的知识和素质(操行和能力),能够有组织地进行工作。设计不能脱离人进行,知识获取也不能脱离人进行。

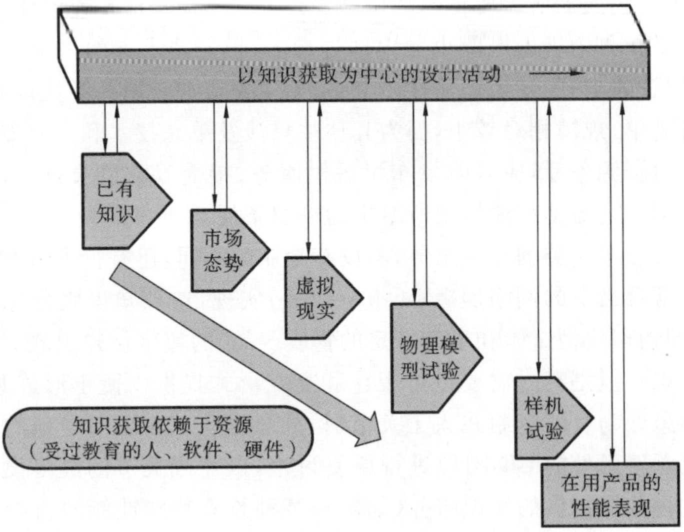

图 2-3 各类知识的获取

2.3.1 已有知识

已有知识有显性知识和隐性知识之分。显性知识比较容易获取,可从书刊、报告、专利资料、数据库等中获取,只要是公开发表或经过授权的,就可以使用。纸质文献检索起来比较麻烦,好在现在有很多机构正在逐步将它们变成电子版,并且整理成为文献库、专利库、知识库等。这些电子文档通常都与互联网连接,可以方便地在网上检索到,但是现在还不能说所有纸质文献中的信息都已经可以在电子版的数据库中查到,常常仍旧不得不由人到浩如烟海的纸质文献中去查找。当然也可以请求企业外单位提供这种检索和查找的服务,不过目前国内提供这种服务的单位还不是很多。

已有知识中的"已有",如果是针对设计师个人而言的,那么所依赖的资源就是设计师本人、设计师所掌握的纸质文献和其被授权访问的数据库等。"已有"如果指的是一个企业,那么资源就是这个企业内所有的人、企业自有的和可以访问的所有数据库、知识库等,设计师要得到这些知识,也要去请求企业内其他人的帮助或/和得到访问上述数据库、知识库的权限,企业需要有一个在企业内请求帮助和提供帮助的机制。"已有"如果指的是社会或社会的一部分，设计师要得到所需要的知识，就要请求拥有或/和能够检索与查找到这些知识的资源单元提供服务。请求提供服务当然是有代价的，而且需要对方愿意提供这种服务。在分布式资源环境中进行产品设计时，为了又快又省地得到比较好的解决方案，请求提供服务应当是首选的途径，前提是有良好的环境并可获得高效的服务。

隐性知识是指存在于个人记忆中的知识。对于隐性知识，具有某一领域知识的人当然是唯一的资源。在信息时代，虽然通过网络可以访问大量的数据库，但是其中的知识仍旧要靠人去不断更新。设计所需要的新知识是一个动态集合。没有更新机制的数据库，是不能有效提供已有知识服务的。所以，计算机在提供服务以前，必须先接受受过教育的人的“教育”。而人总是比计算机更早得到最新的知识。

2.3.2　新知识的获取

通过上述途径都不能得到的知识，就不能称为已有知识，其中包括由于竞争或其他原因有关方不愿意提供的知识。这时设计师需要经过知识获取的过程去获取知识。首先要采集信息，然后从中得到知识，也就是前面说的由“事实”产生“关系”。有时虽然得到一个可供参考的知识或解决方案，但是不能确定其是可用的，需要经过检验和证实，这个过程也是从不知到知，属于知识获取过程。

对于非意愿知识，包括自然的和社会的，可以通过数字仿真或虚拟现实等手段来获取。对于确定性过程，往往由一组信息就能够得到知识；而对于随机过程，则需要根据许多样本得到的信息，由统计来获取知识。

在数学模型已经具备的前提下，可以根据给定的系统结构和对系统的输入，预测系统的行为和表现。数学模型是获得关于一种新构想或新设计的知识的有效工具。因为主要是在计算机上操作，通常不需要制作专用的模型和实物，在软件和硬件的配置上具有很好的柔性，因而能节省时间和资金。设计师在考察其设计构想时可以大规模地运用数学模型。和经验相比，关于新构想或新设计的知识就属于新知识的范畴。数字仿真和虚拟现实方法在知识获取方面具有巨大的潜力，有很大的发展空间，是当前的研究热点。规模不是太大、涉及学科不是很多的行为和表现的分析软件，通常称为 CAE(计算机辅助工程)软件，现在已经可以通过从商业渠道得到，这类软件为设计提供了很大的方便。例如：对零件结构在给定工作条件下各部分的应力、温度、变形等的分析，可以采用有限元软件进行；由若干零件组成的结构的动力学行为特征，如振动的振幅、频率、振型等，可以用多体动力学分析软件来获取；在一定几何空间和环境中流体的流动问题，可以用计算流体动力学软件来解决。

虽然数字仿真和虚拟现实比其他知识获取的方法经济，但也不能应用于所有场合。首先大型商品软件都很昂贵，需要配置昂贵的工作站，对环境(机房)也有苛刻的要求，特别是要有经过培训能够掌握软件使用技巧的人。即使培训以后，没有 1～2 年的经验积累，也很难做到得心应手。如果一种软件不能解决问题，需要几种软件联合起来使用，没有长期在一个领域中的钻研，是不可能做好的。其次，如果没有现成的商业软件，需要自己根据模型编程计算，那就更需要非常专业的人才和深入的研究工作。

即使有了模型，边界条件的确定也非常复杂，熟悉有限元分析的人，不一定知道对于各种特定对象、在特定条件下如何确定边界条件。例如，轴在轴承里旋转，需要计算轴在外力作用下的振动，但是轴承对轴的约束究竟是固支、铰支还是力支？如果是力支，力边界条件如何确定？对于滑动轴承和滚动轴承，确定边界条件的方法有很大不同。如果还要考虑轴承受力倾斜的边缘效应，情况就会更加复杂。大型推力轴承的轴瓦往往半浸泡在润滑油池中，润滑油的流动、轴瓦与润滑油接触部分的热交换都会影响轴瓦的温度分布与热变形，影响油膜的温度分布、厚度分布，从而影响轴承的承载能力。还有许多其他计算中的细节，它们都在很大程度上决定着计算结果的精度。所以，不能认为购买了一种商品软件，就什么样的数字仿真都可以做了，不仅掌握软件本身需要相当长的时间，积累处理上述问题的经验，也不是一朝一夕的事。

针对大系统和复杂过程的数字仿真和虚拟现实处理，不仅涉及数学模型和计算机运算，还涉及多媒体技术、传感器技术、控制技术，以及执行器的设计等。某些虚拟现实系统具有非常复杂和庞大的结构，而且十分昂贵。有的带有部分物理模拟的特点，可以说是一种混合模拟系统。前面讲过，如果要获取关于人机关系的知识，人可能成为混合模拟系统的一部分，这些都是用数字仿真和虚拟现实技术来获取知识所要研究的问题。吉林大学汽车动态模拟国家重点试验室的一个汽车动态模拟装置，由一个可以将汽车开进去的“模拟仓”（球壳）和下面若干个由计算机控制的液压执行器支承，驾驶员在车内可以看到145°视角中移动的道路（场景）并操纵行车，计算机根据设定的虚拟路况、操作行为和该车的系统参数确定执行器的动作，推动球壳和车做出相应的响应并伴有音响，驾驶员可以根据包括亲身感觉在内的信息来评估所设计的车在人-车-环境闭环系统内的行为。

数字仿真和虚拟现实的结果是否正确反映实际情况，主要取决于所创建的数学模型。模型是已有知识的集成，而设计则往往是要知道引入某项新知识所产生的结果，如果要获取的知识超越了已有数学模型的范围，那就需要通过物理模型试验来获取知识。物理模型试验是制造一个与实物相同或根据某一相似准则放大或缩小的试件，置于和实际相近的环境（包括载荷、温度、介质等条件）中，直接或间接地观察它的表现以获得知识。物理模型试验除掉人以外，需要的资源主要是试件和试验台。

试验台一般包括以下组成部分：安装试验装置的平台和基础，平台能够固定试验所需要的各种装置，对安装平台的基础往往有特殊要求，例如与地面的振动隔离、与环境的温度或气氛隔离等；试件（被试验对象的总称，可以是一个零件或由若干零件组成的部件，甚至是整机）；支承和固定试件的支架，有时需要有能够带动试件按照给定规律运动的传动装置；控制系统，用于控制试验的进程；测试系统，包括采集数据需要的各种前置器、传感器，信号传输、模/数（A/D）转换和数据处理系统；加载装置，根据需要对试件施加力、温度、气氛或辐照等载荷；屏蔽罩，使试件的环境与外界隔离，有时也起着安全保护的作用。

重要的设计对象，在正式投产前都要经过样机试验。与物理模型试验不同，样机试验的对象是设计对象的整体，零部件脱离整体和在整体中的表现常常是不同的。试验的环境是实际使用环境而不是试验台模拟的载荷环境。前面提到A380客机的1000 h飞行测试就属于样机试验。样机试验需要将整机放在用户实际使用的环境中，模拟各种可能的实际运行情况，观察对象各部分、各种物理量的变化，将其与数字仿真和物理模型试验的结果对比，以发现设计中的缺陷并进行修正。样机试验中的试件就是已经制造出来的样品，不需要专门设计或制造试件。模拟实际运行环境的设备以及信息采集系统成为主要试验条件，例如车辆制造企业的试车场。有时还不得不到实际公路或铁路上去试验。传感器的输出，对于固定对象，可以直接通过导线传递到上位计算机进行存储和处理；对于运动对象，得到的信息或者由无线传输方式传送到固定的接收器上，再传递到上位计算机，或者经过预处理后，先存储在附近的磁卡等存储器上，等待对象静止时，取出来由读卡器转移到计算机中。

更为复杂的是关于产品使用时的运行表现的信息采集。这时既不需要设计和制造试件，也不要建设专门的试验场。困难在于产品已经到达分散的用户手中，设计师往往很难直接参与。用户并不很关心这类信息的采集，他们的操作水平也千差万别，有时还有利益上的冲突，所以不能依靠用户来完成采集任务。采集应当独立于使用而在后台进行，需要专门设计的测试系统。这种测试系统通常包括四个比较特殊的部分：无人值守的传感系统、信息预处理系统、原位存储或上传系统、原位或异地控制与信息接收和处理系统。试验室里的物理模型试验和试验场上的样机试验，现在都可以做到不同程度的无人值守，但是它们都是在设计师监督和控制下进行的，人可以随时到达现场。当系统中任何一个环节出现问题时，都可以立刻更改试验进程、进行维护、置换系统中的某些环节等。但是当产品在用户手中使用时，设计师想要参与其中是不可能的。这是两种不同的无人值守。在线铁谱仪就是专门为采集产品运行表现而设计的采集产品磨损状态信息的系统，它可以把信息存储在仪器中的磁卡上以备以后由读卡器读取，也可以外传到远地的上位计算机上。

不论是通过物理模型试验、样机试验获取的信息还是由用户端传来的信息，传递到计算机上以后，大部分都能利用功能强大的商业软件处理成知识，若有特殊需要则可以在上述商业软件提供的平台上自己编程来处理。

2.4　分布式资源环境

2.4.1　知识服务与分布式资源环境

服务业是当代一项新兴的产业，在某些条件下它的发展势头和对国民经济的贡献，甚至超过了制造业。服务业包括非常广泛的领域。知识服务专指智力资源单元以自己的知识或知识获取能力支持设计实体的产品设计竞争，并由此得到回报的活动，也是分布式资源环境中联系设计实体和分布的智力资源单元的基本模式。制造业的使命是为社会提供产品，但是并不限于提供物质产品。提供与制造有关的、特别是支持设计的知识服务同样是设计不可或缺的作用。

制造业的竞争是设计的竞争，设计出来的产品如果不能在性能上竞争取胜，不仅不能完成社会所赋予的使命，反而会给社会造成损失。而竞争的焦点是在最短期内、以最低的成本在产品设计中引入最新知识和技术，使其具有现有产品不能满足的性能。新知识和新技术的获取是资源依赖性的，于是设计的竞争从某种意义上就变成了资源建设、发展和运用的竞争。资源建设是需要耗费大量资金和时间的，即使建设成功，持续发展和高效运用资源同样需要付出巨大的精力。如果资源建成了却不能维持和发展，建成后用得很少或建成后只用了一次就不用了，不能长期为支持设计竞争提供服务，那么投入的资金就不能提高竞争力。其实世界上许多一流的跨国公司都已经认识到这个问题。为解决这一问题，需要建设一个分布式的智力资源环境和发展知识服务。

以知识和知识获取为内容的服务具有非常大的开发潜力，因为它是高增值的服务。知识服务在很多领域中并不是新东西。医生在医院里给病人治病，教师在学校里教学，实际上都是知识服务。此外，律师事务所，会计师事务所，各种评估公司、咨询公司都属于知识服务单位。不过知识服务很少受到重视，这主要是受传统观念和习惯的制约。

知识服务的特点：作为服务提供方，一个智力资源单元可以同时为若干个设计实体，即服务请求方服务，它们一般不属于同一资源拥有者；而同一个设计实体，即服务请求方，可以对若干个提供相同服务的智力资源单元，即服务提供方进行比较，并择优请求服务。知识服务的基础是信息技术高度发展所创造的条件，如前面在知识流理论中阐述的那样，设计中不论是请求服务还是提供服务，处于流动中的都主要是知识和信息。从技术上（不是组织上）讲，几个人在一个房间里工作和分布在全世界几个地方工作没有什么不同。

由知识流理论可知，在知识服务中存在两个主体：设计实体和智力资源单元。与一般讨论的生产联盟不同，二者有主次之分。设计实体是设计的主导方，负责设计的启动（包括市场认定）和组织，同时要对整个设计承担主要甚至全部风险；资源单元是设计的非主导方，只对提供的服务承担风险。如果设计主体不能在市场需求驱动下产生设计新产品参加竞争的愿望并付诸行动，也就不可能产生对知识和知识获取服务的需求。

分布式资源环境是一个新事物，即使有了需求，它的建设和发展也需要一个过程。首先需要推动以下条件的形成：

(1) 有一批愿意和能够在其新产品设计的竞争中请求知识服务的企业，即设计实体。

(2) 有一批愿意和能够向设计实体提供知识服务、支持其参与新产品设计竞争的智力资源单元。

(3) 有一个基于互联网的系统或平台，使多个服务请求方和多个服务提供方能够方便地搜索到对方，迅速相互了解、建立互信和高效率的合作关系。

建立互信，不仅仅是技术问题，不可能希望有什么技术能够让人在一朝一夕中对自己不熟悉的事物建立信心。信心是竞争和品牌的产物，它的基础是设计实体而不是平台。

所以，目前当务之急有：

(1) 规范资源单元的基本构成和服务，引导潜在的资源单元向合格的资源单元发展，使其符合知识服务的要求。

(2) 建立一个统一描述（发布）、发现（搜索）的集成（连接）系统，使得服务请求方和服务提供方易于相互搜索，易于相互了解和建立信任。如教育部现代设计与制造网上合作研究中心(ICCDM)已经尝试参照国际 UDDI（通用发现与发布）规范建立了一个 ICCDM 智力资源注册中心。为了易于搜索、易于相互了解和建立信任，ICCDM 智力资源注册中心制定了一套服务提供方描述（发布）所提供的服务的信息表，可登录后在中心的网页站实时发布。

(3) 开发必要的知识服务平台和请求服务组件、提供服务组件等工具，使得多个服务请求方和多个服务提供方能够通过即插即用的异构软件协同工作。

(4) 推动设计实体提高参与产品设计竞争的意识，当然这主要取决于经济大环境；推动和帮助设计实体提高运用企业外资源参与产品设计竞争的信心和能力，如提供各种所需要的组件和服务。

2.4.2 智力资源单元

智力资源单元可以很大，也可以很小，最小的单元可以小到一个人和一些辅助设施。前面讲的隐性知识，就是掌握在个人手中。作为一个资源单元，它至少应能够在一项技术上或一个专门知识领域中提供知识服务。其生存条件可归纳为三点：

(1) 提供服务的知识必须是最先进的，而且要能够保持其先进性。和产品一样，服务也必须在性能上胜出。要使资源分配摆脱计划经济和垂直资源结构的思维模式，只有当资源拥有者通过充分运用已经建设好的资源向设计实体提供最有竞争力的知识和知识获取服务，能够获得比建设资源耗费的资金更多的回报时，他才能把注意力真正放在提高知识水平和技术的先进性上，资源也才能够真正为设计竞争服务。这是把科技投入和市场竞争相联系的比较有效的途径。不能在性能上胜出的服务将逐渐被淘汰。

(2) 必须有高质量和高效率的服务，以求得高额的回报。不仅服务的内容很重要，服务的质量和效率也是重要的竞争要素，这里面包括：对服务的描述简明清晰，使服务请求方易于了解、易于建立信任、易于连接；尽可能做到全天候服务；尽可能方便服务关系的建立；尽可能减少服务请求方的工作；尽可能满足服务请求方多方面的需求；保持良好的信誉；等等。

(3) 必须有高额的回报以驱动资源的拥有者和运行者极力保持知识的先进性和服务的高质量、高效率。这是对服务请求方的要求，只有设计实体认真参与产品设计的竞争，认真使用所得到的服务并从中获得利益，这一点才能够实现。

现在以两个案例来说明这个问题。

第一个案例是西安交通大学的滑动轴承系统动力学分析服务。西安交通大学润滑理论及轴承研究所多年来一直在进行滑动轴承设计和转子轴承系统动力学分析的知识服务，过去主要依靠人员互动实现转让程序、培训人员和接受委托计算。现在该研究所在网上提供这种服务，用户只要预付比转让程序或委托计算少得多的钱，就可以在互联网上调用(并不拥有)其程序，相关人员也不需要专门培训。只要事先按照约定预缴一定的费用(如同手机付费)，就可以进入计算服务。选择要计算性能的轴承类型(例如错位轴承)后，按照软件导引填入轴承数据，通过在后台运行的程序计算即能够得到所需要的性能数据，包括在各种工况下复杂孔型轴承的油膜的刚度系数和阻尼系数——K_{xx}，K_{xy}，K_{yx}，D_{xx}，D_{xy}，D_{yx}，D_{yy}，并可以打印输出。这项服务满足几乎所有类型滑动轴承的流体动力润滑性能计算要求，而操作的人只需要有轴承的知识，不需要掌握流体动力润滑计算和运行程序方面的知识。要做到这一点，程序需要非常稳定，研究人员为此做了大量工作，解决了过去有时还需要人干预的问题，实现了完全无人值守运行，可以全天候地提供服务。

第二个案例是专门为轴系设计师提供的系统动力学性能分析服务。利用该服务，轴系设计师在结构布置时就能够知道所设计系统的动力学性能。只要设计师有接受该项服务的资格，当他用绘图工具根据需要完成一个轴系布置图后，就可以发出指令调用一个动力学性能计算程序。程序在后台自动读取结构布置图上每一个零件的几何和物理数据，并自动计算出动力学计算所需要的各部分质量、刚度、阻尼，遇到如流体润滑滑动轴承时，还能在后台调用其他所需的程序，根据该轴承受到的载荷计算出油膜的刚度系数和阻尼系数，并自动读取所有这些数据，最终给出这个轴系的各种动力学特性，包括各阶临界转速、振型以及有流体动力润滑滑动轴承时的失稳转速等，形成文档。如果发现某个性能不满意，可以在图上更改某些尺寸或零件的位置(设计工程师利用绘图工具可轻而易举地实现)，并立刻可以得到新的动力学性能，直到满意为止。如果没有这项服务，设计师要做这种计算绝不是如此容易的事。即使有了转子动力学分析程序和强大的前、后处理软件，也需要人工根据轴上零件布置的实际情况对轴系分段，遇到与其他学科相关的问题时，又需要调用其他学科的软件，如流体动力润滑轴承油膜的刚度系数和阻尼系数、齿轮的啮合干扰、联轴器的刚度和阻尼的计算等,还有将计算结果读入主程序中以及其他许多非常烦琐和专业的工作。当计算结果不满意时,改变几何尺寸和零件布置后,一切又要重来。

并非所有的服务都可以利用软件在后台实现,许多设计知识和知识获取服务都不是仅仅通过计算就能够进行的。但是智力资源单元应当尽可能把自己的服务做成高水平和高效率的,特别是要充分利用设计过程中流动的主要是信息和由信息表达的知识这一特点。因为信息技术的高速发展,为高质量和高效率的信息传递带来无限机会,从而使智力资源单元能够在服务的竞争中取胜。在线铁谱仪是为在整个生命周期中监测产品磨损状态而设计的,如果它是作为一种服务的手段使用,那么当仪器安装在服务请求方的设备中,在整个使用期中,服务请求方和服务提供方都不需要到现场去取样。虽然设备和仪器本身都是物质对象,但是设计师现在需要的不是物质,而是由仪器获取的状态信息。这些信息由信息技术传递到异地的上位计算机上,服务提供方在对状态得出结论后,再由网络将这个结论传递给服务请求方。服务提供方可以同时将所有数据和图像都传递给服务请求方,让服务请求方能够审查结论的合理性。与过去离线铁谱技术需要人员在现场取样,需要由邮递或其他方式将物质油样送达试验室相比较,该方式大大提高了服务的质量。物理模型试验虽然处理的也是物质对象,但是服务请求方需要的是在试验中测量到的信息。通过互联网将试验现场和身处异地的服务请求方联系在一起,实现了服务请求方参与试验,从而利用信息技术提高了试验服务质量。

智力资源单元要从以下三个方面来描述自己的服务:

(1) 服务的功能,即输入(含付费方式)和输出。

(2) 连接方式,包括服务前的联系方式、输入连接方式、输出连接方式、服务中的联系方式和服务后的联系方式。

(3) 为建立信任而提供的信息,如功能的稳定性、已有的业绩、承担的责任等。

2.4.3 知识服务平台

现代设计中支持产品设计竞争的知识服务,由于涉及众多人员、行业和领域,而且是在信息技术高度发展的基础上进行的,因此它与传统的设计在观念和习惯上有很大差异,只有在一种环境中才能够发挥它的潜力,这种环境是分布式资源环境。如 2.4.1 节所述,这个环境主要由三个要素构成:设计实体、智力资源单元、基于互联网的系统或平台。

为使多个服务请求方和多个服务提供方能够方便地搜索到对方,迅速建立起了解、互信,实现高效率的合作,除了建立智力资源注册中心外,还需要一系列的工具,包括软件和能够运行这些软件的服务器,称之为知识服务平台。

知识服务平台不包括前文所说的各种各样专业的智力资源单元,但是它也是一类专门的智力资源单元,可提供一类专门的服务。平台可以分成硬件和软件两部分。硬件主要是服务器和相关的在互联网上通信的设施,用户如果自己不购置这些硬件,也可以租用它们,包括需要的存储空间,在上面运行自己的第一类知识流和第三类知识流以完成自己的设计任务和知识获取等任务;提供硬件的资源单元同时可以提供使用和指导使用这些硬件的服务。软件包括第一类到第四类知识流中的所有组件,这些组件根据不同任务起着连接设计实体和资源单元的作用。用户可以购买这些组件,此时它们就是产品。用户如果不是经常使用某一种组件,不愿意购买,就可以在需要用的时候租用,于是知识服务平台所提供的就是服务。提供这些组件的资源单元同样可以提供使用和指导使用的服务。

这就是说，设计实体和智力资源单元在完成各自任务(如测试、评估、优化、决策、回溯和再设计，获取已有知识和新知识、进行设计过程中的各种控制和管理等)时，并不一定需要有自己的设计平台，而可以请求知识服务平台的服务。知识服务平台之间也存在着服务的联合和竞争。目前提供这种服务和服务组件的单位还非常少，实际上，对服务产业和软件开发商来说，这其中有非常大的发展空间。

2.5 全生命周期性能数字样机

所谓全生命周期性能数字样机，并不是通常意义上的一个可以独立解决问题的软件，而是一个在分布式资源环境中，在设计的第三阶段，设计实体组织控制知识流的一个组件。它集成和融合了内部获取的知识和外部知识服务提供的知识，用于完成对一个可能的解决方案的全生命周期性能和满足约束程度的测试任务。设计实体可以购买这个组件，也可以租用这个组件，提供租用服务的智力资源单元也可以提供与这个组件有关的服务。

当设计进行到第三阶段时，摆在设计工程师面前的是若干个可供选择的解决方案。这时需要对这些方案从性能特征和约束特征两方面进行测试、评估、优化，选出其中竞争力最强的交付试生产。如果测试、评估不能通过，则需要回溯、修改和再设计。现在有大量围绕这些任务开发的 CAE 商业软件，但是用它们来提供知识服务的还不多。另外，这些 CAE 软件大多数仅仅面向一个或少数几个物理过程，而且是可再现过程。所谓可再现过程，指的是如果一个系统在相同的状态下，给以相同的外部条件，它就再现相同的行为。如给一个静止机械结构以相同的激励，任何时候它都会发生相同的振动。但是在设计的第三阶段要解决设计对象在全生命周期中功能和满足约束的程度是如何衰退的这一问题，并需得出对生命终了情况的预测。系统的生命衰退和终了是一个不可逆过程，这个过程使得系统的其他物理过程变得不可能再现，虽然它对其他物理过程的影响有时是非常缓慢而难以察觉的。这一过程是以设计对象系统生命为周期的长周期变化过程。

设计的竞争已经迫使传统上以产品出厂时满足性能需求和约束需求为目标的设计，转变为在全生命周期(含报废以后)中满足性能需求和约束需求目标的设计。在过去，维修是用户自己的事，竞争使它变成制造商的任务。如果在约定的使用期内出了事故，索赔金额常常是非常可观的。如果量大面广的产品，因为事故而被大规模召回，企业不仅会在经济上损失巨大，而且声誉也会受到影响；即使没有以上情况，如果维修量大，维持一个庞大的维修服务队伍也需要大量资金，而且会引起顾客的不满。为了确保在产品还不存在的情况下能够判断所设计产品的性能、对设计方案进行评估和优化，需要在设计阶段就建立设计对象生命产生和衰亡的模型。前面说过，产品生命产生是在企业内部进行的(即使是分布式企业也是如此的)，比较容易获得与建立模型有关的知识，所以这里着重讨论生命衰亡过程模型。但是要注意，生命产生过程对生命衰退和终了的规律具有决定性的影响。

建立生命衰亡过程的模型，首先需要定义产品生命的衰退和终了，其次要研究决定产品生命衰退和终了的因素，然后给出可以描述这种因素变化的数学模型并寻求能够可靠运算的算法。

设计对象的生命现象表现为它的输入/输出关系，即功能的实现和约束的满足。而决定输入/输出关系的是设计对象的结构。对于时不变系统，它的结构不随时间变化，所以不存在生命衰退和终了的问题，如果在相同的状态下给出一组相同的输入，就会产生相同的一组输出。一般的动态分析或动力学分析研究的是可以再现的行为，属于时不变系统问题。生命衰退和终了是针对时变系统而言的。在时变系统中，结构随时间、状态、环境和输入的变化所发生的变化是不可逆的。当结构变化以后，相同一组输入，不再产生相同的一组输出。因为输入/输出关系改变，各种与功能相关和满足约束条件的参数都不能再现，也就是说设计对象的功能和满足约束的程度发生了偏离设定值的变化，这就是生命的衰退。当偏差超出设计允许范围时，就意味着生命终了。

所以，要描述一个设计对象或者它的子部分生命衰退和终了的过程，需要为其结构不可逆的本质变化建模。这种不可逆变化，比较常见的有蠕变、老化、腐蚀、磨损、疲劳变形、永久变形、断裂。掌握这种本质变化，是设计实体的任务。首先要在设计实体的已有知识中搜索，当然已有知识只能是以前和正在使用的产品（当前一代产品）的后设计知识或称后续知识，它们是构建在设计新产品时的数学仿真模型的基础上的。在已有知识不足时，就需要设计相应的仿真试验去获得相关知识，或者请求企业外智力资源单元的知识服务。

为一个系统结构不可恢复的本质变化建模，可以采用摩擦学系统工程的分析方法，因为大多数机械系统生命的衰退和终了都与摩擦过程有密切关系，所以摩擦学界对这方面有较深入的研究。

摩擦学系统工程研究认为，可以采用状态空间法来描述生命衰退和终了的过程，这是研究动态系统的常用方法，但是需要做必要的处理。状态空间法的基本观点是，对于一个时不变线性系统，可以写出它的状态方程和输出方程，分别为

$$\boldsymbol{X}_{t+\mathrm{d}t}=\boldsymbol{A}\boldsymbol{X}_t+\boldsymbol{B}\boldsymbol{U} \tag{2-1}$$

$$\boldsymbol{Y}=\boldsymbol{C}\boldsymbol{X}_t+\boldsymbol{D} \tag{2-2}$$

式中：$\boldsymbol{X}_t$，$\boldsymbol{X}_{t+\mathrm{d}t}$分别为系统在$t$时刻和$t+\mathrm{d}t$时刻的状态向量；$\boldsymbol{Y}$为系统的输出向量；$\boldsymbol{U}$为外界对系统的输入向量；$\boldsymbol{A}$为系统的结构矩阵；$\boldsymbol{B}$，$\boldsymbol{C}$和$\boldsymbol{D}$为系统的输入、输出关系矩阵。

对于时不变线性系统，$\boldsymbol{A}$，$\boldsymbol{B}$，$\boldsymbol{C}$，$\boldsymbol{D}$矩阵中的元素都与时间、状态、环境和输入无关，也就是说它们都是定常矩阵。当给出t时刻系统的状态$\boldsymbol{X}_t$时，由t时刻的状态和t到$t+\mathrm{d}t$时间段中外界对系统的输入$\boldsymbol{U}$，即可以用式(2-1)确定$t+\mathrm{d}t$时刻的状态$\boldsymbol{X}_{t+\mathrm{d}t}$，并且同时用式(2-2)确定相应时刻系统的输出$\boldsymbol{Y}$，从而计算出此时设计对象系统的功能、质量和满足约束条件的程度。

在研究设计对象生命的衰退和终了现象时，该设计对象就已经不是一个时不变系统了。要将状态方程用于预测设计对象生命的衰退和终了，还需要做以下处理。

首先，由设计对象系统的结构确定状态方程中的$\boldsymbol{A}$，$\boldsymbol{B}$，$\boldsymbol{C}$，$\boldsymbol{D}$矩阵。通常，在设计的第三阶段就已经有了若干个可能的解决方案，也就是已经有了详细设计，包括材料、加工、装配、运输、存储和运行的细节，这些细节都会影响生命的衰退和终了。现在要对某一个解决方案或者子方案部分的性能和满足约束程度在全生命周期上的变化进行评估，就要根据设计任务要求，选择和确定一组能够涵盖与所要评估的功能和约束条件相关的状态变量，构成状态向量$\boldsymbol{X}$，并根据结构关系推导出状态方程中$\boldsymbol{A}$，$\boldsymbol{B}$，$\boldsymbol{C}$，$\boldsymbol{D}$矩阵中的所有元素（结构参数的函数）。对于时不变线性系统，这些元素在结构不变的条件下都是常量。由式(2-1)可以证明，任何能够实际存在的状态都是可以再现的。但是，若产品不经过维修或者再制造，其生命的衰退和终了过程是不能重复和再现的，所以需要从$\boldsymbol{A}$，$\boldsymbol{B}$，$\boldsymbol{C}$，$\boldsymbol{D}$矩阵的某些或全部元素发生的

不可恢复或永久性变化中寻找导致状态不能再现的原因。

接下来就要由已有知识、仿真、物理模型试验或请求知识服务找出结构中哪些不可逆变化与 $\boldsymbol{A}, \boldsymbol{B}, \boldsymbol{C}, \boldsymbol{D}$ 矩阵中哪些因素有关，并根据它们与时间、状态、环境或输入的关系建模。此时，$\boldsymbol{A}, \boldsymbol{B}, \boldsymbol{C}, \boldsymbol{D}$ 矩阵已经不再是定常矩阵。当给出相同的 t 时刻的状态 $\boldsymbol{X}_t$，对系统输入相同的 $\boldsymbol{U}$，在相同的 $t+\mathrm{d}t$ 时刻，就不再能够得到相同的 $\boldsymbol{X}_{t+\mathrm{d}t}$，也就是说，系统不能维持设计给出的 $\boldsymbol{Y}/\boldsymbol{X}$ 关系，即功能。因为输出不同，所以也不能维持设计需要的满足约束的程度。

$\boldsymbol{A}, \boldsymbol{B}, \boldsymbol{C}, \boldsymbol{D}$ 矩阵中元素的变化可以分为可恢复变化（或称跟随性变化）和不可恢复变化（或称不可逆变化）两类。跟随性变化是它们随状态、环境、输入变化的变化（例如弹性变形），当状态、环境、输入取一定的值时，它们也取相应的值，此时系统仍旧被认为是时不变的（广义）。不可逆变化随生命时间（从生命开始时计算，全生命周期研究中的时间都是生命时间）变化而变化。因为研究的是可以再现的结果，所以进行动态分析或动力学分析时人们可以任意设定时间。但是在实际的生命进程中，生命时间是不可逆的。一般由于蠕变、老化、腐蚀、磨损、疲劳变形、永久变形、断裂等原因引起的变化都是不可恢复的变化。

将时间离散，再用数值方法求解方程(2-1)时，考虑 $\boldsymbol{A}, \boldsymbol{B}, \boldsymbol{C}, \boldsymbol{D}$ 矩阵中元素的变化并不困难。

假设一个可以用以下方式描述的系统：

$$\boldsymbol{S}=[E \quad P \quad R] \tag{2-3}$$

$$\boldsymbol{E}=[e_1 \quad e_2 \quad e_3] \tag{2-4}$$

$$\boldsymbol{P}=[p_{e_1} \quad p_{e_2} \quad p_{e_3}] \tag{2-5}$$

$$\boldsymbol{R}=[r_{e_1e_2} \quad r_{e_2e_3} \quad r_{e_3e_1}] \tag{2-6}$$

式中：$\boldsymbol{S}$ 为系统矩阵；$\boldsymbol{E}$ 为系统的元素矩阵；$\boldsymbol{P}$ 为系统的元素特性矩阵；$\boldsymbol{R}$ 为系统的元素关系矩阵。

以矩阵 $\boldsymbol{A}$ 为例，因为 $\boldsymbol{A}=\boldsymbol{A}(\boldsymbol{S})$，其中 $\boldsymbol{S}=[\boldsymbol{E} \quad \boldsymbol{P} \quad \boldsymbol{R}]$，并有 $\boldsymbol{S}=\boldsymbol{S}\{t, \boldsymbol{X}, \boldsymbol{H}, \boldsymbol{U}\}$，其中 $\boldsymbol{H}$ 为系统的状态矩阵。

于是

$$\mathrm{d}\boldsymbol{S}=\frac{\partial \boldsymbol{S}}{\partial t}\mathrm{d}t+\frac{\partial \boldsymbol{S}}{\partial \boldsymbol{X}}\mathrm{d}\boldsymbol{X}+\frac{\partial \boldsymbol{S}}{\partial \boldsymbol{H}}\mathrm{d}\boldsymbol{H}+\frac{\partial \boldsymbol{S}}{\partial \boldsymbol{U}}\mathrm{d}\boldsymbol{U}$$

$$\frac{\partial \boldsymbol{S}}{\partial t}=\left[\frac{\partial \boldsymbol{E}}{\partial t} \quad \frac{\partial \boldsymbol{P}}{\partial t} \quad \frac{\partial \boldsymbol{R}}{\partial t}\right]$$

$$\frac{\partial \boldsymbol{S}}{\partial \boldsymbol{X}}=\left[\frac{\partial \boldsymbol{E}}{\partial \boldsymbol{X}} \quad \frac{\partial \boldsymbol{P}}{\partial \boldsymbol{X}} \quad \frac{\partial \boldsymbol{R}}{\partial \boldsymbol{X}}\right]$$

$$\frac{\partial \boldsymbol{S}}{\partial \boldsymbol{H}}=\left[\frac{\partial \boldsymbol{E}}{\partial \boldsymbol{H}} \quad \frac{\partial \boldsymbol{P}}{\partial \boldsymbol{H}} \quad \frac{\partial \boldsymbol{R}}{\partial \boldsymbol{H}}\right]$$

$$\frac{\partial \boldsymbol{S}}{\partial \boldsymbol{U}}=\left[\frac{\partial \boldsymbol{E}}{\partial \boldsymbol{U}} \quad \frac{\partial \boldsymbol{P}}{\partial \boldsymbol{U}} \quad \frac{\partial \boldsymbol{R}}{\partial \boldsymbol{U}}\right]$$

可以认为，凡是系统的不可恢复或永久性变化，都是随生命时间的变化，并以生命周期为周期。$\boldsymbol{S}$ 周期的结束，也就是生命周期的结束。

从式(2-7)可以看出：

(1) 由于 $e_1, e_2, \cdots$ 与 $t, \boldsymbol{X}, \boldsymbol{H}, \boldsymbol{U}$ 之间没有运算，所以$\frac{\partial \boldsymbol{E}}{\partial t}=\frac{\partial \boldsymbol{E}}{\partial X}=\frac{\partial \boldsymbol{E}}{\partial H}=\frac{\partial \boldsymbol{E}}{\partial U}=\boldsymbol{0}$。

(2) 关于 $p_{e_1}, p_{e_2}, \cdots$ 和 $r_{e_1e_2}, r_{e_2e_3}, \cdots$，因为对象的情况非常复杂，穷举工作量非常大，为

简单起见，假设在 $\boldsymbol{P},\boldsymbol{R},\cdots$ 中没有由上述各元素之间除加、减以外运算构成的元素。

各元素对时间的偏导数是以生命周期为周期的变化，所以在 $\mathrm{d}t$ 中，$\frac{\partial \boldsymbol{P}}{\partial t},\frac{\partial \boldsymbol{R}}{\partial t},\cdots$ 的量值与生命周期中可再现过程参数变化的量值相比，是高阶小量；同样，对于 $\frac{\partial \boldsymbol{P}}{\partial \boldsymbol{X}},\frac{\partial \boldsymbol{R}}{\partial \boldsymbol{X}},\cdots$ 也可以做相同的考虑，可知 $\mathrm{d}S$ 的量值与生命周期中可再现过程参数变化的量值相比是高阶小量。

因此在状态方程的数值积分中，可以认为在 $\mathrm{d}t$ 时间段中，$\mathrm{d}\boldsymbol{S}=0$，即可以分两步来处理时变和非线性关系。

第一步：在 t 时刻和一个凝固的 $\boldsymbol{X}_t,\boldsymbol{H}_t,\boldsymbol{U}_t$ 条件下，由各自相关的物理过程模块计算所有的 $\boldsymbol{A},\boldsymbol{B},\boldsymbol{C},\boldsymbol{D}$ 矩阵和 $\boldsymbol{U}$ 中的元素。

第二步：在 $\boldsymbol{A},\boldsymbol{B},\boldsymbol{C},\boldsymbol{D}$ 矩阵和 $\boldsymbol{U}$ 不变的假设下，由 t 时刻的状态 $\boldsymbol{X}_t$ 计算 $t+\mathrm{d}t$ 时刻的状态 $\boldsymbol{X}_{t+\mathrm{d}t}$，为计算在 $t+\mathrm{d}t$ 时刻、$\boldsymbol{X}_{t+\mathrm{d}t}$ 状态、$\boldsymbol{H}_{t+\mathrm{d}t}$ 状态、$\boldsymbol{U}_{t+\mathrm{d}t}$ 条件下 $\boldsymbol{A},\boldsymbol{B},\boldsymbol{C},\boldsymbol{D}$ 矩阵和 $\boldsymbol{U}$ 向量中的元素准备条件。

这里没有涉及几个物理过程对 $\boldsymbol{A},\boldsymbol{B},\boldsymbol{C},\boldsymbol{D}$ 矩阵和 $\boldsymbol{U}$ 向量中某一个元素影响的耦合问题，各个物理过程同时对系统状态的影响已经在上述计算中完成了，对于几个物理过程对某一个元素影响的耦合问题，应当在进行第一步以前完成计算，在第一步需要时能够提供一个已经考虑耦合的模型。

因此，现在的任务分成两个部分。首先，设计实体需要能够根据自己设计的对象，建立全生命周期性能数字样机的状态方程，确定第一步中影响 $\boldsymbol{A},\boldsymbol{B},\boldsymbol{C},\boldsymbol{D}$ 矩阵和向量 $\boldsymbol{U}$ 中元素的各个物理过程和可能的耦合关系，检查需要哪些计算模块，对于自己没有的模块，可以请求能够提供相应服务的资源单元提供服务；然后重复根据所得到的 $\boldsymbol{A},\boldsymbol{B},\boldsymbol{C},\boldsymbol{D}$ 矩阵和向量 $\boldsymbol{U}$ 计算 $t+\mathrm{d}t$ 时刻的状态 $\boldsymbol{X}_{t+\mathrm{d}t}$，直至完成整个生命周期的计算。这是设计实体的集成和融合能力，以及掌握核心技术的体现，当然其中一部分问题也可以通过请求服务解决。而资源单元需要利用自己的专门资源提供某个或几个物理过程（耦合或不耦合）对 $\boldsymbol{A},\boldsymbol{B},\boldsymbol{C},\boldsymbol{D}$ 矩阵和向量 $\boldsymbol{U}$ 中的一个或几个元素的计算服务，即由 $t,\boldsymbol{X}_t,\boldsymbol{H}_t,\boldsymbol{U}_t$ 计算或通过试验确定这些元素，因为 $\boldsymbol{A},\boldsymbol{B},\boldsymbol{C},\boldsymbol{D}$ 矩阵和向量 $\boldsymbol{U}$ 是时变和非线性的，所以对资源单元的要求不是提供这些元素的某一个值，而是提供全生命周期内所有时刻和所有可能状态、环境和输入下的这些元素的值，所以设计实体应当依次向资源单元提供 t_i 和对应的 $\boldsymbol{X}_{ti},\boldsymbol{H}_{ti},\boldsymbol{U}_{ti}$。

这里有几个需要说明的问题：

(1) 一个产品的状态向量并不一定非常复杂，因为决定产品性能和满足约束条件的输入、输出参数总是有限的。设计实体应当有能力写出既满足状态方程定义，又满足能够推算功能和约束程度变化的条件的状态方程。

(2) 资源单元需要通过相应的数学模型计算和物理模型试验，与上一代类似产品进行实测对比，用正问题求解和反问题求解相结合的方法来校正模型。试验和实测数据当然可以由各种统计和拟合的方法（包括神经网络算法、遗传算法等）变成模型，状态变化的计算也可以根据多种情况下的计算结果用统计学方法处理，特别是对于其中有强随机因素影响和随机过程的系统。

(3) 状态方程在时域上的积分肯定会有累积误差。不论是由单元知识模型产生的误差还是上述积分产生的误差，最后都需要用正问题求解和反问题求解相结合的方法，与实际样机的实测结果对比进行修正。

习题与思考题

2-1　试分析全生命周期设计理论。

2-2　试分析如何将知识工程理论与现代设计结合起来，以实现智能设计。

第3章 计算机辅助设计

3.1 概 述

计算机辅助设计(computer aided design,CAD)是指以人为主导,利用计算机(软、硬件)进行工程设计。到目前为止,尽管计算机已能完成工程设计中的大部分工作,如分析计算、绘图、制表、仿真等,但仍不能完全代替人的创造性劳动(如工程总体方案的拟定和全面评价、设计过程中的综合分析等),在工程设计中人仍占主导地位。计算机辅助设计是在科学技术与生产迅速发展,要求对传统设计方法进行根本性变革的背景下产生的。而计算机软、硬件技术的发展又为计算机辅助设计技术的产生与发展提供了坚实的基础。可以说,计算机辅助设计技术是伴随着计算机技术发展起来的一种新技术。

计算机辅助设计技术是建立在计算机(软、硬件)技术基础之上的,同时吸收了与设计技术相关的科学和理论,如数学、物理学、力学以及优化设计、可取性设计、有限元分析、边界元分析、价值分析和系统工程等相关理论。因此,计算机辅助设计完全有别于传统的机械设计方法,它可以使人从静态分析、近似计算、经验设计的束缚中解脱出来,使机械设计进入动态分析、精确计算和优化设计的新阶段。可以说,计算机辅助设计是现代设计方法的综合运用。

一个完备的机械CAD系统具有以下特点:

(1) 在设计时可以把分析与设计综合起来进行,使产品性能达到最优。

设计时可以使用幅值概率密度函数分析、方差分析、相关分析及谱分析等方法求取设计参数,运用系统工程技术进行方案设计,以便从整体来认识设计对象,把一个产品看成由各种零部件组成的一个系统,并从系统的整体来检查它的性能使之达到最优,从而实现方案的优化。

(2) 可大大提高设计的精度和可靠性。

CAD系统引进了大量近代的分析和计算方法,如有限元法、有限差分法、边界元法、数值积分法等,可对机械零件乃至整机进行结构应力场、应变场、温度场以及流体内部的压力场、流量场的分析与计算,从而大大提高设计计算精度。此外,CAD系统对机械的研究已从静态分析逐步发展到动态分析,并从系统的观点出发来研究整机及零部件的可靠性,运用概率统计方法来分析零部件的失效,从而实现对机械故障的诊断和寿命的预测。

(3) 具有强有力的图形处理和数据处理功能。

图形和数据是CAD作业过程中信息存在与交流的主要形式。图形处理系统和数据库是CAD系统顺利进行作业的基础。进行CAD作业时,图形处理系统可根据设计者的设想和要求生成设计模型,并可从不同角度,以三视图、剖面图或透视图的形式在显示器中显示出来,让设计者确认或即时修改,直到满意为止。这些图形信息可存储于图库中,供随时调用,也可以由自动绘图机输出作为正式生产图纸。数据库不仅存储着大量供CAD系统进行分析、计算、比较所需的数据资料，还能对分析计算所得结果进行必要的处理和存储。因此，图形处理能力和数据库功能是衡量一个 CAD 系统性能的重要因素。

(4) 能大大缩短产品设计周期，并能实现设计制造一体化，从而降低产品成本。

由于 CAD 系统可以迅速地完成设计过程中的各种繁重而费时的工作，如复杂的分析计算、细节繁多的图形绘制等，因此可以大大缩短设计周期，并提高设计质量。据统计，采用 CAD 技术可以使机械产品的设计周期缩短 66%～80%，工艺周期缩短 80%～90%，基建费用降低 10%～30%，经济效益提高 10%～25%。由于计算机还可直接输出数控加工代码，因此，CAD 系统可以与计算机辅助制造(computer aided manufacturing，CAM)系统连成一体，从而实现设计制造一体化。

综上所述，一个完备的 CAD 系统应具备下列五项功能：

(1) 科学计算功能，能进行各种复杂的工程分析与计算。

(2) 图形处理功能，能进行二维和三维图形的设计及图形显示，能自动绘图。

(3) 数据处理功能，有完善的数据库系统，能对设计、绘图所使用的大量信息进行存取、查找、比较、组合和处理。

(4) 分析功能，能对所设计的产品做各种性能分析。

(5) 编制文件功能，能制定各种技术文件，包括明细表等。

必须指出，以上是一个完备的 CAD 系统所具有的基本功能。除上述五项外，CAD 系统还可具有其他功能(如输出数控加工代码等)。在筹建 CAD 系统时，可根据实际的需要和技术、经济可能性，使所创建 CAD 系统仅具有其中某几项功能(如科学计算、数据处理、图形处理)。

3.2　工程数据的处理方法及 CAD 程序编制

在机械设计过程中，常常需要从有关的工程手册或设计规范中查找及检索有关曲线、表格数据，以获得设计或校核计算时所需要的各种系数、参数等。而要将这种人工查找转变成在 CAD 系统中的高效、快速处理，需要用到工程数据的处理方法及 CAD 程序编制技术。

在 CAD 作业中，工程数据的计算机处理主要包括三种方法。

(1) 工程数据程序化：将工程数据直接编写成应用程序并对其进行查询、处理和计算，包括数表程序化和线图程序化。

(2) 建立数据文件：将数据建立成一个独立的数据文件，并单独存储，使它与应用程序分开，需要时可通过应用程序来打开、调用和关闭数据文件，并进行相关处理。

(3) 建立数据库：将工程数据存放在数据库中，需要时可通过应用程序来打开、调用和关闭数据库文件，并进行相关处理。

3.2.1　数表程序化

在机械设计中，常用数表形式给出机械零部件的设计参数。设计计算时，需根据给定条件从表格中选取需要的值。在编制机械 CAD 计算程序时，应对数表做程序化处理，以便调用。

工程数表有两类：一类是记载设计中所需的各种独立常数的数表(即简单数表)，数表中各个数据间彼此独立，无明确的函数关系；另一类是列表函数数表，数表中函数值与自变量间存在一定的函数关系，可表示为 $y_i=f(x_i)$，$i=1,2,\cdots,n$。式中的 x_i 与 y_i 按对应关系组成列表函数。从理论上讲，简单数表和列表函数数表均是结构化的数据，一维数表、二维数表或多维数表分别与计算机语言中的数组对应，通过程序对数组赋值和调用来实现数据的获取。列表函数数表也可用数组赋值的方法编入程序，但由于列表函数数表中函数值与自变量间存在函数关系，因此，当所检索的自变量值不是数表列出的节点值时，不能像简单数表一样采取圆整的方法进行取值，而必须用插值计算的方法求出相应值。

可以用数组的形式将设计手册中的数表程序化。在 CAD 系统中，有函数关系的数据可以直接编入程序，运算时由它们的函数关系计算出函数值。对于数据之间没有函数关系的情况，应根据不同特点进行处理。在工程设计手册中，数表大多数为二维数表和多维数表，程序化时就需利用二维和多维数组来表示这些数表。

工程设计手册数表中的数据之间多数存在一定的函数关系，故将其称为数表函数，它们有些是精确公式，有些是经验公式。为了便于设计人员查询，在手册中多将其以数表的形式表示。数表所表示的数据仅是数表函数节点上的数值，当所要求的数据不在节点上时，若想获得较为准确的数值，可以将其原始公式编入程序进行求取，也可以根据数表上的数据采用函数插值计算的方法来求取。所谓函数插值就是设法构成某个简单函数 $y=g(x)$，将其作为数表函数 $f(x)$ 的近似表达式，以代替原来的数表。最常用的近似函数类型是代数多项式。对于给定的列表函数，共有 n 对节点，构造一个次数为 $n-1$ 次的代数多项式：

$$g(x)=a_0+a_1x+a_2x^2+\cdots+a_nx^{n-1} \tag{3-1}$$

使其满足插值条件 $g(x_i)=y_i$，$i=1,2,\cdots,n$。上式称为 $f(x)$ 在 n 个不相同节点 x_i 的拉格朗日 $n-1$ 次插值式。该插值问题的几何意义是：通过给定的几个节点 (x_1,y_1)，(x_2,y_2)，…，(x_n,y_n)，作一条 $n-1$ 次曲线 $g(x)$，近似地表示 $y=f(x)$，插值后的函数值就用 $g(x)$ 的值来代替。因此，插值的关键在于如何构造一个既简单又有足够精度的函数 $g(x)$。

对数表的程序化处理虽然可解决数表在 CAD 作业中的存储和检索问题，但当数表庞大时，存储数据要占用很大的内存，导致程序无法运行，效率低下。因此，数表程序化处理仅适用于数据量较小、计算程序使用数表个数不多的情况。对于较大型的计算程序，常需使用很多的数表，数据量大，因此对数表的处理需采用其他方法，数表公式化处理就是其中一种。

所谓数表公式化处理，是指运用计算方法中的曲线拟合(逼近)的方法，构造函数 $g(x)=f(x)$ 来近似地表达数表的函数关系。它只要求拟合曲线从整体上反映出数据变化的一般趋势，而不要求拟合曲线通过全部数据点，从而避免插值曲线必须严格通过各节点，导致插值误差较大的问题。

最小二乘法是曲线拟合最常用的函数逼近法。最小二乘法拟合的基本思想是对于一批数据点 $(x_i,y_i)(i=1,2,\cdots,m)$，用拟合公式 $y=f(x)$ 来逼近，因此每一节点处的偏差为

$$e_i=f(x_i)-y_i \quad (i=1,2,\cdots,m) \tag{3-2}$$

e_i 的值有正有负，最小二乘法的原理就是使所有数据点误差的绝对值平方之和最小。拟合公式通常是初等函数式，如对数函数式、指数函数式、代数多项式等。

3.2.2 线图程序化

在设计手册中，有些函数关系是以线图的形式表示的，它的特点是直观的，可以表现出

函数和数据的变化趋势。线图的形式包括直线、折线和曲线。在传统的设计过程中，以手工查找对应数据获得工程数据，通常有一定的误差。在计算机辅助设计中，由于在计算机中直接存储和处理线图的程序相当复杂，所以通常采用下面三种方法来处理线图：

(1) 获取线图的原始公式，将其编入程序。

(2) 将线图转换成数表，然后利用前面介绍的数表程序化的方法进行程序化。

(3) 用曲线拟合的方法求出线图的近似公式，再将近似公式编入程序。

工程设计手册中附有许多线图，为查询方便，也可以将其转换为数表。处理方法就是将线图离散化，转换成数表的格式。

3.2.3 数据文件

计算机辅助设计系统中，对于数据量较小的数表，可以利用数组的形式将其程序化，但数表的容量较大时，为了减少内存占用量，且方便反复调用数表，必须建立数据文件，将数据与应用程序分开，实现内、外存之间的交换。文件是程序设计中的一个重要的概念，是数据库系统的基础。所谓文件，一般是指具有相同性质的记录的集合。数据是以文件的形式存放在外部介质上的，将一系列数据按指定的文件名存放在计算机中，就建立了用户的数据文件。需要取出这些信息时，只要指出文件名，计算机操作系统就会自动将这些信息由外部介质中取出，送入计算机内存，以便应用程序对文件中的数据进行操作。数据文件按组织形式分为顺序文件、索引文件和多重链表文件。

顺序文件中的各个记录是按照其输入的先后顺序存放的。若组成文件的记录无任何次序规律，只是按写入的先后顺序进行存储，该文件称为无序顺序文件；若组成文件的记录按照某个关键字有序地进行存储，该文件称为有序顺序文件。对于无序顺序文件，存取文件时需从头至尾按顺序读、写，故检索起来效率不高。为提高检索效率，常常将无序顺序文件组织成有序顺序文件。

索引文件是指具有索引存储结构的文件，通常包括一个主文件和一个索引表。主文件是原有数据文件的顺序存储或顺序链接存储文件，索引表是在主文件的基础上建立的顺序表，它的每个索引项同主文件中的每个记录一一对应。索引文件是与主文件配合使用的，无论主文件是有序顺序文件还是无序顺序文件，索引表均将其按关键字有序排列。

多重链表是将索引方法和链接方法相结合的一种文件组织形式。它对每个需要查询的次关键字建立一个索引，同时将具有相同次关键字的记录链接成一个链表，并将此链表的头指针、链表长度及次关键字作为索引表的一个索引项。多重链表文件不但便于按主关键字查找记录，也便于按次关键字查找记录。因此，多重链表文件适合于多关键字查询，但记录的插入和删除较为麻烦。

3.3 机械工程数据库的创建与应用

数据库技术是在文件系统的基础上发展起来的一项新型数据管理技术。数据库系统的工作模式与早期的文件系统的工作模式存在本质的不同，这一点主要体现在系统中应用程序与数据之间的关系上。在文件系统中，数据以文件的形式长期保存，程序与数据相互独立，应用程序各自组织并通过某种存取方法直接对数据文件进行调用。在数据库系统中，应用程序并不直接对数据库进行操作，而是通过数据库管理系统对数据库进行操作。因此，与文件系统相比，数据库系统具有数据存储结构化、数据冗余度低、数据独立性和共享性高，可实现对数据的安全保护、完整控制、并发控制以及恢复与备份等特点。

因此，数据库可定义为一个在数据库管理系统控制下的通用化的、综合性的有序数据集合。它可为各类用户提供共享数据而又具有最小的信息冗余度，并能够保证数据与应用程序间高度的独立性、安全性和完整性。数据库的数据结构独立于使用数据的程序，其对数据的各种操作由系统统一进行控制。

数据库系统是由数据库、数据库管理系统(DBMS)、数据库管理员和应用程序四部分组成。DBMS是数据库系统中对数据进行管理的软件系统，是数据库系统的核心部分。数据库系统的查询、更新等操作都是通过DBMS完成的。DBMS的主要功能如下：

(1) 数据库定义，包括各数据库文件的组织结构和存储结构定义，以及保密定义(规定各种数据的使用权限)等内容。DBMS提供数据描述语言(DDL)，以定义数据库的结构、数据的完整性约束和保密限制等约束条件。

(2) 数据库操纵，主要是指接收、分析和执行用户的操作请求。DBMS提供了一种数据操纵语言(DML)及数据处理语言接口功能。利用数据操纵语言可实现对数据库的检索、插入、删除、修改和更新等操作。

(3) 数据库运行控制，以实现对数据库的安全性控制、完整性控制、并发控制，以及进行数据恢复。此功能对于数据库的有效使用，保证数据的安全、稳定和可靠是必不可少的。此功能由数据库管理系统运行程序实现。

(4) 系统维护，包括数据库初始数据的装入、转换，数据库的转储、重组织和数据库的性质监视和分析等。这些功能大都由各个应用程序来完成，其作用是保证数据库系统的正常工作，向用户提供有效的服务。

(5) 数据字典，其中存放着数据库三级结构的描述，对数据库的操作都要通过查阅数据字典进行。

在工业领域中，为了增强企业的竞争力、缩短新产品研制周期、降低成本、提高产品质量，现代生产技术要求在工业应用计算机系统中把市场分析、生产规划、产品设计与制造及维护集成为一体，以适应市场需求的多变性，而工程数据库系统(EDBMS)是这种集成的关键。

工程数据库系统是满足工程设计与制造、生产管理与经营决策需求，支持环境的数据库系统。工程数据库存储产品图形、图像数据(包括各种工程图表数据、二维工程图形数据和三维几何建模数据等)、产品管理数据(包括产品设计与制造中所用的数据)、产品设计数据(设计与制造中产生的数据，如设计产品的结构数据、资源数据、设备数据和设计分析参数等)、加工工艺数据(加工设备、加工工艺路线等相关数据)。

工程数据库的开发是一个相当复杂的过程，设计时应考虑以下几个特点：

① 工程数据中静态数据(如一些标准、设计规范、材料中的数据等)和动态数据(如随设计过程变动而变化的设计对象中间设计结果数据)并存；

② 数据类型多样，不但包括数字、文字，而且包含结构化图形数据和文档资料等非结构化数据；

③ 数据之间具有复杂的网状结构关系(如一个基本图形可用于多个复杂图形的定义，一个产品往往由许多零件组成等)；

④ 大部分工程数据是在试探性交互式设计过程中形成的，数据模型是在设计过程中形成的。

工程数据库的开发途径主要有两种。一种是在商用数据库管理系统和图形文件管理系统环境下开发，利用商用数据库管理系统的优点，辅之以图形处理的手段实现对工程数据的管理。其突出特点是在非图形数据用商用数据库管理系统与图形数据用文件管理系统之间设置不同数据间的联系接口，数据之间的连接机制及对图形数据的处理主要由应用程序来实现。采用这种方法对图形和非图形数据分别进行管理比较方便，但由于两种数据之间的联系简单，且各自单独处理，因此全局范围内的数据一致性较难维持，从数据中提取信息也不方便。这种方法比较适合用于微机环境下的应用开发。另一种是在专用工程数据库管理系统环境下开发。在此环境下，可对工程数据实施比较系统的管理，能满足较高层次的应用需求。

理想的 CAD/CAM 系统应该是在操作系统的支持下，以图形功能为基础、以工程数据库为核心的集成系统，从方案规划、产品设计、工程分析直到制造过程中所产生的全部数据都应处在同一数据库系统环境中。

3.4　计算机图形处理技术

3.4.1　图形与图像的基本概念

从实际形成图形的方式来看，图形包括：人类眼睛所看到的景物；用摄影机、录像机装置获得的照片；用绘图仪器绘制的工程图；各种人工美术绘图和雕塑；用数学方法描述的图形（包括几何图形、代数方程或分析表达式所确定的图形）。狭义地说，只有最后一类对象才能称为图形，而前面的则分别称为景象、图片、图画和形象等。但计算机图形处理的范围早已超出了只能用数学方法描述的图形，因此，如果要用一个统一的名称来描述上述各类景象、图片、图画和形象等，则只有“图形”一词较为合适，因为它既包含图像的含义，又包括几何形状的含义。

从构成图形的要素上看，图形是由点、线、面、体等几何要素和明暗、灰度、色彩等非几何要素构成的。因此，计算机图形学中所研究的图形是从客观世界的物体中抽象出来的带有灰度或色彩及形状的图形。计算机中表示一个图形的常用方法有两种：

（1）点阵法，是用具有灰度或色彩的点阵来表示图形的一种方法，它强调图形由哪些点组成，并具有什么灰度或色彩。

（2）参数法，是以计算机中所记录图形的形状参数与属性参数来表示图形的一种方法。形状参数可以是描述其形状的方程的系数、线段的起点和终点等；属性参数则包括灰度、色彩、线型等非几何属性。

通常把用参数法描述的图形称为参数图形，简称图形。而把用点阵法描述的图形称为像素图形，简称图像。习惯上把图形称为矢量图形，把图像称为光栅图形。光栅图形在放大后显得模糊和粗糙，而矢量图形可任意缩放而不会影响图形的输出质量。

计算机图形学的研究任务是利用计算机来解决各种图形的输入、生成、显示、输出、变换以及图形的组合、分解和运算等问题。

3.4.2 基本图形生成技术及算法

一幅图最简单的几何成分是点和直线，此外还有曲线、多边形区域和字符串等。本节介绍一种能在指定输出设备上，根据坐标描述构造几何图形的方法，重点讨论在不同图形设备上输出图形的基本技术和算法。

图形设备是通过其硬件设备所固有的指令序列或功能命令集来工作的。在应用程序中，对点或直线的坐标描述，应由显示软件转换成设备所需的代码指令。显然，对于某一具体设备，应有其相应的驱动程序。编写驱动程序的方法、调用驱动程序的形式也因具体设备而异。但对用户来说，最方便的是在以高级语言编写的应用程序中直接调用驱动程序来输出图形。

在图形设备上，对于水平线或垂直线，只要有驱动设备的指令，一般都能准确地画出。但是对于任意斜率的直线，就需考虑其算法了。因为大多数图形设备，都只提供驱动 x 和 y 方向的信号。这两个方向的信号用来指示绘图笔动作或电子束的偏移，或控制应赋值像素的地址。直线生成算法的任务就是要给出一个判断方法，即判别规则，以确定图形设备什么时候该动作，什么时候不该动作。各种算法的差别主要在于产生这些判别规则的方法和过程不同，因此发送的命令也不同。各种算法适应的设备对象也有所不同。输出直线常采用逐点比较法。逐点比较法就是在绘图过程中，绘图笔每画一笔，就与规定图形进行比较，然后决定下一步的走向，用步步逼近的方法画出规定的图形。这是绘图仪经常采用的一种方法。下面讨论逐点比较法的判别规则。

以直线起点为坐标原点，并且约定直线在四个象限中画笔的走向，如图 3-1 所示。

1. 偏差计算

先以第一象限为例推导出偏差计算公式，然后扩展到其他象限。

1）一般公式

如图 3-2 所示，设要画的线段为 OA，而画笔的当前位置为 M。以 OA、OM 的斜率来计算偏差。设 OA、OM 与 x 轴正向间的夹角分别为 α 和 β，点 A 和点 M 的坐标分别为 (x_A, y_A)、(x_M, y_M)，则偏差 d 为

$$d=\tan\beta-\tan\alpha=\frac{y_M}{x_M}-\frac{y_A}{x_A}=\frac{y_M x_A-y_A x_M}{x_M x_A}$$

当 $d<0$ 时，画笔在 OA 线段的下方，根据约定，此时应沿 $+y$ 走一步；当 $d>0$ 时，画笔在 OA 线段的上方，根据约定沿 $+x$ 方向走一步。

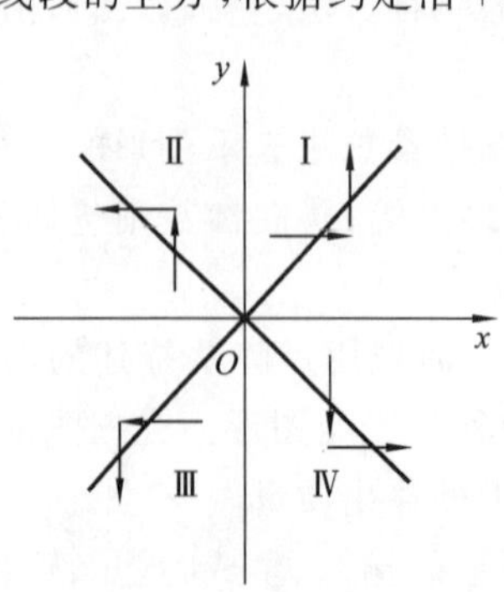

图 3-1 各象限画笔的走向

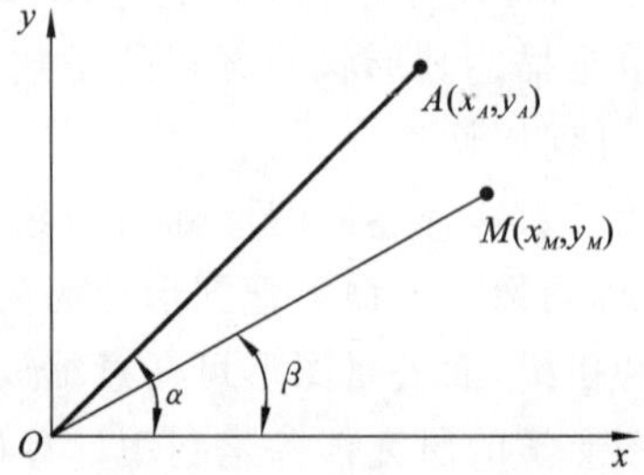

图 3-2 根据 OA、OM 的斜率来计算偏差

这种算法只需判断偏差 d 的正、负，d 的大小并不重要。对于直线在第一象限的情况，分母 x_A，x_M 永远为正，所以只需判断分子项的正、负即可。偏差的判断公式为

$$F_M = x_A y_M - x_M y_A \tag{3-3}$$

2）推理公式

用式(3-3)判断偏差时，由于每次都要计算两次乘法和一次减法，因此计算量比较大。如果用前一点的偏差来推算走步方向以及走步后的偏差，则偏差计算可以大大简化，也更适合用计算机实现。现在仍以第一象限为例，简述这种递推过程。

如图 3-3 所示，设画笔的当前位置坐标为(x_1, y_1)，此时 $F_1 = x_A y_1 - x_1 y_A < 0$，应沿 $+y$ 走一步到 M_2，即

$$\begin{cases} x_2 = x_1 \\ y_2 = y_1 + 1 \end{cases}$$

此处 $+1$ 表示向 $+y$ 方向走一步。M_2 处的偏差为

$$F_2 = y_2 x_A - y_A x_2 = y_1 x_A + x_A - y_A x_1 = F_1 + x_A \tag{3-4}$$

若 $F_2 \geqslant 0$，应沿 $+x$ 方向走一步到 M_3，即

$$\begin{cases} x_3 = x_2 + 1 \\ y_3 = y_2 \end{cases}$$

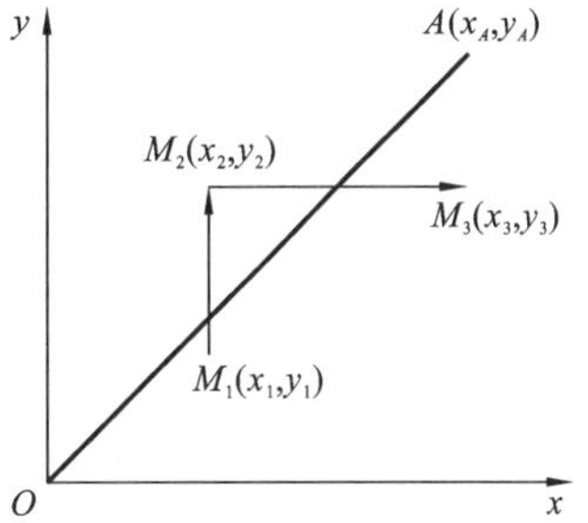

图 3-3　第一象限直线的递推过程图

M_3 处的偏差为

$$F_3 = y_3 x_A - y_A x_3 = y_2 x_A - y_A x_2 - y_A = F_2 - y_A \tag{3-5}$$

这样递推下去，就可得出第 i 步的结果：

① 若偏差 $F_i \geqslant 0$，则沿 $+x$ 方向走一步，此时 $F_{i+1} = F_i - y_A$；

② 若偏差 $F_i < 0$，则沿 $+y$ 方向走一步，此时 $F_{i+1} = F_i + x_A$；

由于偏差 F_1 的推算只用到了终点坐标 x_A，y_A，而与中间点的坐标值无关，只需进行加减运算，因而大大减少了计算量。

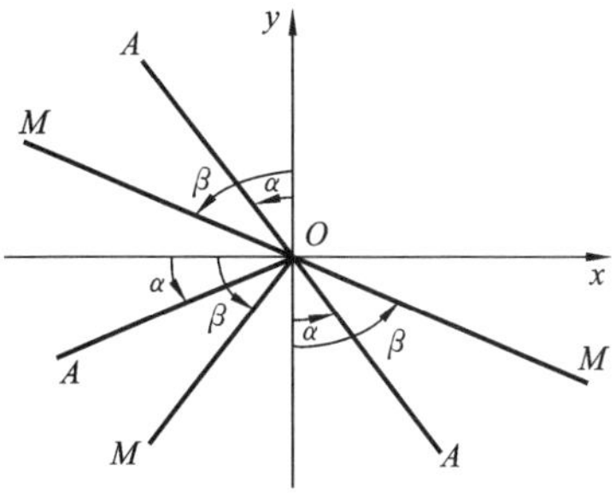

图 3-4　第二、三、四象限中直线的偏差判别

2. 任意象限中的偏差计算公式

图 3-4 表示出直线在第二、三、四象限时的 α 和 β 角的含义。对于直线在第二象限的情况，有

$$\begin{cases} \tan\alpha = \dfrac{|x_A|}{y_A} \\ \tan\beta = \dfrac{|x_M|}{y_M} \end{cases}$$

偏差的判断公式

$$F = |x_M| y_A - |x_A| y_M$$

① 若偏差 $F_i \geqslant 0$，则沿 $+y$ 方向走一步，此时 $x_{i+1} = x_i$，$y_{i+1} = y_i + 1$，$F_{i+1} = F_i - |x_A|$；

② 若偏差 $F_i < 0$，则沿 $+x$ 方向走一步，此时 $|x_{i+1}| = x_i + 1$，$y_{i+1} = y_i$，$F_{i+1} = F_i + y_A$。

对于直线在第三象限的情况，有

$$\begin{cases} \tan\alpha = \dfrac{|y_A|}{|x_A|} \\ \tan\beta = \dfrac{|y_M|}{|x_M|} \end{cases}$$

对于直线在第四象限的情况，有

$$\begin{cases} \tan\alpha = \dfrac{x_A}{|y_A|} \\ \tan\beta = \dfrac{x_M}{|y_M|} \end{cases}$$

现将各象限运算公式归纳到表 3-1 中。

表 3-1 直线插补运算公式

象限	$F_i \geqslant 0$		$F_i < 0$	
	方向	公式	方向	公式
第一象限	$+x$	$F_{i+1} = F_i - \|y_A\|$	$+y$	$F_{i+1} = F_i + \|x_A\|$
第三象限	$-x$		$-y$	
第二象限	$+y$	$F_{i+1} = F_i - \|x_A\|$	$+x$	$F_{i+1} = F_i + \|y_A\|$
第四象限	$-y$		$-x$	

3. 终点判断

设绘图仪的步距为 Δt，直线在 x，y 方向上的增量分别为 Δx，Δy。按上述运算方法，绘图笔从直线的起点画到终点，在 x 方向上应走 $|\Delta x/\Delta t|$ 步，在 y 方向上应走 $|\Delta y/\Delta t|$ 步。由于对于任意一条给定的直线，各种方法所产生的 x 方向和 y 方向的走步信号总和在同一台设备上是相同的，因此，取 $n = |\Delta x/\Delta t| + |\Delta y/\Delta t|$ 作为终点判断的控制数，存入计数器内。在 x 方向和 y 方向上每走一步计数器减 1，当计数器减至零时，作图停止。直线生成算法还有数值微分法和布雷森汉姆法等方法，因篇幅有限不再详述。

3.4.3 计算机图形学的发展趋势

计算机图形学从狭义上来说是一种研究基于物理定像、经验方法以及认知原理，使用各种数学算法处理二维或三维图形数据，生成可视数据表现的科学，是计算机科学的一个分支领域与应用方向，主要关注数字合成与操作视觉的图形内容。从广义上来说，计算机图形学不仅包含从三维图形建模、绘制到动画制作的过程，还包括对二维矢量图形以及图像视频合成处理的研究。计算机图形学经过近几十年的发展，已进入较为成熟的发展期。目前，其主要应用领域包括计算机辅助设计与加工、影视动漫、军事仿真、医学图像处理、气象、地质、财经和电磁等学科。计算机图形学在这些领域，特别是在迅猛发展的动漫产业中成功应用，带来了可观的经济效益。

从目前发展情况来看，计算机图形学有以下几个发展趋势。

(1) 与图形硬件的发展紧密结合，突破实时高真实感、高分辨率渲染的技术难点。

图形渲染是整个图形学发展的核心。计算机辅助设计、影视动漫制作及各类可视化应用都对图形渲染结果的真实感提出了很高的要求。同时，由于显示设备的快速发展，人们要求图形具有高分辨率。现有的图形学方法虽然已经能较为真实地展现各类视觉效果，但为了提供高分辨率动态的渲染效果，必须消耗非常可观的算力。一帧精美的高分辨率图形，单机渲染往往需要耗费数小时至数十小时。为此，传统方法主要采用分布式系统，将渲染任务分配到集群渲染节点中。即使这样，一部 90 min 时长影片的渲染，也需要使用上十台计算机、耗费数月时间来完成。

（2）研究和谐自然的三维建模方法。

三维建模方法是计算机图形学的重要基础，是生成精美的三维场景和逼真动态效果的前提。然而，传统的三维建模方法，由于其主要思想方法来源于 CAD 中基于参数式调整的形状构造方法，建模效率低，不便于非专业用户使用。而伴随着计算机图形技术的普及和发展，各类用户都提出高效三维建模需求，因此，研究和谐自然的三维建模方法是目前发展的一个重要趋势。

（3）利用日益提高的计算机性能，实现高度逼真的动态仿真。

高度逼真的动态仿真，包括对各种形变、水、气、云、燃烧、撕裂、老化等物理现象的真实模拟，是计算机图形学一直试图达到的目标。然而受目前计算机的处理能力和存储容量限制，当前计算机还不能实现较高精度的模拟，也无法达到很高的响应速度。就目前而言，研究的焦点还是单个物理方法的 GPU 实现。相信未来高度逼真动态模拟将有新的发展。

（4）研究多种高精度数据获取与处理技术，增强图形技术的表现力。

要想获得极具真实感的画面与逼真的动态效果，一种有效的途径是采用各种手段获取所需的几何、纹理以及动态信息。因此，研究者正在考虑对各个尺度（小到物体表面的微结构、纹理属性和反射属性，大到整幢建筑物的三维数据）上的信息进行获取。

（5）计算机图形学与图像、视频处理技术的结合。

随着家用数字照相机和摄像机的日益普及，数字图像与视频数据处理已成为计算机研究中的热点问题。而计算机图形学技术，恰可以与图像处理、计算机视觉技术交叉融合，实现基于图像三维建模，以及直接基于视频和图像数据来生成动画序列。将计算机图形学正向的图像生成方法和计算机视觉技术中逆向的从图像中恢复各种信息的方法相结合，可以拓展出无可限量的想象空间，构造出很多视觉特效，最终用于增强现实、数字地图、虚拟博物馆等多个领域。

（6）从追求绝对的真实感向追求与强调图形的表意性转变。

计算机图形学在追求真实感方向的研究已进入一个发展的平台期，基本上各种真实感特效在不计较计算代价的前提下均能较好地实现。然而，人们创造和生成图片的目的不仅仅是展现真实的世界，更重要的是表达所要传达的信息。例如，在一个描绘的场景中每个对象和元素都有其需要传达的信息，可根据重要度不同采用不同的绘制策略来对图进行分层渲染再加以融合，最终合成具有一定表意性的图像。为此，研究者已经开始研究如何将计算图形学与图像处理、人工智能和心理认知等方面技术相结合，探索合适的表意性图形生成方法。

3.5　产品数据交换技术

数据交换一般可通过以下三种方式实现：

（1）直接开发转换程序。当采用标准转换方式不能解决问题时，对于大量待转换的文档，可以直接开发格式转换程序。这种方式耗费的人力和机时较多，并且要具备相关软件的开发资源。

（2）手动实现。根据转换关系描述数据表，查询到可以进行格式转换的软件，通过 CAD 系统软件进行转换。

(3) 由程序自动实现。在文件系统中应用 CAD 文件时,能够实现文件格式自动转换。一般来说,自动转换功能的实现依赖于 CAD 系统提供的有效开发工具。常见的 CAD 系统都提供了开发接口,比如 Pro/ENGINEER 携带了 Pro/DEVELOP、AutoCAD 拥有 ADS 等。利用这些接口就能实现文件格式的自动转换。

习题与思考题

3-1 在计算机技术中,产品数据交换标准有哪些?

3-2 举出生活中利用计算机辅助设计技术进行设计加工的一件产品,并详述其设计过程。

3-3 试建立一个标准零件的数据库,并完成相关增、删、改、查询、索引等操作。

3-4 试设计一个二维图形,选择能生成 STEP 文件的图形系统,绘制该图形,并输出得到 STEP 文件。

第4章　计算机辅助工程分析

产品是连接企业与用户的纽带，用户对产品的需求反映了用户对企业、产品总的要求，是产品全生命周期的起点。产品概念的产生以及产品开发过程都在很大程度上依赖于对用户需求的认识，全面、准确地获取并分析用户需求是企业进行产品设计的关键。

4.1　概　　述

4.1.1　计算机辅助工程分析的概念

在传统的设计过程中，分析与计算一直沿用材料力学、理论力学和弹性力学所提供的公式来进行，计算时有许多的简化条件，因而计算精度很低。在计算机引入工程分析领域之前，产品设计过程中的分析、计算工作由人工完成，即采用传统的分析方法和手工计算方式来完成。传统的分析方法一般比较粗略，只能用来定性比较不同方案的优劣。实际工程分析计算工作量大，通过手工往往无法完成，只能对产品的关键零件、部件进行计算分析，其余部分则依靠设计者的经验，采用类比法进行结构设计。由于分析不够精确，往往采用较大的安全系数来保证产品的安全可靠性，造成生产成本过高，达不到经济的目的，且人工效率低下，不利于现代化工业大生产。

现代机电产品正朝着高效、高速、高精度、低成本、节省资源、高性能等方向发展，传统分析方法已远远无法满足要求。随着计算机技术的迅速发展，特别是大规模、超大规模集成电路和微型计算机的出现，计算辅助设计（CAD）、计算机辅助制造（CAM）、计算机图形学（CG）、计算机辅助工程（computer aided engineering，CAE）等新技术迅猛发展。CAE技术是计算机技术被引入工程分析领域后与工程分析技术相结合而形成的一门新兴技术，它可使实物模型的试验次数和规模大大下降，不仅能够加快产品研发速度，而且能降低成本，提升产品的可靠性。

计算机辅助工程（CAE）是用计算机辅助求解复杂工程和产品结构的强度、刚度、屈曲稳定性、动力响应性能、弹塑性等力学性能的分析计算，以及结构性能的优化设计等问题的一种近似数值分析方法。其基本思想是将一个形状复杂的连续体的求解区域分解为有限的、形状简单的子区域，即将一个连续体简化为由有限个单元组合而成的等效组合体，通过将连续体离散化，把求解连续体的场变量（如应力、位移、压力和温度等）问题简化为求解有限的单元节点上的场变量值问题。此时求解的基本方程组将是一个代数方程组，而不是原来描述真实连续体场变量的微分方程组，得到的是近似的数值解，解的近似程度取决于所采用的单元类型、数量以及对单元的插值函数。CAE技术是以计算数学、计算力学及各类工程科学为基础，对复杂工程或产品进行数学建模、计算分析、行为模拟与优化设计的计算机信息处理技术。CAE技术在机械、电子、医药、交通、建筑、气象等领域皆有应用，因此形成了

CAE 技术的众多应用分支。计算力学和计算数学在各个应用分支均有所渗透，为各类工程问题的建模和求解提供了相应的计算工具，构成了相关 CAE 软件的核心计算方法。

计算机辅助工程的含义很广，几乎涉及工程和制造业信息化的所有方面。从广义上来说，CAE 主要包括产品设计、工程分析、数据管理、试验、仿真和制造；而从狭义上来说，CAE 主要指用计算机对工程和产品进行性能与安全可靠性分析，对它未来的工作状态和运行行为进行模拟，以及早发现设计缺陷，并验证未来工程产品功能和性能的可用性和可靠性。CAE 技术是一项综合性的应用技术，以解决具体工程问题为出发点，借助计算机信息处理手段，集成计算数学、计算力学等“单元”技术，通过形成系统化的技术解决方案来支持复杂工程或产品的优化设计。计算数学、计算力学和优化设计方法是 CAE 技术的重点，以下对这三个方面进行简单介绍。

1. 计算数学

在解决具体工程问题时，往往需要处理大量的数据，此时就会用到计算数学。从概念上讲，计算数学就是通过数据分析来掌握事物发展的规律，研究计算问题的解决方法和有关数学理论问题的一门学科。计算数学的主要研究内容包括代数方程、线性代数方程组、函数的数值逼近问题、微分方程的数值解法、矩阵特征值的求法、最优化计算问题、概率计算问题等，以及解的存在性、唯一性、收敛性和误差分析等理论问题。在工程领域中，计算数学又称为“数值分析”，计算数学使计算机能有效地解决数学和逻辑问题，在工程科学与技术中正发挥着越来越重要的作用。它是支撑计算力学的基础，二者共同形成 CAE 技术的理论与方法基础。

2. 计算力学

计算力学是根据力学理论，利用电子计算机和各种数值计算方法，解决力学中的实际问题的一门新兴学科。计算力学的产生和发展得益于计算数学和大型通用计算机这两个强大计算工具的出现。计算力学的核心内容是具有力学应用针对性的各种数值计算方法，是 CAE 软件解算内核。经典的、具有代表性的计算力学方法主要包括有限差分法、变分法、有限单元法、边界单元法、无单元法等，这些方法绝大多数是通过将偏微分方程的边值问题转化为代数方程问题，然后用计算机在有限的点上来求解的。用计算力学方法求解各种力学问题，一般有下列步骤：

（1）用工程和力学的概念及理论建立计算模型；

（2）用数学知识寻求最恰当的数值计算方法；

（3）编制计算程序进行数值计算，并在计算机上求出答案；

（4）运用工程和力学的概念判断和解释所得结果和意义，得出科学结论。

这实际上正是应用 CAE 技术解决工程问题的基本思路，同时也为实现实际工程项目的优化设计奠定了基础。

3. 优化设计方法

优化设计是从多种方案中选择最佳方案的设计方法，它是 CAE 技术应用的最终目的。优化设计以数学中的最优化理论为基础，并以计算机为手段，根据设计所追求的性能目标，建立目标函数，在满足给定的各种约束条件下，寻求最优的设计方案。优化设计有以下几个步骤：

（1）从工程问题本身的概念和原则等出发，制定目标要求，确定设计变量及其约束条件，从而建立优化模型；

(2) 审视优化模型的特点，选择适宜的最优化算法；

(3) 进行程序设计，并由计算机筛选出最优设计方案；

(4) 对所获得的最优设计方案进行解释、评价及验证。

4.1.2　计算机辅助工程分析技术的发展

在国外，CAE 的特点是以工程和科学问题为背景，建立计算模型并进行计算机仿真分析。一方面，CAE 技术的应用，使许多过去受条件限制无法分析的复杂问题，通过计算机数值模拟得到满意的解答；另一方面，CAE 分析使大量繁杂的工程分析问题简单化，使复杂的过程层次化，节省了大量的时间，避免了低水平的重复工作，使工程分析更快、更准确。CAE 技术在产品的设计、分析，新产品的开发等方面发挥了重要作用，同时，CAE 这一新兴的数值模拟分析技术得到迅猛发展，而该技术的发展又推动了许多相关的基础学科和应用科学的进步。在影响 CAE 技术发展的诸多因素中，人才、计算机硬件和分析软件是三个最主要的因素。现代计算机技术的飞速发展，已经为 CAE 技术奠定了良好的硬件基础。

发达国家多年来一直重视 CAE 技术人才的培养和分析软件的开发与推广应用，已经具有较强的掌握 CAE 技术的人才队伍，在分析软件的开发和应用方面也达到了较高水平。美国于 1998 年成立了工程计算机模拟和仿真学会，其他国家在后续也纷纷成立了类似的学术组织。各国都在投入大量的人力和物力，加快 CAE 技术人才的培养。正是各行业中大批掌握 CAE 技术的科技队伍推动了 CAE 技术的研究和工业化应用。CAE 技术在国外已经广泛应用于不同领域的科学研究，并普遍应用于实际工程问题，在解决许多复杂的工程分析方面发挥了重要作用。随着计算机向高速化和小型化方向发展，各种通用分析软件被持续推出和完善，国外的 CAE 技术在近年来得到了高速发展和普遍应用。早期的 CAE 分析软件一般都是基于大型计算机和工作站开发的，近年来 PC 机性能的提高，使采用 PC 机进行分析成为可能，促使许多 CAE 软件被移植到 PC 机上应用，这对 CAE 技术的推广应用极为有利。

衡量 CAE 技术水平的重要标志之一是分析软件的开发和应用水平。目前，一些发达国家在此方面已达到了较高的水平。以有限元分析软件为例，国际上不少先进的大型通用有限元计算分析软件的开发已达到较成熟的阶段并已实现商品化，如 ABAQUS，ANSYS，NASTRAN 等。这些软件具有良好的前、后处理界面，以及静态和动态过程分析、线性和非线性分析等多种强大的功能，都通过了不同行业的大量实际算例的反复验证，其解决复杂问题的能力和效率，已得到学术界和工程界的公认，在北美、欧洲和亚洲一些国家的机械、化工、土木、水利、材料、航空、船舶、冶金、汽车、电气工业设计等许多领域中得到了广泛的应用。就 CAE 技术的工业化应用而言，西方发达国家目前已经进入实用阶段。通过将 CAE 与 CAD，CAM 等技术相结合，企业能根据现代市场产品的多样性、复杂性、经济性等做出迅速反应，增强其自身的市场竞争能力。在许多行业中，CAE 分析已经作为产品设计与制造流程中不可逾越的一种强制性的工艺规范加以实施。以国外某大汽车公司为例，绝大多数的汽车零部件设计都必须经过多方面的计算机仿真分析，否则根本通不过设计审查，更谈不上试制和投入生产。计算机数值模拟现在已不仅仅是科学研究的一种手段，在生产实践中也已作为必备工具被普遍应用。

随着我国科学技术现代化水平的提高，CAE 技术也在我国蓬勃发展起来。科技界和政府的主管部门已经认识到计算机辅助工程技术对于提高我国科技水平、增强我国企业的市场竞争能力乃至整个国家的经济建设都有重要意义。近年来,我国 CAE 技术的研究开发和推广应用在许多行业和领域已经取得了一定的成绩。但从总体来看,某些方面与发达国家相比仍存在不小的差距,研究和应用的水平还有待提高。从行业和地区分布方面来看,其发展还很不平衡。ABAQUS,ANSYS,NASTRAN 等大型通用有限元分析软件已经被引进到我国,并在汽车、航空、机械、材料等许多行业得到了应用,而且在某些领域的应用水平还不低。不少大型工程项目也采用了这类软件进行分析。我国已经有一批科技人员在从事 CAE 技术的研究和应用,取得了不少研究成果和应用经验,使我国在 CAE 技术方面能紧跟现代科学技术的发展。但是,这些研究和应用涉及的领域以及分布的行业和地区还很有限。

与发达国家相比,我国工业界 CAE 技术应用水平还比较低。大多数的工业企业对 CAE 技术还处于初步的认同阶段,CAE 技术的工业化应用还有相当的难度。这是因为,一方面我国缺少自己开发的具有自主知识产权的计算机分析软件,另一方面大量缺乏掌握 CAE 技术的科技人员。对于计算机分析软件问题,目前虽然可以通过技术引进来解燃眉之急,但是,国外的这类分析软件的价格一般都相当高,国内不可能有很多企业购买这类软件来使用。而人才的培养则是一个长期的过程,这是对我国 CAE 技术的推广应用产生重要影响的一个制约因素,而且这样的状况很难在短期内有明显的改善。提高我国工业的科学技术水平,将 CAE 技术广泛应用于设计与制造过程仍是一项相当艰巨的工作。

先进、智能、集成是 CAE 的目标。各门实用科学的交叉发展,使 CAE 走出原有的数值分析局限,给工程研发所需的广度和深度带来一定的影响。复杂的工程和产品大都是处在多物理场与多相多态介质以及非线性耦合状态下工作的,其行为绝非是多个单一行为的简单叠加。对于多物理场耦合问题、多相多态介质耦合问题,目前尚没有成熟可靠的理论,相关理论还处于基础性研究阶段。以上问题已经成为国内外科学家主攻的目标。在这方面的任何突破,都会被迅速纳入 CAE 软件,以支持新兴工程和产品的技术创新。

CAE 软件是一个多学科交叉的、综合性的知识密集型产品,它由数百到数千个算法模块组成,其数据库存放着众多的设计方案、标准构件、行业性的标准和规范,以及判定设计和计算结果正确性的知识性规则。智能化的用户界面支持用户有效地使用 CAE 软件的专家系统,对设计和计算结果的正确与否做出判断。另外,将 CAD,CAM 和 CAE 有机地集成在一起,在设计阶段就可以同时分析和考虑设计、加工、管理等的相互作用影响,使工作效率大大提高。各分系统工程数据之间的传递采用统一的交换数据标准,并朝着统一产品信息模型的方向发展。总之,伴随着 CAE 的全面进步和人工智能、计算机集成制造系统(CIMS)等项目的实施,现代企业进入了新的发展阶段。

4.1.3 CAE 软件

CAE 软件是将迅速发展中的计算力学、计算数学、相关的工程科学、工程管理学与现代计算机科学和技术集成在一起而形成的一种综合性、知识密集型信息产品,是 CAE 理论和工程应用之间的桥梁。实用的 CAE 软件诞生于 20 世纪 70 年代初期;1970 年到 1985 年是 CAE 软件的功能和算法的扩充和完善期;到 80 年代中期,逐步形成了商品化的 CAE 软件。CAE 软件大体可以分为专用型和通用型两大类。

针对特定类型的工程/产品所开发的用于产品性能分析、预测和优化计算的软件,称为专用 CAE 软件。可以对多种类型的工程/产品的工程行为进行计算分析，模拟仿真，性能预测、评价与优化的软件，称为通用 CAE 软件。通用 CAE 软件主要由有限元软件、优化设计软件、计算流体软件、电磁场计算软件、最优控制软件和其他专业性的计算软件组成。

现行 CAE 软件的结构基本相同，主要包含算法模块、软件模块两大部分，可分为：

(1) 前处理模块，用于实现实体建模与参数化建模、构件的布尔运算、单元自动剖分、节点自动编号与节点参数自动生成、载荷与材料参数直接输入与公式参数化导入、节点荷载自动生成、有限元模型信息自动生成等。

(2) 有限元分析模块，包括有限单元库、材料库及相关算法，约束处理算法，有限元系统组装模块，静力、动力、振动、线性与非线性解法库等。大型通用 CAE 软件在实施有限元分析时，大都根据工程问题的物理、力学和数学特征将其分解成若干个子问题，由不同的有限元分析子系统完成各个子问题的分析。CAE 软件一般有如下子系统：线性静力分析子系统、动力分析子系统、振动模态分析子系统、热分析子系统等。

(3) 后处理模块，其基本功能包括使有限元分析结果的数据平滑、各种物理量的加工与显示、针对工程或产品设计要求的数据检验与工程规范校核、设计优化与模型修改等。

(4) 用户界面模块，包括交互式图形界面、弹出式下拉菜单、对话框、数据导入与导出宏命令以及相关的 GUI 图符等。

(5) 数据管理系统与数据库。数据管理系统有文件管理系统、关系型数据库管理系统及面向对象的工程数据库管理系统。数据库则应该包括构件与模型的图形和特性数据库，标准、规范知识库等。不同的 CAE 软件所采用的数据管理技术差异较大。

(6) 共享的基础算法模块，例如图形算法、数据平滑算法等。

目前 CAE 软件的主要功能有：

(1) 静力和拟静力的线性与非线性分析，包括各种单一和复杂组合结构的弹性变形、弹塑性变形、塑性变形、蠕变、膨胀、几何大变形、大应变、疲劳变形、断裂、损伤，以及多体弹塑性变形与应力应变分析。

(2) 线性与非线性动力学分析，各种动载荷、爆炸与冲击载荷作用下的时程分析，振动模态分析，交变载荷与谐波响应分析，随机地震载荷及随机振动分析，屈曲与稳定性分析等。

(3) 稳态与瞬态热分析，热传导分析、对流和辐射状态下的热分析、相变分析、热/结构耦合分析等。

(4) 电磁场和电流分析，静态和交变态的电磁场分析，电流与压电行为分析、电磁/结构耦合分析等。

(5) 流体计算，常规的管内和管外场的层流与湍流分析、热/流耦合分析、流/固耦合分析等。

(6) 声场与波的传播计算，静态和动态声场及噪声计算，固体、流体和空气中波的传播计算等。

CAE 软件对工程和产品的分析、模拟能力，主要取决于单元库和材料库的丰富和完善程度。单元库所包含的单元类型越多，材料库所包括的材料特性种类越全，CAE 软件对工程或产品的分析、仿真能力越强。知名的 CAE 软件的单元库一般都有百余种单元，并拥有一个比较完善的材料库，使得其对工程和产品的物理、力学特征具有较强的分析模拟能力。CAE 软件的计算效率和计算结果的精度主要取决于解法库，如果解法库包含多种不同类型的高性能求解算法，它就会对不同类型、不同规模的困难问题，以较快的速度和较高的精度给出计算结果。先进高效的求解算法与常规的求解算法相比，在计算效率上可能有几倍、几十倍甚至几百倍的差异，特别是在并行计算机环境下运行时，这种现象更加明显。CAE软件与CAD，CAPP(计算机辅助工艺过程)，CAM(计算机辅助制造)，PDM(产品数据管理)，ERP(企业资源规划)等软件一起，成为支撑工程行业和制造企业信息化的主要信息工具。

4.1.4 CAE技术的基本原理

CAE系统的核心思想是结构的离散化，就是将实际结构离散为有限数目的规则单元组合体，通过对离散体进行分析，得出满足工程精度的近似结果来替代对实际结构的分析，这样可以解决很多实际工程需要解决而通过理论分析又无法解决的复杂问题。

通常采用CAD技术来建立用于CAE分析的几何模型和物理模型，完成分析数据的输入，称此过程为CAE的前处理。同样，CAE分析的结果也需要利用CAD技术转化为形象的图形(如生成表示应力、温度、压力分布的等值线图，表示应力、温度、压力分布的色彩明暗图，以及生成随机械载荷和温度载荷变化的位移、应力、温度、压力等的动态分布显示图)来输出。通常称此过程为CAE的后处理。也可通过CAE仿真模拟零件、部件、装置(整机)乃至生产线、工厂的运动或运行状态。在CAE的应用过程中，前、后置处理是最重要的工作。

常见的工程分析包括：针对质量、体积、惯性力矩、强度等进行的计算分析；针对产品的运动精度，动、静态特征等进行的性能分析；针对产品的应力、变形等进行的结构分析。

CAE技术主要包括有限元分析技术、边界元分析技术、优化设计方法、仿真技术、试验模态分析技术、可靠性设计技术等。就实用性和应用的广泛性而言，CAE技术中最重要的还是有限元分析技术。

4.2 弹性力学基础

4.2.1 弹性力学的内容

弹性力学的研究对象是弹性体因受外力作用或由于温度改变、支座沉陷等而产生的应力、应变和位移，它是固体力学的一个分支。弹性力学和材料力学、结构力学一样，都可用来分析机构、结构或其构件在弹性阶段的应力和位移，校核它们是否满足所需的强度、刚度和稳定性要求，并寻求或改进它们的计算方法。

但是，弹性力学与材料力学、结构力学等在分工上又有所区别。材料力学研究的是长度远大于高度和宽度的杆状构件在拉压、剪切、弯曲、扭转变形状态下的应力和位移；结构力学则主要在材料力学基础上研究杆状构件组成的结构(如桁架、刚架等)，也就是所谓的杆件系统；而弹性力学的研究对象除上述杆件外，还有板、壳、块体及其组成的结构等。在研究杆件时，弹性力学和材料力学虽然都从静力学角度、几何角度、物理角度进行分析，但材料力学却可用一些关于形变状态或应力分布的假设，大大简化推演，使解答具有很大程度的近似性；弹性力学研究该问题时不需引用这些假定，因而研究方法更严密，解答更精确，同时，弹性力学可以解决材料力学、结构力学无法解决的问题。

弹性力学通常情况下虽然不研究杆件系统，但经过近几十年的发展，已经与结构力学密切地结合起来（特别是通过有限单元法）。弹性力学吸收了结构力学中超静定结构的分析方法（位移法、力法或混合法等），应用范围大大扩展，解决问题的能力也提高了。因此，材料力学、结构力学和弹性力学这三门学科之间的界限不是很明显，无须过分强调三者之间的分工，而应该综合运用它们，更好地为工程应用服务。

弹性力学理论包含的基本假设有：

(1) 连续性假设：假定组成物体的连续介质不留空隙地填满整个物体的体积，因此物体内的应力、应变和位移等物理量可视为连续的，可以用连续函数表示这些物理量的变化规律。而在实际情况中，物体由分子微粒组成，但分子的大小及分子间的距离相较于物体尺寸则十分微小，因此依据这个假设所得的结果与试验结果相比不会有明显偏差。

(2) 均匀性和各向同性假设：假定整个物体是由同类型的均匀材料组成的，因此沿着任意方向，物体的物理性质都是相同的，这样物体内各点的物理性质不会随坐标位置的改变而改变，此即均匀性假设。金属材料中的微小晶体是各向异性的，但由于晶体很小且排列杂乱无章，从统计平均意义上讲，金属材料可视为各向同性体，此即各向同性假设。

(3) 完全弹性假设：物体在外加因素（载荷、温度变化等）的作用下会发生变形，在外加因素去除后，物体完全恢复其原来形状而没有任何剩余变形，这样，材料的应力与变形成正比，即服从胡克定律。

(4) 小变形假设：在载荷或温度变化等的作用下，物体因变形而产生的位移，与物体的尺寸相比是很微小的。在研究物体平衡时，可不考虑这种变形引起的物体尺寸和位置变化；在研究物体的应变时，可以略去应变的乘积。因此，在微小变形的情况下弹性理论中的微分方程将是线性的。

(5) 无初应力假设：假定物体受力前处于自然状态，内部无应力。因此由弹性理论所求得的应力仅仅是由于载荷或温度变化而产生的。若物体中有初应力存在，则由弹性理论所求得的应力加上初应力才是物体中的实际应力。

以上述基本假设为依据的弹性理论，称为线性弹性理论。若物体中应力超过弹性极限，物体将处于塑性状态，此时应力与变形不是线性关系，这是物理上的非线性问题。讨论物体处于塑性状态时的应力与应变的理论，称为塑性理论。如仅根据上述基本假设，对物体中的应力与应变进行研究，这样的弹性理论也可称为数学弹性理论。如果除了上述基本假设外，还引用某些补充的假设，例如对于薄板（或薄壳），引用补充的几何假设，即直线假设（在变形前垂直于中间平面的直线段，在变形后仍保持为直线并垂直于变形后的中曲面），这样的弹性理论也可称为应用弹性理论。

在研究方法上，与材料力学的截面法不同，弹性力学采用分离体法，即在物体内部取无数个平行六面体，而在物体表面取无数个四面体。由分离体的平衡，写出弹性体的平衡微分方程，其数量少于未知应力总数，所以弹性力学问题是超静定的。因此解决此类问题时必须考虑变形条件，即根据连续性假设（物体发生变形后仍为连续体），导出一组应变协调方程，再由胡克定律表示应力与应变关系。另外,尚需知道边界条件和初始条件,才可求得弹性力学问题的唯一解,而实际上,弹性力学问题就是偏微分方程的边值问题。

4.2.2 弹性力学问题的分类

从弹性力学观点来看,在外界因素影响下,物体内产生的应力、应变和位移(基本未知量)是坐标的连续函数,为无限自由度问题。这些未知量单凭静力平衡条件是无法确定的,需要综合考虑静力学、几何学和物理学三方面的因素才能确定。弹性力学分析方法比较严密,是在无任何附加假定的情况下,从物体中任一点处取微分单元加以研究,从而得出平衡微分方程、几何方程和物理方程,这三大方程与静力学、几何学和物理学一一对应。这些方程分别体现了应力与体力、位移与应变、应力与应变之间的相互关系,在给定边界条件下可由这些基本方程确定基本未知量。具体求解时,可以位移或应力为未知量来求解,并可以导出未知量(应力函数等)来求解。最后可将问题归结为在给定边界条件下,求解偏微分方程(组)的问题。其解答可分为精确解和近似解。精确解就是求解偏微分方程(组)的解析解,近似解是利用有限单元法获得的。

任何弹性体都是空间上的物体,在其上作用的外力,一般都是空间力系。严格来讲,任何一个弹性力学问题都是空间问题,因此,必须同时考虑所有的应力分量、应变分量和位移分量,且这些分量都是坐标 x,y,z 的函数。这样的问题通常称为弹性力学空间问题。但是,当所考虑的弹性体具有某种特殊形状,并且受到某种特殊的外力系作用时,则空间问题可以近似地简化为平面问题来处理,这时只需考虑平行于某一平面的应力分量、应变分量和位移分量,且这些分量又仅是两个坐标(例如 x,y)的函数。这就是弹性力学的平面问题。因此,问题得到极大的简化。平面问题又可以分为平面应力与平面应变问题,之后章节将逐步对此进行讨论。

弹性力学问题根据空间维数可以分为三大类型,如图 4-1 所示。其中,一维问题已经在材料力学中研究过,而二维和三维问题主要在弹性力学中进行研究。以下将重点介绍弹性力学的二维和三维的问题分析。

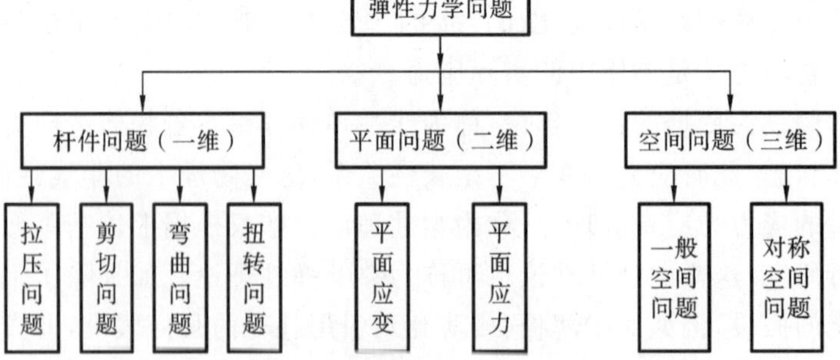

图 4-1 弹性力学问题分类

按照几何形状,弹性力学研究的构件可以分成三个大类:杆件、板和壳、块体。长度远大于横向尺寸的构件称为杆件,其几何要素为横截面与轴线,如图 4-2(a)所示;厚度方向的尺寸远小于其他两个方向尺寸的构件称为板(见图 4-2(b))或壳(见图 4-2(c));长、宽、高三个方向上尺寸在同一数量级的构件称为块体,如图 4-2(d)所示。

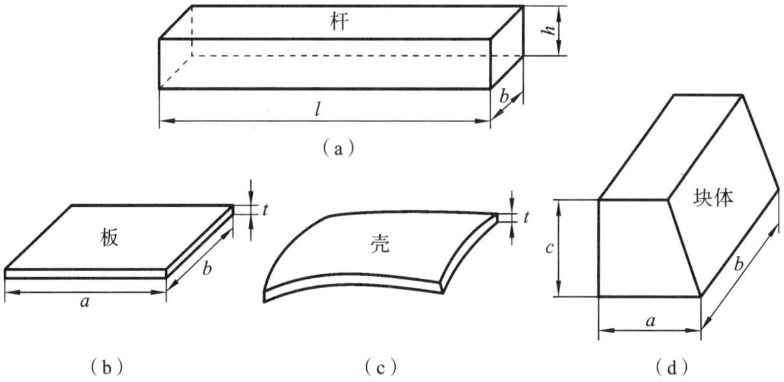

图 4-2　常见构件类型

4.2.3　弹性力学各类问题的基本方程

弹性力学所涉及的各种基本量的名称、符号及正负号的规定见表 4-1。

表 4-1　弹性力学的各种基本量的名称、符号及正负号规定

基本量		空间问题	平面问题	量纲	正负号规定
已知量	体力	X,Y,Z	X,Y	[力][长度]$^{-3}$	沿坐标轴正向为正
	面力	$\bar{X},\bar{Y},\bar{Z}$	$\bar{X},\bar{Y}$	[力][长度]$^{-2}$	沿坐标轴正向为正
未知量	正应力	$\sigma_x,\sigma_y,\sigma_z$	σ_x,σ_y	[力][长度]$^{-2}$	正面正向，负面负向为正
	剪应力	$\tau_{xy},\tau_{yz},\tau_{zx}$	τ_{xy}	[力][长度]$^{-2}$	
	正应变	$\varepsilon_x,\varepsilon_y,\varepsilon_z$	$\varepsilon_x,\varepsilon_y$	无量纲	线段伸长为正
	剪应变	$\gamma_{xy},\gamma_{yz},\gamma_{zx}$	γ_{xy}	无量纲	线段间夹角变小为正
	位移	u,v,w	u,v	[长度]	沿坐标轴正向为正

求解弹性力学问题时，常采用直角坐标系。但对于一些特殊的分析对象，采用极坐标系、柱坐标系或球坐标系可能更加方便。为便于应用弹性力学求解两类平面问题和空间问题，现将两类平面问题的一些特征、基本方程及边界条件简要归纳如下。这些基本方程按照三维空间问题处理。

当物体的形状和受力具有某些特征时，就能将复杂的三维空间问题简化为二维平面问题。平面问题可分为平面应力和平面应变问题，图 4-3(a)、图 4-3(b)所示分别是典型的平

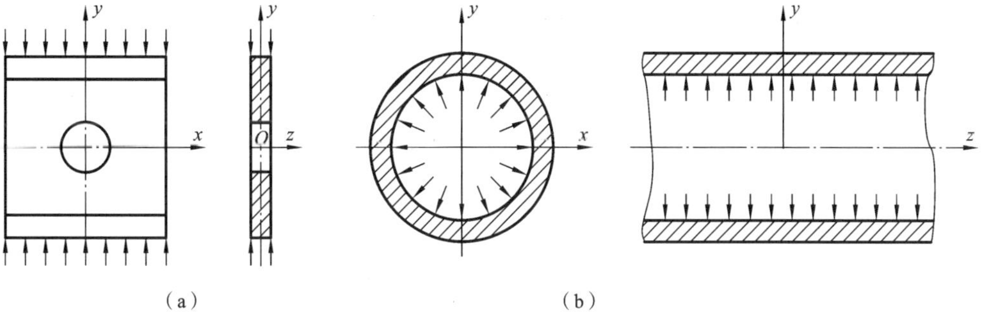

图 4-3　平面应力和平面应变问题

面应力和平面应变问题的示例。这两类平面问题的一些特征见表 4-2，其 8 个基本未知量都仅是坐标 x,y 的函数。

表 4-2　两类平面问题的特征

名称	平面应力问题		平面应变问题	
	未知量	已知量	未知量	已知量
位移	u,v	$w\neq 0$	u,v	$w=0$
应变	$\varepsilon_x,\varepsilon_y,\gamma_{xy}$	$\gamma_{yz}=\gamma_{zx}=0$ $\varepsilon_z=-\frac{\mu}{E}(\sigma_x+\sigma_y)$	$\varepsilon_x,\varepsilon_y,\gamma_{xy}$	$\gamma_{yz}=\gamma_{zx}=\varepsilon_z=0$
应力	$\sigma_x,\sigma_y,\sigma_{xy}$	$\tau_{yz}=\tau_{zx}=\sigma_z=0$	$\sigma_x,\sigma_y,\tau_{xy}$	$\tau_{yz}=\tau_{zx}=0$ $\sigma_z=\mu(\sigma_x+\sigma_y)$
外力	体力、面力的作用面平行于 Oxy 平面，外力沿板厚均布		体力、面力的作用面平行于 Oxy 平面，外力沿 z 轴方向无变化	
形状	z 轴方向尺寸远小于板面尺寸（等厚度薄平板）		z 轴方向尺寸远大于 Oxy 平面内的尺寸（等截面长柱体）	

平面问题的基本未知量有 $\sigma_x,\sigma_y,\tau_{xy},\varepsilon_x,\varepsilon_y,\gamma_{xy},u,v$ 共 8 个，基本方程也有 8 个（见表 4-3，其中 E 为弹性模量，μ 为泊松比，G 为剪切模量）。从表 4-3 可以看出，两种平面问题的平衡微分方程、几何方程相同，而物理方程略有差别。因此，只要将平面应力问题的物理方程中的 E,μ 分别换成 $E/(1-\mu^2)$，$\mu/(1-\mu)$，就得到平面应变问题的物理方程。

表 4-3　平面问题基本方程

<table>
<tr><th colspan="3">名　　称</th><th>基本方程表达式</th></tr>
<tr><td rowspan="4">基本方程</td><td colspan="2">平衡微分方程</td><td>$\frac{\partial\sigma_x}{\partial x}+\frac{\partial\tau_{xy}}{\partial y}+X=0$
$\frac{\partial\tau_{yx}}{\partial x}+\frac{\partial\tau_{yz}}{\partial y}+Y=0$</td></tr>
<tr><td colspan="2">几何方程</td><td>$\varepsilon_x=\frac{\partial u}{\partial x},\varepsilon_y=\frac{\partial v}{\partial y},\gamma_{xy}=\frac{\partial u}{\partial y}+\frac{\partial v}{\partial x}$</td></tr>
<tr><td rowspan="2">物理方程</td><td>平面应力问题</td><td>$\varepsilon_x=\frac{1}{E}(\sigma_x-\mu\sigma_y),\varepsilon_y=\frac{1}{E}(\sigma_y-\mu\sigma_x),\gamma_{xy}=\frac{\tau_{xy}}{G}$</td></tr>
<tr><td>平面应变问题</td><td>$\varepsilon_x=\frac{1}{E_1}(\sigma_x-\mu_1\sigma_y),\varepsilon_y=\frac{1}{E_1}(\sigma_y-\mu_1\sigma_x),\gamma_{xy}=\frac{\tau_{xy}}{G_1}$</td></tr>
</table>

弹性力学平面问题的三类边界条件见表 4-4。表中 S_u 表示面力，S_σ 表示位移已知的边界，l 和 m 则是边界面的方向余弦。

表 4-4　弹性力学平面问题的三类边界条件

位移边界条件	应力边界条件	混合边界条件
$u=\bar{u}$, $v=\bar{v}$, 在边界 S_u 上	$l\sigma_x+m\tau_{xy}=\bar{X}$, $l\tau_{xy}+m\sigma_y=\bar{Y}$, 在边界 S_σ 上	$u=\bar{u}$ 或 $v=\bar{v}$，在边界 S_u 上； $l\sigma_x+m\tau_{xy}=\bar{X}$，或 $l\tau_{xy}+m\sigma_y=\bar{Y}$， 在边界 S_σ 上

在直角坐标系下，空间问题的基本方程及基本未知量各有 15 个，如表 4-5 所示。

表 4-5　直角坐标系下空间问题的基本方程及基本未知量

名　称	基本方程	基本未知量
平衡微分方程	$\frac{\partial \sigma_x}{\partial x}+\frac{\partial \tau_{xy}}{\partial y}+\frac{\partial \tau_{xz}}{\partial z}+X=\rho\frac{\partial^2 u}{\partial t^2}=0$ $\frac{\partial \tau_{yx}}{\partial x}+\frac{\partial \sigma_y}{\partial y}+\frac{\partial \tau_{yz}}{\partial z}+Y=\rho\frac{\partial^2 v}{\partial t^2}=0$ $\frac{\partial \tau_{zx}}{\partial x}+\frac{\partial \sigma_{zy}}{\partial y}+\frac{\partial \sigma_z}{\partial z}+Z=\rho\frac{\partial^2 w}{\partial t^2}=0$	应力分量： $\sigma_x,\sigma_y,\sigma_z$ $\tau_{xy},\tau_{yz},\tau_{zx}$
几何方程	$\varepsilon_x=\frac{\partial u}{\partial x},\gamma_{xy}=\gamma_{yx}=\frac{\partial u}{\partial y}+\frac{\partial v}{\partial x}$ $\varepsilon_y=\frac{\partial v}{\partial y},\gamma_{yz}=\gamma_{zy}=\frac{\partial v}{\partial z}+\frac{\partial w}{\partial y}$ $\varepsilon_z=\frac{\partial w}{\partial z},\gamma_{zx}=\gamma_{xz}=\frac{\partial w}{\partial x}+\frac{\partial u}{\partial z}$	应变分量： $\varepsilon_x,\varepsilon_y,\varepsilon_z$ $\gamma_{xy},\gamma_{yz},\gamma_{zx}$
物理方程	$\varepsilon_x=\frac{1}{E}[\sigma_x-\mu(\sigma_y+\sigma_z)],\gamma_{xy}=\frac{\tau_{xy}}{G}$ $\varepsilon_y=\frac{1}{E}[\sigma_y-\mu(\sigma_x+\sigma_z)],\gamma_{yz}=\frac{\tau_{yz}}{G}$ $\varepsilon_z=\frac{1}{E}[\sigma_z-\mu(\sigma_y+\sigma_x)],\gamma_{zx}=\frac{\tau_{zx}}{G}$	位移分量： u,v,w

空间问题的三类边界条件见表 4-6，表中 S_σ 表示面力，S_u 表示位移已知的边界，m 和 n 为边界面的方向余弦。

表 4-6　空间问题的三类边界条件

位移边界条件	应力边界条件	混合边界条件
$u=\bar{u}$， $v=\bar{v}$， $w=\bar{w}$， 在边界 S_u 上	$l\sigma_x+m\tau_{xy}+n\tau_{xz}=\bar{X}$， $l\tau_{xy}+m\sigma_y+n\tau_{yz}=\bar{Y}$， $l\tau_{xz}+m\tau_{yz}+n\sigma_z=\bar{Z}$， 在边界 S_σ 上	$u=\bar{u}$ 或 $v=\bar{v}$，$w=\bar{w}$，在边界 S_u 上 $l\sigma_x+m\tau_{xy}+n\tau_{xz}=\bar{X}$， 或　$l\tau_{xy}+m\sigma_y+n\tau_{yz}=\bar{Y}$， 或　$l\tau_{xz}+m\tau_{yz}+n\sigma_z=\bar{Z}$， 在边界 S_σ 上

4.2.4　弹性力学问题的解法

在对弹性力学问题进行求解之前，需要清楚弹性力学的一些普遍原理。

(1) 圣维南原理：把物体一小部分上的面力变换成分布不同但静力等效的面力，只影响近处的应力分布，而不影响远处的应力。换言之，若一小部分边界受平衡力系(即主矢和主矩为零)作用，则此平衡力系只在近处产生显著应力，而对远处的影响可以忽略不计。该原理又称为局部性原理。

(2) 叠加原理：在线弹性和小变形条件下，若干组外力分别作用在同一物体上，相当于这若干组外力同时作用于该物体上。

(3) 解的唯一性定律：利用应变能定律可证明，受已知体力作用的弹性体，其表面或者面力已知，或者位移已知，或者一部分面力已知而另外一部分位移已知，则弹性体在平衡时，体内各点的应力分量与应变分量是唯一的。对于后两种情况，位移分量也是唯一的。

根据不同的原理，弹性力学问题的主要解法包括解析法、变分法(能量法)、差分法和有限单元法。

(1) 解析法：根据静力学、几何学、物理学等条件，建立区城内的微分方程组和边界条件，并应用数学分析方法求解这类微分方程的边值问题，得出的解答往往是精确的函数解。

(2) 变分法(能量法)：根据变形体的能量极值原理，导出弹性力学的变分方程，并进行求解。这也是一种独立的弹性力学问题的解法。由于得出的解答大多是近似的，所以常将变分法归入近似的解法。

(3) 差分法：将导出的微分方程及其边界条件化为差分方程(代数方程)进行求解。差分法是微分方程的近似数值解法。

(4) 有限单元法：首先将连续体转换为离散化结构，然后将变分原理应用于离散化结构，使用计算机进行求解。有限单元法是最近半个世纪发展起来的非常有效、应用非常广泛的数值解法。

在用有限单元法求解弹性力学问题时，通常需要满足物体形状和几何尺寸、材料的弹性常数 E，μ，G 等、物体所受的外载荷(包括体积力和面积力)、物体的约束等方面的条件。需要确定的是应力、应变和位移，它们都是物体内点的坐标的函数。针对空间问题，一共有 15 个未知数，其中位移量有 3 个，应力和应变量各有 6 个。可以利用的独立方程也有 15 个，即 3 个平衡方程、6 个几何方程和 6 个物理方程。平面问题的未知数简化为 8 个，与 8 个独立方程相对应。因此，加上边界条件，原则上就可以对弹性力学的空间问题和平面问题进行求解。但是由于解题时要对一系列偏微分方程组进行积分，这在数学上通常会遇到极大的困难。虽然迄今为止，已经解答出来的问题非常之多，但数学弹性理论所解答的问题主要限于几何形状比较规则、载荷分布相对简单的问题。

根据解题角度不同，求解弹性力学问题的主要方法有位移法(从位移出发解题)、应力法(从应力出发解题)和混合法。

(1) 位移法：以位移作为基本未知量来求解问题，即将一切未知量和基本方程都用位移分量表示，解方程并考虑边界条件求得位移分量，然后求应变分量和应力分量。此法适用于求解位移边值问题。首先解出的是 3 个未知函数 u，v 和 w，由它们再去求应变和应力。

位移法的具体步骤如下：

① 从几何方程和物理方程中消去应变，这样便从 12 个方程中去掉了 6 个方程，得到表示应力-位移关系的 6 个新方程。将这 6 个新方程代入平衡方程，得到的就是用位移表示的平衡方程(这是第一个变换)。

② 解位移形式的平衡方程，可求得位移分量 u，v，w。由于进行了积分运算，会出现坐标的任意函数。这些任意函数可用由位移表示的边界条件确定。因此，必须把边界条件也用位移表示(这是第二个变换)。

③ 当需要求应变时，可对位移的函数式求偏导数，即由几何方程求出应变，当还需要求应力时，可将求出的应变式代入物理方程，即得应力表达式。此求解过程无须用到连续方程，因为连续方程本身是来自几何方程的，而几何方程在上面的步骤中已经用到，所以连续方程一定是成立的。

(2) 应力法：以应力作为基本未知量来求解问题，即将一切未知量和基本方程都用应力分量表示，解方程并考虑边界条件，求得应力分量，然后求应变分量和位移分量。此法适用于求解应力边值问题。取点的应力为基本的未知函数，要求首先解出 6 个应力分量的表达式，有了应力，就可求得应变和位移。

应力法的具体步骤如下：

① 取平衡方程，由于只有 3 个式子，不足以确定 6 个应力分量，于是考虑把连续方程配上求解。

② 借助物理方程，将连续方程用应力表示，与平衡方程一起共得 9 个方程，将这 9 个方程一并考虑，得到一组确定应力的综合方程(第三个变换)。对这些方程进行积分时，会有坐标的任意函数出现，它们可以由外力边界条件确定。

③ 将所得应力式代入物理方程，可求得应变分量的表达式。这一步只是代数运算。

④ 为了求得位移的表达式，将所得的应变式代入几何方程，积分后求出位移。这时又会有坐标的任意函数出现，这些函数可以由约束条件确定。

(3) 混合法：以一部分应力分量和一部分位移分量为基本未知量来解决问题。此法适用于求解混合边值问题。

综上所述，要求解弹性力学问题，需要对一系列偏微分方程组进行积分，并且要对现有的基本方程做一些变换。将位移法和应力法进行比较，显然，按位移法解题比较简单，因为采用该方法时只要首先解出 3 个未知数 u,v,w。但是工程中所遇到的问题，常常是要求先求出应力以判断强度，甚至并不要求知道位移，这就使人们不得不寻找别的思路。直到 19 世纪末期，用应力表示连续方程的问题被解决以后，按应力解题才有了可能。

尽管这些方法的建立在理论上有着重大意义，但在实际解题过程中却很少有人原原本本地按照上述步骤去做，原因还在于数学上的困难性和复杂性。实际计算中常采用简便方法，因此，除直接方法外，还发展出了其他方法，如反逆解法、半逆解法、逐次渐近法等。

(1) 反逆解法：设位移(或应力)的函数式是已知的，将其代入上述有关方程中求得应变和应力(或应变和位移)。采用应力函数来求解，就是应用了反逆解法。

(2) 半逆解法：根据初步判断先给出一部分位移分量或一部分应力分量，然后代入上述相应方程中求解其他分量。这种方法比较简捷，但要求有一定的判断能力和运算技巧。

(3) 逐次渐近法：将材料力学中对同类问题的初等解作为近似解，代入弹性力学的基本方程中，这样会导致结果的矛盾，分析这些矛盾可以得到近似解的修正方法。采用这种方法通常不会得到问题的精确解，但可以得到满足工程需要的近似解。

弹性力学的求解方法处在一个不断发展的过程中，对于许多工程实际问题，由于边界条件、外载荷及约束条件等较为复杂，采用理论解析方法求解会遇到极大困难，而利用近似方法，特别是有限单元法可以解决这些工程实际问题，因此要求利用弹性力学的基础理论，更好地掌握和应用有限单元法。

4.3 平面问题

任何一个结构都是空间物体，一般的外力都是空间力系。因此，严格来说，任何实际问题都是空间问题，都必须考虑所有的位移分量、应变分量和应力分量。但是，如果研究的结构具有特殊的形状，承受的载荷具有特殊的分布，就有可能把空间问题简化为近似的平面问题，不考虑某些位移分量、应变分量和应力分量。这样，计算工作量将大大减少，同时解的精确度将会有所降低。

4.3.1 平面应力问题和平面应变问题

如图 4-4 所示的均匀薄板，作用在板上的所有面力和体力的方向均平行于板面，而且不沿厚度方向发生变化。由于没有垂直于板面的外力，而且板的厚度很小，载荷和厚度沿 z 轴方向均匀分布，所以可以近似地认为，对于整个薄板上所有各点都有 $\sigma_z=0$，$\tau_{yz}=\tau_{zy}=0$，$\tau_{zx}=\tau_{xz}=0$。这样，只剩下平行于 Oxy 平面的三个应力分量 σ_x，σ_y，σ_{xy} 未知，所以这种问题就称为平面应力问题。

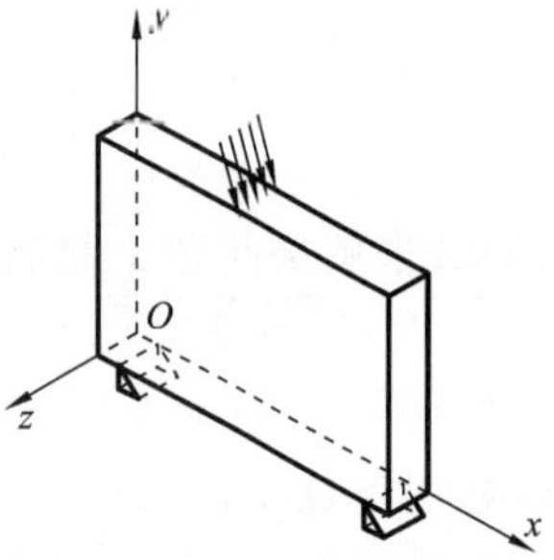

图 4-4　平面应力问题

由结构内任意一点的所有应力分量构造的矩阵称为应力矩阵，平面应力问题的应力矩阵为

$$\boldsymbol{\sigma}=[\sigma_x \quad \sigma_y \quad \sigma_{xy}]^{\mathrm{T}}$$

根据广义胡克定律，有

$$\begin{cases}\varepsilon_x=\dfrac{1}{E}(\sigma_x-\mu\sigma_y)\\ \varepsilon_y=\dfrac{1}{E}(\sigma_y-\mu\sigma_x)\\ \gamma_{xy}=\dfrac{\tau_{xy}}{G}\end{cases} \tag{4-1}$$

式中：E 为材料的弹性模量；μ 为泊松比；G 为剪切弹性模量，且满足 $G=\dfrac{E}{2(1+\mu)}$。

在式(4-1)中，用应变分量表示应力分量，可得

$$\begin{cases}\sigma_x=\dfrac{E}{1-\mu^2}(\varepsilon_x+\mu\varepsilon_y)\\ \sigma_y=\dfrac{E}{1-\mu^2}(\mu\varepsilon_x+\varepsilon_y)\\ \tau_{xy}=\dfrac{E}{2(1+\mu)}\gamma_{xy}\end{cases} \tag{4-2}$$

式(4-2)用矩阵方程形式表示为

$$\begin{bmatrix}\sigma_x\\ \sigma_y\\ \tau_{xy}\end{bmatrix}=\frac{E}{1-\mu^2}\begin{bmatrix}1 & \mu & 0\\ \mu & 1 & 0\\ 0 & 0 & \dfrac{1-\mu}{2}\end{bmatrix}\begin{bmatrix}\varepsilon_x\\ \varepsilon_y\\ \gamma_{xy}\end{bmatrix} \tag{4-3a}$$

令

$$\boldsymbol{D}=\frac{E}{1-\mu^2}\begin{bmatrix}1 & \mu & 0\\ \mu & 1 & 0\\ 0 & 0 & \dfrac{1-\mu}{2}\end{bmatrix} \tag{4-3b}$$

则式(4-3a)可以简写为

$$\boldsymbol{\sigma}=\boldsymbol{D\varepsilon} \tag{4-3c}$$

该方程称为物理方程，其中 $\boldsymbol{\varepsilon}$ 称为应变矩阵，矩阵 $\boldsymbol{D}$ 称为弹性矩阵。

设有无限长的柱状体，其横截面形状如图 4-5 所示。在柱状体上作用的面力和体力的方向都与横截面平行，且不沿长度方向发生变化。

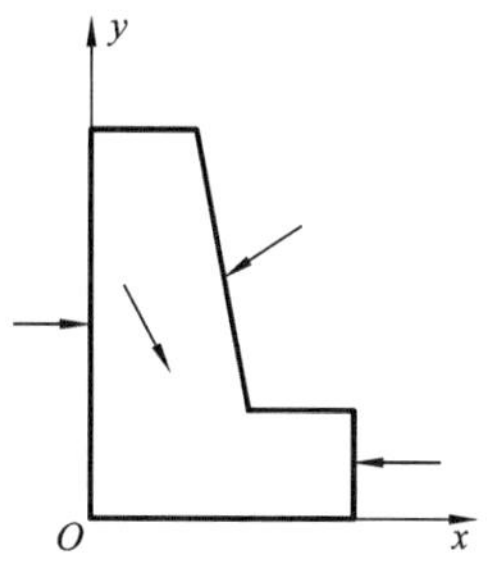

图 4-5　平面应变问题

以任一横截面为 Oxy 面、任一纵线为 z 轴，则所有应力分量、应变分量和位移分量都不沿 z 轴方向变化，它们只是 x，y 的函数。另外，由于任一横截面都可以看作对称面，所以各点都只会有沿 x 和 y 方向的位移而不会有沿 z 方向的位移。

根据弹性力学理论，有 $\varepsilon_z=\gamma_{yz}=\gamma_{zx}$，于是只剩下 3 个应变分量 ε_x，ε_y，γ_{xy}，所以这种问题就称为平面应变问题。

根据广义胡克定律，平面应变问题的物理方程为

$$\begin{bmatrix}\sigma_x\\ \sigma_y\\ \tau_{xy}\end{bmatrix}=\frac{E(1-\mu)}{(1+\mu)(1-2\mu)}\begin{bmatrix}1 & \dfrac{\mu}{1-\mu} & 0\\ \dfrac{\mu}{1-\mu} & 1 & 0\\ 0 & 0 & \dfrac{1-2\mu}{2(1-\mu)}\end{bmatrix}\begin{bmatrix}\varepsilon_x\\ \varepsilon_y\\ \gamma_{xy}\end{bmatrix} \tag{4-4a}$$

或

$$\boldsymbol{\sigma}=\boldsymbol{D}\boldsymbol{\varepsilon} \tag{4-4b}$$

如果将 $E_1=E/(1-\mu^2)$，$\mu_1=\mu/(1-\mu)$ 代入式(4-4a)，可得到

$$\boldsymbol{D}=\frac{E_1}{1-\mu_1^2}\begin{bmatrix}1 & \mu_1 & 0\\ \mu_1 & 1 & 0\\ 0 & 0 & \dfrac{1-\mu_1}{2}\end{bmatrix}$$

对比式(4-3a)与式(4-4a)、式(4-3b)与式(4-4b)，可知这两种平面问题的弹性矩阵具有同样的形式，即只要对材料的弹性模量和泊松比进行相应代换，则平面应力问题和平面应变问题在计算中就可以采用同样形式的弹性矩阵公式。

4.3.2　结构离散化

对结构进行离散化是用有限单元法解题时的第一步。对平面问题进行求解时使用的是平面单元，常用的单元种类有三节点三角形单元、六节点三角形单元、四节点四边形单元和八节点四边形单元(见图 4-6)。最简单的是三节点三角形单元，本节将重点研究此单元。

在结构离散化即划分单元时，就整体而言，单元的大小(即网格的疏密)要根据精度的要求和计算机的速度及容量来确定。根据误差分析，应力的误差与单元的尺寸成正比，位移的误差与单元尺寸的平方成正比，因此，单元分得越小，计算结果就越精确。但是，单元尺寸越小，单元的数目会越多，计算的时间就越长，要求的计算机容量也越大。因此，划分单元时应综合考虑单元尺寸对精度和计算工作量的影响。为了解决精度与计算工作量之间的矛盾，在划分单元时，可以在同一结构的不同位置采用不同的网格密度。例如：在结构边界比较曲折的部位，单元取得小一些；在结构边界比较平滑的部位，单元取得大一些。对于需要比较

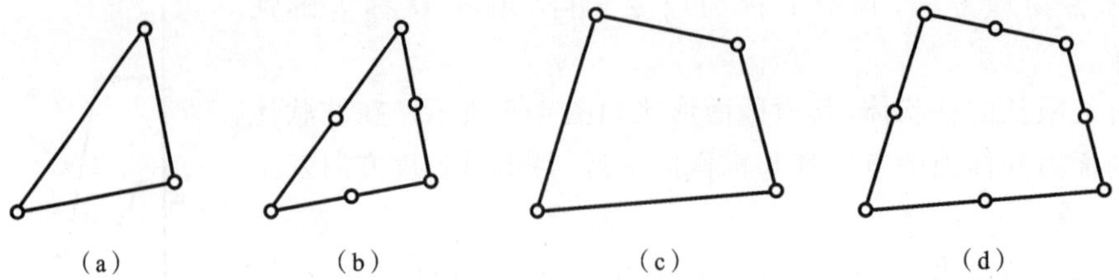

图 4-6　各种平面单元

(a) 三节点三角形单元；(b) 六节点三角形单元；(c) 四节点四边形单元；(d) 八节点四边形单元

详细了解应力、应变的重要部位，其单元取得小一些；对于次要部位，单元取得大一些。对于应力、应变变化比较剧烈的部位(比如有应力集中的部位)，单元取得小一些；对于应力、应变变化比较平缓的部位，单元取得大一些。当结构受到集度有突变的分布载荷或集中载荷作用时，在载荷突变点和集中载荷作用点附近，单元取得小一些。

根据误差分析，应力和位移的计算误差都和单元的最小内角的正弦成正比，因此，划分的单元最好不要有过小的锐角或较大的钝角。同样是三角形单元，由等边三角形单元计算要比由等腰直角三角形单元计算所得的误差小。对于平面问题，划分单元时，若遇到结构的厚度、结构所使用的材料等有突变的情况，在突变线处附近单元应取得小一些，而且必须把突变线作为单元的边界线，不能使突变线穿过单元，因为这种突变不可能在同一单元内得到反映。

为了同时满足提高计算精度和减少计算工作量两个要求，在划分单元时可以采用一些技巧。

当结构具有对称面而载荷关于该对称面对称或反对称时，可以利用对称性或反对称性，取结构的一半进行分析，从而可以减少计算工作量。如图 4-7(a)所示的简支梁，结构对称于 O 面，载荷反对称于该面，分析时只需取梁的一半作为研究对象进行分析，并且沿着对称面方向施加约束，使梁产生位移(见图 4-7(b))，这样便会大大减少计算工作量。

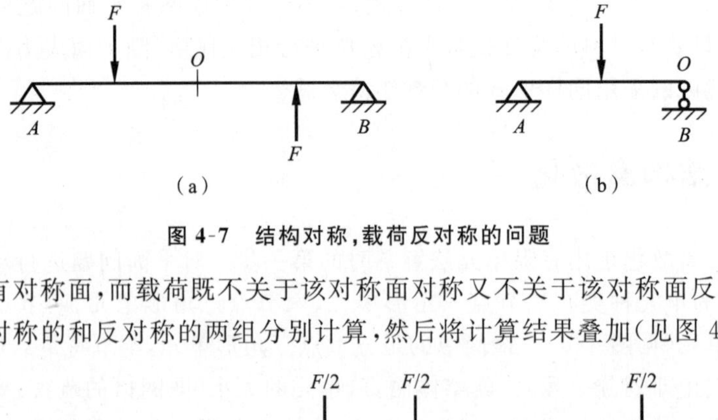

图 4-7　结构对称，载荷反对称的问题

当结构具有对称面，而载荷既不关于该对称面对称又不关于该对称面反对称时，可以把载荷分解成为对称的和反对称的两组分别计算，然后将计算结果叠加(见图 4-8)。

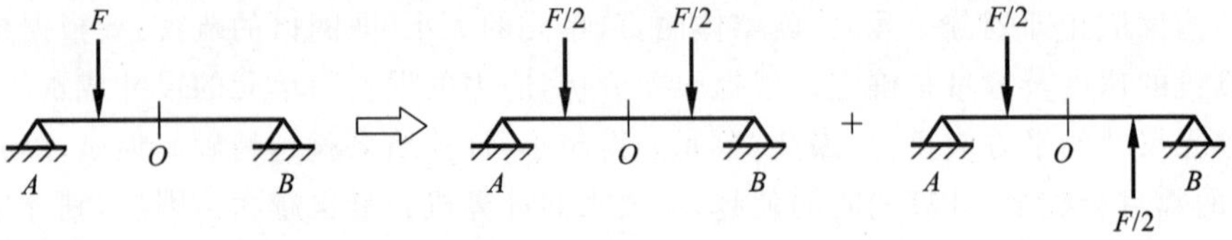

图 4-8　结构对称，载荷既不对称也不反对称的问题

如图 4-9(a)所示，结构和载荷都沿圆周均匀分布，如果将结构按剖面线标示区域大小和形状进行划分，则得到的 6 个区域形状、尺寸和载荷都完全相同，这种现象称为循环对称。因为 6 个区域的应力、应变和变形分布情况也应该相同，所以分析时只需计算其中一个区域即可(见图 4-9(b))，这样便会大大减少计算工作量。当结构和载荷均关于同一对称轴对称时，可以使用轴对称单元对结构进行计算，把空间结构转化为平面结构，这也将大大减少计算工作量。

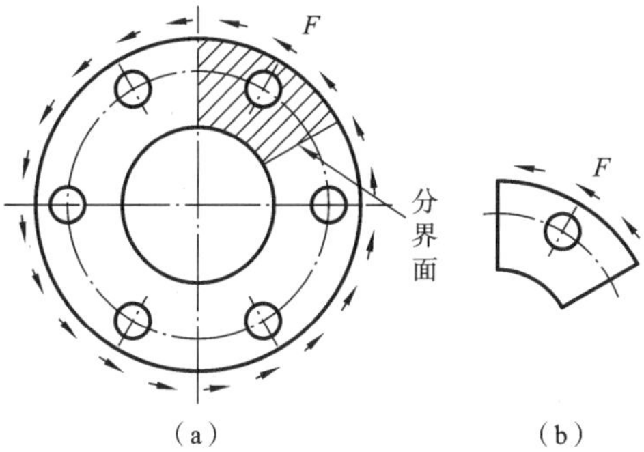

图 4-9 循环对称问题

在图 4-10(a)所示结构的凹槽附近存在应力集中现象，应力变化比较剧烈。为了反映该应力变化，该处单元应取得小一些，但是这样就会增大计算量，而且单元的尺寸相差悬殊，可能还会引起较大的计算误差。在这种情况下，可以采用子模型法，即分两次进行计算。在第一次计算时，把凹槽附近的单元划分得比别处稍微小一些，以大致反映凹槽对应力分布的影响，如图 4-10(a)所示的 *ABCD* 部分。这时计算的目的在于算出别的位置的应力，并算出 *ABCD* 线上各节点的位移。在第二次计算时，把凹槽附近的单元划分得充分小(见图 4-10(b))，并只以 *ABCD* 部分为计算对象，把第一次计算得到的 *ABCD* 线上各节点的位移作为已知量输入，这样即可将凹槽附近的局部应力计算得足够精确。

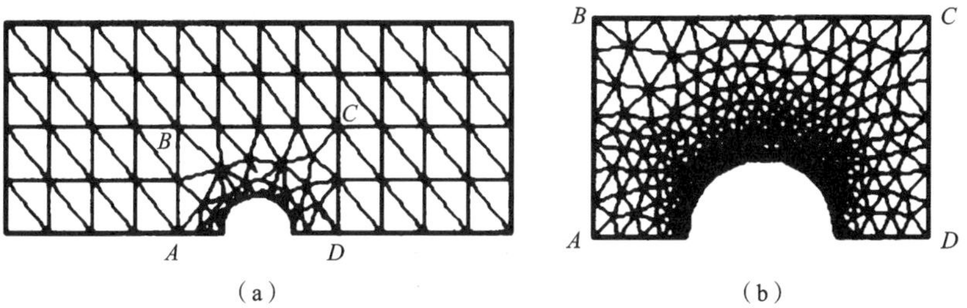

图 4-10 子模型技术

4.3.3 位移函数

结构离散化后，要对单元进行力学特性分析，即确定单元节点力和节点位移之间的关系。为了分析和确定这一关系，需要将单元内任意一点的位移分量表示为坐标的函数，该函数称为位移函数，它反映了单元的位移情况并决定了单元的力学特性。由于位移函数在解题前是未知的，而在进行单元分析时又是必须用到的，为此，首先必须假定一个函数。所假定的位移函数必须满足两个条件：其一，它在单元节点上的值等于节点位移；其二，由该函数出发得到的有限元解收敛于真实解。为了方便进行数学处理，尤其是便于进行微分和积分运算，位移函数一般采用坐标多项式形式。从理论上讲，只有无穷次的多项式才可能与真实解相对应，但为了实用，通常只取有限次多项式。一般情况下，位移函数的项数取得越多，对真实解的近似程度就越高，但分析计算的复杂程度也随之提高。

对于平面问题，位移函数的一般形式为

$$\begin{cases} u(x,y)=\alpha_1+\alpha_2 x+\alpha_3 y+\alpha_4 x^2+\alpha_5 xy+\alpha_6 y^2+\cdots+\alpha_m y^n \\ v(x,y)=\alpha_{m+1}+\alpha_{m+2} x+\alpha_{m+3} y+\alpha_{m+4} x^2+\alpha_{m+5} xy+\alpha_{m+6} y^2+\cdots+\alpha_{2m} y^n \end{cases} \tag{4-5}$$

式中，$\alpha_1,\alpha_2,\cdots,\alpha_{2m}$ 为待定系数。

三节点三角形单元共有6个自由度（见图4-11），所以其位移函数应取式(4-5)中的线性项，即

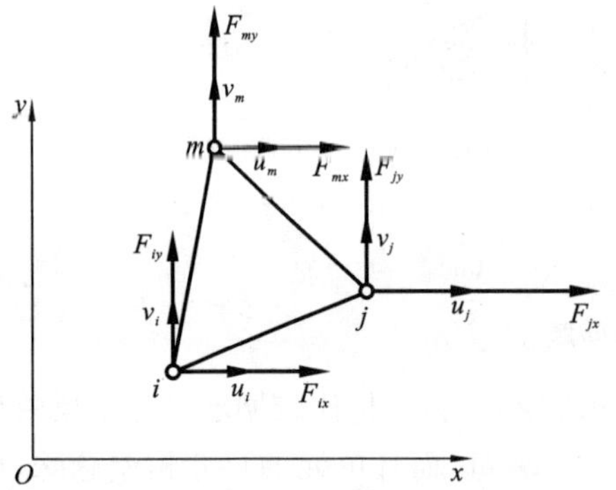

图4-11　三节点三角形单元

$$\begin{cases} u(x,y)=\alpha_1+\alpha_2 x+\alpha_3 y \\ v(x,y)=\alpha_4+\alpha_5 x+\alpha_6 y \end{cases} \tag{4-6}$$

这样，就可以由节点位移求出6个待定系数 $\alpha_1,\alpha_2,\cdots,\alpha_6$。为了确定这6个待定系数，将节点 i,j,m 的位移值和坐标值代入式(4-6)，得到方程组：

$$\begin{cases} u_i=\alpha_1+\alpha_2 x_i+\alpha_3 y_i, \quad v_i=\alpha_4+\alpha_5 x_i+\alpha_6 y_i \\ u_j=\alpha_1+\alpha_2 x_j+\alpha_3 y_j, \quad v_j=\alpha_4+\alpha_5 x_j+\alpha_6 y_j \\ u_m=\alpha_1+\alpha_2 x_m+\alpha_3 y_m, \quad v_m=\alpha_4+\alpha_5 x_m+\alpha_6 y_m \end{cases} \tag{4-7}$$

解得

$$\begin{cases} \alpha_1 = \dfrac{1}{2\Delta}\sum\limits_{i,j,m} a_i u_i \\ \alpha_2 = \dfrac{1}{2\Delta}\sum\limits_{i,j,m} b_i u_i \\ \alpha_3 = \dfrac{1}{2\Delta}\sum\limits_{i,j,m} c_i u_i \\ \alpha_4 = \dfrac{1}{2\Delta}\sum\limits_{i,j,m} a_i v_i \\ \alpha_5 = \dfrac{1}{2\Delta}\sum\limits_{i,j,m} b_i v_i \\ \alpha_6 = \dfrac{1}{2\Delta}\sum\limits_{i,j,m} c_i v_i \end{cases} \tag{4-8}$$

式(4-8)中，$a_i=x_j y_m-x_m y_j$，$b_i=y_i-y_m$，$c_i=x_m-x_j$。i,j,m 表示轮换码，即式(4-8)中下标按 i,j,m 顺序轮换。此外有

$$2\Delta=\begin{vmatrix} 1 & x_i & y_i \\ 1 & x_j & y_j \\ 1 & x_m & y_m \end{vmatrix}$$

根据解析几何知识，Δ 等于 $\triangle ijm$ 的面积，为了使面积不出现负值，规定节点 i，j，m 必须逆时针排列。

将式(4-8)代入式(4-7)，得

$$\begin{cases} u = N_i u_i + N_j u_j + N_m u_m \\ v = N_i v_i + N_j v_j + N_m v_m \end{cases} \tag{4-9a}$$

式中，$N_i = \frac{1}{2\Delta}(a_i + b_i x + c_i y)$，$N_j = \frac{1}{2\Delta}(a_j + b_j x + c_j y)$，$N_m = \frac{1}{2\Delta}(a_m + b_m x + c_m y)$。$N_i$，$N_j$，$N_m$ 称为单元位移的形状函数，简称为形函数。

将式(4-9a)写成矩阵形式，有

$$\boldsymbol{f} = \boldsymbol{N}\boldsymbol{\delta}^{\mathrm{e}} \tag{4-9b}$$

式中：$\boldsymbol{N}$ 为形函数矩阵，

$$\boldsymbol{N} = \begin{bmatrix} N_i & 0 & N_j & 0 & N_m & 0 \\ 0 & N_i & 0 & N_j & 0 & N_m \end{bmatrix}$$

$\boldsymbol{\delta}^{\mathrm{e}}$ 为单元节点位移列阵，

$$\boldsymbol{\delta}^{\mathrm{e}} = [u_i \quad v_i \quad u_j \quad v_j \quad u_m \quad v_m]^{\mathrm{T}}$$

$\boldsymbol{f}$ 为位移函数矩阵，

$$\boldsymbol{f} = [u \quad v]^{\mathrm{T}}$$

式(4-9)建立了单元内任意一点位移和单元节点位移间的关系，利用该式，通过单元的节点位移进行插值计算，可求出单元内任一点的位移。

当结构的单元划分得越来越细时，为了使有限单元法的计算结果收敛于问题的真实解，位移函数必须满足以下四个条件。

(1) 位移函数必须能反映单元的常量应变。单元的应变分为与坐标无关的常量应变和与坐标有关的变量应变，而且，当单元的尺寸较小时，单元内各点的应变趋于相等，常量应变成为应变的主要部分。因此，为了正确反映单元的应变情况，位移函数必须能反映单元的常量应变。

(2) 位移函数必须能反映单元的刚性位移。每个单元的位移一般总是由两部分组成，一部分是由本单元应变引起的位移，另一部分是由其他单元应变连带引起的位移(即刚性位移)。因此，为了正确反映单元的位移情况，位移函数必须能反映单元的刚性位移。

(3) 位移函数在单元内部必须是连续函数。

(4) 位移函数必须保证相邻单元间位移协调。在连续弹性体中，位移是连续的，不会发生两相邻部分互相分离或互相侵入的现象。为了使单元内部的位移保持连续，必须把位移函数取为坐标的单值连续函数；为了使相邻单元的位移保持连续，就应该使得它们在公共节点处具有相同的位移，也能保证在公共单元边上具有相同的位移。因此，在选取位移函数时，应能反映位移的连续性。

理论和实践都证明：当单元尺寸较小时，前三个条件是保证有限元法的计算结果收敛于真实解的必要条件，第四个条件则是其充分条件。

4.3.4　单元刚度矩阵

研究单元刚度矩阵是为了对单元进行力学特性分析，确定单元节点力和节点位移的关系。这一关系用矩阵形式表示为

$$\boldsymbol{F}^{\mathrm{e}} = \boldsymbol{K}^{\mathrm{e}}\boldsymbol{\delta}^{\mathrm{e}} \tag{4-10}$$

式中：$\boldsymbol{\delta}^{\mathrm{e}}$ 为单元节点位移列阵；$\boldsymbol{F}^{\mathrm{e}}$ 为单元节点力列阵；$\boldsymbol{K}^{\mathrm{e}}$ 为单元刚度矩阵。式(4-10)称为单

元刚度方程。

建立单元刚度方程的基本步骤：首先在假定单元位移函数的基础上，根据弹性力学理论，建立应变、应力与节点位移之间的关系式；然后，根据虚位移原理，求得单元节点力与节点位移之间的关系，即列出单元刚度方程，从而得出单元刚度矩阵。

如图 4-11 所示，三节点三角形单元有 3 个节点、6 个自由度，所以，其单元节点位移列阵为

$$\boldsymbol{\delta}^{\mathrm{e}}=\begin{bmatrix}\sigma_i\\ \sigma_j\\ \tau_m\end{bmatrix}=\begin{bmatrix}u_i\\ v_i\\ u_j\\ v_j\\ u_m\\ v_m\end{bmatrix}$$

单元节点力是其他单元通过节点作用在该单元上的力，与 $\boldsymbol{\delta}^{\mathrm{e}}$ 相对应，单元节点力列阵为

$$\boldsymbol{F}^{\mathrm{e}}=\begin{bmatrix}F_i\\ F_j\\ F_m\end{bmatrix}=\begin{bmatrix}F_{ix}\\ F_{iy}\\ F_{jx}\\ F_{jy}\\ F_{mx}\\ F_{my}\end{bmatrix}$$

下面研究单元刚度矩阵。

(1) 用单元节点位移表示单元内任意一点的应变。根据平面问题的几何方程，单元内任意一点的应变为

$$\varepsilon=\begin{bmatrix}\varepsilon_x\\ \varepsilon_y\\ \gamma_{xy}\end{bmatrix}=\begin{bmatrix}\dfrac{\partial u}{\partial x}\\ \dfrac{\partial v}{\partial y}\\ \dfrac{\partial u}{\partial y}+\dfrac{\partial v}{\partial x}\end{bmatrix} \tag{4-11}$$

将式(4-9a)代入式(4-11)，可得：

$$\varepsilon=\frac{1}{2\Delta}\begin{bmatrix}b_iu_i+b_ju_j+b_mu_m\\ c_iv_i+c_jv_j+c_mv_m\\ c_iu_i+c_ju_j+c_mu_m+b_iv_i+b_jv_j+b_mv_m\end{bmatrix}$$

$$=\frac{1}{2\Delta}\begin{bmatrix}b_i & 0 & b_j & 0 & b_m & 0\\ 0 & c_i & 0 & c_j & 0 & c_m\\ c_i & b_i & c_j & b_j & c_m & b_m\end{bmatrix}\begin{bmatrix}u_i\\ v_i\\ u_j\\ v_j\\ u_m\\ v_m\end{bmatrix} \tag{4-12a}$$

令

$$\boldsymbol{B}_k=\frac{1}{2\Delta}\begin{bmatrix} b_k & 0 \\ 0 & c_k \\ c_k & b_k \end{bmatrix} \quad (k=i,j,m)$$

$$\boldsymbol{B}=[\boldsymbol{B}_i \quad \boldsymbol{B}_j \quad \boldsymbol{B}_m] \tag{4-12b}$$

则式 4-12(a)可以简写为

$$\boldsymbol{\varepsilon}=\boldsymbol{B}\boldsymbol{\delta}^{\mathrm{e}} \tag{4-12c}$$

式中：$\boldsymbol{B}$ 称为单元的几何矩阵，它反映了单元内任意一点的应变与单元节点位移间的关系。

由于对单元内任意一点而言，系数 b_i，$c_i(i,j,m)$以及单元面积 Δ 均为常数，因此，几何矩阵 $\boldsymbol{B}$ 和应变矩阵 $\boldsymbol{\varepsilon}$ 都是常量矩阵，三节点三角形单元是常应变单元。

(2) 用单元节点位移表示单元内任意一点的应力。将式(4-12c)代入式(4-3c)、式(4-4b)表示的平面问题的物理方程，有

$$\boldsymbol{\sigma}=\boldsymbol{D}\boldsymbol{B}\boldsymbol{\delta}^{\mathrm{e}} \tag{4-13a}$$

设

$$\boldsymbol{S}=\boldsymbol{D}\boldsymbol{B}$$

则

$$\boldsymbol{\sigma}=\boldsymbol{S}\boldsymbol{\delta}^{\mathrm{e}} \tag{4-13b}$$

式中：$\boldsymbol{S}$ 称为单元的应力矩阵，它反映了单元内任意一点的应力与单元节点位移的关系。

由于三节点三角形单元的弹性矩阵 $\boldsymbol{D}$ 和几何矩阵 $\boldsymbol{B}$ 都是常量矩阵，所以应力矩阵 $\boldsymbol{S}$ 也是常量矩阵，因此三节点三角形单元还是常应力单元。

(3) 根据虚位移原理求出单元刚度矩阵。

设单元上发生虚位移，单元各节点上虚位移为 $\boldsymbol{\delta}^{*\mathrm{e}}$；相应地，单元内任意一点处存在虚应变 $\boldsymbol{\varepsilon}^{*}$。根据式(4-12)，它们之间有如下关系：

$$\boldsymbol{\varepsilon}^{*}=\boldsymbol{B}\boldsymbol{\delta}^{*\mathrm{e}} \tag{4-14}$$

单元在节点力的作用下处于平衡状态。根据虚位移原理，节点力在相应节点虚位移上所做的虚功等于单元的虚变形能，即

$$(\boldsymbol{\delta}^{*\mathrm{e}})^{\mathrm{T}}\boldsymbol{F}^{\mathrm{e}}=\int_V(\boldsymbol{\varepsilon}^{*})^{\mathrm{T}}\boldsymbol{\sigma}\mathrm{d}V \tag{4-15}$$

将式(4-13a)与式(4-14)代入式(4-15)，有

$$(\boldsymbol{\delta}^{*\mathrm{e}})^{\mathrm{T}}\boldsymbol{F}^{\mathrm{e}}=\int_V(\boldsymbol{B}\boldsymbol{\delta}^{*\mathrm{e}})^{\mathrm{T}}\boldsymbol{D}\boldsymbol{B}\boldsymbol{\delta}^{\mathrm{e}}\mathrm{d}V$$

由于节点虚位移 $\boldsymbol{\delta}^{*\mathrm{e}}$和节点位移 $\boldsymbol{\delta}^{\mathrm{e}}$ 都是常量，与积分变量无关，可以提到积分符号外面，于是有

$$(\boldsymbol{\delta}^{*\mathrm{e}})^{\mathrm{T}}\boldsymbol{F}^{\mathrm{e}}=(\boldsymbol{\delta}^{*\mathrm{e}})^{\mathrm{T}}\int_V\boldsymbol{B}^{\mathrm{T}}\boldsymbol{D}\boldsymbol{B}\mathrm{d}V\cdot\boldsymbol{\delta}^{\mathrm{e}} \tag{4-16}$$

由于虚位移 $\boldsymbol{\delta}^{*\mathrm{e}}$是任意的，欲使式(4-16)成立，必须有

$$\boldsymbol{F}^{\mathrm{e}}=\int_V\boldsymbol{B}^{\mathrm{T}}\boldsymbol{D}\boldsymbol{B}\mathrm{d}V\cdot\boldsymbol{\delta}^{\mathrm{e}} \tag{4-17}$$

令

$$\boldsymbol{K}^{\mathrm{e}}=\int_V\boldsymbol{B}^{\mathrm{T}}\boldsymbol{D}\boldsymbol{B}\mathrm{d}V \tag{4-18}$$

则

$$\boldsymbol{F}^{\mathrm{e}}=\boldsymbol{K}^{\mathrm{e}}\boldsymbol{\delta}^{\mathrm{e}} \tag{4-19}$$

式(4-19)称为单元刚度方程，$\boldsymbol{K}^{\mathrm{e}}$ 为单元刚度矩阵。

(4) 求三节点三角形单元刚度矩阵的显式表达式。

式(4-18)为单元刚度矩阵的普遍公式，适用于各种类型的单元。对于三节点三角形单元，该式中矩阵 $\boldsymbol{B}$,$\boldsymbol{D}$ 为常量矩阵，所以

$$\boldsymbol{K}^{\mathrm{e}} = \boldsymbol{B}^{\mathrm{T}}\boldsymbol{D}\boldsymbol{B}\int_V \mathrm{d}V = t\Delta\boldsymbol{B}^{\mathrm{T}}\boldsymbol{D}\boldsymbol{B} \tag{4-20}$$

式中：t 为单元厚度，对每一个单元而言，其为常数；Δ 为单元的面积；$t\Delta$ 为单元的体积。

将式(4-12b)以及平面问题的弹性矩阵 $\boldsymbol{D}$ 代入式(4-20)，可得

$$\begin{aligned}\boldsymbol{K}^{\mathrm{e}} &= t\Delta\begin{bmatrix}\boldsymbol{B}_i^{\mathrm{T}}\\ \boldsymbol{B}_j^{\mathrm{T}}\\ \boldsymbol{B}_m^{\mathrm{T}}\end{bmatrix}\boldsymbol{D}\begin{bmatrix}\boldsymbol{B}_i & \boldsymbol{B}_j & \boldsymbol{B}_m\end{bmatrix}\\ &= t\Delta\begin{bmatrix}\boldsymbol{B}_i^{\mathrm{T}}\boldsymbol{D}\boldsymbol{B}_i & \boldsymbol{B}_i^{\mathrm{T}}\boldsymbol{D}\boldsymbol{B}_j & \boldsymbol{B}_i^{\mathrm{T}}\boldsymbol{D}\boldsymbol{B}_m\\ \boldsymbol{B}_j^{\mathrm{T}}\boldsymbol{D}\boldsymbol{B}_i & \boldsymbol{B}_j^{\mathrm{T}}\boldsymbol{D}\boldsymbol{B}_j & \boldsymbol{B}_j^{\mathrm{T}}\boldsymbol{D}\boldsymbol{B}_m\\ \boldsymbol{B}_m^{\mathrm{T}}\boldsymbol{D}\boldsymbol{B}_i & \boldsymbol{B}_m^{\mathrm{T}}\boldsymbol{D}\boldsymbol{B}_j & \boldsymbol{B}_m^{\mathrm{T}}\boldsymbol{D}\boldsymbol{B}_m\end{bmatrix} = \begin{bmatrix}\boldsymbol{K}_{ii} & \boldsymbol{K}_{ij} & \boldsymbol{K}_{im}\\ \boldsymbol{K}_{ji} & \boldsymbol{K}_{jj} & \boldsymbol{K}_{jm}\\ \boldsymbol{K}_{mi} & \boldsymbol{K}_{mj} & \boldsymbol{K}_{mm}\end{bmatrix}\end{aligned} \tag{4-21}$$

式中，子矩阵 $\boldsymbol{K}_{rs}=t\Delta\boldsymbol{B}_r^{\mathrm{T}}\boldsymbol{D}\boldsymbol{B}_s(r,s=i,j,m)$。将矩阵 $\boldsymbol{B}$ 和 $\boldsymbol{D}$ 的具体值代入 $\boldsymbol{K}_{rs}$，有

$$\begin{aligned}\boldsymbol{K}_{rs} &= t\Delta\,\frac{1}{2\Delta}\begin{bmatrix}b_r & 0 & c_r\\ 0 & c_r & b_r\end{bmatrix}\frac{E}{1-\mu^2}\begin{bmatrix}1 & \mu & 0\\ \mu & 1 & 0\\ 0 & 0 & \dfrac{1-\mu}{2}\end{bmatrix}\frac{1}{2\Delta}\begin{bmatrix}b_s & 0\\ 0 & c_s\\ c_s & b_s\end{bmatrix}\\ &= \frac{Et}{4(1-\mu^2)\Delta}\begin{bmatrix}b_r b_s+\dfrac{1-\mu}{2}c_r c_s & \mu b_r c_s+\dfrac{1-\mu}{2}c_r b_s\\ \mu c_r b_s+\dfrac{1-\mu}{2}b_r c_s & c_r c_s+\dfrac{1-\mu}{2}b_r b_s\end{bmatrix}\end{aligned}$$

单元刚度矩阵的性质：

(1) 单元刚度矩阵是对称矩阵；

(2) 单元刚度矩阵的主对角线元素恒为正值；

(3) 单元刚度矩阵是奇异矩阵；

(4) 单元刚度矩阵仅与单元本身有关。

4.3.5 载荷移置

结构的总体刚度方程是根据各节点的静力平衡关系建立的，所以需要将单元所受的非节点载荷向节点移置，移置到节点后的载荷称为等效节点载荷。载荷移置必须按照静力等效的原则进行，即保证单元的实际载荷和等效节点载荷在任一轴上的投影之和相等，对任一轴的力矩之和相等。因为这样才能使由于载荷移置而产生的误差是局部的，不会影响整体的应力(圣维南原理)。为此，必须遵循能量等效原则，即应使单元的实际载荷和等效节点载荷在相应的虚位移上所做的虚功相等。

载荷移置的方法有普遍公式法和直接法。

1. 普遍通公式法

普遍公式法是指根据能量等效原则，推导出各种情况下载荷移置的普遍公式。设三角形单元 ijm 在点(x,y)处作用有集中力 $\boldsymbol{P}$，其分量为 P_x、P_y（见图 4-12），即 $\boldsymbol{P}=[P_x \quad P_y]^{\mathrm{T}}$，移置后的单元等效节点载荷列阵为

$$\boldsymbol{R}^{\mathrm{e}}=[R_{ix} \quad R_{iy} \quad R_{jx} \quad R_{jy} \quad R_{mx} \quad R_{my}]^{\mathrm{T}}$$

假设单元发生了虚位移，其中，集中力作用于点(x,y)处的虚位移为

$$\boldsymbol{f}^{*}=[u^{*} \quad v^{*}]^{\mathrm{T}}$$

各节点上相应的虚位移为

$$\boldsymbol{\delta}^{*\mathrm{e}}=[u_i^{*} \quad v_i^{*} \quad u_j^{*} \quad v_j^{*} \quad u_m^{*} \quad v_m^{*}]^{\mathrm{T}}$$

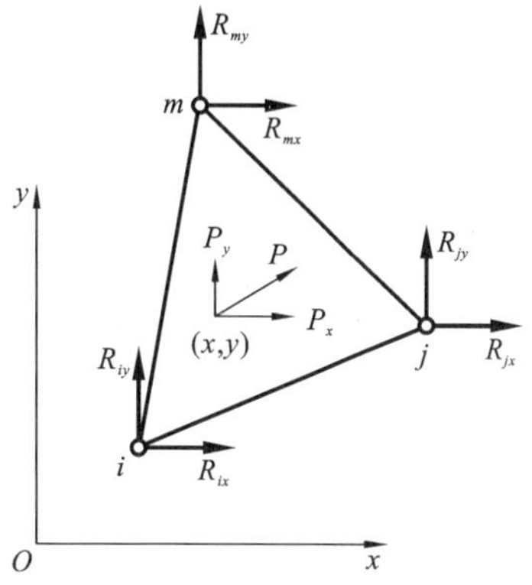

图 4-12　集中力的移置

根据能量等效原则，单元的实际载荷和等效节点载荷在相应虚位移上所做的虚功相等，则有

$$(\boldsymbol{\delta}^{*\mathrm{e}})^{\mathrm{T}}\boldsymbol{R}^{\mathrm{e}}=(\boldsymbol{f}^{*})^{\mathrm{T}}\boldsymbol{P} \tag{4-22}$$

由式(4-9b)可得

$$\boldsymbol{f}^{*}=\boldsymbol{N}\boldsymbol{\delta}^{*\mathrm{e}} \tag{4-23}$$

将式(4-23)代入式(4-22)，有

$$(\boldsymbol{\delta}^{*\mathrm{e}})^{\mathrm{T}}\boldsymbol{R}^{\mathrm{e}}=(\boldsymbol{\delta}^{*\mathrm{e}})^{\mathrm{T}}\boldsymbol{N}^{\mathrm{T}}\boldsymbol{P} \tag{4-24}$$

由于虚位移 $\boldsymbol{\delta}^{*\mathrm{e}}$是任意的，欲使式(4-24)成立，必须有

$$\boldsymbol{R}^{\mathrm{e}}=\boldsymbol{N}^{\mathrm{T}}\boldsymbol{P} \tag{4-25}$$

式(4-25)便是集中力 $\boldsymbol{P}$ 的移置公式。

2. 直接法

直接法利用能量等效原则直接进行单元载荷移置。下面以单元自重为例，说明直接法的应用。

已知一个均匀厚度的三角形单元 ijm，其厚度为 t，面积为 Δ，材料容重为 γ，则单元的自重 $\boldsymbol{W}=t\Delta\gamma$，作用在形心 c 处，现欲确定单元自重的等效节点载荷。

假设单元发生虚位移，节点处虚位移为

$$\boldsymbol{\delta}^{*\mathrm{e}}=[u_i^{*} \quad v_i^{*} \quad u_j^{*} \quad v_j^{*} \quad u_m^{*} \quad v_m^{*}]^{\mathrm{T}}=[0 \quad 0 \quad 0 \quad 1 \quad 0 \quad 0]^{\mathrm{T}}$$

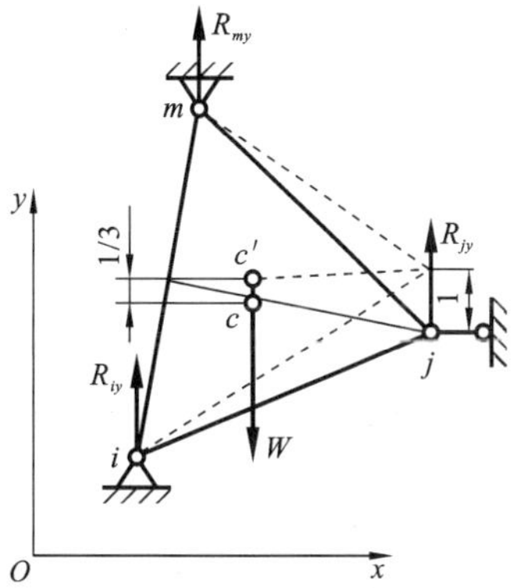

图 4-13　单元自重的移置

此时，单元的变形和位移如图 4-13 所示。

单元发生变形后，节点 j 沿 y 方向发生单位位移，节点 i，m 固定不动。由于单元具有线性位移函数，所以单元边 im 的中点也固定，单元的形心由 c 点移动到 c'点。根据几何关系，形心 c 的虚位移为

$$\boldsymbol{f}^{*}=[u^{*} \quad v^{*}]^{\mathrm{T}}=\left[0 \quad \frac{1}{3}\right]^{\mathrm{T}}$$

根据能量等效原则，单元的实际载荷和等效节点载荷在相应虚位移上所做的虚功相等，则有

$$(\boldsymbol{\delta}^{*\mathrm{e}})^{\mathrm{T}}\boldsymbol{R}^{\mathrm{e}}=(\boldsymbol{f}^{*})^{\mathrm{T}}\boldsymbol{P}$$

即

$$[0\quad 0\quad 0\quad 1\quad 0\quad 0]\begin{bmatrix}R_{ix}\\R_{iy}\\R_{jx}\\R_{jy}\\R_{mx}\\R_{my}\end{bmatrix}=\begin{bmatrix}0 & \frac{1}{3}\end{bmatrix}\begin{bmatrix}0\\-W\end{bmatrix}$$

故

$$\boldsymbol{R}_{jy}=-\frac{W}{3}=-\frac{t\Delta\gamma}{3}$$

同理,可得等效节点载荷的其他分量。单元自重的等效节点载荷为

$$\boldsymbol{R}^{e}=[R_{ix}\quad R_{iy}\quad R_{jx}\quad R_{jy}\quad R_{mx}\quad R_{my}]^{\mathrm{T}}=-\frac{t\Delta\gamma}{3}[0\quad 1\quad 0\quad 1\quad 0\quad 1]^{\mathrm{T}} \tag{4-26}$$

式(4-26)表明,对于单元自重,只需将其平均地移置到单元的三个节点上,其方向与自重的方向相同。

通过单元特性分析,可建立单元刚度矩阵;通过单元载荷移置,将非节点载荷向节点移置,可建立节点载荷列阵。在此基础上,可以根据结构诸节点的静力平衡条件,得出结构总体刚度方程:

$$\boldsymbol{R}=\boldsymbol{K\delta}$$

结构总体刚度方程表示整个结构的节点位移和节点载荷之间的关系。它可以写成一个以节点位移 $\boldsymbol{\delta}$ 为未知数的线性方程组,求解这一线性方程组,可以得出所有节点位移,进而可以计算出结构的应力、应变。

4.3.6 位移边界条件的处理

如上所述,求解结构总体刚度方程可得到结构的节点位移 $\boldsymbol{\delta}$,但是,由于结构总体刚度矩阵 $\boldsymbol{K}$ 是奇异矩阵,该矩阵方程有无穷解。从物理意义上分析,当结构总体刚度方程有无穷解时结构存在刚性位移。为此,必须引入位移约束条件,限制结构的刚性位移,保证结构总体刚度方程有唯一解。引入位移边界条件通常是在确定了结构总体刚度矩阵 $\boldsymbol{K}$ 和节点载荷列阵 $\boldsymbol{R}$ 后进行的,这时,$\boldsymbol{K}$ 和 $\boldsymbol{R}$ 中各元素已按照一定的顺序分别存储在相应的数组中。引入位移边界条件时,应尽量不改变 $\boldsymbol{K}$ 和 $\boldsymbol{R}$ 中各元素的存储顺序,并保证结构总体刚度矩阵 $\boldsymbol{K}$ 仍然为对称矩阵,而且处理的元素数量越少越好。

下面介绍几种处理位移边界条件的方法。

1. 降阶法

若结构总体刚度方程为

$$\boldsymbol{R}=\boldsymbol{K\delta} \tag{4-27}$$

在节点位移 $\boldsymbol{\delta}$ 中,δ_A 为未知位移,δ_B 为已知位移,将方程和未知数顺序重新排列,则式(4-27)可以改写为

$$\begin{bmatrix}K_{AA} & K_{AB}\\K_{BA} & K_{BB}\end{bmatrix}\begin{bmatrix}\delta_A\\\delta_B\end{bmatrix}=\begin{bmatrix}R_A\\R_B\end{bmatrix} \tag{4-28}$$

将式(4-28)第1行展开,得

$$K_{AA}\delta_A + K_{AB}\delta_B = R_A \tag{4-29}$$

令

$$R'_A = R_A - K_{AB}\delta_B$$

式中：R_A 为作用在发生未知位移 δ_A 的节点上的外载荷，为已知载荷。而作用在发生已知位移 δ_B 的节点上的外载荷 R_B 为支反力。因此，R'_A 为已知载荷，则有

$$R'_A = K_{AA}\delta_A$$

由式(4-29)可以解出所有未知位移，但方程的阶次比原方程要低，故称该方法为降阶法。由于需要重新对方程和未知数进行排序，在有限元程序设计中一般不采用该方法。

2. 对角元置 1 法

将已知位移约束条件 $\delta_i = \delta_0$ 引入结构总体刚度方程：

$$\begin{bmatrix} K_{11} & K_{12} & \cdots & K_{1i} & \cdots & K_{1n} \\ K_{21} & K_{22} & \cdots & K_{2i} & \cdots & K_{2n} \\ \vdots & \vdots & & \vdots & & \vdots \\ K_{i1} & K_{i2} & \cdots & K_{ii} & \cdots & K_{in} \\ \vdots & \vdots & & \vdots & & \vdots \\ K_{n1} & K_{n2} & \cdots & K_{ni} & \cdots & K_{nn} \end{bmatrix} \begin{bmatrix} \delta_1 \\ \delta_2 \\ \vdots \\ \delta_i \\ \vdots \\ \delta_n \end{bmatrix} = \begin{bmatrix} R_1 \\ R_2 \\ \vdots \\ R_i \\ \vdots \\ R_n \end{bmatrix} \tag{4-30}$$

首先，对除了第 i 个方程以外的所有方程进行移项，即将各个方程中含有 δ_i 的项移到等式右侧，并且将 δ_i 用 δ_0 代替。于是有

$$\begin{bmatrix} K_{11} & K_{12} & \cdots & 0 & \cdots & K_{1n} \\ K_{21} & K_{22} & \cdots & 0 & \cdots & K_{2n} \\ \vdots & \vdots & & \vdots & & \vdots \\ K_{i1} & K_{i2} & \cdots & K_{ii} & \cdots & K_{in} \\ \vdots & \vdots & & \vdots & & \vdots \\ K_{n1} & K_{n2} & \cdots & 0 & \cdots & K_{nn} \end{bmatrix} \begin{bmatrix} \delta_1 \\ \delta_2 \\ \vdots \\ \delta_i \\ \vdots \\ \delta_n \end{bmatrix} = \begin{bmatrix} R_1 - K_{1i}\delta_0 \\ R_2 - K_{2i}\delta_0 \\ \vdots \\ R_i \\ \vdots \\ R_n - K_{ni}\delta_0 \end{bmatrix} \tag{4-31}$$

然后，将 $\boldsymbol{K}$ 的第 i 行的主对角线元素 K_{ii} 置 1，其余元素清零，且将第 i 行的载荷项 Ri 用 δ_0 代替。于是

$$\begin{bmatrix} K_{11} & K_{12} & \cdots & 0 & \cdots & K_{1n} \\ K_{21} & K_{22} & \cdots & 0 & \cdots & K_{2n} \\ \vdots & \vdots & & \vdots & & \vdots \\ 0 & 0 & \cdots & 1 & \cdots & 0 \\ \vdots & \vdots & & \vdots & & \vdots \\ K_{n1} & K_{n2} & \cdots & 0 & \cdots & K_{nn} \end{bmatrix} \begin{bmatrix} \delta_1 \\ \delta_2 \\ \vdots \\ \delta_i \\ \vdots \\ \delta_n \end{bmatrix} = \begin{bmatrix} R_1 - K_{1i}\delta_0 \\ R_2 - K_{2i}\delta_0 \\ \vdots \\ \delta_0 \\ \vdots \\ R_n - K_{ni}\delta_0 \end{bmatrix} \tag{4-32}$$

该步骤相当于将方程组的其余方程全部加到第 i 个方程上，因此第 i 个方程变为

$$\left(\sum_{m=1}^{n} K_{m1}\right)\delta_1 + \left(\sum_{m=1}^{n} K_{m2}\right)\delta_2 + \cdots + K_{ii}\delta_i + \cdots + \left(\sum_{m=1}^{n} K_{mn}\right)\delta_n = \sum_{m=1}^{n} R_m - \left(\sum_{\substack{m=1 \\ m\neq i}} K_{mi}\right)\delta_0$$

结构总体刚度矩阵各列元素之和等于零，且所有外载荷之和也为零，所以有

$$\boldsymbol{K}_{ii}\delta_i = \boldsymbol{K}_{ii}\delta_0$$

即

$$\delta_i = \delta_0$$

经过以上步骤，将位移约束条件 $\delta_i=\delta_0$ 引入结构总体刚度方程，且并没有改变矩阵 $\boldsymbol{K}$ 和 $\boldsymbol{R}$ 中各元素的存储顺序，而且矩阵 $\boldsymbol{K}$ 仍然为对称矩阵。

当 $\delta_0=0$ 时，式(4-32)变成

$$\begin{bmatrix} K_{11} & K_{12} & \cdots & 0 & \cdots & K_{1n} \\ K_{21} & K_{22} & \cdots & 0 & \cdots & K_{2n} \\ \vdots & \vdots & & \vdots & & \vdots \\ 0 & 0 & \cdots & 1 & \cdots & 0 \\ \vdots & \vdots & & \vdots & & \vdots \\ K_{n1} & K_{n2} & \cdots & 0 & \cdots & K_{nn} \end{bmatrix} \begin{bmatrix} \delta_1 \\ \delta_2 \\ \vdots \\ \delta_i \\ \vdots \\ \delta_n \end{bmatrix} = \begin{bmatrix} R_1 \\ R_2 \\ \vdots \\ 0 \\ \vdots \\ R_n \end{bmatrix}$$

这时，只需对矩阵 $\boldsymbol{K}$ 的第 i 行、第 i 列以及 R_i 进行处理即可。

3. 对角元乘大数法

将已知位移约束条件 $\delta_i=\delta_0$ 引入结构总体刚度方程，只需将第 i 个方程中未知数 δ_i 的系数 K_{ii} 乘一个大数即可，该大数应该比结构总体刚度矩阵第 i 行诸元素的绝对值大得多。例如，将 K_{ii} 乘 10^{30}，并且将第 i 个方程的载荷项 R_i 用 $10^{30}\boldsymbol{K}_{ii}\delta_0$ 代替，其他各行各列元素保持不变。这样处理后，第 i 个方程变为

$$K_{i1}\delta_1+K_{i2}\delta_2+\cdots+10^{30}K_{ii}\delta_i+\cdots+K_{in}\delta_n=10^{30}K_{ii}\delta_0$$

在等式两侧同时除以 10^{30}，得

$$\frac{K_{i1}}{10^{30}}\delta_1+\frac{K_{i2}}{10^{30}}\delta_2+\cdots+K_{ii}\delta_i+\cdots+\frac{K_{in}}{10^{30}}\delta_n=K_{ii}\delta_0 \tag{4-33}$$

省略掉较小量，可得

$$\boldsymbol{K}_{ii}\delta_i\approx\boldsymbol{K}_{ii}\delta_0$$

$$\delta_i\approx\delta_0 \tag{4-34}$$

这样即近似地引入了位移边界条件。该方法只处理了两个元素，操作简便，未改变矩阵 $\boldsymbol{K}$ 的对称性，故使用相当普遍。

4.3.7 应力计算

将位移边界条件引入结构总体刚度方程后，结构总体刚度矩阵 $\boldsymbol{K}$ 变为非奇异矩阵，方程即可以求解。求解结构总体刚度方程后，可得到结构的节点位移 δ，进而可计算出结构的应力、应变等。

由结构总体刚度方程解出结构的节点位移 δ 后，就得到各单元的节点位移 δ^e。根据式(4-11)，单元内任意一点的应变为

$$\begin{cases} \varepsilon_x=\dfrac{1}{2\Delta}(b_iu_i+b_ju_j+b_mu_m) \\ \varepsilon_y=\dfrac{1}{2\Delta}(c_iv_i+c_jv_j+c_mv_m) \\ \gamma_{xy}=\dfrac{1}{2\Delta}(c_iu_i+c_ju_j+c_mu_m+b_iv_i+b_jv_jb_mv_m) \end{cases} \tag{4-35}$$

式(4-2)表示了平面应力状态下单元内任意一点的应力与应变的关系，将式(4-35)代入式(4-32)，即可得到单元内任意一点的应力：

$$\begin{cases}\sigma_x=\dfrac{E}{2\Delta(1-\mu^2)}[(b_iu_i+b_ju_j+b_mu_m)+\mu(c_iv_i+c_jv_j+c_mv_m)]\\ \sigma_y=\dfrac{E}{2\Delta(1-\mu^2)}[\mu(b_iu_i+b_ju_j+b_mu_m)+(c_iv_i+c_jv_j+c_mv_m)]\\ \tau_{xy}=\dfrac{E}{4\Delta(1+\mu)}(c_iu_i+c_ju_j+c_mu_m+b_iv_i+b_jv_j+b_mv_m)\end{cases}\tag{4-36}$$

对结构进行强度计算时，还要计算主应力和主方向。由材料力学知识可得主应力和主方向可按以下公式求得：

$$\begin{cases}\sigma_{1,2}=\dfrac{1}{2}(\sigma_x+\sigma_y)\pm\sqrt{\left(\dfrac{\sigma_x-\sigma_y}{2}\right)^2+\tau_{xy}^2}\\ \theta=\dfrac{1}{2}\arctan\dfrac{\tau_{xy}}{\sigma_x-\sigma_y}\end{cases}\tag{4-37}$$

由于三节点三角形单元为常应力单元，由式(4-36)及式(4-37)计算出的应力为单元的应力，显然，它是单元上各点应力的近似值，近似程度应与单元的形状、尺寸、位移函数的项数以及单元内应力状态有关。有些情况下需要了解节点的应力，为了由单元应力推出节点上接近实际的应力，必须采用某种平均计算方法。通常采用的是绕节点平均法和绕节点按单元面积的加权平均法。

(1) 绕节点平均法：计算与公共节点有关各单元的常量应力的算术平均值，用此平均值表示节点的应力。图 4-14 所示节点 i 的应力为

$$\sigma_i=\frac{\sum_{j=1}^{4}\sigma_j}{4}\tag{4-38}$$

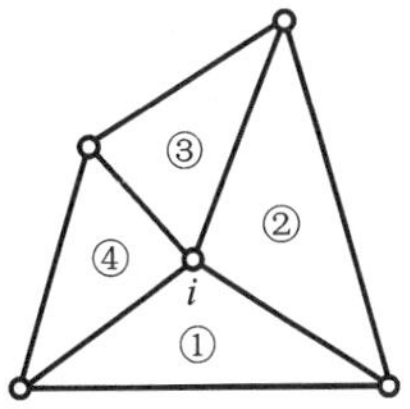

图 4-14　绕节点平均法

式中：σ_j 为第 j 个单元的应力。

(2) 绕节点按单元面积的加权平均法：以有关各单元的面积作为加权系数，计算各单元常量应力的加权平均值，用此平均值表示节点的应力。图 4-14 所示节点 i 的应力为

$$\sigma_i=\frac{\sum_{j=1}^{4}\Delta_j\sigma_j}{\sum_{j=1}^{4}\Delta_j}\tag{4-39}$$

式中：Δ_j 为第 j 个单元的面积。

采用以上两种方法，对于内部节点可以得到较满意的结果，但在边界节点处误差较大。边界节点的应力宜采用内部节点应力插值外推的方法来计算。

4.4　有限元分析

4.4.1　概述

有限元法(finite element method，FEM)是随着计算机技术的发展而迅速发展起来的一

种现代设计计算方法。该方法于20世纪50年代首先被用于飞机结构静、动态特性分析及其结构强度设计，随后很快就广泛应用于求解热传导、电磁场、流体力学等方面的连续性问题。由于该方法的理论基础牢靠、物理概念清晰、解题效率高、适应性强，目前已成为机械产品动、静、热特性分析的重要手段。有限元分析软件包已是机械产品计算机辅助设计方法库中不可缺少的内容之一。

在工程分析和科学研究中，常常会遇到大量的由常微分方程、偏微分方程及相应的边界条件描述的场问题，如位移场、应力场和温度场问题等。求解这类场问题的方法主要有两种：用解析法求得精确解；用数值解法求其近似解。应该指出，能用解析法求出精确解的只是方程性质比较简单且几何边界相当规则的少数问题。而对于绝大多数问题，则很少能得出解析解。这就需要研究它的数值解法，以求出近似解。

目前工程中实用的数值解法主要有三种：有限差分法、有限元法和边界元法。其中，有限元法由于通用性最好，解题效率高，目前在工程中的应用最为广泛。

1. 有限元法的分析过程

有限元法的分析过程可概括为如下几个步骤。

(1) 连续体离散化。所谓连续体，是指所求解的对象（物体或结构）；所谓离散化，就是将所求解的对象划分为有限个具有规则形状的微小块体。经离散化所得的每个微小块体称为单元；两相邻单元之间只通过若干点互相连接，每个连接点称为节点。因而，相邻单元只在节点处连接，载荷也只通过节点在各单元之间传递。这些有限个单元的集合体即原来的连续体。离散化也称为划分网格或网格化。单元划分后，再给每个单元及节点进行编号，选定坐标系并计算各个节点坐标，确定各个单元的形态和性态参数以及边界条件等。

图4-15所示为对一悬臂梁建立有限元分析模型的例子，图中将该悬臂梁划分为许多三角形单元，三角形单元的三个顶点都是节点。

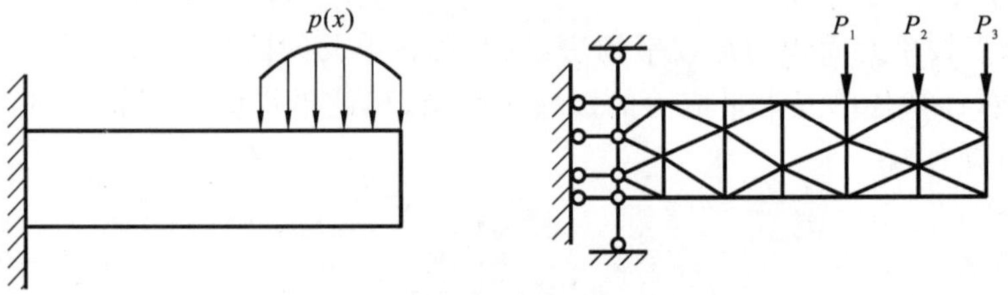

图4-15　悬臂梁及其有限元分析模型

(2) 单元分析。将连续体离散化后，即可对单元体进行特性分析，简称为单元分析。单元分析工作主要有两项：选择单元位移模式（位移函数）和分析单元的特性，即建立单元刚度矩阵。

根据材料力学、工程力学原理可知，弹性连续体在载荷或其他因素作用下产生的应力、应变和位移，都可以用位移函数来表示，那么，为了能用节点位移来表示单元体内任一点的位移、应变和应力，就必须弄清楚各单元中的位移分布。一般假定单元位移是坐标的某种简单函数，用其模拟单元内位移的分布规律，这种函数就称为位移模式或位移函数。通常采用的函数形式多为多项式。根据所选定的位移模式，可以导出用节点位移来表示单元体内任一点位移的关系式。所以，正确选定单元位移模式是有限元分析与计算的关键。

选定好单元位移模式后，即可进行单元力学特性分析，将作用在单元上的所有力（表面力、体积力、集中力）等效地移置为节点载荷，采用有关的力学原理建立单元的平衡方程，求得单元内节点位移与节点力之间的关系矩阵——单元刚度矩阵。

(3) 整体分析。在对全部单元完成单元分析之后，就要进行单元组集，即把各个单元的刚度矩阵集成为总体刚度矩阵，以及将各单元的节点力向量集成为总的力向量，求得整体平衡方程。集成过程所依据的原理是节点变形协调条件和平衡条件。

(4) 确定约束条件。由于上述所形成的整体平衡方程是一组线性代数方程，在求解之前，必须根据具体情况，分析与确定求解对象问题的边界约束条件，并对这些方程进行适当修正。

(5) 有限元方程求解。解方程即可求得各节点的位移，进而根据位移计算单元的应力及应变。

(6) 结果分析与讨论。

2. 有限元法的基本解法

有限元法应用于应力类问题时，根据未知量和分析方法的不同，有以下三种基本解法：

(1) 位移法　它以节点位移作为基本未知量，选择适当的位移函数，进行单元的力学特性分析，在节点处建立单元刚度方程，再合并组成整体刚度矩阵，求解出节点位移后，由节点位移再求解出应力。位移法的优点是比较简单，规律性强，易于编写计算机程序，所以得到了广泛应用；其缺点是精度稍低。

(2) 力法　以节点力作为基本未知量，在节点处建立位移连续方程，求解出节点力后，再求解出节点位移和单元应力。力法的特点是计算精度高。

(3) 混合法　取一部分节点位移和一部分节点力作为基本未知量，建立平衡方程进行求解。

3. 有限元法的应用

上述的有限元法的分析过程与计算就是以位移法为例来介绍的。

有限元法的实际应用要借助两个重要工具：矩阵算法和电子计算机。上述有限元方程的求解，则需要借助矩阵运算来完成。

有限元法的应用范围非常广，它不但可以用于解决工程中的线性问题、非线性问题，而且对于各种不同性质的固体材料，如各向同性和各向异性材料、黏弹性和黏塑性材料以及流体均能求解；另外，对于工程中最有普遍意义的非稳态问题也能求解。现今，有限元法的用途已遍及机械、建筑、矿山、冶金、材料、化工、交通、电磁以及汽车、航空航天、船舶等设计分析的各个领域。到 20 世纪 80 年代初期，国际上已开发出多种用于结构分析的有限元通用程序，其中著名的有 NASTRAN、ANSYS、ASKA、ADINA、SAP 等。这些软件对推动有限元法在工程中的应用起到了极大作用。表 4-7 列出了几种国际上流行的商用有限元程序的应用范围。

表 4-7　几种有限元程序的应用范围

程序名称	ADINA	ANSYS	ASKA	NSC. Marc	NASTRAN	SAP
非线性分析	√	√	√	√	√	
塑性分析	√	√	√	√		
断裂力学		√				
热应力与蠕变	√	√	√	√	√	

续表

程序名称	ADINA	ANSYS	ASKA	NSC. Marc	NASTRAN	SAP
厚板厚壳	√	√	√	√	√	√
管道系统		√		√	√	√
船舶结构	√	√	√		√	√
焊接接头				√		
黏弹性材料		√		√		

注：表格中有“√”表示程序可应用于该领域。

4.4.2 单元特性的推导方法

1. 单元划分方法及原则

将连续体离散化是有限元分析的第一步和基础。由于结构物的形状、载荷特性、边界条件等的差异，离散化时，要根据设计对象的具体情况，确定单元（网格）的大小和形状、单元的数目以及划分方案等。例如，对于桁架或刚架结构，可以取每一个杆作为一个单元，这种单元称为自然单元。常用的自然单元有杆单元、板单元、轴对称单元、薄板弯曲单元、板壳单元、多面体单元等。根据单元类型的维数，自然单元可分为一维单元（梁单元）、二维单元（面单元）和三维单元（体单元）等。对于平面问题，可将连续体划分为三角形单元、四边形单元等；对于空间问题，可将连续物划分为四面体单元、六面体单元等。

图 4-16 所示为杆状单元。因为杆状结构的截面尺寸往往远小于其轴向尺寸，故杆状单元属于一维单元，即这类单元的位移分布规律仅是轴向坐标的函数。这类单元主要有杆单元、平面梁单元和空间梁单元。如图 4-16(a)所示，杆单元有两个节点，每个节点只有一个轴向自由度，故只能承受轴向的拉压载荷。这类单元适用于铰接结构的桁架分析和作为用于模拟弹性边界约束的边界单元。平面梁单元(见图 4-16(b))适用于平面刚架问题，即刚架结构每个构件横截面的主惯性轴与刚架所受的载荷在同一平面内。平面梁单元的每个节点有三个自由度——一个轴向自由度、一个横向自由度和一个旋转自由度，主要承受轴向力、弯矩和切向力，如机床的主轴、导轨等常用这种单元模型。空间梁单元(见图 4-16(c))是平面梁单元的推广，这种单元每个节点有六个自由度，考虑了单元的弯曲、拉压、扭转变形。

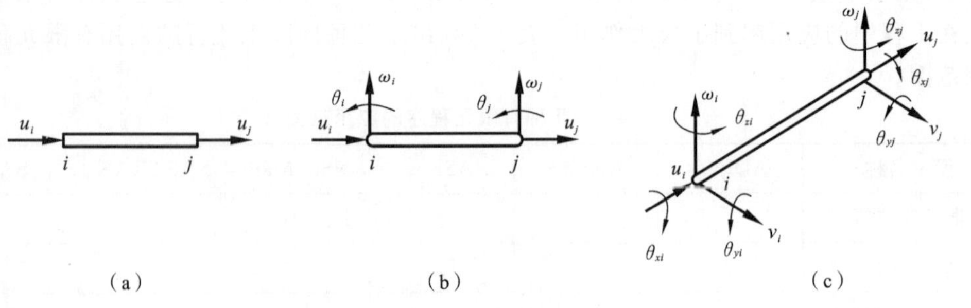

图 4-16 杆状单元

(a) 杆单元；(b) 平面梁单元；(c) 空间梁单元

常用的平面单元和多面体单元如图 4-17 所示。平面单元属于二维单元，假定单元厚度远远小于单元在平面中的尺寸，单元内任一点的应力、应变和位移只与两个坐标方向变量有关。这种单元不能承受弯曲载荷，常用于模拟起重机的大梁、机床的支承件、箱体、圆柱形管道、板件等的结构。如图 4-17 所示，常用的平面单元有三角形单元和矩形单元，单元每个节点有两个平移自由度。多面体单元属于三维单元，即单元的位移分布规律是空间三维坐标的函数。常用的多面体单元类型有四面体单元和六面体单元，单元的每个节点有三个位移自由度。此类单元适用于实心结构的有限元分析，如机床的工作台、动力机械的基础等较厚的弹性结构。

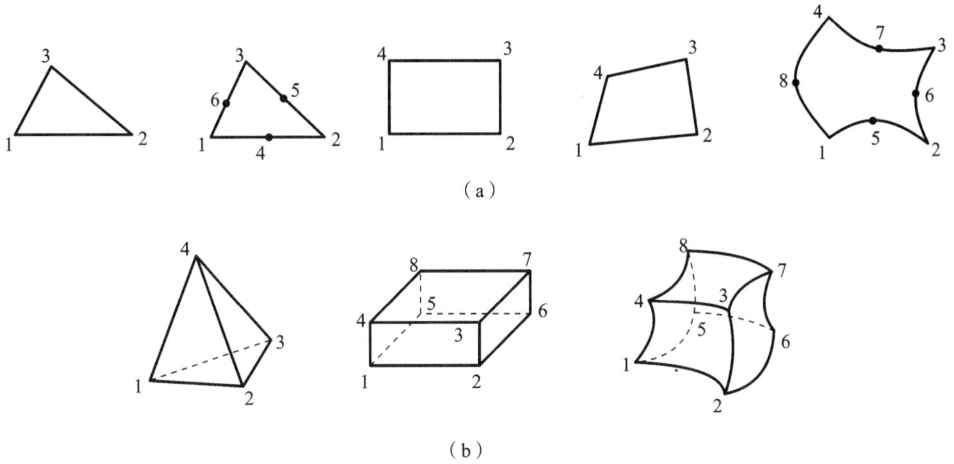

图 4-17　平面单元和多面体单元

(a) 平面单元；(b) 多面体单元

单元的划分基本上是任意的，一个结构体可以有多种划分结果，但应遵循以下划分原则：

(1) 分析清楚所讨论对象的性质，例如，是桁架结构还是刚架结构，是平面结构还是空间结构等。

(2) 单元的几何形状取决于结构特点和受力情况，几何尺寸（大小）要按照要求确定。一般来说，单元几何形体各边的长度比不能相差太大。例如三角形单元各边长之比尽可能取 1∶1，四边形单元的最长边与最短边长度之比不应超过 3∶1，这样可保证计算精度。

(3) 单元网格面积越小，网格数量就相应越多，构成有限元模型的网格也就越密，则计算结果越精确，但同时计算工作量就越大，计算时间和计算费用也相应增加。因此在确定网格的大小和数量时，要综合考虑计算精度、速度、计算机存储空间等各方面的因素，在保证计算精度的前提下，单元网格数量应尽量少。

(4) 在进行网格疏密布局时，应将应力集中或变形较大的部位的单元网格取小一些，网格划分得密一些，而其他部分的网格可疏一些。

(5) 在设计对象的厚度或者弹性系数有突变的情况下，应该取相应的突变线作为网格的边界线。

(6) 相邻单元的边界必须相容，不能从一单元的边或者面的内部产生另一个单元的顶点。

(7) 网格划分后，要将全部单元和节点按顺序编号，不允许有错漏或者重复。

(8) 划分的单元集合成整体后应精确逼近原设计对象。原设计对象的各个顶点都应该取成单元的顶点。所有网格的表面顶点都应该在原设计对象的表面上。所有原设计对象的边和面都应被单元的边和面所逼近。

2. 单元特性的推导方法

单元刚度矩阵的推导是有限元分析的基本步骤之一。目前，建立单元刚度矩阵的方法主要有以下四种：直接刚度法、虚功原理法、能量变分法和加权残数法。

1）直接刚度法

直接刚度法是直接应用物理概念来建立单元的有限元方程和分析单元特性的一种方法，这一方法仅适用于简单形状的单元，如梁单元。

图 4-18 所示是 Oxy 平面中的一简支梁简图，现以它为例，用直接刚度法来建立简支架的单元刚度矩阵。梁在横向外载荷（可以是集中力、分布力或力矩等）作用下产生弯曲变形，在水平载荷作用下产生线位移。对于该平面简支梁问题，梁上任一点受三个力的作用：水平力 F_x、剪切力 F_y 和弯矩 M_z，相应的位移为水平线位移 u、挠度 v 和转角 θ_z。通常规定：水平线位移和水平力向右为正，挠度和剪切力向上为正，转角和弯矩沿逆时针方向为正。

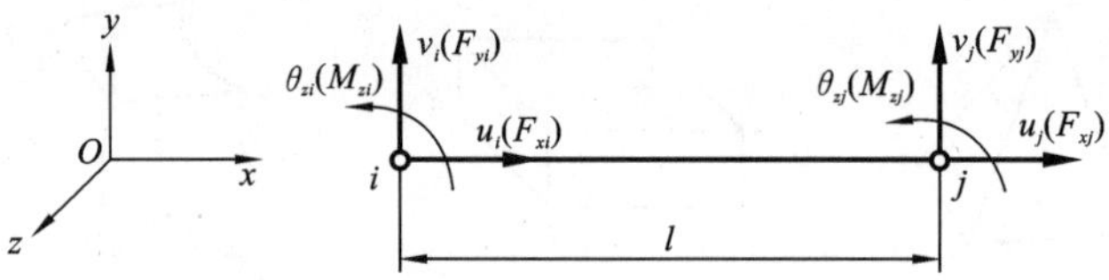

图 4-18 平面简支梁单元及其计算模型

为使问题简化，可把图示的梁看作一个梁单元，如图 4-18 所示。当令左支承点为节点 i，右支承点为节点 j 时，则该单元的节点位移、挠度和转角可以分别表示为 $u_i, v_i, \theta_{zi}, u_j, v_j, \theta_{zj}$，节点力可以分别表示为 $F_{xi}, F_{yi}, M_{zi}, F_{xj}, F_{yj}, M_{zj}$。也可将该单元节点位移和节点力写成矩阵形式：

$$\boldsymbol{q}^{(e)} = [u_i \quad v_i \quad \theta_{zi} \quad u_j \quad v_j \quad \theta_{zj}] \tag{4-40}$$

$$\boldsymbol{F}^{(e)} = [F_{xi} \quad F_{yi} \quad M_{zi} \quad F_{xj} \quad F_{yj} \quad M_{zj}]^{\mathrm{T}}$$

式中：$\boldsymbol{q}^{(e)}$ 称为单元的节点位移列阵；$\boldsymbol{F}^{(e)}$ 称为单元的节点力列阵，若 $\boldsymbol{F}$ 为外载荷，则称为载荷列阵。

显然，梁的节点力和节点位移是有联系的。在弹性小变形范围内，这种关系是线性的，可用下式表示：

$$\begin{Bmatrix} F_{xi} \\ F_{yi} \\ M_{zi} \\ F_{xj} \\ F_{yj} \\ M_{zj} \end{Bmatrix} = \begin{bmatrix} k_{11} & k_{12} & k_{13} & k_{14} & k_{15} & k_{16} \\ k_{21} & k_{22} & k_{23} & k_{24} & k_{25} & k_{26} \\ k_{31} & k_{32} & k_{33} & k_{34} & k_{35} & k_{36} \\ k_{41} & k_{42} & k_{43} & k_{44} & k_{45} & k_{46} \\ k_{51} & k_{52} & k_{53} & k_{54} & k_{55} & k_{56} \\ k_{61} & k_{62} & k_{63} & k_{64} & k_{65} & k_{66} \end{bmatrix} \begin{Bmatrix} u_i \\ v_i \\ \theta_{zi} \\ u_j \\ v_j \\ \theta_{zj} \end{Bmatrix} \tag{4-41a}$$

或

$$\boldsymbol{F}^{(e)} = \boldsymbol{K}^{(e)} \boldsymbol{q}^{(e)} \tag{4-41b}$$

式中：$\boldsymbol{K}^{(e)}$ 称为单元刚度矩阵，它是单元的特性矩阵。

式 (4-41b) 称为单元有限元方程，或称为单元刚度方程，它代表单元的载荷与位移之间（或力与变形之间）的联系；在理解式 (4-41a) 及式 (4-41b) 时，可与单一载荷 f 及其引起的

弹性变形 x 之间存在的简单线性关系 $f=kx$ 进行对照。从方程中可以得出这样的物理概念：单元刚度矩阵中任一元素 k_{st} 可以理解为第 t 个节点位移分量对第 s 个节点力分量的贡献。

对于图 4-18 所示的平面梁单元问题，利用材料力学中的杆件受力与变形间的关系及叠加原理，可以直接计算出单元刚度矩阵 $\boldsymbol{K}^{(e)}$ 中的各系数 k_{st} 的数值，具体计算步骤如下：

(1) 假设 $u_i=1$，其余位移分量均为零，即 $v_i=\theta_{iz}=u_j=v_j=\theta_{zj}=0$，此时梁单元受力如图 4-19(a)所示。若梁的抗拉强度为 EA，其中 E 为材料弹性模量，A 为梁的横截面面积，由梁的变形公式得：

$$u_i=\frac{F_{xi}l}{EA}=1$$

$$v_i=\frac{F_{yi}l^3}{3EI}-\frac{M_{zi}l^2}{2EI}=0$$

$$\theta_{zi}=-\frac{F_{yi}l^2}{2EI}+\frac{M_{zi}l}{EI}=0$$

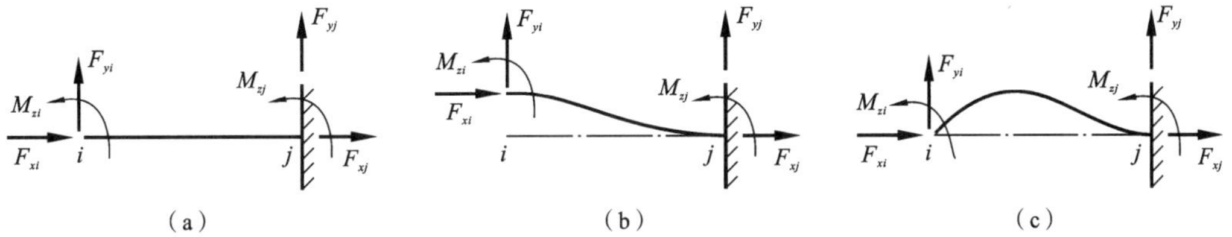

图 4-19 平面简支梁简化模型

由上述三式可以解得：

$$F_{xi}=\frac{EA}{l},\quad F_{yi}=0,\quad M_{zi}=0$$

根据静力平衡条件，有：

$$F_{xj}=-F_{xi}=-\frac{EA}{l},\quad F_{yj}=-F_{yi}=0,\quad M_{zj}=0$$

由式(4-41a)解得：

$$k_{11}=F_{xi}=\frac{EA}{l},\quad k_{21}=F_{yi}=0,\quad k_{31}=M_{zi}=0$$

$$k_{41}=F_{xj}=-\frac{EA}{l},\quad k_{51}=F_{yj}=0,\quad k_{61}=M_{zj}=0$$

(2) 设 $v_i=1$，其余位移分量均为零，即 $u_i=\theta_{zi}=u_j=v_j=\theta_{zj}=0$，此时梁单元受力如图 4-19(b)所示，由梁的变形公式得：

$$u_i=\frac{F_{xi}l}{EA}=0$$

$$v_i=\frac{F_{yi}l^3}{3EI}-\frac{M_{zi}l^2}{2EI}=1$$

$$\theta_{zi}=-\frac{F_{yi}l^2}{2EI}+\frac{M_{zi}l}{EI}=0$$

由上述三式可以解得：

$$F_{xi}=0,\quad F_{yi}=\frac{12EI}{l^3},\quad M_{zi}=\frac{6EI}{l^2}$$

利用静力平衡条件，得：

$$F_{xj}=-F_{xi}=0,\quad F_{yj}=-F_{yi}=-\frac{12EI}{l^3},\quad M_{zj}=F_{yi}l-M_{zi}=\frac{6EI}{l^2}$$

由式 (4-41a)解得：

$$k_{12}=F_{xi}=0,\quad k_{22}=F_{yi}=\frac{12EI}{l^3},\quad k_{32}=M_{zi}=\frac{6EI}{l^2}$$

$$k_{42}=F_{xj}=0,\quad k_{52}=F_{yj}=-\frac{12EI}{l^3},\quad k_{62}=M_{zj}=\frac{6EI}{l^2}$$

(3) 设 $\theta_{zi}=1$,其余位移分量均为零,即 $u_i=v_i=u_j=v_j=\theta_{zj}=0$,此时梁单元受力如图 4-19(c)所示,由梁的变形公式得：

$$u_i=\frac{F_{xi}l}{EA}=0$$

$$v_i=\frac{F_{yi}l^3}{3EI}-\frac{M_{zi}l^2}{2EI}=0$$

$$\theta_{zi}=-\frac{F_{yi}l^2}{2EI}+\frac{M_{zi}l}{EI}=1$$

由上述三式可以解得：

$$F_{xi}=0,\quad F_{yi}=\frac{6EI}{l^2},\quad M_{zi}=\frac{4EI}{l}$$

利用静力平衡条件,得：

$$F_{xj}=-F_{xi}=0,\quad F_{yj}=-F_{yi}=-\frac{6EI}{l^2},\quad M_{zj}=F_{yi}l-M_{zi}=\frac{2EI}{l}$$

由式 (4-41a)解得：

$$k_{13}=F_{xi}=0,\quad k_{23}=F_{yi}=\frac{6EI}{l^2},\quad k_{33}=M_{zi}=\frac{4EI}{l}$$

$$k_{43}=F_{xj}=0,\quad k_{53}=F_{yj}=-\frac{6EI}{l^2},\quad k_{63}=M_{zj}=\frac{2EI}{l}$$

同理可推出其余三种情况下的各个系数,最后可以得到平面弯曲梁单元的单元刚度矩阵为

$$\boldsymbol{K}^{(e)}=\begin{bmatrix} \frac{EA}{l} & 0 & 0 & -\frac{EA}{l} & 0 & 0 \\ 0 & \frac{12EI}{l^3} & \frac{6EI}{l^2} & 0 & -\frac{12EI}{l^3} & \frac{6EI}{l^2} \\ 0 & \frac{6EI}{l^2} & \frac{4EI}{l} & 0 & -\frac{6EI}{l^2} & \frac{2EI}{l} \\ -\frac{EA}{l} & 0 & 0 & \frac{EA}{l} & 0 & 0 \\ 0 & -\frac{12EI}{l^3} & \frac{6EI}{l^2} & 0 & \frac{12EI}{l^3} & -\frac{6EI}{l^2} \\ 0 & \frac{6EI}{l^2} & \frac{2EI}{l} & 0 & -\frac{6EI}{l^2} & \frac{4EI}{l} \end{bmatrix}$$

可以看出,$\boldsymbol{K}^{(e)}$为对称矩阵。

2) 能量变分法

按照力学的一般说法,任何一个实际状态的弹性体的总位能都是这个系统从实际状态运动到某一参考状态 (通常取弹性体外载荷为零时的状态为参考状态)时它的所有作用力

所做的功。弹性体的总位能 Π 是一个函数的函数，即泛函，位移是泛函的容许函数。

变形弹性体受外力作用处于平衡状态时，在很多可能的变形状态中，使总位能最小的变形就是弹性体的真正变形，这就是最小位能原理。用变分法求能量泛函的极值方法就是以能量变分原理为基础的。能量变分原理除了可应用于机械结构位移场问题的求解以外，还可扩展应用到热传导、电磁场、流体力学等领域连续性问题的求解中。

3）加权残数法

该方法将假设的场变量的函数（称为试函数）引入问题的控制方程及边界条件，利用最小二乘法等方法使残差最小，得到近似的场变量函数形式。该方法的优点是不需要建立要解决问题的泛函表达式。

4.4.3　有限元法的工程应用

下面通过一个简单的计算实例来说明有限元法的工程应用的分析与计算过程。

例 4-1　图 4-20(a)所示为一个平面薄梁，载荷沿梁的上边均匀分布，单位长度上的均布载荷 $q=100$ N/cm。假定材料的弹性模量为 E，泊松比 $\mu=0$，梁厚度 $t=0.1$ cm。在不计自重的情况下，试用有限元法计算该梁的位移和应力。

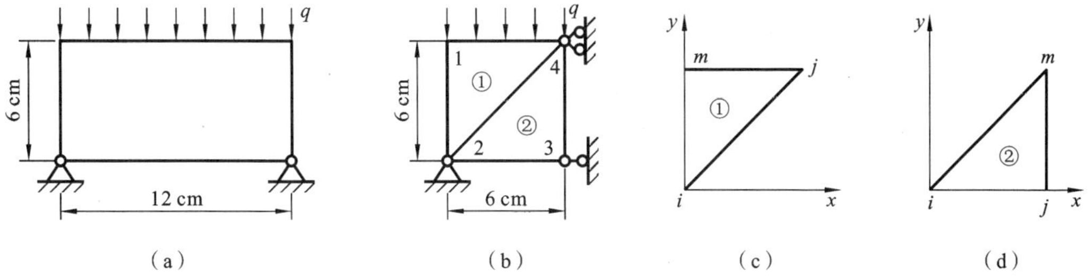

图 4-20　平面薄梁的受载状态及单元划分

解　(1) 力学模型的确定。

由于此结构的长度和宽度远大于梁厚，而载荷作用于梁的平面内，且沿厚度方向均匀分布，因此可按平面应力问题处理。

因为此结构与外载荷分布相对其垂直方向的中线均是对称的，所以取结构的一半作为分析对象，如图 4-20(b)所示。对称轴上的点约束横向位移为零。

(2) 结构离散化。

由于该问题属于平面应力问题，本例选用单元类型为三节点三角形单元。然后对该结构进行结构离散化，共划分两个单元，选取坐标系 Oxy，并对单元和节点进行编号，如图4-20(b)所示。

① 求应变矩阵 $\boldsymbol{B}$ 与弹性矩阵 $\boldsymbol{D}$。

② 对于单元①（见图 4-20(c)），由节点坐标 $i(0,0)$，$j(6,6)$，$m(0,6)$，得：

$$\Delta=\frac{1}{2}\begin{vmatrix}1 & x_i & y_i\\ 1 & x_j & y_j\\ 1 & x_m & y_m\end{vmatrix}=\frac{1}{2}\begin{vmatrix}1 & 0 & 0\\ 1 & 6 & 6\\ 1 & 0 & 6\end{vmatrix}\ \mathrm{cm}^2=18\ \mathrm{cm}^2$$

$$b_i=y_j-y_m=0,\quad b_j=y_m-y_i=6,\quad b_m=y_i-y_j=-6$$

$$c_i=x_m-x_j=-6,\quad c_j=x_i-x_m=0,\quad c_m=x_j-x_i=6$$

可求得应变矩阵 $\boldsymbol{B}$ 和平面应力问题的弹性矩阵 $\boldsymbol{D}$ 分别为

$$\boldsymbol{B}^{(1)}=\frac{1}{2\Delta}\begin{bmatrix} b_i & 0 & b_j & 0 & b_m & 0 \\ 0 & c_i & 0 & c_j & 0 & c_m \\ c_i & b_i & c_j & b_j & c_m & b_m \end{bmatrix}=\frac{1}{36}\begin{bmatrix} 0 & 0 & 6 & 0 & -6 & 0 \\ 0 & -6 & 0 & 0 & 0 & 6 \\ -6 & 0 & 0 & 6 & 6 & -6 \end{bmatrix}$$

$$\boldsymbol{D}=\frac{E}{1-\mu^2}\begin{bmatrix} 1 & \mu & 0 \\ \mu & 1 & 0 \\ 0 & 0 & \frac{1-\mu}{2} \end{bmatrix}=E\begin{bmatrix} 1 & 0 & 0 \\ 0 & 1 & 0 \\ 0 & 0 & \frac{1}{2} \end{bmatrix}$$

则得单元①的应力矩阵：

$$\boldsymbol{S}^{(1)}=\boldsymbol{D}\boldsymbol{B}^{(1)}=\frac{E}{36}\begin{bmatrix} 0 & 0 & 6 & 0 & -6 & 0 \\ 0 & -6 & 0 & 0 & 0 & 6 \\ 3 & 0 & 0 & 3 & 3 & -3 \end{bmatrix}$$

对于单元②(见图 4-20(d))，有节点坐标 $i(0,0)$，$j(6,0)$，$m(6,6)$。同理可得单元②应力矩阵为

$$\boldsymbol{S}^{(2)}=\boldsymbol{D}\boldsymbol{B}^{(2)}=\frac{E}{36}\begin{bmatrix} -6 & 6 & 6 & 0 & 0 & 0 \\ 0 & 0 & 0 & -6 & 0 & 6 \\ 0 & -3 & -3 & 3 & 3 & 0 \end{bmatrix}$$

(3) 求各单元刚度矩阵 $\boldsymbol{K}^{(e)}$。

对于三角形单元，可得单元①的刚度矩阵：

$$\boldsymbol{K}^{(1)}=t\Delta\cdot[\boldsymbol{B}^{(1)}]^{\mathrm{T}}\boldsymbol{D}\boldsymbol{B}^{(1)}=t\Delta\cdot[\boldsymbol{B}^{(1)}]^{\mathrm{T}}\boldsymbol{S}^{(1)}$$

$$=\frac{0.1E}{72}\begin{bmatrix} 18 & 0 & 0 & -18 & -18 & 18 \\ 0 & 36 & 0 & 0 & 0 & -36 \\ 0 & 0 & 36 & 0 & -36 & 0 \\ -18 & 0 & 0 & 18 & 18 & -18 \\ -18 & 0 & -36 & 18 & 54 & -18 \\ 18 & -36 & 0 & -18 & 18 & 54 \end{bmatrix}$$

(4) 建立整体有限元方程。

根据刚度集成方法，按节点位移序号组建整体结构的总刚度矩阵：

$$\boldsymbol{K}=\frac{0.1E}{72}\begin{bmatrix} 54 & -18 & -18 & 0 & 0 & 0 & -36 & 18 \\ -18 & 54 & 18 & -36 & 0 & 0 & 0 & -18 \\ -18 & 18 & 18+36 & 0+0 & -36 & 0 & 0+0 & -18+0 \\ 0 & -36 & 0+0 & 36+18 & 18 & -18 & 0-18 & 0+0 \\ 0 & 0 & -36 & 18 & 54 & -18 & -18 & 0 \\ 0 & 0 & 0 & -18 & -18 & 54 & 18 & -36 \\ -36 & 0 & 0+0 & 0-18 & -18 & 18 & 36+18 & 0+0 \\ 18 & -18 & -18+0 & 0+0 & 0 & -36 & 0+0 & 18+36 \end{bmatrix}$$

如图 4-20(b)所示，作用在 14 边上的均布载荷按静力等效原理移置到 1,4 节点上，得整体结构的等效节点载荷列阵 $\boldsymbol{F}$：

$$\begin{aligned}\boldsymbol{F}&=[F_{1x}\quad F_{1y}\quad F_{2x}\quad F_{2y}\quad F_{3x}\quad F_{3y}\quad F_{4x}\quad F_{4y}]^{\mathrm{T}}\\ &=[0\quad -300\quad 0\quad 0\quad 0\quad 0\quad 0\quad -300]^{\mathrm{T}}\end{aligned}$$

进而,可得该结构的整体限元方程:

$$\begin{bmatrix} F_{1x} \\ F_{1y} \\ F_{2x} \\ F_{2y} \\ F_{3x} \\ F_{3y} \\ F_{4x} \\ F_{4y} \end{bmatrix} = \begin{bmatrix} 0 \\ -300 \\ 0 \\ 0 \\ 0 \\ 0 \\ 0 \\ -300 \end{bmatrix}$$

$$= \frac{0.1E}{72}\begin{bmatrix} 54 & -18 & -18 & 0 & 0 & 0 & -36 & 18 \\ -18 & 54 & 18 & -36 & 0 & 0 & 0 & -18 \\ -18 & 18 & 18+36 & 0+0 & -36 & 0 & 0+0 & -18+0 \\ 0 & -36 & 0+0 & 36+18 & 18 & -18 & 0-18 & 0+0 \\ 0 & 0 & -36 & 18 & 54 & -18 & -18 & 0 \\ 0 & 0 & 0 & -18 & -18 & 54 & 18 & -36 \\ -36 & 0 & 0+0 & 0-18 & -18 & 18 & 36+18 & 0+0 \\ 18 & -18 & -18+0 & 0+0 & 0 & -36 & 0+0 & 18+36 \end{bmatrix}\begin{bmatrix} u_1 \\ v_1 \\ u_2 \\ v_2 \\ u_3 \\ v_3 \\ u_4 \\ v_4 \end{bmatrix}$$

(5) 引入边界约束简化有限元方程组。

由于对称轴上 $u_3=u_4=0$,节点 2 为固定铰支点,即 $u_2=v_2=0$,所以只需考虑位移 u_1,v_1,v_3,v_4,则相应刚度方程变为

$$\begin{bmatrix} 0 \\ -300 \\ 0 \\ -300 \end{bmatrix} = \frac{0.1E}{72}\begin{bmatrix} 54 & -18 & 0 & 18 \\ -18 & 54 & 0 & -18 \\ 0 & 0 & 54 & -36 \\ 18 & -18 & -36 & 54 \end{bmatrix}\begin{bmatrix} u_1 \\ v_1 \\ v_3 \\ v_4 \end{bmatrix}$$

划去对应的行和列,上述整体限元方程简化为

$$\begin{bmatrix} F_{1x} \\ F_{1y} \\ F_{3y} \\ F_{4y} \end{bmatrix} = \begin{bmatrix} 0 \\ -300 \\ 0 \\ -300 \end{bmatrix} = \frac{0.1E}{72}\begin{bmatrix} 54 & -18 & 0 & 18 \\ -18 & 54 & 0 & -18 \\ 0 & 0 & 54 & -36 \\ 18 & -18 & -36 & 54 \end{bmatrix}\begin{bmatrix} u_1 \\ v_1 \\ v_3 \\ v_4 \end{bmatrix}$$

(6) 解线性代数方程组求各节点位移。

解上面方程组,可得各节点位移为

$$u_1 = \frac{1714}{E}, \quad v_1 = \frac{-7714}{E}$$

$$v_3 = \frac{-1000}{E}, \quad v_4 = \frac{14000}{E}$$

(7) 计算各单元的应力。

对于单元①,有

$$\boldsymbol{\sigma}^{(1)} = \begin{Bmatrix} \sigma_x \\ \sigma_y \\ \tau_{xy} \end{Bmatrix} = \boldsymbol{DB}^{(1)}\boldsymbol{q}^{(1)} = \boldsymbol{S}^{(1)}\boldsymbol{q}^{(1)}$$

$$=\frac{1}{36}\begin{bmatrix}0 & 0 & 6 & 0 & -6 & 0\\0 & -6 & 0 & 0 & 0 & 6\\-6 & 0 & 0 & 6 & 6 & -6\end{bmatrix}\begin{bmatrix}u_2\\v_2\\u_4\\v_4\\u_1\\v_1\end{bmatrix}=\begin{bmatrix}-285.66\\-1285.6\\-381\end{bmatrix}\ \mathrm{N/cm^2}$$

对于单元②，有

$$\boldsymbol{\sigma}^{(2)}=\boldsymbol{D}\boldsymbol{B}^{(2)}\boldsymbol{q}^{(2)}=\boldsymbol{S}^{(2)}\boldsymbol{q}^{(2)}$$

$$=\frac{E}{36}\begin{bmatrix}-6 & 6 & 6 & 0 & 0 & 0\\0 & 0 & 0 & -6 & 0 & 6\\0 & -3 & -3 & 3 & 3 & 0\end{bmatrix}\begin{bmatrix}u_2\\v_2\\u_3\\v_3\\u_4\\v_4\end{bmatrix}$$

$$=\begin{bmatrix}0\\-666.6\\-833.3\end{bmatrix}\ \mathrm{N/cm^2}$$

习题与思考题

4-1 描述弹性力学有限元法解题的基本步骤。

4-2 在单元刚度矩阵和整体刚度矩阵中，每一个分块矩阵的物理意义是什么？

4-3 单元的形函数具有什么性质？

4-4 如图所示，三节点等腰直角三角形单元厚度为 t，弹性模量为 E，泊松比 ν 为 0，试求：形函数矩阵 $\boldsymbol{N}$、应变矩阵 $\boldsymbol{B}$、应力矩阵 $\boldsymbol{S}$ 和单元刚度矩阵 $\boldsymbol{K}^{(e)}$。

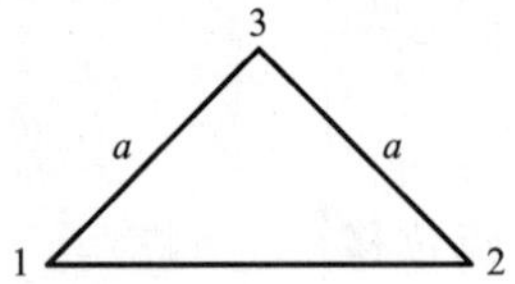

题 4-4 图

4-5 试说明有限元法解题的主要步骤。

4-6 单元刚度矩阵和整体刚度矩阵各有什么特征？

4-7 在单元刚度矩阵和整体刚度矩阵中，每一项元素的物理意义是什么？

4-8 试说明如何按虚位移原理导出有限元法的计算公式。

4-9 单元的形函数具有什么性质？

4-10 构造单元位移函数应遵循哪些原则？

4-11 在对三角形单元节点排序时，通常需按逆时针方向进行，为什么？

4-12　当单元的尺寸逐步缩小时，单元内的位移、应变和应力具有什么特征？

4-13　如图所示的三角形单元，若其厚度为 t，弹性模量为 E，设泊松比 $\mu=0$，试求：

(1) 形函数矩阵 $\boldsymbol{N}$；

(2) 应变矩阵 $\boldsymbol{B}$；

(3) 应力矩阵 $\boldsymbol{S}$；

(4) 单元刚度矩阵 $\boldsymbol{K}^{(e)}$。

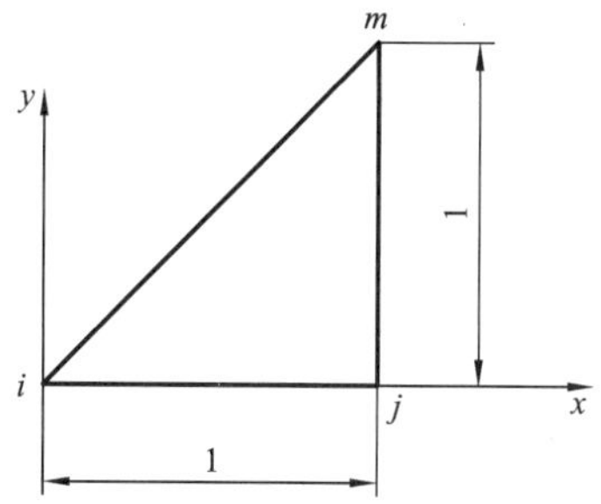

题 4-13 图

4-14　平面应力问题的三角形单元，在点 $k(0.5,0.5)$处作用有集中力 F，其方向垂直于 im 边，如图所示。试求 $i(0,0)$，$j(1,0)$，$m(1,1)$三点上的等效节点载荷。

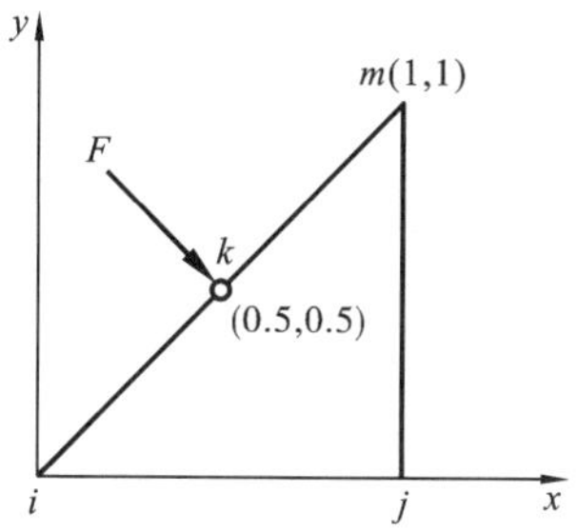

题 4-14 图

4-15　现有一悬臂梁如图所示，在梁的右端作用有均布拉力 q，其合力为 F，采用图示的单元划分，设弹性模量为 E，泊松比为 0.3，厚度为 t，求各节点位移。

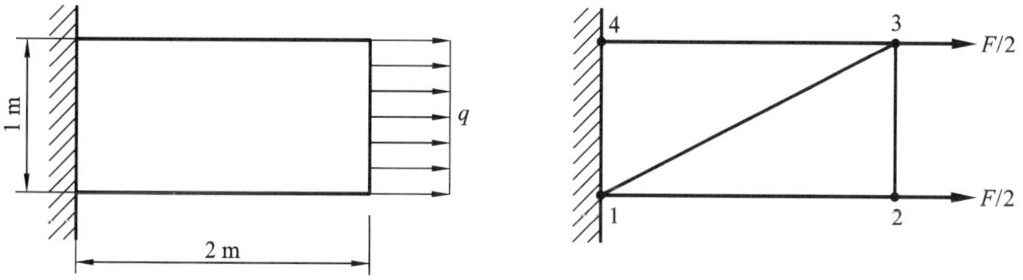

题 4-15 图

第5章　机械最优化设计

优化设计是20世纪60年代发展起来的一门新学科。优化设计通过将最优化理论与计算机技术应用于设计领域,便于找出一种最佳的设计方案,可以大幅度地提高产品设计效率和质量。优化设计是工程设计领域中一种重要的科学设计方法,也是现代设计理论的一个重要研究课题。

5.1　概　　述

任何一位设计者都希望做出最优秀的设计方案,使所设计的产品或工程设施具有最好的使用性能和最低的材料消耗量与制造成本,以获得最佳的经济效益和社会效益。慎重的工程设计人员常常会做出多种候选设计方案,再从中择其最优者。但是,由于设计时间和经费的限制,候选设计方案的数目往往受到很大限制。因此,用常规的设计方法进行工程设计,特别是当影响设计的因素很多时,只能得到有限候选方案中的最好方案而不可能得到所有可能方案中的最优设计方案。

"最优化设计"是在现代计算机广泛应用的基础上发展起来的一项新技术,是根据最优化的原理和方法综合各方面的因素,以人机配合的方式或用"自动探索"的方式,在计算机上进行的半自动或自动设计,以选出在现有工程条件下的最好设计方案的一种现代设计方法。其设计原则是使设计最优;设计手段是电子计算机及计算程序;设计方法是最优化数学方法。

在进行机械设计综合时,由于程序中的各步往往是互相关联的,因此每做出一个决策都必须考虑设计的全过程。在决策过程中,为达到预定目标而选择具体的方法显然不是很容易的。由于可能的方案有很多,为使设计获得成功,必须实现最优化。因此,只要我们深信在完成设计后能够取得重大收获,在决策过程中就应力争使设计指标达到最优水平。在力图实现最优化时,设计人员应遵循一切有效而切实可行的约束条件,其中包括对所用时间和费用的限制。

实践证明,最优化设计是保证产品具有优良的性能、减轻结构自重或体积、降低工程造价的一种有效的设计方法。同时也可使设计者从大量烦琐的计算工作中解脱出来,大大提高设计效率。

最优化设计方法已广泛应用于工程设计(包括建筑结构、化工设备、冶金设备、铁路、航空装备、船舶、机床、汽车、自动控制系统、电力系统以及电机、电器等的设计)领域,并取得了显著效果。其中在机械设计方面的应用虽尚处于早期阶段,但也已经取得了丰硕的成果。一般说来,对于工程设计问题,所涉及的因素愈多,问题愈复杂,则最优化设计所取得的效益就愈大。最优化设计反映出人们对设计规律认识的深化。

概括起来,最优化设计工作包括以下两部分内容:

(1) 将设计问题的物理模型转变为数学模型。建立数学模型时要选取设计变量,列出目标函数,并给出约束条件。目标函数是设计问题所要求的最优指标与设计变量之间的函数关系式。

(2) 采用适当的最优化方法，求解数学模型。可归结为在给定的条件(例如约束条件)下求目标函数的极值或最优值问题。设计上的"最优值"是指在一定条件(各种设计因素)影响下所能得到的最佳设计值。最优值是一个相对的概念。它不同于数学上的极值，但在很多情况下可以用最大值或最小值来表示。

机械最优化设计就是在给定的载荷或环境条件下，在满足对机械产品的性态、几何尺寸关系的要求或其他因素的限制(约束)条件的前提下，选取设计变量，建立目标函数并使其获得最优值的一种新的设计方法。设计变量、目标函数和约束条件这三者在设计空间(以设计变量为坐标轴组成的实空间)中的几何表示构成设计问题。

目前的最优化方法还有相当的局限性。首先，在建立数学模型时经常会遇到困难；其次，如果所建立的数学模型的数学表达式过于复杂，涉及的因素很多，在计算上也会出现困难。因此，要抓主要矛盾，尽量使问题合理简化，以节省时间。最优化设计相对常规设计来说是一次变革，要引用一些新的概念和术语，如前所述的设计变量、目标函数、约束条件等。

5.1.1　设计变量

在设计过程中进行选择且最终必须确定的各项独立参数，称为设计变量。在选择过程中它们是变量，但这些变量一旦确定，设计对象也就完全确定了。最优化设计是研究怎样合理地优选这些设计变量值的一种现代设计方法。在机械设计中常用的独立参数有结构的总体布置尺寸、元件的几何尺寸、材料的力学和物理特性参数等等。在这些参数中，凡是可以根据设计要求事先给定的，则不是设计变量，而称为设计常量。只有那些需要在设计过程中优选的参数，才可看成是最优化设计中的设计变量。

最简单的设计变量是元件尺寸，如杆元件的长度、横截面面积，抗弯元件的惯性矩，板元件的厚度等。已发表的大多数结构最优化设计文献仅涉及元件尺寸选择，因为以元件尺寸作为设计变量可使问题相对简单些，而且通常很多实际结构的几何关系和材料特性已经选定。决定结构布置情况的设计变量的选取要复杂些。较困难的是选取表示材料特性的变量，因为通常所用材料的特性是离散值，选择这种变量时出现了设计变量不是连续变化的变量这一特殊问题。有时在选择机械元件时也会遇到这类问题，如齿轮的齿数只能按正整数变化，而不能连续变化。离散变量的选取研究在最优化设计中还处于发展阶段，尽管目前已可处理这类问题，但在许多情况下为了简化计算，均假定设计变量有个连续变化的区域，将不连续的变量当作连续变量来处理。计算结果若不在规定的不连续数的范围内，则一般可取与之相近的不连续数(不一定是整数)，但这种处理方法并不总是成功的，而只得采用其他方法。有时设计变量只能取"是"或"非"两个逻辑值之一，这也是一种特殊性质的问题。

设计变量的数目称为最优化设计的维数，如有 $n(n=1,2,\cdots)$ 个设计变量，则称为 n 维设计问题。只有两个设计变量的二维设计问题可在图 5-1(a)所示的平面直角坐标系中表示；有三个设计变量的三维设计问题可在图 5-1(b)所示的空间直角坐标系中表示。

在图 5-1(a)中，当设计变量 x_1，x_2 分别取不同值时，则可得到在坐标平面上不同的相应点，每一个点表示一种设计方案。如用向量表示这个点，该点即为二维向量，则有

$$\boldsymbol{X}=\begin{bmatrix}x_1\\x_2\end{bmatrix}=[x_1\quad x_2]^{\mathrm{T}} \tag{5-1}$$

同样，在图 5-1(b)中每一个设计方案表示为三维空间的一个点，可用三维向量来表示该点：

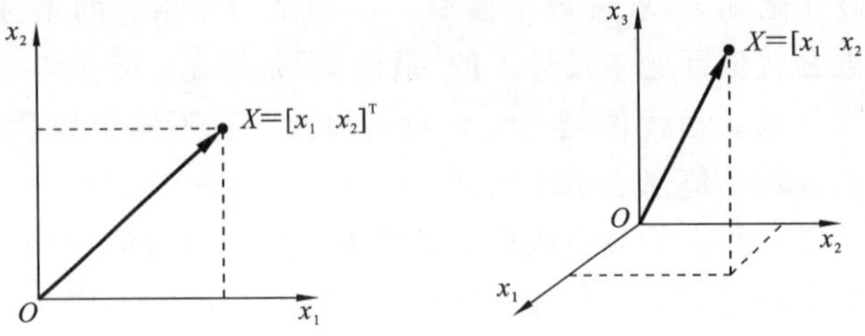

(a)　　　　(b)

图 5-1　设计变量所组成的设计坐标

(a) 二维设计问题；(b) 三维设计问题

$$\boldsymbol{X}=\begin{bmatrix}x_1\\x_2\\x_3\end{bmatrix}=[x_1\quad x_2\quad x_3]^{\mathrm{T}} \tag{5-2}$$

在一般情况下，若有 n 个设计变量，把第 i 个设计变量记为 x，则其全部设计变量可用 n 维向量的形式表示成：

$$\boldsymbol{X}=\begin{bmatrix}x_1\\x_2\\\vdots\\x_i\\\vdots\\x_n\end{bmatrix}=[x_1\quad x_2\quad\cdots\quad x_i\quad\cdots\quad x_n]^{\mathrm{T}} \tag{5-3}$$

这种以 n 个独立变量为坐标轴组成的 n 维向量空间是一个 n 维实数空间，用 $\boldsymbol{R}_n$ 表示。如果其中两向量又有内积运算，则称为 n 维欧氏空间，用 $\boldsymbol{E}_n$ 表示。在最优化中由各设计变量的坐标轴所描述的空间称为设计空间。

设计空间中的一个点就是一个设计方案，最优化搜索一般就是在相邻的设计点间作一系列定向的设计改变，由点 k 向点 $k+1$ 移动。例如直接搜索法的典型搜索过程可由下式表示：

$$\boldsymbol{X}(k+1)=\boldsymbol{x}(k)+\alpha(k)\boldsymbol{S}(k)$$

向量 $\boldsymbol{S}(k)$ 决定移动的方向，标量 $\alpha(k)$ 决定移动的步长。设计空间的维数又表征设计的自由度。设计变量越多，则设计的自由度越大，可供选择的方案越多，设计越灵活；但其难度也越大，求解也越复杂。一般含有 2～10 个设计变量的问题为小型问题，含有 10～50 个设计变量的为中型问题，含有 50 个以上设计变量的为大型问题。在机械结构系统中主要有四大类设计变量。

(1) 结构件的截面面积和元件的尺寸等变量。此类变量为正值，通常由位移、应力条件约束，其大小受上、下限的约束。

对截面面积、元件的长宽等设计变量，除通过分段进行设定外，还常常采用分布系数最优化设计(optimum design of distributed parameter)，以减少设计变量数。

也可以截面抗弯模量取代截面面积和截面尺寸作为设计变量。

(2) 结构元件的几何配置或形状等变量。关于结构元件的几何配置问题，以桁架结构为例来说明。首先设定在几何空间桁架的所有配置的可能。可用整数设计变量来考虑。设两个节点间存在构件时相应设计变量为 1，不存在构件时相应设计变量为 0。关于几何形状的问题在最优化设计领域称为形状最优化问题。

(3) 材料变量。结构件所使用材料的选择及其组合也是设计的重要问题。例如,近年来纤维增强塑料(FRP)等复合材料的出现和实用化,使材料的选择更加复杂化。

(4) 制造方法变量。

5.1.2　目标函数

在设计中,设计者总是希望所设计的产品或工程设施具有最好的使用性能(性能指标)、最小的质量或最紧凑的体积(结构指标)、最小的制造成本及最大的经济效益(经济指标)。在最优化设计中,可将所追求的设计目标(最优指标)用设计变量的函数形式表达出来,这一过程称为建立目标函数。即目标函数是设计中预期要达到的目标,表达为各设计变量的函数表达式为

$$F(X)=f(x_1,x_2,\cdots,x_3) \tag{5-4}$$

它代表设计的某项最重要的特征,例如上面所提到的性能、质量或体积以及成本等。最常见的情况是以质量作为目标函数,因为质量大小最易于度量,虽然费用有更大的实际重要性,但通常需有足够的资料方能构成费用目标函数。目标函数是设计变量的标量函数。最优化设计的过程就是优选设计变量,使目标函数达到最优值,或找出目标函数的最小值(或最大值)的过程。在最优化设计问题中可以只有一个目标函数,称为单目标函数。当在同一设计中要提出多个目标函数时,这种问题称为多目标函数的最优化问题。在一般的机械最优化设计中,具有多个目标函数的情况较多。目标函数愈多,设计的综合效果愈好,但问题的求解亦愈复杂。

对于多目标函数的最优化问题,可以将各目标函数分别独立地列出来:

$$\begin{array}{c} F_1(X)=f_1(x_1,x_2,\cdots,x_n) \\ F_2(X)=f_2(x_1,x_2,\cdots,x_n) \\ \vdots \\ F_3(X)=f_3(x_1,x_2,\cdots,x_n) \end{array} \tag{5-5}$$

也可以把几个设计目标综合到一起,建立一个综合目标表达式,即

$$F(X)=\sum_{j=1}^{q} f_j(X) \tag{5-6}$$

式中:q 为最优化设计追求的目标函数。

在实际工程设计问题中,常常会遇到多目标函数的某些目标之间存在矛盾的情况,这就要求设计者正确处理各目标函数之间的关系。多目标函数的最优化问题研究至今还不如单目标函数研究那样成熟,但有时可用一个目标函数表示若干所需追求目标的加权和,把多目标问题转化为单目标问题来求解。这时必须引入加权因子的概念或采用其他处理方法来区分各项指标即各个目标间的相对重要性,以及它们在量纲和量级上的差异。

加权因子系指用多项指标来建立一个总的目标函数时,为反映出各项指标在最优化设计中所占的重要程度而选取的各项指标的常系数 $\omega_1,\omega_2,\cdots$。引入加权因子后式(5-6)变为

$$F(X)=\sum_{j=1}^{q} \omega_j \cdot f_j(X)$$

式中:ω_j 为第 j 项指标的加权因子。

加权因子 ω_j 是一个非负系数，其值由设计者根据该项指标在最优化设计中所占的重要程度等确定，如果该指标的相对重要性一般，则取其加权因子为1。

所选择的各项指标的加权因子应能客观地反映该项最优化设计所追求的总目标，使总目标的综合效果达到最优。如何正确选择这些加权因子是一个比较复杂的问题，该问题至今在理论上尚未得到完善的解决。

目标函数与设计变量之间的关系可用曲线或曲面表示。一个设计变量与一个目标函数之间的函数关系可用二维平面上的一条曲线来表示，如图5-2(a)所示。

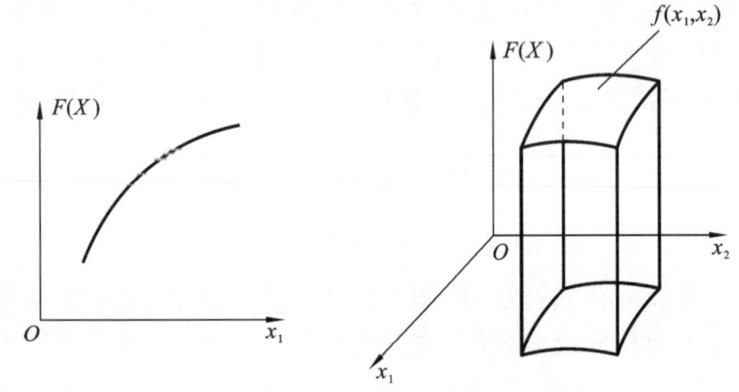

图 5-2　目标函数与设计变量之间的关系

当有两个设计变量时，目标函数与它们的关系可用三维空间中的一个曲面来表示，如图5-2(b)所示。若有 n 个设计变量，则目标函数与 n 个设计变量之间呈 $n+1$ 维空间的超越曲面关系。

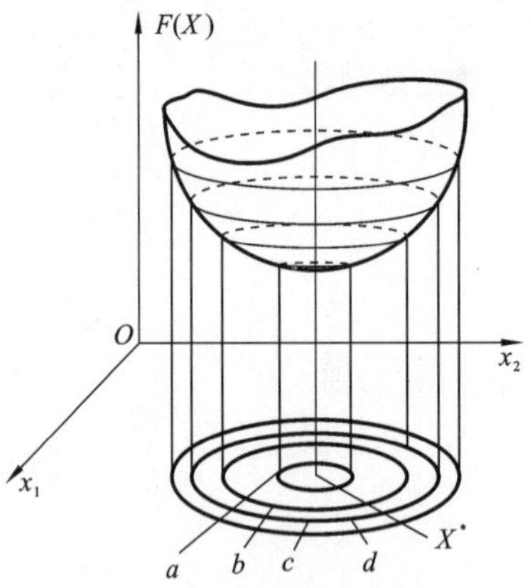

图 5-3　等值线

图5-3表示目标函数 $F(X)$ 与两个设计变量 x_1，x_2 所构成的关系曲面上的等值线(等高线)，它是由许多具有相等目标函数值的设计点所构成的平面曲线。当给目标函数赋予不同值时，可得到一系列的等值线，它们构成目标函数的等值线族。在极值处目标函数的等值线聚成一点，并位于等值线族的中心。当该中心处为极小值时，则离中心越远目标函数值越大；当该中心处为极大值时，则离中心越远目标函数值越小。当目标函数值的变化范围一定时，等值线越稀疏说明目标函数值的变化越平稳。利用等值线的概念，可以几何图像形象地表示出目标函数的变化规律。另外在许多最优化的问题中，最优点周围往往是一族近似的同心椭圆族，而每一个近似椭圆就是一条目标函数的等值线。

5.1.3　约束条件

如前所述，目标函数取决于设计变量，而在很多实际问题中设计变量的取值范围是有限制的或必须满足一定的条件。在最优化设计中，这种对设计变量取值的限制条件称为约束条件或设计约束，简称约束。约束可能是对某个或某组设计变量的直接限制(例如，若应力为设计变量，则应力值 σ 应不大于许用值 $[\sigma]$，构成直接限制），这时称为显约束；也可能是对某个或某组设计变量的间接限制（例如，若结构应力是某些设计变量如力和截面面积的函数，则这些设计变量间接地受到许用应力的限制），这时称为隐约束。

约束条件可以用数学等式或不等式来表示。等式约束对设计变量的约束严格，起着降低设计自由度的作用。等式约束可能是显约束，也可能是隐约束，其形式为

$$h_v(\boldsymbol{X})=0 \quad (v=1,2,\cdots,p) \tag{5-7}$$

在机械最优化设计中不等式约束更为普遍，其形式为

$$g_u(\boldsymbol{X})\leqslant 0 \quad (u=1,2,\cdots,m) \tag{5-8}$$

或

$$g_u(\boldsymbol{X})\geqslant 0 \quad (u=1,2,\cdots,m) \tag{5-9}$$

式中：$\boldsymbol{X}$ 为设计变量；p 为等式约束的数目；m 为不等式约束的数目。

$h_v(\boldsymbol{X})=0$ 与 $g_u(\boldsymbol{X})\leqslant 0$ 为设计变量的约束方程，即设计变量的允许变化范围。最优化设计即是在设计变量允许范围内找出一组最优参数 $\boldsymbol{X}^*=[x_1^* \quad x_2^* \quad \cdots \quad x_n^*]^{\mathrm{T}}$，使目标函数 $F(\boldsymbol{X})$ 达到最优值 $F(\boldsymbol{X}^*)$。

从理论上说，有一个等式约束就有从最优化过程中消去一个设计变量的机会，或降低一个设计自由度（或问题维数）的机会。但消去过程在代数上有时会很复杂或难以实现，故并不能经常采用这种方法。不等式约束的概念对结构的最优化设计特别重要。例如，在仅有应力限制的问题中，若只规定等式约束，则由所有的方法都将得出满应力设计，而这未必就是最优化设计。因此，要得到最优点，就必须允许设计中的所有应力约束并不都以等式形式出现，即应有不等式约束。

5.1.4　优化设计的数学模型

选取设计变量、列出目标函数并给定约束条件后，便可构造最优化设计的数学模型。任何一个最优化问题均可归结为如下的描述：在满足给定的约束条件（决定 n 维空间 $\boldsymbol{E}_n$ 中的可行域 $\mathscr{D}$）下，选取适当的设计变量 X，使其目标函数 $F(X)$ 达到最优值。其数学表达式（数学模型）为

设计变量

$$\boldsymbol{X}=[x_1 \quad x_2 \quad \cdots \quad x_n]^{\mathrm{T}}, \quad \boldsymbol{X}\in\mathscr{D}\subset E^n$$

在满足约束条件

$$h_v(\boldsymbol{X})=0, \quad (v=1,2,\cdots,p)$$
$$g_u(\boldsymbol{X})\leqslant 0, \quad (u=1,2,\cdots,m)$$

的条件下求目标函数 $F(\boldsymbol{X})=\sum_{j=1}^{q}\omega_j\cdot f_j(\boldsymbol{X})$ 的最优值。

目标函数的最优值一般可用最小值（或最大值）的形式来体现，因此，最优化设计的数学模型可简化表示为

$$\begin{aligned}&\min F(\boldsymbol{X}),\boldsymbol{X}\in\mathscr{D}\subset\boldsymbol{E}^n\\&\text{s.t.}\ h_v(\boldsymbol{X})=0 \quad (v=1,2,\cdots,p)\\&\quad g_u(\boldsymbol{X})\leqslant 0 \quad (u=1,2,\cdots,m)\end{aligned} \tag{5-10}$$

在结构设计中常以减小质量为目标，最优化设计的目标函数为质量，则问题就成为求目

标函数的最小值，如式(5-10)所示。若目标函数不是质量，而是另一函数，且最优点为可行域中的最大值，则问题可看成是求$[-F(\boldsymbol{X})]$的最小值，因为$\min[-f(\boldsymbol{X})]$与$\max f(\boldsymbol{X})$是等价的。当然，也可看成是求$1/f(\boldsymbol{X})$的极小值。

在最优化设计的数学模型中：若$f(\boldsymbol{X})$、$h_v(\boldsymbol{X})$和$g_u(\boldsymbol{X})$)都是设计变量$\boldsymbol{X}$的线性函数，则这种最优化问题属于数学规划方法中的线性规划问题；若它们不全是$\boldsymbol{X}$的线性函数，则这种优化问题属于数学规划方法中的非线性规划问题。如果要求设计变量$\boldsymbol{X}$只能取整数，这种优化问题称为整数规划问题；当式(5-10)中的$p=0$，$m=0$时，这种优化问题称为无约束最优化问题，否则称为约束最优化问题。机械最优化设计问题多属于约束非线性规划问题，即约束非线性最优化问题。

建立数学模型是最优化过程中非常重要的一步，数学模型直接影响设计效果。对于复杂的问题，建立数学模型往往会遇到很多困难，有时甚至比求解更为复杂。这时要抓住关键因素，适当忽略不重要的成分，使问题合理简化，以易于列出数学模型。另外，对于复杂的最优化问题，可建立不同的数学模型。这样，在求最优解时的难易程度也就不一样。有时在建立一个数学模型后，由于不能求得最优解而必须改变数学模型的形式。由此可见，在最优化设计工作中开展对数学模型的理论研究十分重要。

5.2 最优化设计的数学基础

20 世纪 50 年代以前，用于解决最优化问题的数学方法仅限于古典的微分法和变分法。50 年代末数学规划方法被首次用于结构最优化，并成为优化设计中求优方法的理论基础。数学规划是在第二次世界大战期间发展起来的一个新的数学分支，线性规划与非线性规划是其主要内容，此外还有动态规划、几何规划和随机规划等。在数学规划方法的基础上发展起来的最优化设计，是 60 年代初电子计算机被引入结构设计领域后逐步形成的一种有效的设计方法。这种方法不仅使设计周期大大缩短，计算精度显著提高，而且可以解决传统设计方法所不能解决的比较复杂的最优化设计问题。大型电子计算机的出现，使最优化方法及其理论蓬勃发展，成为应用数学中的一个重要分支，并在许多科学技术领域中得到应用。

5.2.1 泰勒表达式

在许多实际工程的最优化设计中，所列出的目标函数往往极为复杂，它常以多元非线性函数的形式出现。在保证足够精度的前提下为简化问题，往往将原目标函数在所讨论的点附近展开成泰勒多项式，用来近似原函数。

当目标函数为一元函数时，由泰勒公式知：若函数$f(x)$在含有x_0点的某个开区间(a,b)内具有一阶到$n+1$阶导数，则当x在(a,b)内时，$f(x)$可以表示为$x-x_0$的一个n次多项式与一个余项$R_n(x)$的和：

$$f(x)=f(x_0)+\frac{f'(x_0)}{1!}(x-x_0)+\frac{f''(x_0)}{2!}(x-x_0)^2+\cdots+\frac{f^{(n)}(x_0)}{n!}(x-x_0)^n+R^n$$

在实际计算中忽略二阶以上的高阶微量，只取前三项，则目标函数可近似表示为

$$f(x)\approx f(x_0)+f'(x_0)(x-x_0)+\frac{1}{2}f''(x_0)(x-x_0)^2$$

当目标函数为多元函数时，如果满足一定条件，也可用多元多项式作它的近似函数。例如，对于二元函数，若函数 $Z=f(x,y)$ 在 $P_0(x_0,y_0)$ 点的某一邻域内有从一阶到 $n+1$ 阶的连续偏导数，则在这个邻域内二元函数可按泰勒公式展开。若忽略二阶以上的各阶微量，则二元函数可近似地展开：

$$\begin{aligned}f(x,y)\approx{}&f(x_0,y_0)+f'_x(x_0,y_0)(x-x_0)+f'_y(x_0,y_0)(y-y_0)\\&+\frac{1}{2}[f''_{xx}(x_0,y_0)(x-x_0)^2+2f''_{xy}(x_0,y_0)(x-x_0)(y-y_0)\\&+f^n_{yy}(x_0,y_0)(y-y_0)^2]\end{aligned}$$

若以向量、矩阵形式表示，则二元函数 $f(\boldsymbol{x})$（其中 $\boldsymbol{X}=[x_1\quad x_2]^{\mathrm{T}}$），在函数的某点 $\boldsymbol{X}^{(0)}$ 处展开成泰勒二次多项式为：

$$\begin{aligned}f(\boldsymbol{x})\approx{}&f(\boldsymbol{X}^{(0)})+\begin{bmatrix}\dfrac{\partial f(\boldsymbol{X}^{(0)})}{\partial x_1} & \dfrac{\partial f(\boldsymbol{X}^{(0)})}{\partial x_2}\end{bmatrix}\begin{bmatrix}\mathrm{d}x_1\\ \mathrm{d}x_2\end{bmatrix}\\&+\frac{1}{2}[\mathrm{d}x_1\quad \mathrm{d}x_2]\begin{bmatrix}\dfrac{\partial^2 f(\boldsymbol{X}^{(0)})}{\partial x_1^2} & \dfrac{\partial^2 f(\boldsymbol{X}^{(0)})}{\partial x_1\partial x_2}\\ \dfrac{\partial^2 f(\boldsymbol{X}^{(0)})}{\partial x_1\partial x_2} & \dfrac{\partial^2 f(\boldsymbol{X}^{(0)})}{\partial x_2^2}\end{bmatrix}\end{aligned} \tag{5-11}$$

则目标函数的梯度为

$$\nabla f(\boldsymbol{X}^{(0)})=\begin{bmatrix}\dfrac{\partial f(\boldsymbol{X}^{(0)})}{\partial x_1} & \dfrac{\partial f(\boldsymbol{X}^{(0)})}{\partial x_2}\end{bmatrix}^{\mathrm{T}}$$

故式(5-11)可改写成：

$$\begin{aligned}f(\boldsymbol{X})\approx{}&f(\boldsymbol{X}^{(0)})+[\nabla f(\boldsymbol{X}^{(0)})]^{\mathrm{T}}[\boldsymbol{X}-\boldsymbol{X}_0]\\&+\frac{1}{2}[\boldsymbol{X}-\boldsymbol{X}_0]^{\mathrm{T}}\cdot\nabla^2 f(\boldsymbol{X}^{(0)})\cdot[\boldsymbol{X}-\boldsymbol{X}_0]\end{aligned} \tag{5-12}$$

式中

$$\nabla^2 f(\boldsymbol{X}^{(0)})=\begin{bmatrix}\dfrac{\partial^2 f(\boldsymbol{X}^{(0)})}{\partial x_1^2} & \dfrac{\partial^2 f(\boldsymbol{X}^{(0)})}{\partial x_1\partial x_2}\\ \dfrac{\partial^2 f(\boldsymbol{X}^{(0)})}{\partial x_1\partial x_2} & \dfrac{\partial^2 f(\boldsymbol{X}^{(0)})}{\partial x_2^2}\end{bmatrix} \tag{5-13}$$

对于 n 元函数，在 $\boldsymbol{X}^{(0)}$ 点展开成的泰勒二次多项式具有与式(5-12)完全相同的形式，只是其中

$$\boldsymbol{X}=[x_1\quad x_2\quad \cdots\quad x_n]^{\mathrm{T}}$$

$$\nabla f(\boldsymbol{X}^{(0)})=\begin{bmatrix}\dfrac{\partial f(\boldsymbol{X}^{(0)})}{\partial x_1} & \dfrac{\partial f(\boldsymbol{X}^{(0)})}{\partial x_2} & \cdots & \dfrac{\partial f(\boldsymbol{X}^{(0)})}{\partial x_n}\end{bmatrix}^{\mathrm{T}}$$

$$\nabla^2 f(\boldsymbol{X}^{(0)})=\begin{bmatrix}\dfrac{\partial^2 f(\boldsymbol{X}^{(0)})}{\partial x_1^2} & \dfrac{\partial^2 f(\boldsymbol{X}^{(0)})}{\partial x_1\partial x_2} & \cdots & \dfrac{\partial^2 f(\boldsymbol{X}^{(0)})}{\partial x_1\partial x_n}\\ \dfrac{\partial^2 f(\boldsymbol{X}^{(0)})}{\partial x_2\partial x_1} & \dfrac{\partial^2 f(\boldsymbol{X}^{(0)})}{\partial x_2^2} & \cdots & \dfrac{\partial^2 f(\boldsymbol{X}^{(0)})}{\partial x_2\partial x_n}\\ \vdots & \vdots & & \vdots\\ \dfrac{\partial^2 f(\boldsymbol{X}^{(0)})}{\partial x_n\partial x_1} & \dfrac{\partial^2 f(\boldsymbol{X}^{(0)})}{\partial x_n\partial x_1} & \cdots & \dfrac{\partial^2 f(\boldsymbol{X}^{(0)})}{\partial x_n^2}\end{bmatrix} \tag{5-14}$$

式(5-14)中等号右边的这种由二阶偏导数构成的 n 阶对称矩阵称为 Hessian 矩阵。

5.2.2 函数的方向导数和梯度

5.1.2 节通过对函数等值线的几何分析，介绍了目标函数的变化趋势，并提到其极值即位于等值线族的中心。但这只是一种定性的几何描述，尚未给出迅速而准确地寻找极值点的方法，因此还要研究寻找极值点的捷径，即研究函数沿什么方向变化才能迅速地越过不同的等值线达到等值线族的中点——极值点。显然，函数沿着其变化率最大的途径向极值点逼近才是最快的。为此，首先应研究函数的变化率。

对于一个多元函数，可用偏导数的概念来研究函数沿各坐标方向的变化率。二元函数的偏导数就是这个函数对一个自变量的变化率。如图 5-4 所示，若二元函数 $f(x)$在点 $\boldsymbol{X}^{(0)}$处使 x_2 保持不变，而沿 x_1 方向有增量 Δx_1，则在相应的变化区间函数沿 x_1 方向的平均变化率为

$$\frac{f(x_1^{(0)}+\Delta x_1, x_2^{(0)})-f(x_1^{(0)}, x_2^{(0)})}{\Delta x_1}$$

当 $\Delta x_1 \to 0$ 时，该函数在 $\boldsymbol{X}^{(0)}$ 点沿 x_1 方向的变化率为

$$\frac{\partial f}{\partial x_1}=\lim_{\Delta x_1 \to 0}\frac{f(x_1^{(0)}+\Delta x_1, x_2^{(0)})-f(x_1^{(0)}, x_2^{(0)})}{\Delta x_1}$$

同样，函数在 $\boldsymbol{X}^{(0)}$ 点沿 x_2 方向的变化率为

$$\frac{\partial f}{\partial x_2}=\lim_{\Delta x_2 \to 0}\frac{f(x_1^{(0)}+\Delta x_1, x_2^{(0)})-f(x_1^{(0)}, x_2^{(0)})}{\Delta x_2}$$

对于 n 元函数，在点 $\boldsymbol{X}^{(0)}=[x_1^{(0)} \quad x_2^{(0)} \quad \cdots \quad x_n^{(0)}]^{\mathrm{T}}$ 处其沿各坐标轴的一阶偏导数(或称变化率)分别为

$$\frac{\partial f(\boldsymbol{X}^{(0)})}{\partial x_1} \quad \frac{\partial f(\boldsymbol{X}^{(0)})}{\partial x_2} \quad \cdots \quad \frac{\partial f(\boldsymbol{X}^{(0)})}{\partial x_n}$$

它们是一组标量，也是该函数在 $\boldsymbol{X}^{(0)}$ 处相对各坐标轴的斜率。

对于函数沿任意给定方向的变化率则需采用方向导数的概念。

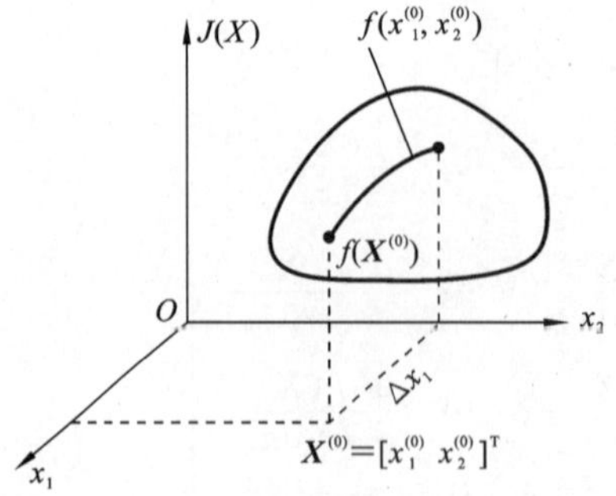

图 5-4 二元函数对一个自变量的变化率

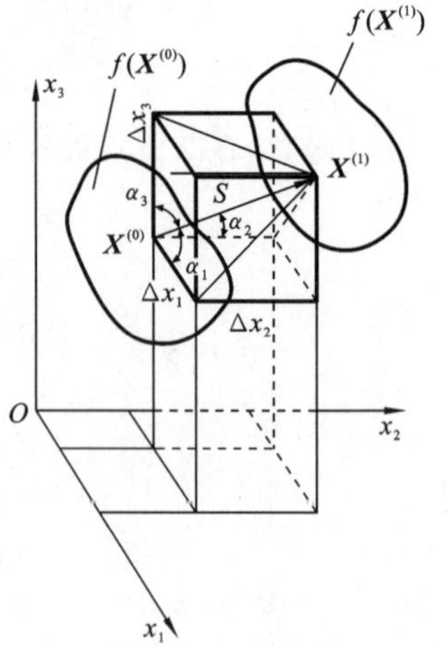

图 5-5 三维空间内向量 $\boldsymbol{S}$ 的方向

前面曾提到三维空间线性目标函数的等值面，图 5-5 表示的是三维空间内目标函数 $f(\boldsymbol{X})$在点 $\boldsymbol{X}^{(0)}$ 处的等值面 $f(\boldsymbol{X}^{(0)})$和在 $\boldsymbol{X}^{(1)}$ 处的等值面 $f(\boldsymbol{X}^{(1)})$，根据空间解析几何及向量

代数得知空间中 $X^{(0)}$，$X^{(1)}$ 两点间的距离 $|\boldsymbol{S}|$ 为

$$|\boldsymbol{S}|=\sqrt{(\Delta x_1)^2+(\Delta x_2)^2+(\Delta x_3)^2}$$

5.2.3　无约束目标函数的极值点存在条件

由高等数学中的极值概念可知，任何一个单值、连续、可微分的不受任何约束的一元函数 $y=f(x)$ 在 $x=x_0$ 点处有极值的充分必要条件是：

$$f'(x_0)=0;\quad \begin{cases} f''(x_0)>0 \text{（极小值）} \\ f''(x_0)<0 \text{（极大值）} \end{cases}$$

通常称一阶导数等于零的点为驻点，所以函数的极值点一定是驻点，但驻点不一定都是极值点。以上是一维设计问题的情况（见图 5-6）。对于二维设计问题，即对于二元函数 $z=f(x,y)$，可以用一个空间曲面来说明极值点存在条件。若二元函数在某点 $P_0(z_0,y_0)$ 处有极小值，则过 P_0 点分别垂直于 x，y 轴的平面与该空间曲面的交线 $z=f(x_0,y)$，$z=f(x,y_0)$ 必同时在 P_0 点处有极小值。而这两条曲线表示一元函数，如果它们在给定区间内是连续的，且处处有导数，则它们在 P_0 点处存在极值的必要条件是一阶导数为零。由此可见，二元函数 $z=f(x,y)$ 在点 $P_0(x_0,y_0)$ 处存在极值（见图 5-7）的必要条件为

$$\left.\frac{\partial f(x,y)}{\partial x}\right|_{\substack{x=x_0\\y=y_0}}=f'_x(x_0,y_0)=0$$

$$\left.\frac{\partial f(x,y)}{\partial y}\right|_{\substack{x=x_0\\y=y_0}}=f'_y(x_0,y_0)=0$$

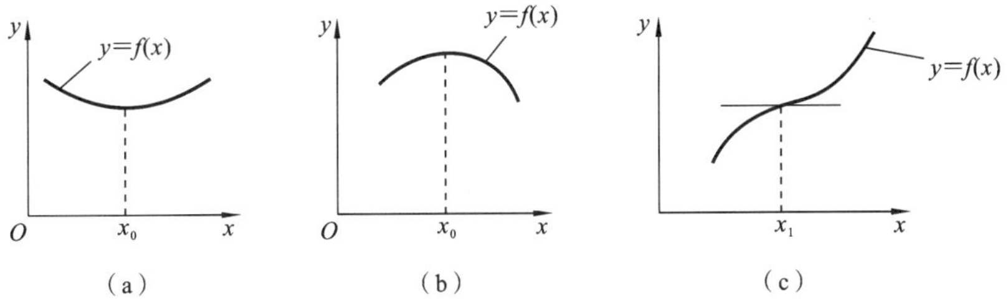

图 5-6　一元函数极值点

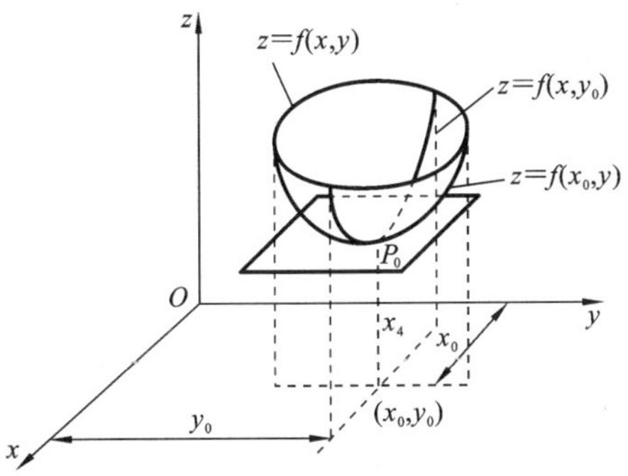

图 5-7　二元函数的极值点

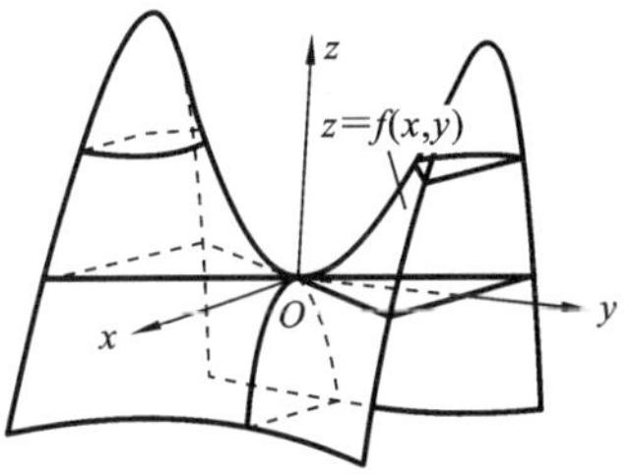

图 5-8　二元函数在零点处

如图 5-8 所示，二元函数在零点处虽然也满足上述条件，但零点显然不是极值点，而是鞍点。由此可见，满足上述方程组的实数解只是驻点，是否是极值点尚需判断：设二元函数 z

$=f(x,y)$在$P_0(x_0,y_0)$处有驻点，且在该点附近函数连续并有一阶和二阶偏导数，用泰勒公式将$f(x,y)$展开成关于$(x-x_0,y-y_0)$的多项式，并忽略二阶以上的各阶微量，则可近似地得到

$$\begin{aligned}f(x,y)\approx & f(x_0,y_0)+f'_x(x_0,y_0)(x-x_0)+f'_y(x_0,y_0)(y-y_0)\\ &+\frac{1}{2}[f''_{zz}(x_0,y_0)(x-x_0)^2+f''_{zy}(x_0,y_0)(x-x_0)(y-y_0)\\ &+f''_{yx}(x_0,y_0)(y-y_0)(x-x_0)+f''_{yy}(x_0,y_0)(y-y_0)^2]\end{aligned} \tag{5-15}$$

因在驻点$P_0(x_0,y_0)$处$f'_x(x_0,y_0)=f'_y(x_0,y_0)=0$，而$f''_{xy}(x,y)=f''_{yz}(x,y)$，且令$x=x_0+\Delta x, y=y_0+\Delta y$，则式(5-15)可改写为

$$\begin{aligned}&f(x_0+\Delta x,y_0+\Delta y)-f(x_0,y_0)\\ \approx&\frac{1}{2}[f''_{xx}(x_0,y_0)\Delta x^2+2f''_{xy}(x_0,y_0)\Delta x\Delta y+f''_{yy}(x_0,y_0)\Delta y^2]=D\end{aligned} \tag{5-16}$$

由式(5-16)不难看出，当$\Delta x,\Delta y$在$P_0(x_0,y_0)$点附近范围内变动时：若D值恒为正值，则$f(x_0,y_0)$为极小值，$P_0(x_0,y_0)$点为极小值点；若D值恒为负值，则$f(x_0,y_0)$为极大值，$P_0(x_0,y_0)$点为极大点；若D值在$P_0(x_0,y_0)$点两侧的符号不同，则$P_0(x_0,y_0)$虽是驻点，但不是极值点。式(5-16)的方括号中是关于$\Delta x,\Delta y$的二次三项式。若令$f''_{xx}(x_0,y_0)=A$，$f''_{xy}(x_0,y_0)=B$，$f''_{yy}(x_0,y_0)=C$，则该二次三项式可写成：

$$\begin{aligned}A(\Delta X)^2+2B\Delta x\Delta y+C(\Delta y)^2&=\frac{1}{A}[A^2(\Delta x)^2+2AB\Delta x\Delta y+AC(\Delta y)^2]\\ &=\frac{1}{A}[(A\Delta x+B\Delta y)^2+(AC-B^2)(\Delta y)^2]\\ &=2D\end{aligned}$$

$$AC-B^2>0 \quad 或 \quad [f''_{xy}(x_0,y_0)]^2<f''_{xx}(x_0,y_0)\cdot f''_{yy}(x_0,y_0)$$

则D值保持恒定符号，且D值的符号与$f''_{xx}(x_0,y_0)$相同。若$f''_{xx}(x_0,y_0)<0$，则$P_0(x_0,y_0)$为极大值点；若$f''_{xx}(x_0,y_0)>0$，则$P_0(x_0,y_0)$为极小值点。

因此，若二元函数$z=f(x,y)$在$P_0(x_0,y_0)$点的某个邻域内有连续二阶偏导数，则在该点为极值点的充分必要条件是：

$$f'_x(x_0,y_0)=0$$

$$f'_y(x_0,y_0)=0$$

$$\left|\begin{vmatrix}f''_{xy}(x\quad y) & f''_{xx}(x\quad y)\\ f''_{yy}(x\quad y) & f''_{yx}(x\quad y)\end{vmatrix}\right|_{\substack{x=x_0\\ y=y_0}}<0$$

且当$f''_{xx}(x_0,y_0)<0$时$P_0(x_0,y_0)$为极大值点，$f''_{xx}(x_0,y_0)>0$时$P_0(x_0,y_0)$为极小值点。

5.2.4 函数的凸性与凸函数、凹函数

函数的极值点一般是与它附近局部区域中的各点相比较而言，有时一个函数在整个可行域中有几个极值点。因此，在最优化设计中应注意局部区域的极值点并不一定就是整个可行域的最优点（函数具有最大值或最小值）。当极值点$\boldsymbol{X}^*$能使$f(\boldsymbol{X}^*)$在整个可行域中达到最小值，即在整个可行域中对于任一x都有$f(\boldsymbol{X})\geqslant f(\boldsymbol{X}^*)$时，$\boldsymbol{X}^*$就是最优点，且称为全域最优点或整体最优点。若$f(\boldsymbol{X}^{**})$为局部可行域中的极小值而不是整个可行域中的最小值，则称$\boldsymbol{X}^{**}$为局部最优点或相对最优点。最优化设计的目标是得出全域最优点。为了判

断某一极值点是否为全域最优点，研究函数的凸性很有必要。

函数的凸性表现为单峰性。对于具有凸性特点的函数，极值点只有一个，因而该点既是局部最优点又是全域最优点，即 $\boldsymbol{X}^{*}=\boldsymbol{X}^{**}$。

为了引入函数的凸性，现引入凸集概念：设 $\mathscr{G}$ 为 n 维欧氏空间中的一个集合，若连接其中任意两点 $\boldsymbol{X}^{(1)}$，$\boldsymbol{X}^{(2)}$ 之间的直线都属于 $\mathscr{G}$，则称这种集合 $\mathscr{G}$ 为 n 维欧氏空间中的一个凸集。图 5-9 所示为二维空间的凸集与非凸集。

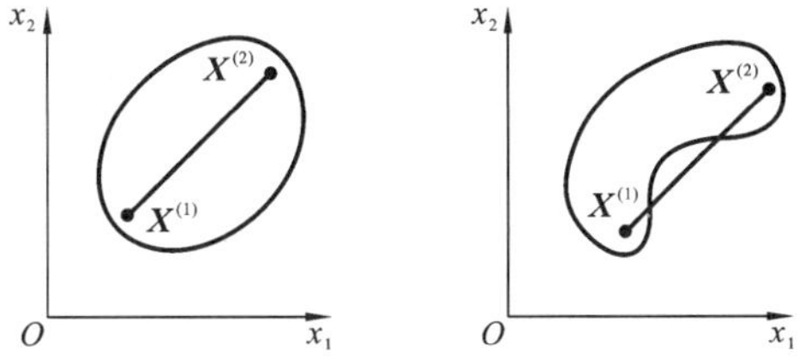

图 5-9　二维空间的凸集与非凸集

(a) 凸集；(b) 非凸集

$\boldsymbol{X}^{(1)}$，$\boldsymbol{X}^{(2)}$ 两点之间的直线可用数学表达式表示为

$$\boldsymbol{X}=a\boldsymbol{X}^{(1)}+(1-a)\boldsymbol{X}^{(2)} \tag{5-17}$$

式中：a 为 0～1($0\leqslant a\leqslant 1$)之间的任意实数。

具有凸性(表现为单峰性)或只有唯一的局部最优值亦即全域最优值的函数，称为凸函数或单峰函数。其数学定义是：设 $f(\boldsymbol{X})$ 为定义在 n 维欧氏空间中的一个凸集 $\mathscr{G}$ 上的函数，如果对任何实数 a($0\leqslant a\leqslant 1$)以及凸集中任意两点 $\boldsymbol{X}^{(1)}$，$\boldsymbol{X}^{(2)}$ 恒有：

$$f[a\boldsymbol{X}^{(1)}+(1-a)\boldsymbol{X}^{(2)}]\leqslant af(\boldsymbol{X}^{(1)})+(1-a)f(\boldsymbol{X}^{(2)}) \tag{5-18}$$

则函数 $f(\boldsymbol{X})$ 就是定义在凸集上的一个凸函数。如果将式(5-18)中的等号去掉而写成严格的不等式：

$$f[a\boldsymbol{X}^{(1)}+(1-a)\boldsymbol{X}^{(2)}]<af(\boldsymbol{X}^{(1)})+(1-a)f(\boldsymbol{X}^{(2)})$$

则称 $f(\boldsymbol{X})$ 为严格凸函数。

凸函数的几何意义可通过一元凸函数的情况加以说明。在凸函数曲线上取任意两点(对应于 X 轴上的点 $X^{(1)}$，$X^{(2)}$)，用直线段连接这两点，则该线段上任一点(对应于 x 轴上的 $X^{(k)}$ 点)的纵坐标 Y 值必大于或等于该点 $X^{(k)}$ 处的原函数值 $f(X^{(k)})$。

坐标轴 X 上的 $X^{(1)}$，$X^{(2)}$ 两点之间的任意点 $X^{(k)}$ 可表示为

$$X^{(k)}=aX^{(1)}+(1-a)X^{(2)}$$

由图 5-10 所示的几何关系得

$$\frac{f(X^{(2)})-f(X^{(1)})}{f(X^{(2)})-Y}=\frac{X^{(2)}-X^{(1)}}{X^{(2)}-X^{(k)}}=\frac{1}{a} \tag{5-19}$$

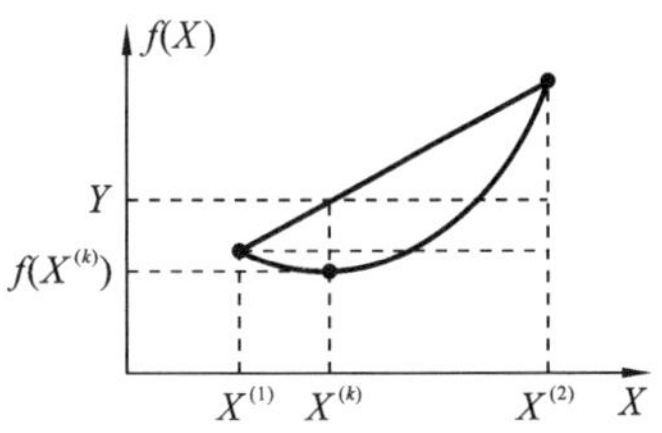

图 5-10　一元凸函数的几何意义

将式(5-19)改写为

$$Y=f(X^{(2)})-a[f(X^{(2)})-f(X^{(1)})]=af(X^{(1)})+(1-a)f(X^{(2)})$$

因此要使 $Y\geqslant f(X^{(k)})$，必须有

$$af(X^{(1)})+(1-a)f(X^{(2)})\geqslant f(aX^{(1)}+(1-a)X^{(2)}) \tag{5-20}$$

5.2.5 目标函数的约束极值问题

目标函数的约束极值问题(又称为条件极值问题)与前面所讨论的无约束条件下函数的极值问题的区别在于,它是带有约束条件的函数极值问题。在约束条件下所求得的函数极值点,称为约束极值点。对于带有约束条件的目标函数,其求最优解的过程可归结为寻求一组设计变量:

$$\boldsymbol{X}^*=[x_1 \quad x_2 \quad \cdots \quad x_n]^{\mathrm{T}}, \quad \boldsymbol{X}\in\mathscr{G}\subset E^n$$

在满足约束方程

$$h_v(\boldsymbol{X})=0 \quad (v=1,2,\cdots,p)$$

$$g_u(\boldsymbol{X})\leqslant 0 \quad (u=1,2,\cdots,m)$$

的条件下,使目标函数值最小,即使

$$f(\boldsymbol{X})\rightarrow\min f(\boldsymbol{X})=f(\boldsymbol{X}^*)$$

这样求得的最优点 $\boldsymbol{X}^*$ 称为约束最优点。

约束条件下的优化问题比无约束条件下的优化问题更为复杂,因为约束最优点不仅与目标函数本身的性质有关,还与约束函数的性质有关。在存在约束的情况下,为了满足约束条件的限制,其最优点即约束最优点,不一定是目标函数的自然极值点。四个约束方程的边界值 $g_1(\boldsymbol{X})=0, g_2(\boldsymbol{X})=0, g_3(\boldsymbol{X})=0, g_4(\boldsymbol{X})=0$ 在设计空间形成可行域。目标函数为凸函数,由于其自然极值点 $\boldsymbol{X}^*$ 处在可行域内,故函数的自然极值点就是约束最优点。约束边界 $g(\boldsymbol{X})=0$ 与目标函数的等值线在 $\boldsymbol{X}^*$ 点相切,而将目标函数的自然极值点隔到可行域之外,因此,满足约束条件的目标函数值最小的点(即其约束最优点)不是其自然极值点,而是切点 $\boldsymbol{X}^*$。图 5-11 所示为自然极值点与约束最优点的关系。

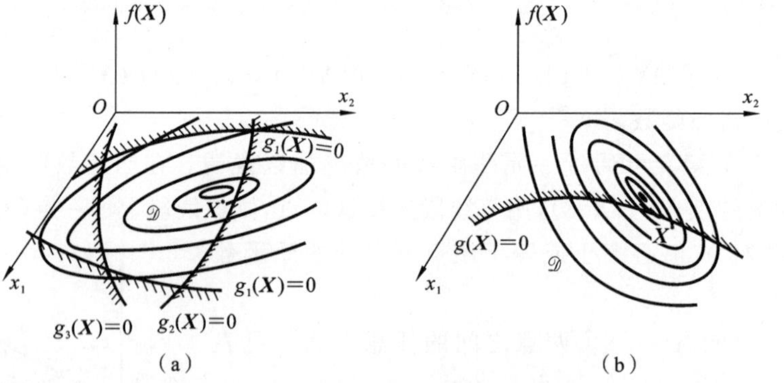

图 5-11 自然极值点与约束最优点的关系

目标函数或约束函数的非凸性会使约束极值点增多,如图 5-12 所示。

Kuhn-Tucker 最优胜条件(简称 Kuhn-Tucker 条件或 K-T 条件)可有效地用于对有效极值点存在条件的分析、检验。Kuhn-Tucker 条件具体可表述为:设 $\boldsymbol{X}^*=[x_1 \quad x_2 \quad \cdots \quad x_n]^{\mathrm{T}}$ 为某一非线性规划问题的约束极值点,该非线性规划问题可以表示为

$$\begin{aligned} &\min f(X) && X\in E^n \\ &\text{s.t.}\ \ g_u(X)\leqslant 0 && u=1,2,\cdots,m \\ &\qquad h_v(X)=0 && v=1,2,\cdots,p \end{aligned}$$

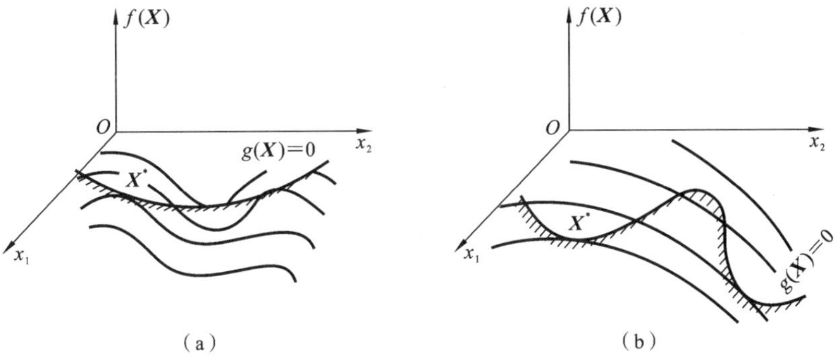

图 5-12　目标函数或约束函数的非凸性使约束极值点增多的情况

且在全部等式约束及不等式约束中，共有 q 个约束为起作用约束，即 $g_i(\boldsymbol{X}^*)=0$，$h_j(\boldsymbol{X}^*)=0$ $(i+j=1,2,\cdots,q<m+p)$，如果在 $\boldsymbol{X}^*$ 处起作用约束的梯度向量 $\nabla g_i(\boldsymbol{X}^*)$，$\nabla h_j(\boldsymbol{X}^*)$ $(i+j=1,2,\cdots,q<m+p)$ 线性无关，则存在向量 $\boldsymbol{\lambda}$ 使下述条件成立：

$$\nabla f(\boldsymbol{X}^*)+\sum_{i+j=1}^{q}(\lambda_i \nabla h_j(\boldsymbol{X}^*))=0 \tag{5-21}$$

式中：q 为通过设计点 $\boldsymbol{X}^*$ 起作用的约束(包括等式约束及不等式约束)数目。

Kuhn-Tucker 条件可用图 5-13 来说明。

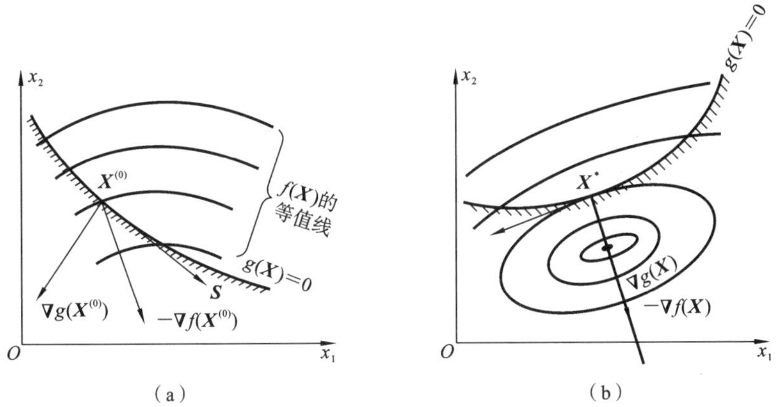

图 5-13　约束极值点存在条件(只有一个约束起作用时)

(a) 设计点 $\boldsymbol{X}^{(0)}$ 不是约束极值点；(b) 设计点 $\boldsymbol{X}^*$ 是约束极值点

5.2.6　迭代法及其收敛性

虽然许多机械最优化设计问题属于约束最优化问题，但从求解方法来说，约束最优化方法和无约束最优化方法是紧密相联的，而且无约束最优化方法是最优化方法中最基本的方法，因为不少时候可将约束问题处理为无约束问题来求解。一个无约束最优化问题的求解方法大致分为两大类。

1. 解析法——间接最优化方法

即利用数学分析的方法，根据目标函数导数的变化规律与函数极值的关系，求目标函数的极值点。由式(5-20)所表示的一元凸函数存在极值的充分必要条件可知，利用解析法寻找极值点时，需要求解由目标函数的偏导数所组成的方程组或梯度方程$\nabla f(x)=0$，以便找出稳定点，然后还要用 Hessian 矩阵对所找到的稳定点进行判断，看它是否最优点。

在目标函数比较简单时，求解上述方程组及用 Hessian 矩阵进行判断并不困难，但当目标函数比较复杂或为非凸函数时，应用这种数学分析方法就会带来麻烦，有时甚至很难解出由目标函数各项偏导数所组成的方程组，更不用说用 Hessian 矩阵进行判断时的困难了。在这种情况下就不宜采用解析法，而采用另一种方法，即直接最优化方法。

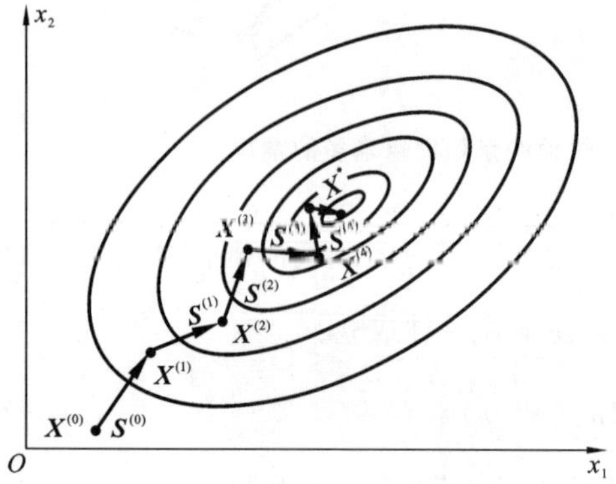

图 5-14　迭代计算逐步逼近最优点探索过程的示意图

2. 直接最优化方法

这是一种数值近似计算方法，又称为数值计算方法。它是根据目标函数的变化规律，以适当的步长沿着能使目标函数值下降的方向，逐步向目标函数值的最优点进行探索，逐步逼近到目标函数的最优点，直至达到最优点的方法(见图 5-14)。直接最优化方法是与近代电子计算机的发展紧密相联的，比解析法更能适应电子计算机的工作特点，因为其数值计算的迭代方法具有以下特点：

(1) 是数值计算方法而不是数学分析方法；

(2) 具有简单的逻辑结构并能进行反复的同样的算术计算；

(3) 最后得出的是逼近精确解的近似解。

这些特点正与计算机的工作特点相一致。

迭代法的基本思路是“步步逼近”、“步步下降”或“步步登高”，最后达到目标函数的最优点。这种方法的求优过程大致可归纳如下：

(1) 首先初选一个尽可能靠近最小值点的初始点 $\boldsymbol{X}^{(0)}$，从 $\boldsymbol{X}^{(0)}$ 出发按照一定的原则寻找可行方向和初始步长，向前跨出一步达到 $\boldsymbol{X}^{(1)}$ 点；

(2) 得到新点 $\boldsymbol{X}^{(1)}$，然后再选择一个新的使函数值迅速下降的方向及适当的步长，从 $\boldsymbol{X}^{(1)}$ 点出发再跨出一步，达到 $\boldsymbol{X}^{(2)}$ 点，并依此类推，一步一步地向前探索并重复数值计算，最终达到目标函数的最优点。在中间过程中每一步的迭代形式为

$$\begin{cases}\boldsymbol{X}^{(k+1)}=\boldsymbol{X}^{(k)}+\alpha\boldsymbol{S}^{(k)}\\ f(\boldsymbol{X}^{(k+1)})<f(\boldsymbol{X}^{(k)})\end{cases}\quad(k=0,1,2,\cdots)\tag{5-22}$$

式(5-22)中：$\boldsymbol{X}^{(k)}$ 为第 k 步迭代计算所得到的点，称第 k 步迭代点，或第 k 步设计方案；$\alpha^{(k)}$ 为第 k 步迭代计算的步长；$\boldsymbol{S}^{(k)}$ 为第 k 步迭代计算的搜索方向。

(3) 每向前跨一步，都应检查所得到的新点能否满足预定的计算精度 ε，即

$$\| f(\boldsymbol{X}^{(k+1)})-f(\boldsymbol{X}^{(k)})\| <\varepsilon$$

即应使目标函数的值一次比一次小。

如果满足约束条件，即函数值的下降量已达到精度要求，则认为 $\boldsymbol{X}^{(k+1)}$ 为局部最小值点，否则应以 $\boldsymbol{X}^{(k+1)}$ 为新的初始点，按上述方法继续跨步探索。

迭代过程中探索方向 $\boldsymbol{S}$ 的选择，先应保证沿此方向进行探索时，目标函数值是不断下降

的(这就是直接最优化方法迭代程序的下降性),同时应尽可能地使其指向最优点,以尽量缩短探索的路程和时间,提高求优过程的效率。显然,使探索方向 $\boldsymbol{S}$ 沿着目标函数值的最速下降方向即 $-\nabla f(x)$ 的方向(对求最大值来说则为最速上升方向,即 $\nabla f(x)$ 方向)最为有利,或应使 $\boldsymbol{S}$ 的方向相对 $-\nabla f(x)$ 方向偏离不大,至少要使它们交成锐角,即

$$[-\nabla f(\boldsymbol{X})]^{\mathrm{T}} \cdot \boldsymbol{S}=C$$

式中:C 大于零的常数。

从理论上说,任何一个迭代算法都能产生无穷点列的设计方案 $\{\boldsymbol{X}^{(k)}, k=0,1,2,\cdots\}$,而实际上只能进行有限次的修改设计,在适当的时候迭代应当停止。当然应将设计方案一直修改到目标函数有最小值时才可终止计算,但对于实际工程问题,有时很难判断其目标函数的极小值。因此,要想找到一个完美而适用的计算机终止准则很困难,而只能根据计算中的具体情况来进行判断。

通常,用于判断是否应终止迭代的判据有以下三种:

(1) 当设计变量在相邻两点之间的移动距离已充分小时,可用相邻两点的向量差的模作为终止迭代的判据:

$$\| \boldsymbol{X}^{(k+1)}-\boldsymbol{X}^{(k)} \| \leqslant \varepsilon_1$$

(2) 当相邻两点目标函数值之差已充分小时,即移动该步后目标函数值的下降量已充分小时,可用两次迭代的目标函数值之差作为终止迭代的判据:

$$\| f(\boldsymbol{X}^{(k+1)})-f(\boldsymbol{X}^{(k)}) \| \leqslant \varepsilon_2$$

(3) 当迭代点逼近极值点时,目标函数在该点的梯度将变得充分小,故目标函数在迭代点处的梯度已充分小,也可作为终止迭代的判据:

$$\| \nabla f(\boldsymbol{X}^{(k+1)}) \| \leqslant \varepsilon_3$$

最后还应指出:为了防止当函数变化剧烈时,判据虽已得到满足,但所求得的最优值 $f(\boldsymbol{X}^{(k+1)})$ 与真正最优值 $f(\boldsymbol{X}^{*})$ 仍相差较大,或当函数变化缓慢时已得到满足,而所求得的最优点 $\boldsymbol{X}^{(k+1)}$ 与真正的最优点 $\boldsymbol{X}^{*}$ 仍相距较远,往往将前两种判据结合起来使用,即要求前两种判据同时成立。至于第三种判据仅用于那些需要计算目标函数梯度的最优化方法中。

5.3　常见的优化方法

前文中讨论过的求目标函数极值的方法和函数极值点存在的条件都离不开求目标函数的一、二阶导数或偏导数。但有时函数的导数不易求得,甚至根本就不存在,这时上述方法就无法应用。直接探索(或称搜索、寻查)方法就是针对这种情况形成与发展起来的,并且在工程实践中得到了广泛应用。对于单个变量(一维问题)的直接探索,通常称为一维探索或线性探索,它是用于求解一维最优化问题的常用方法。

机械结构的最优化设计大都为多维问题,一维问题很少。但是一维问题的最优化方法是优化方法中最基本的,在数值方法的迭代计算过程中,都要进行一维探索。也可以把多维问题化为一维问题来处理。例如,求多维目标函数的极值问题可以处理为:从选定的初始点 $\boldsymbol{X}^{(0)}$ 出发,沿着某一使函数值下降的特定方向 $\boldsymbol{S}^{(0)}$ 求出目标函数在此方向上的极值点 $\boldsymbol{X}^{(1)}$,

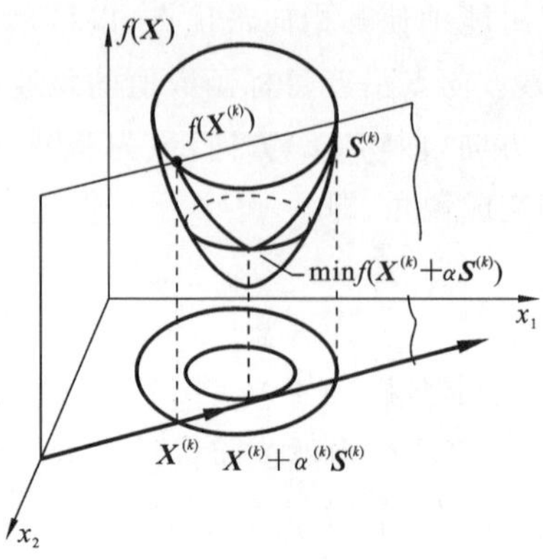

图 5-15 多维问题转化为一维问题时的几何关系

然后从 $\boldsymbol{X}^{(1)}$ 点出发沿使目标函数值继续下降的另一个特定方向 $\boldsymbol{S}^{(1)}$ 求目标函数新的极值点 $\boldsymbol{X}^{(2)}$。如此逐步迭代下去，直到满足迭代终止判据并求出近似的最优解 $\boldsymbol{X}^*$ 为止。概括地说，以上每一步的格式都是从某一定点 $\boldsymbol{X}^{(k)}$ 出发，沿着某一使函数值下降的规定方向 $\boldsymbol{S}^{(k)}$ 找出在此方向的极值点 $\boldsymbol{X}^{(k+1)}$。这一过程是最优化方法中的一种基本过程，在此过程中因出发点 $\boldsymbol{X}^{(k)}$、探索方向 $\boldsymbol{S}^{(k)}$ 均暂时为定值，因此，为了使目标函数值为最小，只要找到合适的步长 $\alpha^{(k)}$ 就可以了。也就是说，在任何一次迭代计算过程中，出发点 $\boldsymbol{X}^{(k)}$ 和方向 $\boldsymbol{S}^{(k)}$ 一旦确定，就把求多维目标函数的极小值这个多维问题，变成求一个变量即步长 α 的最优值 $\alpha^{(k)}$ 的一维问题了。图 5-15 所示为多维问题转化为一维问题时的几何关系。

在优化设计的迭代运算中，在搜索方向 $\boldsymbol{S}^{(k)}$ 上寻求最优步长 α_k 的方法称为一维搜索法。其实，一维搜索法就是一元函数极小化的数值迭代算法，其求解过程即一维搜索。一维搜索法是非线性优化方法的基本算法，因为多元函数的迭代解法都可归结为在一系列逐步产生的下降方向上的一维搜索。

从点 $\boldsymbol{X}^{(k)}$ 出发，在方向 $\boldsymbol{S}^{(k)}$ 上的一维搜索可用数字式表达如下：

$$\min f(\boldsymbol{X}^{(k)}+\alpha\boldsymbol{S}^{(k)})=f(\boldsymbol{X}^{(k)}+\alpha_k\boldsymbol{S}^{(k)})$$

$$\boldsymbol{X}^{(k+1)}=\boldsymbol{X}^{(k)}+\alpha_k\boldsymbol{S}^{(k)}$$

此式表示对包含唯一变量 α 的一元函数 $f(\boldsymbol{X}^{(k)}+\alpha\boldsymbol{S}^{(k)})$ 求极小值，得到最优步长 α_k 和方向 $\boldsymbol{S}^{(k)}$ 上的一维极小值点 $\boldsymbol{X}^{(k+1)}$。

一维搜索求解一维目标函数的极小值点一般分两步进行。首先在方向 $\boldsymbol{S}^{(k)}$ 上确定一个包含极小值点的初始区间，然后采用缩小区间或插值逼近的方法逐步得到最优步长和一维极小值点。

5.3.1 搜索区间的确定

在函数的任一单谷区间上必存在一个极小值点，而且在极小值点的左侧，函数曲线呈下降趋势，在极小值点的右侧，函数曲线呈上升趋势。若已知方向 $\boldsymbol{S}^{(k)}$ 上的三点 $x_1<x_2<x_3$ 及其函数值 $f(x_1)$，$f(x_2)$，$f(x_3)$，便可通过比较三个函数值的大小估计出极小值点所在的区间。

(1) 若 $f(x_1)>f(x_2)>f(x_3)$，则极小值点位于右端点 x_3 的右侧，如图 5-16(a)所示。

(2) 若 $f(x_1)<f(x_2)<f(x_3)$，则极小值点位于左端点 x_1 的左侧，如图 5-16(b)所示。

(3) 若 $f(x_1)>f(x_2)$ 且 $f(x_2)<f(x_3)$，则极小值点位于 x_1 和 x_3 之间，$[x_1,x_3]$ 就是一个包含极小值点的区间，如图 5-16(c)所示。

可见，在某一方向上按一定方式逐次产生一些探测点，并比较这些探测点上函数值的大小就可以找出函数值按“大→小→大”规律变化的三个相邻点，其中两端点所确定的闭区间

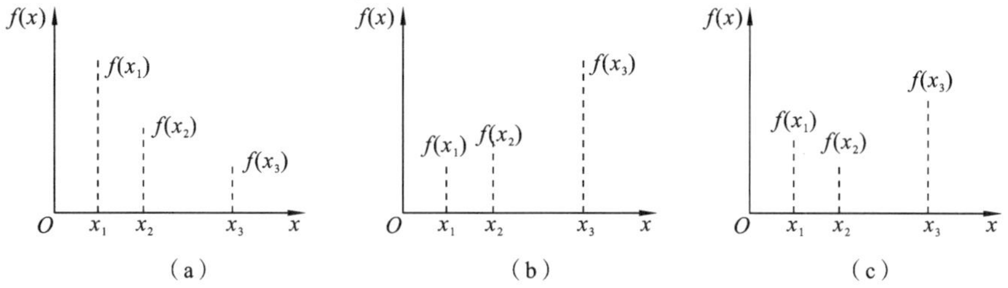

图 5-16　极小值点估计

必定包含着极小值点，这样的区间称初始区间，记作[a,b]。这种寻找初始区间的方法称为进退法，其具体探测步骤如下：

（1）给定初始点 x_0，初始步长 h，令 $x_1=x_0$，记 $f_1=f(x_1)$。

（2）产生新的探测点 $x_2=x_0+h$，记 $f_2=f(x_2)$。

（3）比较函数值 f_1 和 f_2 的大小，确定向前或向后探测的策略。若 $f_1>f_2$，则加大步长 h，令 $h=2h$，转步骤(4)，向前探测，如图 5-17(a)所示；若 $f_1<f_2$，则调转方向，令 $h=-h$，转步骤(4)向后探测，如图 5-17(b)所示。

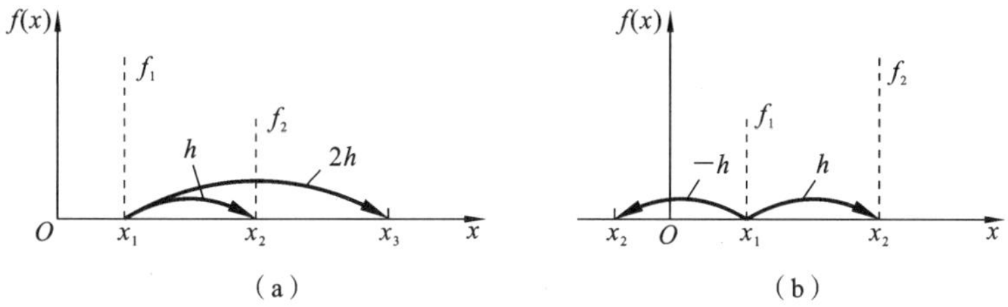

图 5-17　进退探测

（4）产生新的探测点 $x_3=x_0+h$，令 $f_3=f(x_3)$。

（5）比较函数值 f_2 与 f_3 的大小。

若 $f_2<f_3$，则初始区间已经得到，令 $c=x_2$，$f_c=f_2$，当 $h>0$ 时，$[a,b]=[x_1,x_3]$，当 $h<0$ 时，$[a,b]=[x_3,x_1]$，如图 5-18(a)所示；若 $f_2>f_3$，则继续加大步长，令 $h=2h$，$x_1=x_2$，$x_2=x_3$，转步骤(4)继续进行探测，如图 5-18(b)所示。

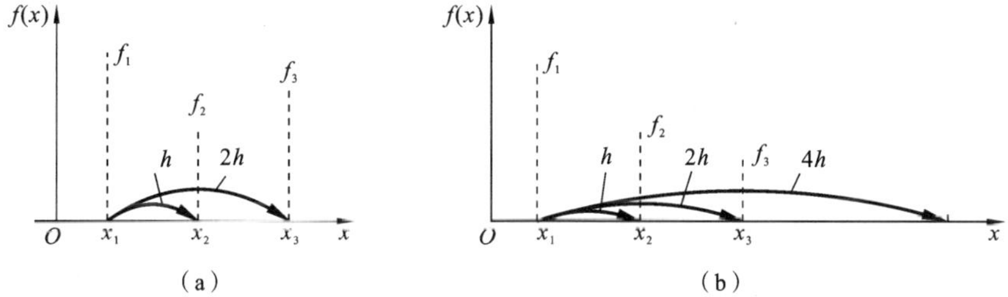

图 5-18　比较 f_2 和 f_3

用进退法确定搜索区间的程序框图如图 5-19 所示。

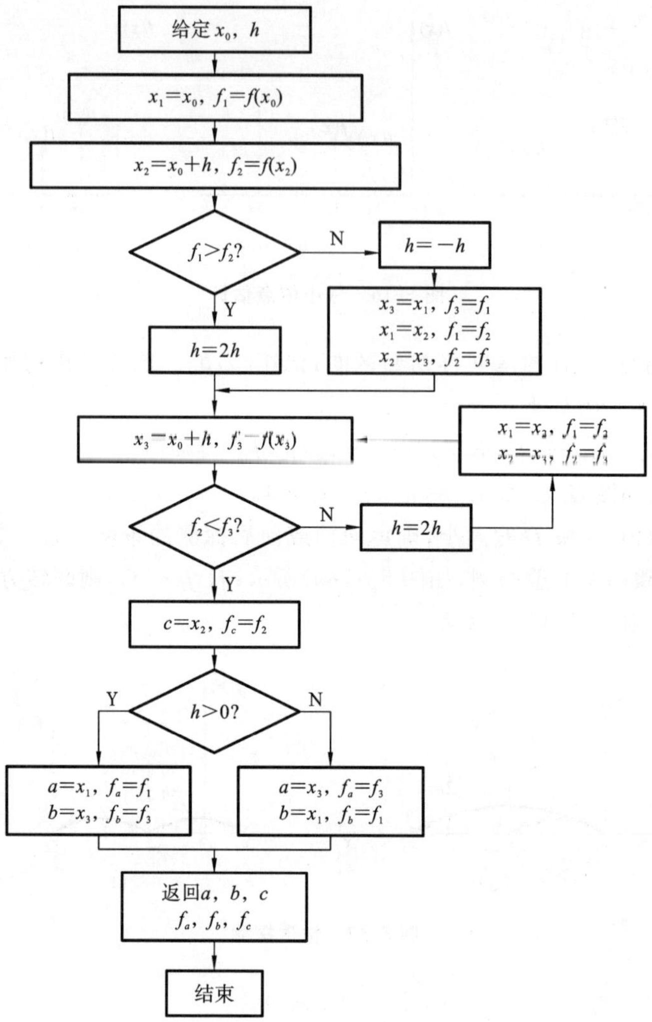

图 5-19 进退法程序框图

5.3.2 黄金分割法

黄金分割法亦称 0.618 法，它是按照对称原则选取中间插入点而缩小区间的一种一维搜索算法。

设区间$[a,b]$内的两个中间插入点由以下方式产生：

$$x_1=a+(1-\lambda)(b-a)$$

$$x_2=a+\lambda(b-a) \quad (0<\lambda<1)$$

若缩小一次后的新区间为$[a,x_2]$，由于新旧区间内中间插入点应具有相同的位置关系，原区间内的点x_1和新区间内的点x_2实际上是同一个点，故有$\lambda^2=\lambda-1$，解得：

$$\lambda=\frac{\sqrt{5}-1}{2}\approx 0.618$$

代入式(5-19)得

$$x_1=a+0.382(b-a)$$
$$x_2=a+0.618(b-a)$$

这就是黄金分割法的迭代公式。

黄金分割法以区间长度充分小作为收敛准则，并以收敛区间的中点作为一维搜索极小值点，即当 $b-a\leqslant\varepsilon$ 时，取 $x^*=(a+b)/2$。

不难看出，黄金分割法每次区间缩小的比率是完全相等的。如果将新区间的长度和原区间的长度之比称为区间缩小率，则黄金分割法的区间缩小率等于常数 0.618。如果给定收敛精度、初始区间长度 $b-a$，则完成一维搜索所需的区间缩小次数 n 可以由下式求出：

$$n\geqslant\frac{\ln\left(\frac{\varepsilon}{b-a}\right)}{\ln 0.618}\quad(\varepsilon\geqslant 0.618(b-a))$$

综上所述，黄金分割法的计算步骤如下：

(1) 给定初始区间 $[a,b]$ 和收敛精度 ε。

(2) 产生中间插入点并计算其函数值：

$$x_1=a+0.382(b-a),\quad f_1=f(x_1)$$
$$x_2=a+0.618(b-a),\quad f_2=f(x_2)$$

(3) 比较函数值 f_1 和 f_2，确定区间的取舍：

若 $f_1<f_2$，则新区间 $[a,b]=[a,x_2]$，令 $b=x_2$，$x_2=x_1$，$f_1=f_2$，记 $N_0=0$，如图 5-20(a)所示；

若 $f_1>f_2$，则新区间 $[a,b]=[x_1,b]$，令 $a=x_1$，$x_2=x_1$，$f_1=f_2$，记 $N_0=1$，，如图 5-20(b)所示。

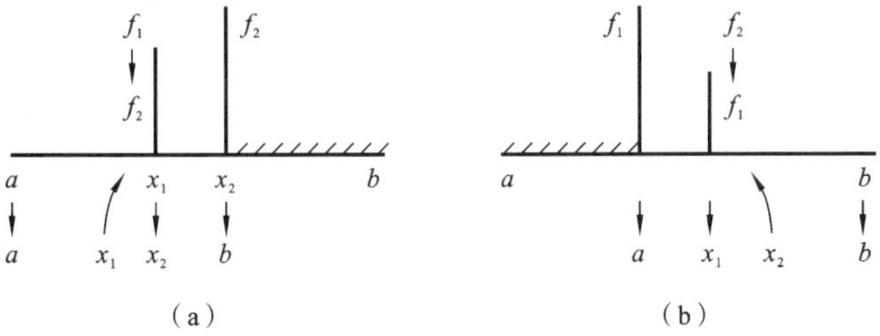

图 5-20　区间取舍

(4) 收敛性判断：若区间的长度足够小，即满足 $|b-a|\leqslant\varepsilon$，则将区间中点作为一维极小值点，即令 $x^*=(a+b)/2$，结束一维搜索；否则，转步骤(5)。

(5) 产生新的插入点：若 $N_0=0$，则取 $x_1=a+0.382(b-a)$，$f_1=f(x_1)$；若 $N_0=1$，则取 $x_2=a+0.618(b-a)$，$f_2=f(x_2)$，转步骤(3)进行新的区间缩小。

黄金分割法的迭代过程和程序框图如图 5-21 所示。

5.3.3　二次插值法

二次插值法又称抛物线法，它是以目标函数的二次插值函数的极小值点作为新的中间插入点，进行区间缩小的一维搜索算法。

如上所述，在确定初始区间时已得到相邻的三个点 $a,b,c(a<c<b)$ 及其对应的函数值

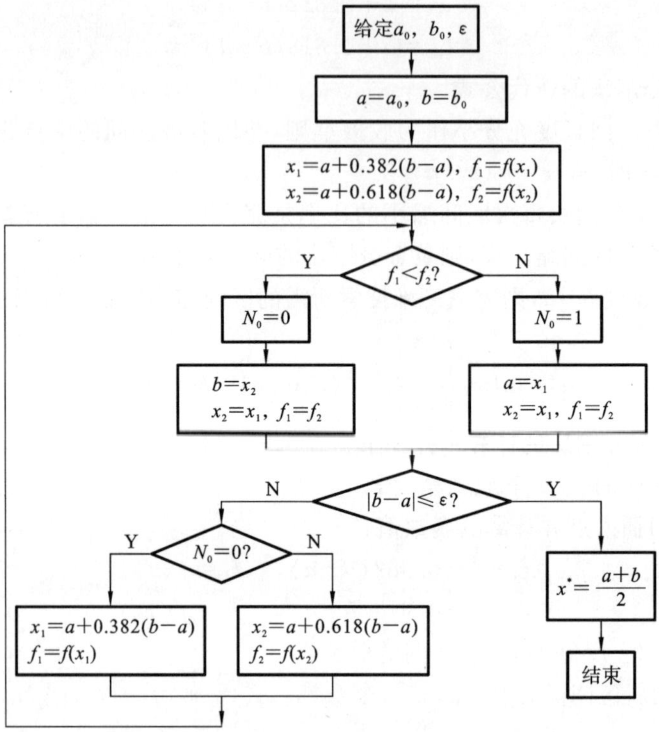

图 5-21　黄金分割法程序框图

$f_a, f_b, f_c (f_a<f_c<f_b)$，记 $x_1=a, x_2=c, x_3=b, f_1=f_a, f_2=f_c, f_3=f_b$。在 Ofx 坐标平面内作(x_1, f_1)，(x_2, f_2)，(x_3, f_3)三点，可以构成一个二次插值函数，设该插值函数为

$$p(x)=a_0+a_1x+a_2x^2 \tag{5-23}$$

将该函数对 x 求导得极小值点：

$$x_p=-a_1/(2a_2)$$

将区间内的三点及函数值代入式(5-23)，得

$$\begin{cases} f_1=a_0+a_1x_1+a_2x_1^2 \\ f_2=a_0+a_1x_2+a_2x_2^2 \\ f_3=a_0+a_1x_3+a_2x_3^2 \end{cases}$$

求解该方程组可得系数 a_0, a_1, a_2，将它们代入式(5-23)得：

$$x_p=\frac{(x_2^2-x_3^2)f_1+(x_3^2-x_1^2)f_2+(x_1^2-x_2^2)f_3}{2[(x_2-x_3)f_1+(x_3-x_1)f_2+(x_1-x_2)f_3]} \tag{5-24}$$

令

$$c_1=\frac{f_3-f_1}{x_3-x_1},\quad c_2=\frac{\frac{f_2-f_1}{x_2-x_1}-c_1}{x_2-x_3}$$

则式(5-24)变为

$$x_p=0.5(x_1+x_2-c_1/c_2) \tag{5-25}$$

由式(5-25)求出的 x_p 是插值函数 $p(x)=a_0+a_1x+a_2x^2$ 的极小值点，也是原目标函数的一个近似极小值点。以此点作为下一次缩小区间的一个中间插入点，无疑将使新的插入点向极小值点逼近的过程加快，如图 5-22 所示。

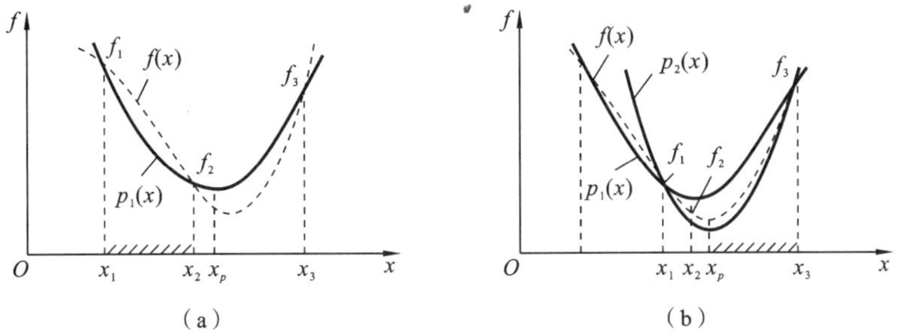

图 5-22　二次插值法区间缩小和逼近过程

二次插值法的中间插入点包含函数在三个点上的函数值信息，因此这样的插入点比较接近函数的极小值点。

二次插值法以两个中间插入点的距离充分小作为收敛准则，即当 $|x_2-x_p|\leqslant\varepsilon$ 成立时，把 x_p 作为此次一维搜索的极小值点。

二次插值法的计算步骤如下：

(1) 给定初始区间 $[a,b]$、收敛精度 ε 和区间中的另外一个点 c。

(2) 将三个已知点按顺序排列，有 $x_1=a,x_2=c,x_3=b,f_1=f(x_1),f_2=f(x_2),f_3=f(x_3)$。

(3) 按图 5-22 计算中间插入点 x_p 及其对应的函数值 $f_p=f(x_p)$。

(4) 收敛性判断：若 $|x_1-x_p|\leqslant\varepsilon$，$|f_2-f_p|\leqslant\varepsilon$，转步骤(6)，否则转步骤(5)。

(5) 缩小区间。

如图 5-23(a)所示，若 $f_2\geqslant f_p$，当 $x_p\leqslant x_2$ 时，令 $x_3=x_2,x_2=x_p$，并令 $f_3=f_2,f_2=f_p$；当 $x_p>x_2$ 时，令 $x_1=x_2,x_2=x_p$，并令 $f_1=f_2,f_2=f_p$。

如图 5-23(b)所示，若 $f_2<f_p$，当 $x_p\leqslant x_2$ 时，令 $x_p=x_1,f_1=f_p$；当 $x_p>x_2$ 时，令 $x_3=x_p,f_3=f_p$，转步骤(3)求新的插入点。

(6) 若 $f_2\geqslant f_p$，令 $x^*=x_p,f^*=f_p$，否则令 $x^*=x_2,f^*=f_2$，结束一维搜索。

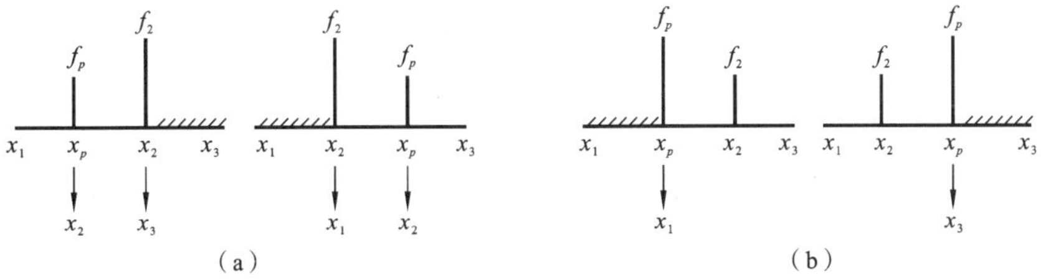

图 5-23　二次插值法的区间取舍及替换

二次插值法的计算程序框图如图 5-24 所示。在这个算法中，首先要选择一个初始步长 h_0，用外推法确定极值点存在的区间(探索区间)，然后再用二次插值法求极值点的近似值。由于二次多项式仅是对目标函数的近似描述，不可能通过一次近似就达到函数的最优值，必须重复多次，向最优值逐渐逼近，直至满足某个给定的精度要求为止。在逼近的过程中，仍然利用序列消去原理缩小探索区间(将插值函数在极值点处的函数值与在插值点 α_2 处的函数值做比较)。

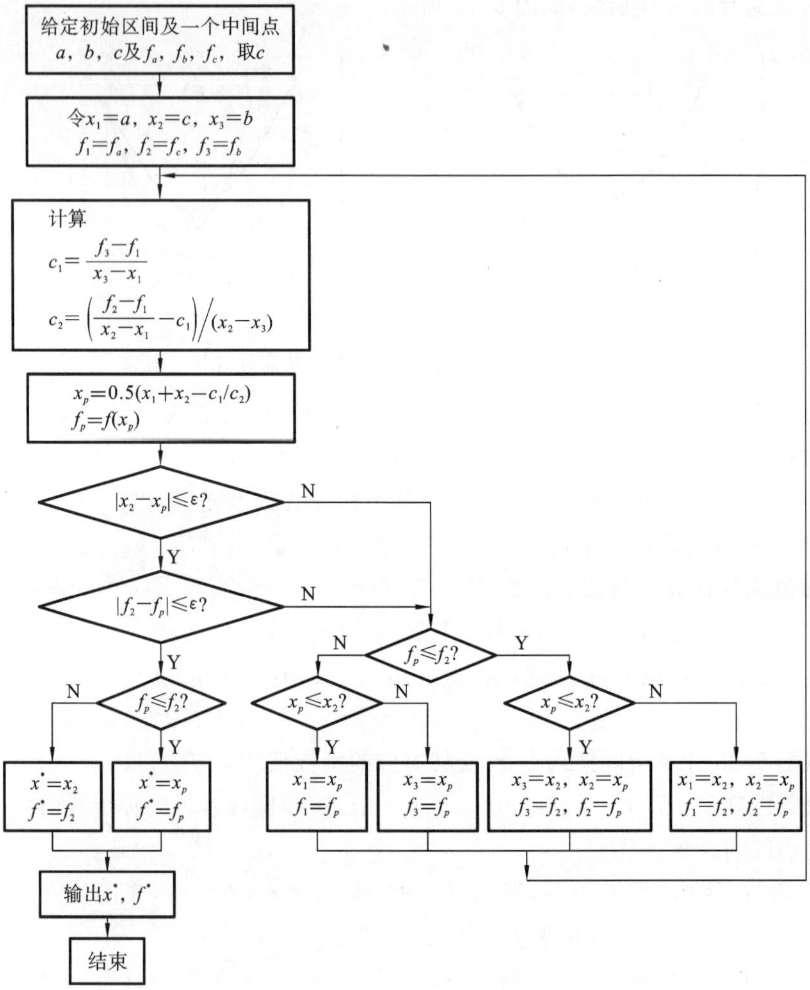

图 5-24　二次插值法的程序框图

5.3.4　一维搜索算法比较

以上介绍了两种一维搜索算法——黄金分割法、二次插值法，还有一种一维搜索算法 Fibonacci 法本章未做介绍。下面从不同角度对这几种算法的特点及优劣进行对比分析。

从对目标函数性质的要求看，Fibonacci 法与黄金分割法对函数的连续性、可微性都没有要求，甚至写不出函数解析表达式也没有关系，只要针对所选定的插入点能找出对应的函数值就可以。因而这两种算法具有最广泛的适应性，尤其是对于一些生产实践中的问题，虽然不存在确切的函数解析表达式，但是可以通过测量等手段获取指定观测点的有关数据，因此仍然可以采用 Fibonacci 法或黄金分割法通过测量少量指定观测点的数据而找到极小值点。二次插值法对函数的连续性有要求，但不要求可微性，因而，二次插值法对目标函数的要求高于 Fibonacci 法和黄金分割法。

再分析一下在相同的精度要求条件下，各种算法所需观测点的个数。按照搜索极小值点方法的不同，可以把一维搜索算法划为两类：第一类是通过不断地缩小搜索区间而获得极小值点的近似值，Fibonacci 法、黄金分割法和二次插值法就是这类算法的代表；第二类是产生系列的点，使之逐步逼近极小值点。

一般而言，由于第二类算法产生的观测点依赖于目标函数的具体形式，所以如果两种算法分别属于上述第一类和第二类算法，那么很难比较两种算法所需观测点的个数。但是已经证明，对于任意的二次项系数是正数的二次函数，如果所求极小值点是内点或是无约束极小值点，那么从任一可行初始点出发，只需一次迭代即可得到目标函数的极小值点，显然第一类的任何一种算法都做不到这一点。而从函数的泰勒展开式可知，在一个定点（尤其是极小值点）的附近，一般函数非常近似于二次函数。因此，如果初始点离极小值点较近，那么二次插值法往往是很有效的。

5.3.5　多维无约束优化方法

多维无约束优化问题的一般数学表达式为：

$$\begin{cases}\min f(X)=f(x_1,x_2,\cdots,x_n)\\ X\in \mathbf{R}^n\end{cases} \tag{5-26}$$

求解这类问题的方法，称为多维无约束优化方法。它也是构成约束优化方法的基础算法。

多维无约束优化方法是优化技术中最重要和最基本的内容之一。因为它不仅可以直接用来求解无约束优化问题，而且实际工程设计问题中的大量约束优化问题，有时也是通过对约束条件进行适当处理，转化为无约束优化问题来求解的。所以，多维无约束优化方法在工程优化设计中有着十分重要的作用。

根据其确定搜索方向所使用的信息和方法的不同，多维无约束优化方法可分为两大类：

一类是需要利用目标函数的一阶偏导数或二阶偏导数来构造搜索方向的方法，如梯度法、共轭梯度法、牛顿法和变尺度法等。这类方法由于需要计算偏导数，因此计算量大，但收敛速度较快，一般称之为间接法。另一类是通过几个已知点上目标函数值的比较来构造搜索方向的方法，如坐标轮换法、随机搜索法和共轭方向法等。这类方法由于只需要计算函数值，因而对于无法求导或求导困难的函数，该法就有突出的优越性，但是其收敛速度较慢，一般称之为直接法。

各种优化方法之间的主要差异表现在搜索方向的构造上，因此，搜索方向 $S^{(k)}$ 的选择，是最优化方法要讨论的重要内容。

下面介绍几种经典的多维无约束优化方法。

1. 坐标轮换法

坐标轮换法是求解多维无约束优化问题的一种直接法，它不需求函数导数而直接搜索目标函数的最优解。该法又称降维法。

坐标轮换法的基本原理是将一个多维无约束优化问题转化为一系列一维优化问题来求解，具体做法是：依次沿着坐标轴的方向进行一维搜索，求得极小值点。当对 n 个变量 x_1，x_2，…，x_n 依次进行过一次搜索之后，即完成一轮计算。若未收敛到极小值点，则又从前一轮的最末点开始，进行下一轮搜索，如此继续下去，直至收敛到最优点为止。

坐标轮换法的搜索过程如图 5-25 所示。对于 n 维问题，是先将 $n-1$ 个变量固定不动，只对第一个变量进行一维搜索，得到极小值点 $\boldsymbol{X}_1^{(1)}$；然后，再保持 $n-1$ 个变量固定不动，对第二个变量进行一维搜索，得到极小值点 $\boldsymbol{X}_2^{(1)}$……这样依次进行，就把一个 n 维的问题的求

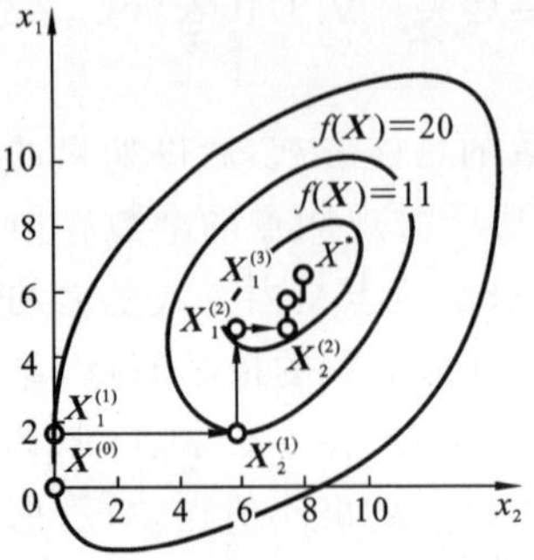

图 5-25　坐标轮换法的搜索过程

解转化为求解一系列一维的优化问题。沿 $x_1, x_2, \cdots, x_n$ 坐标方向依次进行一维搜索之后，得到 n 个一维极小值点，即 $\boldsymbol{X}_1^{(1)}, \boldsymbol{X}_2^{(1)}, \cdots, \boldsymbol{X}_n^{(1)}$，即完成第一轮搜索。接着，以最后一维的极小值点为起点，重复上述过程，进行下一轮搜索，直到求得满足精度的极小值点 $\boldsymbol{X}^*$，停止搜索迭代计算。

根据上述原理，对于第 k 轮计算，坐标轮换法的迭代计算公式为

$$\boldsymbol{X}_i^{(k)} = \boldsymbol{X}_{i-1}^{(k)} + \alpha \boldsymbol{S}_i^{(k)} \quad (i=1,2,\cdots,n) \tag{5-27}$$

其中，搜索方向 $\boldsymbol{S}_i^{(k)}$ 是轮流取 n 维空间各坐标轴的单位向量：

$$\boldsymbol{S}_i^{(k)} = e_i = 1 \quad (i=1,2,\cdots,n)$$

即

$$\boldsymbol{e}_1 = \begin{bmatrix} 1 \\ 0 \\ 0 \\ \vdots \\ 0 \end{bmatrix}, \quad \boldsymbol{e}_2 = \begin{bmatrix} 0 \\ 1 \\ 0 \\ \vdots \\ 0 \end{bmatrix}, \quad \cdots, \quad \boldsymbol{e}_n = \begin{bmatrix} 0 \\ 0 \\ 0 \\ \vdots \\ 1 \end{bmatrix}$$

也即其中第 i 个坐标方向上的分量为 1，其余均为零。其中步长 α_i 取正值或负值均可，正值表示沿坐标正方向搜索，负值表示沿坐标轴负方向搜索，但无论正负，必须使目标函数值下降，即

$$f(\boldsymbol{X}_i^{(k)}) < f(\boldsymbol{X}_{i-1}^{(k)})$$

对坐标轮换法的迭代步长，常用如下两种取法：

(1) 取最优步长；

(2) 取加速步长，即在每一维，先选择一个初始步长 α_i，若沿该维正方向第一步搜索成功（即搜索时函数值下降），则以倍增的步长继续沿该维向前搜索，步长的序列为 $\alpha_i, 2\alpha_i, 4\alpha_i, 8\alpha_i, \cdots$。当函数值开始上升时，取前一点为本维极小值点，然后再沿下一维方向进行搜索。这样依次循环继续前进，直至到达收敛精度为止。

坐标轮换法的特点：计算简单，概念清楚，但搜索线路较长，计算效率低，特别当维数很高时计算时间很长。因此，坐标轮换法只能用于低维（$n<10$）优化问题的求解。此外，该法的效能在很大程度上取决于目标函数的性态，即等值线的形态与坐标轴的关系。

2. 鲍威尔法

为了克服坐标轮换法收敛效速度很慢的缺点，鲍威尔（Powell）对坐标轮换法进行了改进，提出了鲍威尔法，又称共轭方向法。

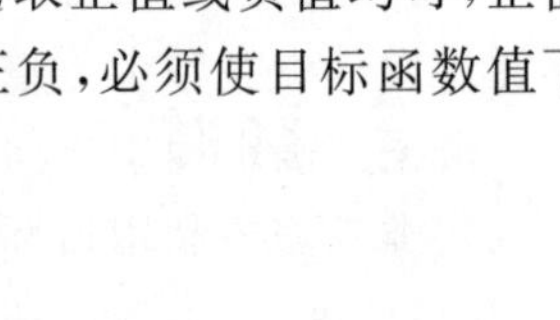

图 5-26　共轭方向

坐标轮换法之所以收敛速度很慢，原因在于其搜索方向总是平行于坐标轴，不适应函数的变化。如图 5-26 所示，若把上一轮的搜索末点 $\boldsymbol{X}_2^{(k)}$（即本轮搜索的起点 $\boldsymbol{X}_0^{(k+1)}$）和本轮搜索的末点 $\boldsymbol{X}_2^{(k+1)}$ 连接起来，形成一个新的搜索方向 $\boldsymbol{S}^{(2)} = \boldsymbol{X}_2^{(k)} - \boldsymbol{X}_2^{(k+1)}$，并沿此方向进行一维搜索，由图 5-26 可见，收敛速度将大大加

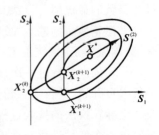

快。那么,方向 $\boldsymbol{S}^{(2)}$ 具有什么性质,它与 $\boldsymbol{S}_2$ 方向有何关系?为了利用这种搜索方向完成搜索,则应首先弄清楚这些问题。

1) 共轭方向的概念与形成

设 $\boldsymbol{A}$ 为一个 $n\times n$ 的实对称正定矩阵,若有一组非零向量 $\boldsymbol{S}^{(1)},\boldsymbol{S}^{(2)},\cdots,\boldsymbol{S}^{(n)}$ 满足

$$[\boldsymbol{S}^{(i)}]^{\mathrm{T}}\boldsymbol{A}\boldsymbol{S}^{(j)}=\boldsymbol{0}\quad (i=1,2,\cdots,n,j=1,2,\cdots,n\ 且\ i\neq j) \tag{5-28}$$

则称这组向量关于矩阵 $\boldsymbol{A}$ 共轭。

当 $\boldsymbol{A}$ 为单位矩阵(即 $\boldsymbol{A}=\boldsymbol{I}$)时,则有

$$[\boldsymbol{S}^{(i)}]^{\mathrm{T}}\boldsymbol{S}^{(j)}=\boldsymbol{0}$$

此时称向量 $\boldsymbol{S}^{(i)}$ 与 $\boldsymbol{S}^{(j)}$ 相互正交。可见,向量正交是向量共轭的特例,或者说向量共轭是向量正交的推广。

共轭方向有两种形成方法:平行搜索法和基向量组合法。现介绍平行搜索法。如图 5-27 所示,从任意不同的两点出发,分别沿同一方向 $\boldsymbol{S}^{(1)}$ 进行两次一维搜索(或者说进行两次平行搜索),得到两个一维极小值点 $\boldsymbol{X}^{(1)}$ 和 $\boldsymbol{X}^{(2)}$,则连接此两点构成的向量为

$$\boldsymbol{S}^{(2)}=\boldsymbol{X}^{(2)}-\boldsymbol{X}^{(1)}$$

$\boldsymbol{S}^{(2)}$ 便是与原方向 $\boldsymbol{S}^{(1)}$ 共轭的另一方向。沿此方向做两次平行搜索,可得到第三个共轭方向。如此继续下去,便可得到一个包含 n(维数)个共轭方向的方向组。

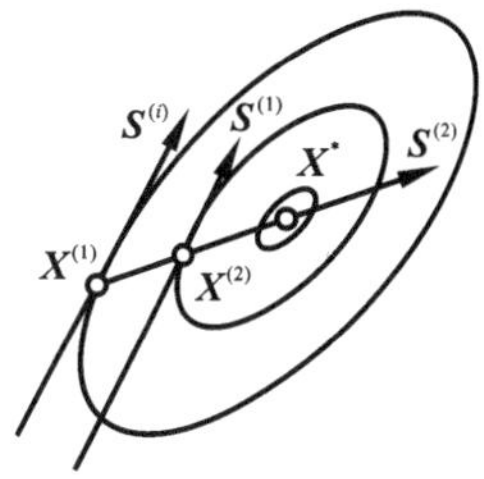

图 5-27　共轭方向的形成

2) 基本鲍威尔法

在明确了共轭方向的概念后,不难知道鲍威尔法是采用坐标轮换的方法来产生共轭方向的,因不必利用导数的信息,因此是一种直接法。

基本鲍威尔法的基本原理是:首先,采用坐标轮换法进行第一轮迭代;然后,以第一轮迭代的最末一个极小值点和初始点构成一个新的方向,并且以此新的方向作为最末一个方向,而去掉第一个方向,得到第二轮迭代的 n 个方向。依此进行下去,直至求得问题的极小值点。

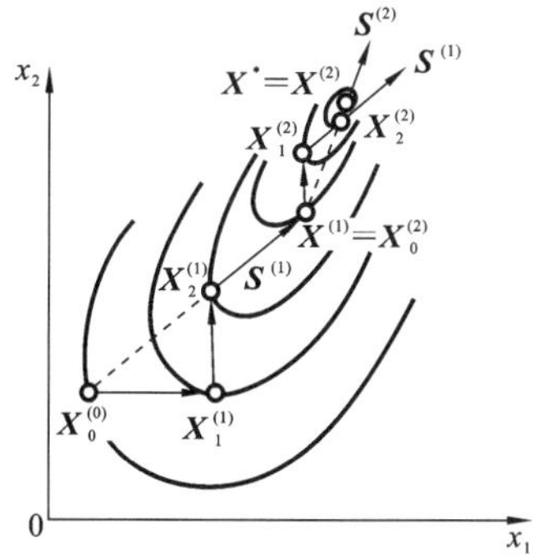

图 5-28　基本鲍威尔法的迭代过程

现以二维问题为例来说明基本鲍威尔法的迭代过程及在迭代过程中,共轭方向是如何形成的。如图 5-28 所示,取初始点 $\boldsymbol{X}^{(0)}$ 作为迭代计算的起点,即令 $\boldsymbol{X}_0^{(1)}=\boldsymbol{X}^{(0)}$,先沿坐标轴 x_1 的方向 $\boldsymbol{S}_1^{(1)}=\boldsymbol{e}_1=[1,\ 0]^{\mathrm{T}}$ 做一维搜索,求得此方向上的极小值点 $\boldsymbol{X}_1^{(1)}$。再沿坐标轴 x_2 方向 $\boldsymbol{S}_2^{(1)}=\boldsymbol{e}_2=[0,1]^{\mathrm{T}}$ 做一维搜索,求得该方向上的极小值点 $\boldsymbol{X}_2^{(1)}$。然后利用两次搜索得到的极小值点 $\boldsymbol{X}_0^{(1)}$ 及 $\boldsymbol{X}_2^{(1)}$ 构成一个新的迭代方向 $\boldsymbol{S}^{(1)}$:

$$\boldsymbol{S}^{(1)}=\boldsymbol{X}_2^{(1)}-\boldsymbol{X}_0^{(1)}$$

沿此方向做一维搜索,得到该方向上的一维极小值点 $\boldsymbol{X}^{(1)}$,至此完成第一轮搜索。进行第二轮迭代时,去掉第一个方向 $\boldsymbol{S}_1^{(1)}=\boldsymbol{e}_1$,将方向 $\boldsymbol{S}^{(1)}$ 作为最末一个迭代方向,即从 $\boldsymbol{X}^{(1)}=\boldsymbol{X}_0^{(2)}$ 出发,依次沿着方向 $\boldsymbol{S}_1^{(2)}\leqslant\boldsymbol{S}_2^{(1)}=\boldsymbol{e}_2$ 及 $\boldsymbol{S}_2^{(2)}\leqslant\boldsymbol{S}^{(1)}=\boldsymbol{X}_2^{(1)}-\boldsymbol{X}_0^{(1)}$ 进行一维搜索,得到极小值点 $\boldsymbol{X}_1^{(1)},\boldsymbol{X}_2^{(2)}$;然后利用 $\boldsymbol{X}_2^{(2)},\boldsymbol{X}_0^{(2)}$ 构成另一个迭代方向 $\boldsymbol{S}^{(2)}$:

$$\boldsymbol{S}^{(2)}=\boldsymbol{X}_2^{(2)}-\boldsymbol{X}_0^{(2)}$$

沿此方向搜索得到 $\boldsymbol{X}^{(2)}$。为形成第三轮迭代的方向,将 $\boldsymbol{S}^{(2)}$ 加到第二轮方向组之中,并去掉

第二轮迭代的第一个方向 $\boldsymbol{S}_1^{(2)}=\boldsymbol{e}_2$，即令

$$\boldsymbol{S}_1^{(3)}\leqslant\boldsymbol{S}_2^{(2)}=\boldsymbol{S}^{(1)},\quad \boldsymbol{S}_2^{(3)}\leqslant\boldsymbol{S}^{(2)}=\boldsymbol{X}_2^{(2)}-\boldsymbol{X}_0^{(2)}$$

即第三轮迭代的方向实际上是 $\boldsymbol{S}^{(1)}$ 和 $\boldsymbol{S}^{(2)}$，由于 $\boldsymbol{S}^{(2)}$ 是连接两极小值点 $\boldsymbol{X}_2^{(2)}$，$\boldsymbol{X}_0^{(2)}$ 所构成的，根据上述共轭方向的概念可知，$\boldsymbol{S}^{(1)}$ 和 $\boldsymbol{S}^{(2)}$ 互为共轭方向。如果所考察的二维函数是二次的，即对于二维二次函数，经过沿共轭方向 $\boldsymbol{S}^{(1)}$，$\boldsymbol{S}^{(2)}$ 的两次一维搜索所得到的极小值点 $\boldsymbol{X}^{(2)}$ 就是该目标函数的极小值点 $\boldsymbol{X}^*$（即椭圆的中心）。而对于二维非二次函数，这个极小值点 $\boldsymbol{X}^{(2)}$ 还不是该函数的极小值点，需要继续按照上述方向进行进一步搜索。

由上述可知，共轭方向是在更替搜索方向、反复做一维搜索的过程中逐步形成的。对于二元函数，经过两轮搜索，将产生两个互相共轭的方向。对于三元函数，经过三轮搜索以后，就可以得到三个互相共轭的方向。而对于 n 元函数，经过 n 轮搜索以后，一共可得到 n 个互相共轭的方向 $\boldsymbol{S}^{(1)}$，$\boldsymbol{S}^{(2)}$，…，$\boldsymbol{S}^{(n)}$。得到一个完整的共轭方向组（即所有的搜索方向均为共轭方向）以后，再沿最后一个方向 $\boldsymbol{S}^{(n)}$ 进行一维搜索，就可得到 n 元二次函数的极小值点。而对于非二次函数，一般尚不能得到函数的极小值点，而需要进一步搜索，得到新的共轭方向组，直至得到函数的极小值点。

上述基本鲍威尔法的基本要求是，各轮迭代中的方向组的向量应该是线性无关的。然而很不理想的是，上述方法每次迭代所产生的新方向可能出现线性相关的情况，使搜索运算退化到一个较低维的空间进行，从而导致计算不能收敛而无法求得真正的极小值点。为了提高沿共轭方向搜索的效果，鲍威尔针对上述算法提出了改进，改进后的算法称为修正鲍威尔法。

3）修正鲍威尔法

为了避免迭代方向组的向量线性相关现象发生，修正鲍威尔法放弃了原算法中不加分析地用新形成的方向 $\boldsymbol{S}^{(k)}$ 替换上一轮搜索方向组中的第一个方向的做法。该算法规定在每一轮迭代完成产生共轭方向 $\boldsymbol{S}^{(k)}$ 后，在组成新的方向组时不一律舍去上一轮的第一个方向 $\boldsymbol{S}_1^{(k)}$，而是先对共轭方向的好坏进行判别，检验它是否与其他方向线性相关或接近线性相关。若共轭方向不好，则不用它作为下一轮的迭代方向，而仍采用原来的一组迭代方向；若共轭方向好，则可用它替换前轮迭代中使目标函数值下降最多的一个方向，而不一定是替换第一个迭代方向。这样得到方向组将使算法的收敛性更好。

为了确定函数值下降最多的方向，应先将一轮中各相邻极小值点函数值之差计算出来，并令

$$\Delta_m^{(k)}=\max\{f(X_{m-1}^{(k)})-f(X_m^{(k)})\},\quad 1\leqslant m\leqslant n \tag{5-29}$$

按式(5-29)求得 $\Delta_m^{(k)}$ 后，即可确定对应于 $\Delta_m^{(k)}$ 的两点构成的方向 $\boldsymbol{S}_m^{(k)}$ 为这一轮中函数值下降最多的方向。

修正鲍威尔法对于是否用新的方向来替换原方向组的某方向的判别条件如下。

在第 k 轮搜索中，若

$$\begin{cases}F_3<F_1\\(F_1-2F_2+F_3)(F_1-F_2-\Delta_m^{(k)})^2<\dfrac{1}{2}\Delta_m^{(k)}\,(F_1-F_3)^2\end{cases} \tag{5-30}$$

成立，则表明新方向与原方向组线性无关，因此可将新方向 $\boldsymbol{S}^{(k)}$ 作为下一轮的迭代方向，并去掉方向 $\boldsymbol{S}_m^{(k)}$ 而构成第 $k+1$ 轮迭代的搜索方向组；否则，仍用原来的方向组进行 $k+1$ 轮迭代。

式(5-30)中：$F_1=f(\boldsymbol{X}_0^{(k)})$为第 k 轮起点函数值；$F_2=f(\boldsymbol{X}_n^{(k)})$为第 k 轮方向组一维搜索终点函数值；$F_3=f(2\boldsymbol{X}_n^{(k)}-\boldsymbol{X}_0^{(k)})$为 $\boldsymbol{X}_0^{(k)}$ 对 $\boldsymbol{X}_n^{(k)}$ 的映射点函数值；$\Delta_m^{(k)}$ 为第 k 轮方向组中沿诸方向进行一维搜索所得的各函数值下降量中的最大者，其相对应的方向记为 $\boldsymbol{S}_m^{(k)}$。

修正鲍威尔法的迭代过程如图 5-29 所示。

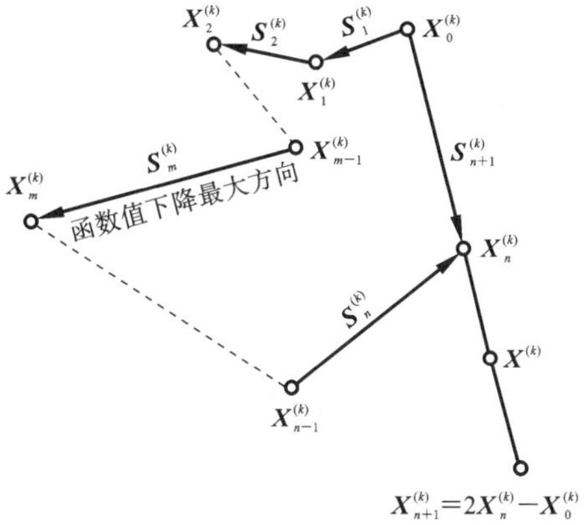

图 5-29　修正鲍威尔法的迭代过程

实践证明，上述修正鲍威尔法可保证非线性函数寻优计算可靠的收敛性。修正鲍威尔法的迭代计算步骤如下：

(1) 给定初始点 $\boldsymbol{X}^{(0)}$ 和收敛精度 ε；

(2) 取 n 个坐标轴的单位向量 $\boldsymbol{e}_i$$(i=1,2,\cdots,n)$为初始搜索方向，即 $\boldsymbol{S}_i^{(k)}=\boldsymbol{e}_i$，置 $k=1$(k 为迭代轮数)；

(3) 从 $\boldsymbol{X}_0^{(k)}$ 出发，依次沿 $\boldsymbol{S}_i^{(k)}$$(i=1,2,\cdots,n)$进行 n 次一维搜索，得到 n 个一维极小值点：

$$\boldsymbol{X}_i^{(k)}=\boldsymbol{X}_{i-1}^{(k)}+\alpha_i^{(k)}\boldsymbol{S}_i^{(k)}\quad(i=1,2,\cdots,n)$$

(4) 连接 $\boldsymbol{X}_0^{(k)}$，$\boldsymbol{X}_n^{(k)}$，构成新的共轭方向 $\boldsymbol{S}^{(k)}$，即

$$\boldsymbol{S}^{(k)}=\boldsymbol{X}_n^{(k)}-\boldsymbol{X}_0^{(k)}$$

沿共轭方向 $\boldsymbol{S}^{(k)}$ 计算 $\boldsymbol{X}_0^{(k)}$ 的映射点：

$$\boldsymbol{X}_{n+1}^{(k)}=2\boldsymbol{X}_n^{(k)}-\boldsymbol{X}_0^{(k)}$$

(5) 计算第 $\boldsymbol{k}$ 轮中各相邻极小值点目标函数的差值，并找出其中的最大差值及其相应的方向：

$$\Delta_m^{(k)}=\max_{1\leqslant m\leqslant n}\{f(X_{i-1}^{(k)})-f(X_i^{(k)})\}\ (i=1,2,\cdots,n)$$

$$\boldsymbol{S}_m^{(k)}=\boldsymbol{X}_{m-1}^{(k)}-\boldsymbol{X}_m^{(k)}$$

(6) 计算第 k 轮迭代的起点、终点和映射点的函数值：

$$F_1=f(\boldsymbol{X}_0^{(k)}),\quad F_2=f(\boldsymbol{X}_n^{(k)}),\quad F_3=f(\boldsymbol{X}_{n+1}^{(k)})$$

(7) 用判别条件式(5-30)检验原方向组是否需要替换，即若满足

$$\begin{cases}F_3<F_1\\(F_1-2F_2+F_3)(F_1-F_2-\Delta_m^{(k)})^2<\dfrac{1}{2}\Delta_m^{(k)}(F_1-F_3)^2\end{cases}$$

则由 $\boldsymbol{X}_n^{(k)}$ 出发沿方向 $\boldsymbol{S}^{(k)}$ 进行一维搜索，求出该方向的极小值点 $\boldsymbol{X}^{(k)}$，并以 $\boldsymbol{X}^{(k)}$ 作为第 $k+1$ 轮迭代的起点，即令 $\boldsymbol{X}_0^{(k+1)}=\boldsymbol{X}^{(k)}$；然后去掉方向 $\boldsymbol{S}_m^{(k)}$，而将方向 $\boldsymbol{S}^{(k)}$ 作为第 $k+1$ 轮迭代的最

末一个方向，即第 $k+1$ 轮的搜索方向为

$$\begin{bmatrix} \boldsymbol{S}_1^{(k+1)} \\ \boldsymbol{S}_2^{(k+1)} \\ \vdots \\ \boldsymbol{S}_n^{(k+1)} \end{bmatrix} = \begin{bmatrix} \boldsymbol{S}_1^{(k)} \\ \boldsymbol{S}_2^{(k)} \\ \vdots \\ \boldsymbol{S}_{m-1}^{(k)} \\ \boldsymbol{S}_{m+1}^{(k)} \\ \vdots \\ \boldsymbol{S}_n^{(k)} \\ \boldsymbol{S}^{(k)} \end{bmatrix}$$

若不满足上述判别条件，则进入第 $k+1$ 轮迭代时，仍采用第 k 轮迭代的方向。

(8) 进行收敛性判断：

$$\| \boldsymbol{X}_0^{(k+1)} - \boldsymbol{X}_0^{(k)} \| \leqslant \varepsilon$$

或

$$\left| \frac{f(\boldsymbol{X}_0^{(k+1)}) - f(\boldsymbol{X}_0^{(k)})}{f(\boldsymbol{X}_0^{(k+1)})} \right| \leqslant \varepsilon_1$$

可结束迭代计算，输出最优解：

$$\begin{cases} \boldsymbol{X}^* = \boldsymbol{X}_0^{(k+1)} \\ f(\boldsymbol{X}^*) = f(\boldsymbol{X}_0^{(k+1)}) \end{cases}$$

否则，置 $k=k+1$，转入下一轮继续进行循环迭代。

修正鲍威尔法的计算流程如图 5-30 所示。

例 5-1 用修正鲍威尔共轭方向法求无约束优化问题

$$\min f(\boldsymbol{X}) = 60 - 10x_1 - 4x_2 + x_1^2 + x_2^2 - x_1x_2$$

的最优点 $\boldsymbol{X}^* = [x_1^*, x_2^*]^{\mathrm{T}}$，计算精度 $\varepsilon = 0.0001$。

解 第一轮迭代：

(1) 给定初始点 $\boldsymbol{X}_0^{(1)} = \boldsymbol{X}^{(0)} = [0 \quad 0]^{\mathrm{T}}$，$\varepsilon = 0.0001$；

(2) 取搜索方向为 n 个坐标的单位向量 $\boldsymbol{S}_1^{(1)} = \boldsymbol{e}_1 = [1 \quad 0]^{\mathrm{T}}$，$\boldsymbol{S}_2^{(1)} = \boldsymbol{e}_2 = [0 \quad 1]^{\mathrm{T}}$，$k \leqslant 1$；

(3) 从 $\boldsymbol{X}_0^{(1)}$ 出发，先从 $\boldsymbol{S}_1^{(1)}$ 方向进行一维最优搜索，求得最优步长 $\alpha_1^{(1)} = 5$，由此得

$$\boldsymbol{X}_1^{(1)} = \boldsymbol{X}_0^{(1)} + \alpha_1^{(1)} \boldsymbol{S}_1^{(1)} = [0 \quad 0]^{\mathrm{T}} + 5[1 \quad 0]^{\mathrm{T}} = [5 \quad 0]^{\mathrm{T}}$$

从 $\boldsymbol{X}_1^{(1)}$ 出发，沿 $\boldsymbol{S}_2^{(1)}$ 进行一维搜索，求得最优步长 $\boldsymbol{\alpha}_2^{(1)} = 4.5$，于是可求得

$$\boldsymbol{X}_2^{(1)} = \boldsymbol{X}_1^{(1)} + \alpha_2^{(1)} \boldsymbol{S}_2^{(1)} = [5 \quad 0]^{\mathrm{T}} + 4.5[0 \quad 1]^{\mathrm{T}} = [5 \quad 4.5]^{\mathrm{T}}$$

(4) 连接 $\boldsymbol{X}_0^{(1)}$，$\boldsymbol{X}_2^{(1)}$，构成共轭方向 $\boldsymbol{S}^{(1)}$：

$$\boldsymbol{S}^{(1)} = 2\boldsymbol{X}_2^{(1)} - \boldsymbol{X}_0^{(1)} = 2[5 \quad 4.5]^{\mathrm{T}} - [0 \quad 0]^{\mathrm{T}} = [10 \quad 9]^{\mathrm{T}}$$

并沿着共轭方向 $\boldsymbol{S}^{(1)}$ 计算 $\boldsymbol{X}_0^{(1)}$ 的映射点：

$$\boldsymbol{X}_3^{(1)} = \boldsymbol{X}_1^{(1)} + \alpha_2^{(1)} \boldsymbol{S}_2^{(1)} = [5 \quad 0]^{\mathrm{T}} + 4.5[0 \quad 1]^{\mathrm{T}} = [5 \quad 4.5]^{\mathrm{T}}$$

(5) 计算本轮相邻两点函数值的下降量，并求其最大差值及其相应的方向：

$$f(\boldsymbol{X}_0^{(1)}) = 60, \quad f(\boldsymbol{X}_1^{(1)}) = 35, \quad f(\boldsymbol{X}_2^{(1)}) = 14.75$$

$$\Delta_1^{(1)} = f(\boldsymbol{X}_0^{(1)}) - f(\boldsymbol{X}_1^{(1)}) = 25, \quad \Delta_2^{(1)} = f(\boldsymbol{X}_1^{(1)}) - f(\boldsymbol{X}_2^{(1)}) = 20.25$$

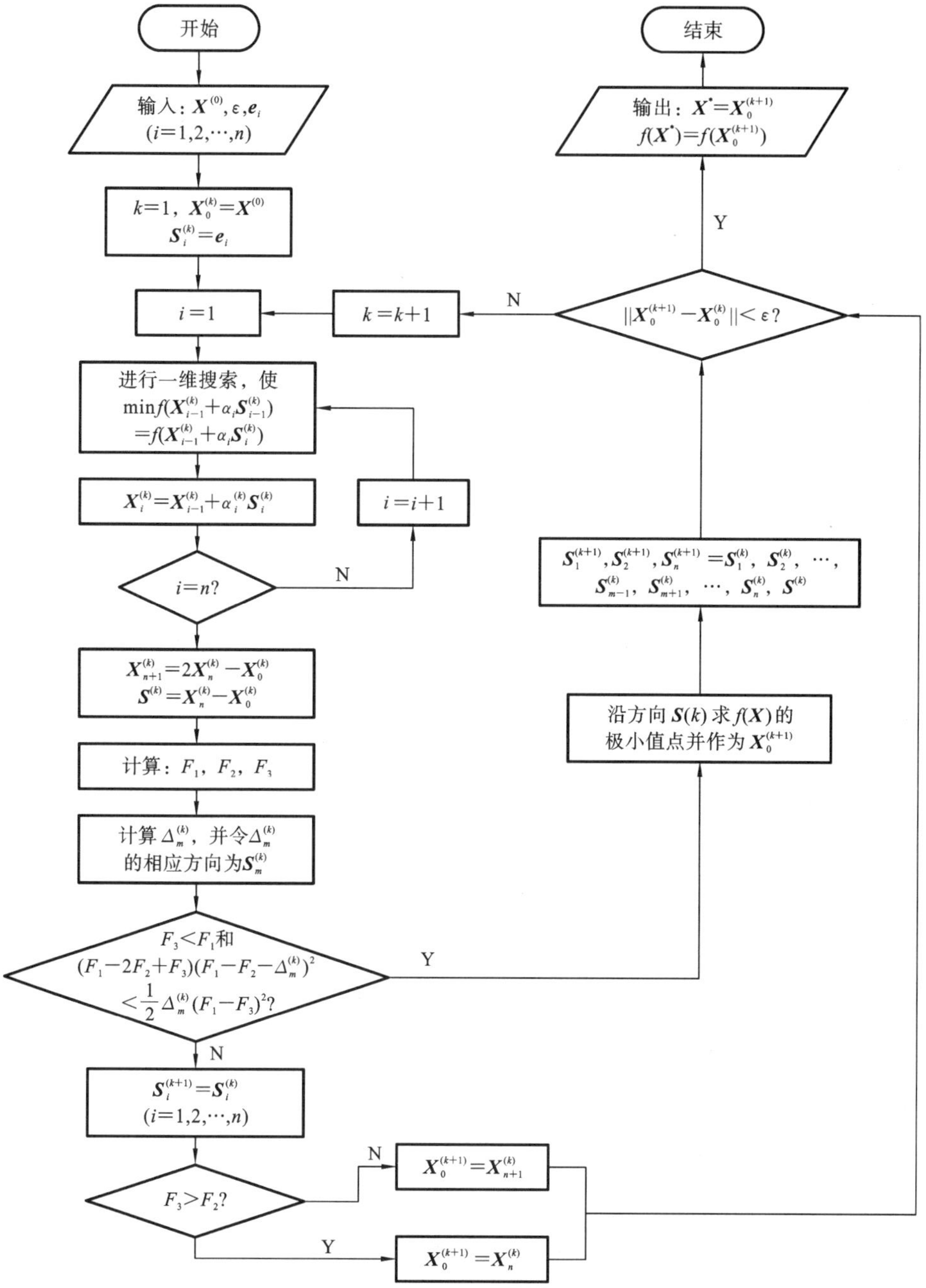

图 5-30　修正鲍威尔法的计算流程

$$\Delta_m^{(1)}=\max\{\Delta_1^{(1)},\Delta_2^{(1)}\}=\Delta_1^{(1)}=25$$

则

$$\boldsymbol{S}_m^{(1)}=\boldsymbol{S}_1^{(1)}=\boldsymbol{e}_1=[1\quad 0]^{\mathrm{T}}$$

(6) 计算本轮初始点 $\boldsymbol{X}_0^{(1)}$、终点 $\boldsymbol{X}_2^{(1)}$ 和映射点 $\boldsymbol{X}_3^{(1)}$ 的函数值：

$$F_1=f(\boldsymbol{X}_0^{(1)})=60,\quad F_2=f(\boldsymbol{X}_2^{(1)})=14.75,\quad F_3=f(\boldsymbol{X}_3^{(1)})=15$$

(7) 进行收敛性判断。

由于 $F_3<F_1$ 和$(F_1-2F_2+F_3)((F_1-F_2-\Delta_m^{(1)})^2<\frac{1}{2}\Delta_m^{(1)}(F_1-F_3)^2$(18657.8<25312.5)

同时成立，故应以 $\boldsymbol{S}^{(1)}=[5\quad 4.5]^{\mathrm{T}}$ 替换 $\boldsymbol{S}_m^{(1)}=\boldsymbol{S}_1^{(1)}=\boldsymbol{e}_1$，并沿 $\boldsymbol{S}^{(1)}$ 方向求极小值点，用一维搜索求得最优步长因子 $\alpha_3^{(1)}=0.4945$，从而求得

$$\boldsymbol{X}^{(1)}=\boldsymbol{X}_2^{(1)}+\alpha_3^{(1)}\boldsymbol{S}^{(1)}=[5\quad 4.5]^{\mathrm{T}}+0.4945[5\quad 4.5]^{\mathrm{T}}=[7.4725\quad 6.7253]^{\mathrm{T}}$$

故可令第二轮迭代的初始点为

$$\boldsymbol{X}_0^{(1)}=\boldsymbol{X}^{(1)}=[7.4725\quad 6.7253]^{\mathrm{T}}$$

第二轮的搜索方向为

$$\boldsymbol{S}_1^{(1)}=\boldsymbol{S}_2^{(1)}=\boldsymbol{e}_2=[0\quad 1]^{\mathrm{T}},\quad \boldsymbol{S}_2^{(2)}=\boldsymbol{S}^{(1)}=[5\quad 4.5]^{\mathrm{T}}$$

(8) 进行迭代终止检验。

由于

$$\|\boldsymbol{X}_0^{(2)}-\boldsymbol{X}_0^{(1)}\|=\|[7.4725\quad 6.7253]^{\mathrm{T}}-[0\quad 0]^{\mathrm{T}}\|>\varepsilon$$

故需进行下一轮迭代。

第二轮迭代步骤同上，最后得

$$\boldsymbol{X}^{(2)}=\boldsymbol{X}_2^{(2)}+\alpha_3^{(1)}\boldsymbol{S}^{(2)}=[7.9999\quad 6.0001]^{\mathrm{T}}$$

本优化问题的精确解为 $\boldsymbol{X}^*=[8\quad 6]^{\mathrm{T}}$，第二轮迭代完后的误差已较小，可满足要求，故可结束迭代运算。

3. 梯度法

梯度法是求解多维无约束优化问题的解析法之一，它是一种古老的优化方法，目标函数的正梯度方向是函数值增大最快的方向，而负梯度方向是函数值减小最快的方向。于是在求目标函数极小值的优化算法中，人们很自然地会想到采用负梯度方向来作为搜索方向。梯度法就是取迭代点处的函数负梯度作为迭代的搜索方向，该法又称最速下降法。

梯度法的迭代格式为

$$\boldsymbol{S}^{(k)}=-\boldsymbol{\nabla} f(\boldsymbol{X}^{(k)})$$

$$\boldsymbol{X}^{(k+1)}=\boldsymbol{X}^{(k)}+\alpha^{(k)}\boldsymbol{S}^{(k)}=\boldsymbol{X}^{(k)}-\alpha^{(k)}\boldsymbol{\nabla} f(\boldsymbol{X}^{(k)}) \tag{5-31}$$

式中：$\alpha^{(k)}$ 为最优步长因子，由一维搜索确定，即

$$f(\boldsymbol{X}^{(k+1)})=f(\boldsymbol{X}^{(k)})-\alpha^{(k)}\boldsymbol{\nabla} f(\boldsymbol{X}^{(k)})=\min f(\boldsymbol{X}^{(k)}-\alpha\boldsymbol{S}^{(k)})$$

依照式(5-31)求得负梯度方向的一个极小值点 $\boldsymbol{X}^{(k+1)}$，作为原问题的一个近似最优解；若此解尚不满足精度要求，则再以 $\boldsymbol{X}^{(k+1)}$ 作为迭代起点，以点 $\boldsymbol{X}^{(k+1)}$ 处的负梯度方向 $-\boldsymbol{\nabla} f(\boldsymbol{X}(k+1))$ 作为搜索方向，求得该方向的极小值点 $\boldsymbol{X}^{(k+2)}$。如此进行下去，直到所求得的解满足迭代精度要求为止。

梯度法迭代的终止条件采用梯度准则，若满足

$$\|\boldsymbol{\nabla} f(\boldsymbol{X}^{(k+1)})\|\leqslant\varepsilon \tag{5-32}$$

可终止迭代，结束迭代计算。

梯度法的迭代步骤如下：

(1) 给定初始迭代点 $\boldsymbol{X}^{(0)}$ 和收敛精度 ε，并置 $k\leqslant 0$；

(2) 计算迭代点的梯度 $\boldsymbol{\nabla} f(\boldsymbol{X}^{(k)})$ 及其模 $\|\boldsymbol{\nabla} f(\boldsymbol{X}^{(k)})\|$，取搜索方向

$$\boldsymbol{S}^{(k)}=-\boldsymbol{\nabla} f(\boldsymbol{X}^{(k)})$$

(3) 进行收敛性判断。

若满足 $\|\boldsymbol{\nabla} f(\boldsymbol{X}\,(k))\|\leqslant\varepsilon$，则停止迭代计算，输出最优解 $\boldsymbol{X}^*=\boldsymbol{X}^{(k)}$，$f(\boldsymbol{X}^*)=f(\boldsymbol{X}^{(k)})$；否则，进行下一步。

(4) 从 $\boldsymbol{X}^{(k)}$ 点出发沿负梯度方向 $-\boldsymbol{\nabla} f(\boldsymbol{X}^{(k)})$ 进行一维搜索，求最优步长 $\alpha^{(k)}$：

$$f(\boldsymbol{X}^{(k)}-\alpha^{(k)}\boldsymbol{S}^{(k)})=\min f(\boldsymbol{X}^{(k)}-\alpha^{(k)}\boldsymbol{S}^{(k)})$$

(5) 求新的迭代点 $\boldsymbol{X}^{(k+1)}$：

$$\boldsymbol{X}^{(k+1)}=\boldsymbol{X}^{(k)}-\alpha^{(k)}\nabla f(\boldsymbol{X}^{(k)})$$

令 $k\leqslant k+1$,转第(2)步,直到求得满足迭代精度要求的迭代点为止。

梯度法的优点是迭代过程简单,要求的存储量少,而且在远离极小值点时,函数值下降还是较快的。因此,常将梯度法与其他优化方法结合,在计算前期用梯度法,当接近极小值点时,再改用其他算法,以加快收敛速度。

4. 牛顿法

牛顿法也是一种经典的优化方法,是一种解析法。该法为梯度法的进一步发展,它的搜索方向是根据目标函数的负梯度和二阶偏导数矩阵来构造的。牛顿法分为原始牛顿法和阻尼牛顿法两种。

原始牛顿法的基本思想是:在求目标函数 $f(\boldsymbol{X})$的极小值时,先将它在点 $\boldsymbol{X}^{(k)}$ 处展成泰勒二次近似式 $\phi(\boldsymbol{X})$,然后求出这个二次函数的极小值,并以此值作为原目标函数的极小值的一次近似值;若此值不满足收敛精度要求,则可以以此近似值作为下一次迭代的初始值。仿照上面的做法,求出二次近似值;照此方式迭代下去,直至所求出的近似极小值点满足迭代精度要求为止。

现用二维问题来说明。设目标函数 $f(\boldsymbol{X})$为连续二阶可微函数,在给定点 $\boldsymbol{X}^{(k)}$ 处将目标函数展开成泰勒二次近似式:

$$f(\boldsymbol{X})\approx\phi(\boldsymbol{X})=f(\boldsymbol{X}^{(k)})+[\nabla f(\boldsymbol{X}^{(k)})]^{\mathrm{T}}(\boldsymbol{X}-\boldsymbol{X}^{(k)})+\frac{1}{2}(\boldsymbol{X}-\boldsymbol{X}^{(k)})\boldsymbol{H}(\boldsymbol{X}^{(k)})(\boldsymbol{X}-\boldsymbol{X}^{(k)}) \tag{5-33}$$

为求得二次近似式 $\phi(\boldsymbol{X})$的极小值点,对式(5-33)求梯度,并令

$$\nabla\phi(\boldsymbol{X})=\nabla f(\boldsymbol{X}^{(k)})+\boldsymbol{H}(\boldsymbol{X}^{(k)})(\boldsymbol{X}-\boldsymbol{X}^{(k)})=0$$

解之可求得:

$$\boldsymbol{X}_{\phi}^{*}=\boldsymbol{X}^{(k)}-[\boldsymbol{H}(\boldsymbol{X}^{(k)})]^{-1}\nabla f(\boldsymbol{X}^{(k)}) \tag{5-34}$$

式中:$[\boldsymbol{H}(\boldsymbol{X}^{(k)})]^{-1}$为海塞(Hessian)矩阵的逆矩阵。

在一般情况下,$f(\boldsymbol{X})$不一定是二次函数,则所求得的极小值点 $\boldsymbol{X}_{\phi}^{*}$ 也不一定是原目标函数 $f(\boldsymbol{X})$的真正极小值点。但由于在 $\boldsymbol{X}^{(k)}$ 点附近,函数 $\phi(\boldsymbol{X})$和 $f(\boldsymbol{X})$是近似的,因而 $\boldsymbol{X}_{\phi}^{*}$ 可作为$f(\boldsymbol{X})$的近似极小值点。为求得满足精度要求的近似极小值点,可将 $\boldsymbol{X}_{\phi}^{*}$ 作为下一次迭代的起点 $\boldsymbol{X}^{(k+1)}$,即得

$$\boldsymbol{S}^{(k)}=-[\boldsymbol{H}(\boldsymbol{X}^{(k)})]^{-1}\nabla f(\boldsymbol{X}^{(k)}) \tag{5-35}$$

式(5-35)中的搜索方向 $\boldsymbol{S}^{(k)}$ 称为牛顿方向,可见原始牛顿法的步长因子恒取 $\alpha^{(k)}=1$,因此,原始牛顿法是一种定步长的迭代方法。

例 5-2　用原始牛顿法求目标函数 $f(\boldsymbol{X})=60-10x_1-4x_2+x_1^2+x_2^2-x_1x_2$的极小值,取初始点 $\boldsymbol{X}^{(0)}=[0,0]^{\mathrm{T}}$。

解　对目标函数 $f(\boldsymbol{X})$分别求点 $\boldsymbol{X}^{(0)}$ 处的梯度、海塞矩阵及其逆矩阵,可得

$$\nabla f(\boldsymbol{X}^{(0)})=\begin{bmatrix}\dfrac{\partial f(\boldsymbol{X})}{\partial x_1}\\[2ex]\dfrac{\partial f(\boldsymbol{X})}{\partial x_2}\end{bmatrix}_{X(0)}=\begin{bmatrix}-10+2x_1^{(0)}-x_2^{(0)}\\-4+2x_2^{(0)}-x_1^{(0)}\end{bmatrix}_{\begin{bmatrix}0\\0\end{bmatrix}}=\begin{bmatrix}-10\\-4\end{bmatrix}$$

$$\boldsymbol{H}(\boldsymbol{X}^{(0)})=\begin{bmatrix}\dfrac{\partial^2 f(\boldsymbol{X})}{\partial x_1^2} & \dfrac{\partial^2 f(\boldsymbol{X})}{\partial x_1\partial x_2}\\ \dfrac{\partial^2 f(\boldsymbol{X})}{\partial x_2\partial x_1} & \dfrac{\partial^2 f(\boldsymbol{X})}{\partial x_2^2}\end{bmatrix}=\begin{bmatrix}2 & -1\\ -1 & 2\end{bmatrix}$$

$$[\boldsymbol{H}(\boldsymbol{X}^{(0)})]^{-1}=\frac{1}{\begin{vmatrix}2 & -1\\ -1 & 2\end{vmatrix}}\begin{bmatrix}2 & 1\\ 1 & 2\end{bmatrix}=\frac{1}{3}\begin{bmatrix}2 & 1\\ 1 & 2\end{bmatrix}$$

代入牛顿迭代法，求得

$$\boldsymbol{X}^{(1)}=\boldsymbol{X}^{(0)}-[\boldsymbol{H}(\boldsymbol{X}^{(0)})]^{-1}\nabla f(\boldsymbol{X}^{(0)})=\begin{bmatrix}0\\ 0\end{bmatrix}-\frac{1}{3}\begin{bmatrix}2 & 1\\ 1 & 2\end{bmatrix}\begin{bmatrix}-10\\ -4\end{bmatrix}=\begin{bmatrix}8\\ 6\end{bmatrix}$$

上例说明，牛顿法对于二次函数是非常有效的，即迭代一步就可到达函数的极值点，而这一步根本就不需要进行一维搜索。对于高次函数，只有当迭代点靠近极值点附近，目标函数近似二次函数时，才会保证算法很快收敛，否则也可能导致算法失败。为克服这一缺点，将原始牛顿法的迭代公式修改为

$$\boldsymbol{X}^{(k+1)}=\boldsymbol{X}^{(k)}-\alpha^{(k)}[\boldsymbol{H}(\boldsymbol{X}^{(k)})]^{-1}\nabla f(\boldsymbol{X}^{(k)}) \tag{5-36}$$

式(5-36)为修正牛顿法的迭代公式，其中的步长因子 $\alpha^{(k)}$ 又称阻尼因子。

修正牛顿法的迭代步骤为：

(1) 给定初始点 $\boldsymbol{X}^{(0)}$ 和收敛精度 ε，置 $k=0$；

(2) 计算函数在点 $\boldsymbol{X}^{(k)}$ 上的梯度 $\nabla f(\boldsymbol{X}^{(k)})$、海塞矩阵 $\boldsymbol{H}(\boldsymbol{X}^{(k)})$ 及其逆阵 $[\boldsymbol{H}(\boldsymbol{X}^{(k)})]^{-1}$；

(3) 进行收敛性判断，若满足 $\|\nabla f(\boldsymbol{X}^{(k+1)})\|\leqslant\varepsilon$，则停止迭代，输出最优解 $\boldsymbol{X}^*=\boldsymbol{X}^{(k)}$，$f(\boldsymbol{X}^*)=f(\boldsymbol{X}^{(k)})$，否则转下一步。

(4) 构造牛顿搜索方向，即

$$\boldsymbol{S}^{(k)}=-[\boldsymbol{H}(\boldsymbol{X}^{(k)})]^{-1}\nabla f(\boldsymbol{X}^{(k)})$$

并从 $\boldsymbol{X}^{(k)}$ 出发沿牛顿方向 $\boldsymbol{S}^{(k)}$ 进行一维搜索，即求出在 $\boldsymbol{S}^{(k)}$ 方向上的最优步长 $\alpha^{(k)}$，使

$$f(\boldsymbol{X}^{(k)}+\alpha^{(k)}\boldsymbol{S}^{(k)})=\min f(\boldsymbol{X}^{(k)}+\alpha^{(k)}\boldsymbol{S}^{(k)})$$

(5) 沿方向 $\boldsymbol{S}^{(k)}$ 进行一维搜索，得迭代点

$$\boldsymbol{X}^{(k+1)}=\boldsymbol{X}^{(k)}+\alpha^{(k)}\boldsymbol{S}^{(k)}$$

置 $k\leqslant k+1$，转步骤(2)。

5. 变尺度法

变尺度法与梯度法和牛顿法有着密切联系，它是一种拟牛顿法。所谓拟牛顿法是指基于牛顿法的基本原理而又对牛顿法做了重要改进的一种方法，这种方法克服了梯度法收敛慢和牛顿法计算量大的缺点，而又继承了牛顿法收敛速度快和梯度法计算简单的优点。理论和实践表明，变尺度法是求解无约束优化问题最有效的算法之一，是目前应用比较广泛的一种算法。变尺度法的种类很多，本节介绍其中最重要的两种：DFP 变尺度法和 BFGS 变尺度法。

1) *DFP 变尺度法*

变尺度法的基本思想是：利用牛顿法的迭代形式，但并不直接计算 $[\boldsymbol{H}(\boldsymbol{X}^{(k)})]^{-1}$，而是用一个对称正定矩阵 $\boldsymbol{A}^{(k)}$ 近似地代替 $[\boldsymbol{H}(\boldsymbol{X}^{(k)})]^{-1}$。$\boldsymbol{A}^{(k)}$ 在迭代过程中不断地改进，最后逼近 $[\boldsymbol{H}(\boldsymbol{X}^{(k)})]^{-1}$。这种方法省去了海塞矩阵的计算和求逆，使计算量大为减少，而且还保持了牛顿法收敛快的优点。由于这一方法的迭代形式与牛顿法类似，所以又称拟牛顿法。

DFP 变尺度法是由戴维顿(Davidon)首先提出,后来费莱彻(Fletcher)和鲍威尔(Powell)对之做了改进,此即其名称的由来。DFP 变尺度法的迭代公式为

$$\boldsymbol{X}^{(k+1)}=\boldsymbol{X}^{(k)}+\alpha^{(k)}\boldsymbol{S}^{(k)}=\boldsymbol{X}^{(k)}-\alpha^{(k)}\boldsymbol{A}^{(k)}\boldsymbol{\nabla} f(\boldsymbol{X}^{(k)}) \tag{5-37}$$

式中:$\alpha^{(k)}$为变尺度法的最优步长;$-\boldsymbol{A}^{(k)}\boldsymbol{\nabla} f(\boldsymbol{X}^{(k)})$为搜索方向,即 $\boldsymbol{S}^{(k)}=-\boldsymbol{A}^{(k)}\boldsymbol{\nabla} f(\boldsymbol{X}^{(k)})$,称之为拟牛顿方向;$\boldsymbol{A}$ 为变尺度矩阵,是一个 n 阶对称正定矩阵,在迭代过程中它经过了不断修正,即从一次迭代到另一次迭代是变化的,故称为变尺度矩阵。

不难看出,当 $\boldsymbol{A}^{(k)}=\boldsymbol{I}$(单位矩阵)时,式(5-37)变为

$$\boldsymbol{X}^{(k+1)}=\boldsymbol{X}^{(k)}-\alpha^{(k)}\boldsymbol{\nabla} f(\boldsymbol{X}^{(k)}) \tag{5-38}$$

显然,式(5-37)就是梯度法的迭代公式;式(5-38)就是牛顿法迭代公式。由此可知,梯度法和牛顿法可以看作变尺度法的一种特例。

要使变尺度矩阵 $\boldsymbol{A}^{(k)}$ 在迭代过程中逐步逼近$[\boldsymbol{H}(\boldsymbol{X}^{(k)})]^{-1}$,则应使其满足拟牛顿条件(即 DFP 条件)。下面就介绍这一条件的建立。

设将目标函数 $f(X)$展开为泰勒二次近似式,有

$$f(\boldsymbol{X}^{(k)}-\alpha^{(k)}\boldsymbol{S}^{(k)})=\min f(\boldsymbol{X}^{(k)}-\alpha^{(k)}\boldsymbol{S}^{(k)}) \tag{5-39}$$

$$f(\boldsymbol{X})\approx f(\boldsymbol{X}^{(k)})+[\boldsymbol{\nabla} f(\boldsymbol{X}^{(k)})]^{\mathrm{T}}[\boldsymbol{X}-\boldsymbol{X}^{(k)}]+\frac{1}{2}[\boldsymbol{X}-\boldsymbol{X}^{(k)}]^{\mathrm{T}}\boldsymbol{H}(\boldsymbol{X}^{(k)})[\boldsymbol{X}-\boldsymbol{X}^{(k)}] \tag{5-40}$$

式(5-40)的梯度为

$$\boldsymbol{\nabla} f(X)=\boldsymbol{\nabla} f(\boldsymbol{X}^{(k)})+\boldsymbol{H}(\boldsymbol{X}^{(k)})[\boldsymbol{X}-\boldsymbol{X}^{(k)}] \tag{5-41}$$

如果 $\boldsymbol{X}=\boldsymbol{X}^{(k+1)}$为极值附近第 $k+1$ 次迭代点,于是由式(5-41)可得

$$\boldsymbol{\nabla} f(\boldsymbol{X}^{(k+1)})=\boldsymbol{\nabla} f(\boldsymbol{X}^{(k)})+\boldsymbol{H}(\boldsymbol{X}^{(k)})[\boldsymbol{X}^{(k+1)}-\boldsymbol{X}^{(k)}]$$

亦即

$$\boldsymbol{\nabla} f(\boldsymbol{X}^{(k+1)})-\boldsymbol{\nabla} f(\boldsymbol{X}^{(k)})=\boldsymbol{H}(\boldsymbol{X}^{(k)})[\boldsymbol{X}^{(k+1)}-\boldsymbol{X}^{(k)}] \tag{5-42}$$

若令

$$\Delta g^{(k)}=\boldsymbol{\nabla} f(\boldsymbol{X}^{(k+1)})-\boldsymbol{\nabla} f(\boldsymbol{X}^{(k)})$$
$$\Delta X^{(k)}=\boldsymbol{X}^{(k+1)}-\boldsymbol{X}^{(k)}$$

则式(5-42)可写成

$$\Delta\boldsymbol{g}^{(k)}=\boldsymbol{H}(\boldsymbol{X}^{(k)})\Delta\boldsymbol{X}^{(k)} \tag{5-43}$$

若矩阵 $\boldsymbol{H}(\boldsymbol{X}^{(k)})$为可逆矩阵,则用$[\boldsymbol{H}(\boldsymbol{X}^{(k)})]^{-1}$左乘式(5-44)两边,得

$$\Delta\boldsymbol{X}^{(k)}=[\boldsymbol{H}(\boldsymbol{X}^{(k)})]^{-1}\Delta\boldsymbol{g}^{(k)} \tag{5-44}$$

式中:$\Delta\boldsymbol{X}^{(k)}$为第 k 次迭代中前、后迭代点的向量差;$\Delta\boldsymbol{g}^{(k)}$为前、后迭代点的梯度向量差。

式(5-44)表明了$[\boldsymbol{H}(\boldsymbol{X}^{(k)})]^{-1}$与 $\Delta\boldsymbol{X}^{(k)}$ 及 $\Delta\boldsymbol{g}^{(k)}$之间的基本关系。

若用变尺度矩阵 $\boldsymbol{A}^{(k+1)}$来逼近$[\boldsymbol{H}(\boldsymbol{X}^{(k)})]^{-1}$,则必须满足

$$\Delta\boldsymbol{X}^{(k)}=\boldsymbol{A}^{(k+1)}\Delta\boldsymbol{g}^{(k)} \tag{5-45}$$

此变尺度矩阵 $\boldsymbol{A}^{(k+1)}$应满足的基本关系式,即式(5-45)称为拟牛顿条件,或称 DFP 条件。由此条件可知,变尺度矩阵 $\boldsymbol{A}^{(k+1)}$可用目标函数的梯度信息($\Delta\boldsymbol{g}^{(k)}$)和向量信息($\Delta\boldsymbol{X}^{(k)}$)来构造。

由上述变尺度法的基本思想可知,变尺度矩阵是随迭代过程的推进而逐次改变的,因而它是一个矩阵序列,即

$$\{\boldsymbol{A}^{(k)}\}\quad (k=0,1,2,\cdots)$$

为了构造这一序列,选取某一初始矩阵 $\boldsymbol{A}^{(0)}$是必要的。$\boldsymbol{A}^{(0)}$必须是对称正定矩阵,通常,取单位矩阵 $\boldsymbol{I}$ 作为初始矩阵(即 $\boldsymbol{A}^{(0)}=\boldsymbol{I}$)是一种最简单而有效的办法。随后,设想对 $\boldsymbol{A}^{(0)}$加

以校正来得到下一个变尺度矩阵 $\boldsymbol{A}^{(1)}$，即

$$\boldsymbol{A}^{(1)}=\boldsymbol{A}^{(0)}+\Delta\boldsymbol{A}^{(0)}$$

推广到一般的第 $k+1$ 次迭代，则变尺度矩阵为

$$\boldsymbol{A}^{(k+1)}=\boldsymbol{A}^{(k)}+\Delta\boldsymbol{A}^{(k)} \tag{5-46}$$

式(5-46)就是产生变尺度矩阵的递推公式。式中 $\boldsymbol{A}^{(k)}$ 和 $\boldsymbol{A}^{(k+1)}$ 均为对称正定矩阵。$\boldsymbol{A}^{(k)}$ 是前一次迭代的已知矩阵，初取时可取 $\boldsymbol{A}^{(0)}=\boldsymbol{I}$(单位矩阵)；$\Delta\boldsymbol{A}^{(k)}$ 称为第 k 次迭代的校正矩阵，它的值只取决于本次迭代的 $\boldsymbol{X}^{(k)}$，$\boldsymbol{X}^{(k+1)}$ 和相应的梯度 $\nabla f(\boldsymbol{X}^{(k+1)})$，$\nabla f(\boldsymbol{X}^{(k)})$。

显然，只要能求出 $\Delta\boldsymbol{A}^{(k)}$ 便可求出 $\boldsymbol{A}^{(1)}$，$\boldsymbol{A}^{(2)}$，…，即可得到变尺度矩阵序列 $\{\boldsymbol{A}^{(k)}\}$。经由 W. C. Davidon 提出并经 R. Fletcher 和 M. J. D. Powell 修改的校正矩阵 $\Delta\boldsymbol{A}^{(k)}$ 的计算公式，即 DFP 公式为

$$\Delta\boldsymbol{A}^{(k)}=\frac{\Delta\boldsymbol{X}^{(k)}[\Delta\boldsymbol{X}^{(k)}]^{\mathrm{T}}}{[\Delta\boldsymbol{X}^{(k)}]^{\mathrm{T}}\Delta\boldsymbol{g}^{(k)}}-\frac{\boldsymbol{A}^{(k)}\Delta\boldsymbol{g}^{(k)}[\Delta\boldsymbol{g}^{(k)}]^{\mathrm{T}}\boldsymbol{A}^{(k)}}{[\Delta\boldsymbol{g}^{(k)}]^{\mathrm{T}}\boldsymbol{A}^{(k)}\Delta\boldsymbol{g}^{(k)}} \tag{5-47}$$

将由式(5-47)求得的校正矩阵 $\Delta\boldsymbol{A}^{(k)}$ 代入式(5-47)，便可得到变尺度矩阵的 DFP 递推公式：

$$\boldsymbol{A}^{(k+1)}=\boldsymbol{A}^{(k)}+\frac{\Delta\boldsymbol{X}^{(k)}[\Delta\boldsymbol{X}^{(k)}]^{\mathrm{T}}}{[\Delta\boldsymbol{X}^{(k)}]^{\mathrm{T}}\Delta\boldsymbol{g}^{(k)}}-\frac{\boldsymbol{A}^{(k)}\Delta\boldsymbol{g}^{(k)}[\Delta\boldsymbol{g}^{(k)}]^{\mathrm{T}}\boldsymbol{A}^{(k)}}{[\Delta\boldsymbol{g}^{(k)}]^{\mathrm{T}}\boldsymbol{A}^{(k)}\Delta\boldsymbol{g}^{(k)}} \tag{5-48}$$

通过式(5-48)可确定新的搜索方向 $\boldsymbol{S}^{(k)}$，进行第 $k+1$ 次迭代的一维搜索。

由 DFP 递推公式可以看出，变尺度矩阵 $\boldsymbol{A}^{(k+1)}$ 的确定取决于在第 k 次迭代中的下列信息：上次的变尺度矩阵 $\boldsymbol{A}^{(k)}$、迭代点的向量差 $\Delta\boldsymbol{X}^{(k)}$ 和迭代点的梯度向量差 $\Delta\boldsymbol{g}^{(k)}$。因此，DFP 变尺度法不必计算海塞矩阵 $\boldsymbol{H}(\boldsymbol{X}^{(k)})$ 及求其逆矩阵。

DFP 变尺度法的迭代步骤为：

(1) 给定初始点 $\boldsymbol{X}^{(0)}$、收敛精度 ε 和维数 n；

(2) 计算梯度 $\nabla f(\boldsymbol{X}^{(0)})$，取 $\boldsymbol{A}^{(0)}=\boldsymbol{I}$(单位矩阵)，置 $k=0$。

(3) 构造搜索方向：

$$\boldsymbol{S}^{(k)}=-\boldsymbol{A}^{(k)}\nabla f(\boldsymbol{X}^{(k)})$$

(4) 沿 $\boldsymbol{S}^{(k)}$ 方向进行一维搜索，求最优步长 $\alpha^{(k)}$，使

$$f(\boldsymbol{X}^{(k)}+\alpha^{(k)}\boldsymbol{S}^{(k)})=\min f(\boldsymbol{X}^{(k)}+\alpha\boldsymbol{S}^{(k)})$$

得到新迭代点

$$\boldsymbol{X}^{(k+1)}=\boldsymbol{X}^{(k)}+\alpha^{(k)}\boldsymbol{S}^{(k)}$$

(5) 计算 $\nabla f(\boldsymbol{X}^{(k+1)})$，进行收敛性判断：

若 $\|\nabla f(\boldsymbol{X}^{(k+1)})\|<\varepsilon$，则令 $\boldsymbol{X}^{*}=\boldsymbol{X}^{(k+1)}$，$f(\boldsymbol{X}^{*})=f(\boldsymbol{X}^{(k+1)})$，停止迭代，输出最优解；否则转下一步。

(6) 检查迭代次数，若 $k=n$，则令 $\boldsymbol{X}^{(0)}=\boldsymbol{X}^{(k+1)}$，并转入步骤(2)；若 $k<n$，则转下一步。

(7) 计算 $\Delta\boldsymbol{X}^{(k)}$，$\Delta\boldsymbol{g}^{(k)}$，$\Delta\boldsymbol{A}^{(k)}$，$\Delta\boldsymbol{A}^{(k+1)}$，构造新的变尺度矩阵和搜索方向：

$$\boldsymbol{A}^{(k+1)}=\boldsymbol{A}^{(k)}+\Delta\boldsymbol{A}^{(k)}$$

$$\boldsymbol{S}^{(k+1)}=-\boldsymbol{A}^{(k+1)}\nabla f(\boldsymbol{X}^{(k+1)})$$

并令 $k\leqslant k+1$，转步骤(3)。

DFP 变尺度法的计算流程如图 5-31 所示。

综上可知：在迭代开始时，因令 $\boldsymbol{A}^{(0)}=\boldsymbol{I}$(单位矩阵)，变尺度法的迭代公式就是梯度法的迭代公式；而当变尺度矩阵逼近 $[\boldsymbol{H}(\boldsymbol{X}^{(k)})]^{-1}$ 时，变尺度法迭代也逼近牛顿方向，其迭代公式也逼近牛顿法的迭代公式。因而变尺度法最初的几步迭代与梯度法类似，函数值的下降是

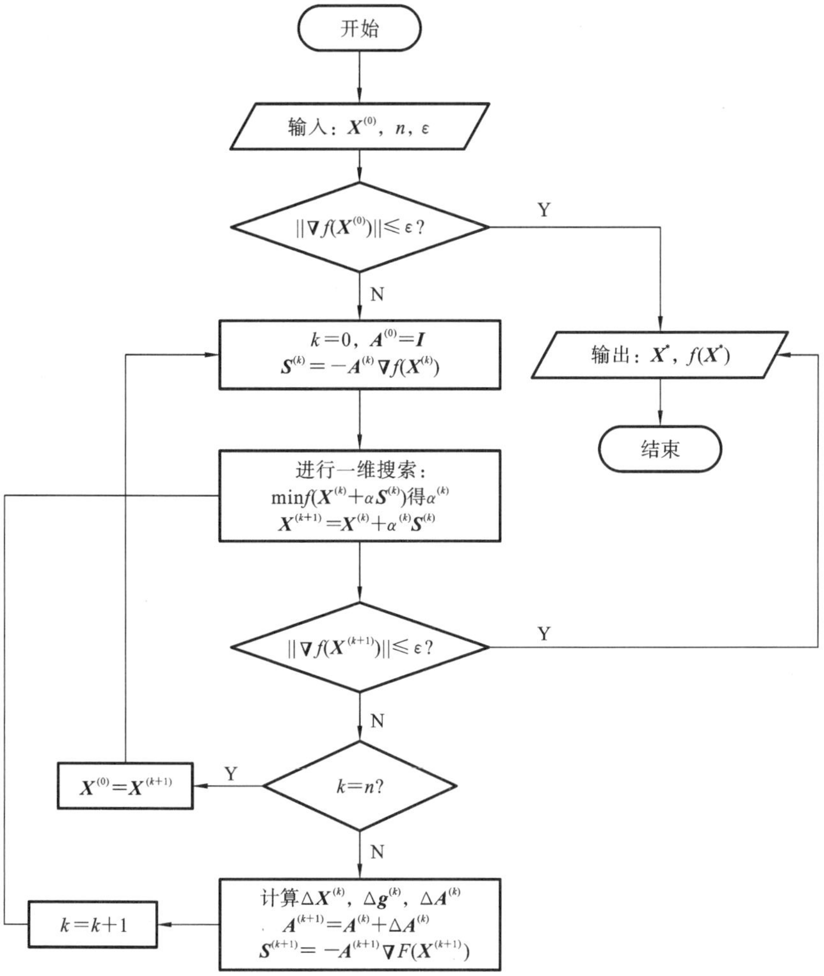

图 5-31　DFP 变尺度法的计算流程

较快的；而在最后的几步迭代，变尺度法与牛顿法相近，可较快地收敛到极小值点。变尺度法克服了梯度法收敛慢的缺点，保留了梯度法在最初几步函数值下降快的优点；同时，变尺度法避免了计算海塞矩阵及其逆矩阵，从而克服了牛顿法计算量大的缺点，并有较快的收敛速度，因而该法是一种很有效的优化算法。

2) BFGS 变尺度法

计算实践表明，由于 DFP 变尺度法的变尺度矩阵计算公式中，分母含有近似矩阵 $\boldsymbol{A}^{(k)}$，使变尺度矩阵的计算容易出现数值不稳定的情况，甚至有可能得到奇异矩阵 $\boldsymbol{A}^{(k)}$。为了克服 DFP 变尺度法计算稳定性不够理想的缺点，Broydon 等人在 DFP 法的基础上提出了另一种变尺度法，称为 BFGS 变尺度法。

BFGS 变尺度法与 DFP 变尺度法的迭代步骤相同，只是校正矩阵的计算公式不一样。BFGS 变尺度法的变尺度矩阵迭代公式仍为

$$\boldsymbol{A}^{(k+1)}=\boldsymbol{A}^{(k)}+\Delta\boldsymbol{A}^{(k)} \tag{5-49}$$

但其中的校正矩阵的计算公式为

$$\Delta\boldsymbol{A}^{(k)}=\frac{1}{[\Delta\boldsymbol{X}^{(k)}]^{\mathrm{T}}\Delta\boldsymbol{g}^{(k)}}\left\{\Delta\boldsymbol{X}^{(k)}[\Delta\boldsymbol{X}^{(k)}]^{\mathrm{T}}+\frac{\boldsymbol{X}^{(k)}[\Delta\boldsymbol{X}^{(k)}]^{\mathrm{T}}[\Delta\boldsymbol{g}^{(k)}]^{\mathrm{T}}\boldsymbol{A}^{(k)}\Delta\boldsymbol{g}^{(k)}}{[\Delta\boldsymbol{X}^{(k)}]^{\mathrm{T}}\Delta\boldsymbol{g}^{(k)}}\right.$$

$$-\boldsymbol{A}^{(k)}\Delta\boldsymbol{g}^{(k)}[\Delta\boldsymbol{X}^{(k)}]^{\mathrm{T}}-\Delta\boldsymbol{X}^{(k)}[\Delta\boldsymbol{g}^{(k)}]^{\mathrm{T}}\boldsymbol{A}^{(k)}\} \tag{5-50}$$

式(5-50)中，所使用的基本变量 $\Delta\boldsymbol{X}^{(k)}$，$\Delta\boldsymbol{g}^{(k)}$，$\boldsymbol{A}^{(k)}$ 与 DFP 变尺度法相同。由式(5-50)可见，BFGS 变尺度法的校正矩阵 $\Delta\boldsymbol{X}^{(k)}$ 的分母中不再含有近似矩阵 $\boldsymbol{A}^{(k)}$。

BFGS 法与 DFP 法具有相同性质，这两种方法都是使每次迭代中目标函数值减少，并保持 $\boldsymbol{A}^{(k)}$ 的对称正定性，则 $\boldsymbol{A}^{(k)}$ 一定逼近海塞矩阵的逆矩阵。BFGS 法的优点在于计算中它的数值稳定性强，所以它是目前变尺度法中最受欢迎的一种算法。

例 5-3 用 DFP 变尺度法求解：

$$\min f(\boldsymbol{X})=4(x_1-5)^2+(x_2-6)^2, \quad \varepsilon=0.01$$

解 (1) 选定初始点 $\boldsymbol{X}^{(0)}=[8,9]^{\mathrm{T}}$，计算精度 $\varepsilon=0.01$，则

$$\nabla f(\boldsymbol{X}^{(0)})=[8(x_1-5)\quad 2(x_1-6)]^{\mathrm{T}}\boldsymbol{X}^{(0)}=[8(8-5)\quad 2(9-6)]^{\mathrm{T}}=[24\quad 6]^{\mathrm{T}}$$

(2) 取初始变尺度矩阵：

$$\boldsymbol{A}^{(0)}=\boldsymbol{I}=\begin{bmatrix}1 & 0\\0 & 1\end{bmatrix}$$

则拟牛顿方向为

$$\boldsymbol{S}^{(0)}=-\boldsymbol{A}^{(0)}\nabla f(\boldsymbol{X}^{(0)})=-\begin{bmatrix}1 & 0\\0 & 1\end{bmatrix}[24\quad 6]^{\mathrm{T}}=[-24\quad -6]^{\mathrm{T}}$$

(3) 计算迭代点：

$$\boldsymbol{X}^{(1)}=\boldsymbol{X}^{(0)}+\alpha^{(0)}\boldsymbol{S}^{(0)}=[8\quad 9]^{\mathrm{T}}+\alpha[-24\quad -6]^{\mathrm{T}}=[8-24\alpha\quad 9-6\alpha]^{\mathrm{T}}$$

代入目标函数，有

$$f(\boldsymbol{X}^{(1)})=f(\alpha)=4[(8-24\alpha)-5]^2+[(9-6\alpha)-6]^2$$

由于 $f'(\alpha)=0$，求得函数最优步长

$$\alpha^{(0)}=0.13077$$

于是

$$\boldsymbol{X}^{(1)}=[8-24\alpha^{(0)}\quad 9-6\alpha^{(0)}]^{\mathrm{T}}=[4.86152\quad 8.21538]^{\mathrm{T}}$$

$$\nabla f(\boldsymbol{X}^{(1)})=[-1.10784\quad 4.43076]^{\mathrm{T}}$$

(4) 进行收敛性判断。

由于 $\|\nabla f(\boldsymbol{X}^{(1)})\|=4.56716>\varepsilon=0.01$，因此要继续迭代。

(5) 确定点 $\boldsymbol{X}^{(1)}$ 的拟牛顿方向：

$$\Delta\boldsymbol{X}^{(0)}=\boldsymbol{X}^{(1)}-\boldsymbol{X}^{(0)}=[-3.13848\quad -0.78462]^{\mathrm{T}}$$

$$\Delta\boldsymbol{g}^{(0)}=\nabla f(\boldsymbol{X}^{(1)})-\nabla f(\boldsymbol{X}^{(0)})=[-25.10784\quad -1.56924]^{\mathrm{T}}$$

按 DFP 法计算变尺度矩阵：

$$\boldsymbol{A}^{(1)}=\boldsymbol{A}^{(0)}+\frac{\Delta\boldsymbol{X}^{(0)}[\Delta\boldsymbol{X}^{(0)}]^{\mathrm{T}}}{[\Delta\boldsymbol{X}^{(0)}]^{\mathrm{T}}\Delta\boldsymbol{g}^{(0)}}-\frac{\boldsymbol{A}^{(0)}\Delta\boldsymbol{g}^{(0)}[\Delta\boldsymbol{g}^{(0)}]^{\mathrm{T}}\boldsymbol{A}^{(0)}}{[\Delta\boldsymbol{g}^{(0)}]^{\mathrm{T}}\boldsymbol{A}^{(0)}\Delta\boldsymbol{g}^{(0)}}$$

将 $\boldsymbol{A}^{(0)}$，$\Delta\boldsymbol{X}^{(0)}$、$\Delta\boldsymbol{g}^{(0)}$ 代入上式得

$$\boldsymbol{A}^{(1)}=\begin{bmatrix}0.12697 & -0.031487\\-0.031487 & 1.003810\end{bmatrix}$$

故点 $\boldsymbol{X}^{(1)}$ 的拟牛顿方向为

$$\boldsymbol{S}^{(1)}=-\Delta\boldsymbol{A}^{(1)}\nabla f(\boldsymbol{X}^{(1)})=[0.28017\quad -4.48252]^{\mathrm{T}}$$

(6) 沿 $\boldsymbol{S}^{(1)}$ 方向做一维搜索，求新的迭代点 $\boldsymbol{X}^{(2)}$：

$$\boldsymbol{X}^{(2)}=\boldsymbol{X}^{(1)}-\alpha\boldsymbol{A}^{(1)}\nabla f(\boldsymbol{X}^{(1)})=[4.86152+0.28017\alpha\quad 8.21538-4.48252\alpha]^{\mathrm{T}}$$

有

$$f(\boldsymbol{X}^{(2)})=f(\alpha)=4[(4.86152+0.28017\alpha)-5]^2+[(8.21538-4.48252\alpha)-6]^2$$

由

$$f'(\alpha)=0$$

得

$$\alpha^{(1)}=0.4942$$

于是

$$\boldsymbol{X}^{(2)}=\boldsymbol{X}^{(1)}+\alpha^{(1)}\boldsymbol{S}^{(1)}=[4.9998 \quad 6.00014]^{\mathrm{T}}$$

故

$$\nabla f(\boldsymbol{X}^{(2)})=[4.9998 \quad 6.00014]^{\mathrm{T}}$$

(7) 判别终止迭代条件：

因 $\|\nabla f(\boldsymbol{X}^{(2)})\|=0.00032<\varepsilon$，故结束迭代。则

$$\boldsymbol{X}^*=\boldsymbol{X}^{(2)}=[4.9998 \quad 6.00014]^{\mathrm{T}}, \quad f(\boldsymbol{X}^*)=2.1\times10^{-8}\approx0$$

本题的理论最优解为：$\boldsymbol{X}^*=[5 \quad 6]^{\mathrm{T}}$，$f(\boldsymbol{X}^*)=0$。

习题与思考题

5-1　如图所示，已知一跨距为 l、截面为矩形的简支梁，材料密度为 ρ、许用弯曲应力为 $[\sigma]$、允许挠度为 $[f]$、载荷 F 作用于梁的中点，要求梁的截面宽度 b 不小于 $b_{\min}$。试设计此梁的数学模型，使得其质量最小。

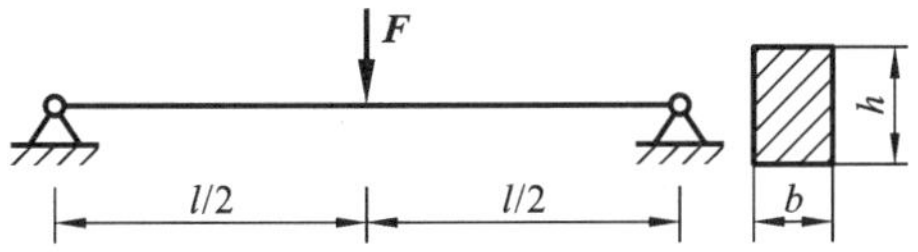

题 5-1 图

5-2　求一元函数 $f(x)=2x^2-5x+9$ 的极小值点，要求：

(1) 取初始点 $x_0=0$，步长 $h=0.1$，用外推法确定其单谷区间；

(2) 用黄金分割法求其极小值点，区间精度 $\varepsilon=0.01$；

(3) 用二次插值法求其极小值点，区间精度 $\varepsilon=0.01$。

5-3　用二次插值法求函数 $f(x)=x^2+\mathrm{e}^{(-x)}$ 的最优解，初始区间为 $[0,1]$，区间精度 $\varepsilon=0.001$。

第6章　机械可靠性设计

6.1　概　　述

6.1.1　可靠性技术研究的发展

机械可靠性设计(mechanical reliability design)是一种很重要的现代化设计方法。机械可靠性设计理论的基本任务是在故障物理学研究的基础上,结合可靠性试验与故障数据的统计分析,提出可用于实际计算的数学力学模型和方法。

机械可靠性设计是可靠性科学的重要分支,可靠性技术的研究始于20世纪20年代,在机械结构工程设计中的应用始于20世纪40年代,这一时期是可靠性问题突出的时期。20世纪50年代人们开始系统地进行可靠性研究。1952年,美国军事部门、工业部门和有关学术部门联合成立了“电子设备可靠性咨询组”——AGREE小组(Advisory Group on Reliability of Electronic Equipment),1957年提出了《电子设备可靠性报告》(AGREE报告),该报告首次比较完整地阐述了可靠性的理论与研究方向。从此,可靠性工程研究的方向大体确定下来。除美国以外,苏联、日本、英国、法国、意大利等一些国家,也相继从20世纪50年代末或60年代初开始有组织地进行可靠性的研究工作。20世纪60年代后期,美国约40%的大学设置了可靠性工程课程。美国等发达国家的可靠性研究比较成熟,其标志性的成果是阿波罗登月计划的成功。这一期间可靠性研究较多针对电器产品,并致力于确定可靠性工作的规范、大纲和标准,以及组织学术交流等。

国内的可靠性研究起步较晚。20世纪60年代初中国电子产品可靠性与环境试验研究所进行了可靠性评估的开拓性工作。1965年在科学家钱学森的建议下原第七机械工业部成立了可靠性质量管理研究所,航天产品采用严格筛选的“七专”元器件。20世纪70年代中期因中日海缆工程建设需要,有关部门开展了高可靠元器件验证试验。自20世纪70年代后期始,不少大学举办了可靠性学习班培训在职人员,之后又开始开设可靠性课程。自1984年起,我国持续组织制定、颁布了可靠性和无限小标准,形成了比较完整的体系。军工企业开展了可靠性补课工作,并开展了可靠性评估和分析研究,中国电子产品可靠性与环境试验研究所建立了可靠性数据中心。可靠性研究发展最快的时期是20世纪80年代初期,在这一时期我国出版了大量关于可靠性研究的工作专著,制定了一批可靠性工作的标准,各高校有大量的人员投入可靠性的研究。许多工业部门将可靠性工作列在了重要的地位。如原航空工业部明确规定,凡是新设计的产品或改型的产品,必须提供可靠性评估与分析报告才能进行验收和鉴定。但国内的可靠性研究曾在20世纪90年代初落入低谷,在这方面开展工作的人很少,学术成果平平。主要的原因是可靠性研究工作很难开展,出成果较慢。但在近些年,可靠性研究有些升温,升温的动力主要来源于企业对产品质量的重视。

在我国十二五、十三五规划中，多个项目的研究内容或考核指标都涉及可靠性技术，产品寿命可靠性试验 MTBF(平均无故障工作时间)指标与产品可靠性是项目验收的必选项，必须有可靠性设计资料或试验相关的资料，否则不能通过项目验收及产品鉴定。可靠性方法及相关措施已经成为为保证质量、安全性、产品品牌效应等而不可缺少的工具，同时也是我国高校科研人员及企业工程设计人员所必须掌握的重要内容。

6.1.2　可靠性的概念和特点

可靠性的定义是：产品在规定的条件下和规定的时间内，完成规定功能的能力。它包含规定的时间、规定的环境和使用条件、规定的任务和功能、具体的可靠性指标值等四个要素。

1) 规定的时间

规定的时间是指产品执行任务的时间，是可靠性区别于产品其他质量属性的重要特征。时间包括被研究产品的任何观察期或是实际的工作时间、储存期、周期等。不同的时期和不同的时间，对产品失效的影响也不相同。随着产品任务时间的增加，产品出现故障的概率也将增加，而产品的可靠性将是下降的。因此，谈论产品的可靠性离不开规定的任务时间。例如，一台数控机床刚刚入场调试成功时和用了 10 年后相比，出故障的概率显然要小很多。

2) 规定的环境和使用条件

产品使用时规定的环境条件包括温度、湿度、气压、空气洁净度、辐射、风沙等，产品工作使用条件包括电磁场、地基振动或内部振动、噪声干扰等，驱动力、载荷大小及变量特性、存储条件、日常维护条件及大修条件，以及连续工作或非连续工作等条件。规定的环境和使用条件不同，产品的可靠性也不同。如精密超精密加工或检测仪器使用时温度及振动的条件不同，其加工或测量精度可靠性也不同；同一部件在实验室或野外极端工况(极端高温或严寒、振动剧烈)等不同环境下的可靠性各不相同，同样，同一产品在不同存储环境及条件下，其可靠性也不尽相同。

3) 规定的任务和功能

它是指产品的各项技术指标及可完成的任务清单，如精密加工设备的加工精度、重复精度、定位精度、直线度、平面度、量程等。精密车削机床具备圆柱、圆锥、椭圆加工等功能，不具备平面精密抛光、研磨等功能。不同的产品其功能是不同的，即使同一产品，在不同的规定条件下其功能技术指标也不尽相同。产品的可靠性与规定的任务及功能密切相关，一个产品往往具有若干项功能。完成规定的任务和功能是指完成全部的功能，而不是指其中的一部分。

4) 具体的可靠性指标值

对于产品的可靠性，在制造、试验等多个阶段都需要用量值衡量。基于对可靠性进行量化的必要性，必须对可靠性指标进行设计或规定。常用可靠性设计特征量主要包括可靠度、失效概率或不可靠度、失效概率密度函数、失效率、平均寿命、可靠寿命、有效度等具体指标。除了上述可靠性特征量，可靠性设计中的设计变量(如应力、材料强度、疲劳寿命、几何尺寸、载荷等)都属于随机变量。要想准确地表示这些参数，必须找出其变化规律，确定它们的分布函数。这些具体的可靠性指标值是量化可靠性概念的基础。

可靠性设计的目的是在综合考虑产品的性能、可靠性、费用和设计等因素的基础上，通过采用相应的可靠性设计技术，使产品在寿命周期内符合所规定的可靠性要求。系统可靠性设计的主要任务是：通过设计，基本实现系统的固有可靠性。说“基本实现”是因为在以后的生产制造过程中产品固有可靠性还会受到影响。该固有可靠性是系统所能达到的可靠性上限。所有的其他因素(如维修性)只能保证系统的实际可靠性尽可能地接近固有可靠性。可靠性设计的任务就是实现产品可靠性设计的目的，预测和预防产品所有可能发生的故障。也就是挖掘产品潜在的隐患和薄弱环节，通过设计预防和设计改进，有效地消除隐患和薄弱环节，从而使产品符合规定的可靠性要求。也可以说可靠性设计一般有两种情况：一种是按照给定的目标要求进行设计，通常用于新产品的研制和开发；另一种是对现有定型产品的薄弱环节，应用可靠性的设计方法加以改进、提高，达到使产品可靠性增长的目的。

产品设计一旦完成，并按设计预定的要求制造出来后，其固有可靠性就确定了。生产制造过程最多只能保证设计中形成的产品潜在可靠性得以实现，而在使用和维修过程中只能是尽量维持已获得的固有可靠性。所以，如果在设计阶段没有认真考虑产品的可靠性问题，造成产品结构设计不合理，电路设计不可行，材料、元器件选择不当，安全系数太低，检查维修不便等问题，在以后的各个阶段中，无论怎么认真制造、精心使用、加强管理，也难以保证产品达到可靠性要求。如电子设备故障原因中产品固有可靠性方面的原因占了80%，其中设计技术方面的原因占40%，器件和原材料方面的原因占30%，制造技术方面的原因占10%。因此，我们说产品的可靠性首先是设计出来的，可靠性设计决定产品的“优生”。可靠性设计是可靠性工程的最重要的阶段。

6.1.3 机械可靠性设计方法

机械可靠性一般可分为结构可靠性和机构可靠性。对于结构可靠性，主要考虑机械结构的强度，以及由于载荷的影响，材料发生疲劳变形、磨损、断裂等而引起的失效；对于机构可靠性，主要考虑的不是强度问题引起的失效，而是机构在动作过程由于运动学问题而引起的故障。

机械可靠性设计可分为定性可靠性设计和定量可靠性设计。所谓定性可靠性设计就是在进行故障模式影响及危害性分析的基础上，有针对性地应用成功的设计经验使所设计的产品达到可靠性要求。所谓定量可靠性设计就是在充分掌握所设计零件的强度分布、应力分布，以及各种设计参数的随机性基础上，通过建立隐式极限状态函数或显式极限状态函数，设计出满足规定可靠性要求的产品。

机械可靠性设计方法是目前开展机械可靠性设计时采用的一种最直接有效的方法，无论结构可靠性设计还是机构可靠性设计都常常采用此方法。可靠性定量设计虽然可以按照可靠性指标设计出满足要求的合适的零件，但由于材料的强度分布和载荷分布的具体数据目前还很缺乏，加之其中要考虑的因素很多，因而其应用受到限制。一般在关键或重要的零部件的设计中才采用该方法。

由于产品的不同及其构成的差异，在机械可靠性设计中可以采用的可靠性设计方法有以下几种。

1) 预防故障设计

机械产品一般属于串联系统，要提高整机可靠性，首先应从零部件的严格选择和控制做起。例如：优先选用标准件和通用件；选用经过使用分析验证的可靠的零部件；严格按标准选择外购件；充分运用故障分析的成果，采用成熟的经验方案或经分析试验验证后的方案。

2）简化设计

在满足预定功能的情况下，机械设计应力求简单，零部件的数量应尽可能少，这是减少故障、提高可靠性的最有效方法。越简单越可靠是可靠性设计的一个基本原则。但不能因为减少零件而使其他零件执行超常功能或在高应力的条件下工作，否则，简化设计将达不到提高可靠性的目的。

3）降额设计和安全裕度设计

降额设计是使零部件的使用应力低于其额定应力的一种设计方法。降额设计可以通过降低零件承受的应力或提高零件的强度的办法来实现。工程经验证明，大多数机械零件在低于额定承载应力条件下工作时，其故障率较低，可靠性较高。为了找到最佳降额值，需做大量的试验研究。当机械零部件的载荷应力及承受这些应力的具体零部件的强度在某一范围内呈不确定分布时，可以采用提高平均强度（可通过加大安全系数等方式实现）、降低平均应力、减少应力变化（可通过对使用条件的限制实现）和减少强度变化（如合理选择工艺方法，严格控制整个加工过程，或通过检验或试验剔除不合格的零件）等方法来提高可靠性。对于涉及安全性的重要零部件，还可以采用极限设计方法，以保证其在最恶劣的极限状态下也不会发生故障。

4）余度设计

余度设计是针对规定的功能设置重复的结构、备件等，以备局部发生失效时，整机或系统仍不至于发生丧失规定功能的设计。当某部分可靠性要求很高，但目前的技术水平很难满足，比如采用降额设计、简化设计等可靠性设计方法，还不能达到可靠性要求，或者提高零部件可靠性的改进费用比重复配置费用还高时，余度设计可能成为唯一或较好的一种设计方法，例如采用双泵或双发动机配置的机械系统设计。但应该注意，余度设计往往会使整机的体积、重量、费用均相应增加。余度设计可提高机械系统的任务可靠度，但会使基本可靠度相应降低，因此采用余度设计时要慎重。

5）耐环境设计

耐环境设计是在设计时就考虑产品在整个寿命周期内可能遇到的各种环境影响，例如装配、运输时的冲击、振动的影响，贮存时的温度、湿度、霉菌等的影响，使用时气候、沙尘振动的等影响。因此，必须慎重选择设计方案，采取必要的保护措施，减少或消除有害环境的影响。具体地讲，可以从认识环境、控制环境和适应环境三方面加以考虑。认识环境指的是：不应只注意产品的工作环境和维修环境，还应了解产品的安装、贮存、运输的环境。在设计和试验过程中必须同时考虑单一环境和组合环境两种环境条件；不应只关心产品所处的自然环境，还要考虑使用过程所诱发出的环境。控制环境指的是：在条件允许时，应在小范围内为所设计的零部件创造一个良好的工作环境条件，或人为地改变对产品可靠性不利的环境因素。适应环境指的是：在无法对所有环境条件进行人为控制时，在设计方案、材料选择、表面处理、涂层防护等方面采取措施，以提高机械零部件本身耐环境的能力。

6）人机工程设计

人机工程设计的目的是为减少使用中人的差错，发挥人和机器各自的特点以提高机械产品的可靠性。因此，人机工程设计是要保证系统向人传达的信息的可靠性。例如，指示系统不仅显示可靠，而且显示的方式、显示器的配置等都使人易于无误地接受；控制、操纵系统可靠，不仅仪器及机械有满意的精度，而且符合人的使用习惯，便于识别操作，不易出错，与安全有关的，更应有防误操作设计；三是设计的操作环境应尽量适合于人的工作需要，减少引起疲劳、干扰操作的因素，如温度、湿度、气压、光线、色彩、噪声、振动、沙尘等方面因素。

7）健壮性设计

健壮性设计最有代表性的方法是日本田口玄一博士创立的田口方法，又称三次设计法，其将产品的设计分为系统设计、参数设计和容差设计三个阶段。这是一种在设计过程中充分考虑影响产品可靠性的内外干扰而进行的一种优化设计方法。

8）概率设计法

概率设计法以应力-强度干涉理论为基础。应力-强度干涉理论将应力和强度作为服从一定分布的随机变量处理。

9）权衡设计

权衡设计是指在可靠性、维修性、安全性、功能重量、体积、成本等之间进行综合权衡，以求得最佳的结果。

10）模拟方法设计

随着计算机技术的发展，模拟方法日趋完善，它不但可用于机械零件的可靠性定量设计，也可用于系统级的可靠性定量设计。

当然，机械可靠性设计方法绝不能离开传统的机械设计和其他的一些优化设计方法，如机械计算机辅助设计、有限元分析等。

6.1.4 机械可靠性设计的内容

可靠性设计是为了在设计过程中挖掘和确定隐患及薄弱环节，并采取设计预防和设计改进措施，有效地消除隐患及薄弱环节。定量计算和定性分析的主要目的是评价产品现有的可靠性水平和确定薄弱环节，而要提高产品的固有可靠性，只能进行各种具体的可靠性设计。可靠性设计概括起来主要有以下几个方面。

（1）建立可靠性模型，进行可靠性指标的预计和分配。要进行可靠性预计和分配，首先应建立产品的可靠性模型。而为了选择方案、预测产品的可靠性水平、找出薄弱环节，以及逐步合理地将可靠性指标分配到产品的各个部件上去，就应在产品的设计阶段，反复多次地进行可靠性指标的预计和分配。随着技术设计的不断深入和成熟，建模和可靠性指标分配、预计也应不断地修改和完善。

（2）进行各种可靠性分析，如故障模式影响和危机度分析、故障树分析、热分析、容差分析等，以发现和确定薄弱环节。在发现了隐患后应通过改进设计来消除隐患和薄弱环节。

（3）采取各种有效的可靠性设计方法。如制定和贯彻可靠性设计准则，进行降额设计、冗余设计、简单设计、热设计、耐环境设计等，并把这些可靠性设计方法和产品的性能设计结合起来，以减小产品故障的发生率，最终实现可靠性的要求。

可靠性设计应遵循以下原则：

（1）应有明确的可靠性指标和可靠性评估方案；

（2）可靠性设计必须贯穿于功能设计的各个环节，在满足基本功能的同时，要全面考虑影响可靠性的各种因素；

（3）应针对故障模式（即系统、部件、元器件故障或失效的表现形式）进行设计，最大限度地消除或控制产品在寿命周期内可能出现的故障（失效）；

（4）应在继承以往成功经验的基础上，积极采用先进的设计原理和可靠性设计技术进行设计。但在采用新技术、新型元器件、新工艺、新材料之前，必须经过试验，并严格论证其对可靠性的影响。

（5）在进行产品可靠性设计时，应对产品的性能、可靠性、费用、时间等各方面因素进行权衡，以制订出最佳设计方案。

机械可靠性设计作为可靠性设计的重要部分之一，其主要涉及可靠性基础数学、机械可靠性设计原理与可靠度计算、机械静强度可靠性设计、机械疲劳强度可靠性设计、机械摩擦零件的可靠性设计、系统可靠性设计、可靠性试验、机械零部件的可靠性设计、机械可靠性优化设计、可修复系统的可靠性设计等内容。

相对常规设计，机械可靠性设计可减小按常规设计安全的产品在使用过程中出现失效的概率，主要表现为：

（1）首先，设计中的许多物理量是随机变量，常规设计中依据经验的情况较多，如基于安全系数的设计，当 $\sigma\leqslant[\sigma]$时，未必一定安全，可能因随机数的存在而仍有不安全的可能性。

（2）在常规设计中，代入的变量是随机变量的一个样本值或统计量，如均值。按概率的观点，当 $\mu_\sigma=\mu[\sigma]$时，$\sigma\leqslant[\sigma]$的概率为 50%，即可靠度为 50%，或失效的概率为 50%，这是很不安全的。

显然，有必要在设计之中引入概率论的观点，这就是概率设计。概率设计是可靠性设计的重要内容。概率设计就是要在原常规设计的计算中引入随机变量和概率运算，并给出满足强度条件（安全）的概率——可靠度。

机械可靠性设计是常规设计方法的进一步发展和深化，它更为科学地考虑了各设计变量与客观现实之间的关系，是高等机械设计重要的内容之一。

6.2　可靠性设计指标及常用函数

6.2.1　可靠性设计指标

1. 可靠度 $R(t)$

可靠度是指产品在规定的条件下、在规定的时间内完成规定功能的概率。设规定时间为 t，产品寿命为 T（随机变量），如果 $T\geqslant t$，表示该产品在规定时间内能够完成规定的功能。在一批产品中，$T\geqslant t$ 是一随机事件，发生的概率为

$$R(t)=P(T\geqslant t)\quad(0\leqslant t<\infty)\tag{6-1}$$

设有 N 件产品，从开始工作到时刻 t 发生故障的件数为 $N_{\mathrm{f}}(t)$，则：

平均可靠度估计值为

$$\bar{R}(t)=\frac{N-N_{\mathrm{f}}(t)}{N}\tag{6-2}$$

可靠度理论值为

$$R(t)=\lim_{N\to\infty}\bar{R}(t)\tag{6-3}$$

一般当 N 足够大时，有

$$R(t)\approx\frac{N-N_{\mathrm{f}}(t)}{N} \tag{6-4}$$

由于可靠度表示的是一个概率，所以 $R(t)$ 的取值范围为

$$0\leqslant R(t)\leqslant 1 \tag{6-5}$$

可靠度是评价产品可靠性的最重要的定量指标之一。

例 6-1 某批电子器件有 1000 个，开始工作至 500 h 内有 100 个失效，工作至 1000 h 共有 500 个失效，试求该批电子器件工作到 500 h 和 1000 h 时的可靠度。

解 由已知条件可知：$N=1000$，$N_{\mathrm{f}}(500)=100$，$N_{\mathrm{f}}(1000)=500$。

由式(6-4)得

$$R(500)\approx\frac{1000-100}{1000}=0.9,\quad R(1000)\approx\frac{1000-500}{1000}=0.5$$

2. 失效概率

失效概率又称累积失效概率、不可靠度，是指产品在规定的时间 t 内不能完成规定功能的概率，即发生故障工作时长的 T 小于 t 时的概率，由于是时间 t 的函数，记为 $P(t)$，称为失效概率函数。失效概率的估计值为

$$P(t)=P(T<t)=1-R(t)=\frac{N_{\mathrm{f}}(t)}{N}\quad(0\leqslant t<\infty) \tag{6-6}$$

由于失效和不失效是相互对立事件，根据概率互补定理，两对立事件的概率和恒等于 1，因此 $R(t)$ 与 $F(t)$ 之间有如下的关系：

$$P(t)+R(t)=1 \tag{6-7}$$

3. 失效概率密度函数

对失效概率函数 $P(t)$ 微分，则得失效概率密度函数 $f(t)$，即

$$f(t)=\frac{\mathrm{d}P(t)}{\mathrm{d}t} \tag{6-8}$$

$$P(t)=\int_0^t f(t)\mathrm{d}t \tag{6-9}$$

则由式(6-7)，可得

$$f(t)=\frac{\mathrm{d}[1-R(t)]}{\mathrm{d}t}=-\frac{\mathrm{d}R(t)}{\mathrm{d}t}=-R'(t) \tag{6-10}$$

式(6-7)和式(6-10)给出了产品的可靠度 $R(t)$、失效概率密度函数 $f(t)$ 和失效概率 $P(t)$ 三者之间的关系，是可靠性分析中的重要关系式。

4. 失效率

失效率(failure rate)又称为故障率，其定义为：工作时间为 t 时尚未失效(故障)的产品，在工作时间 t 以后的下一个单位时间内发生失效(故障)的概率。由于失效率 λ 是时间 t 的函数，该函数称为失效率函数，可以表示为

$$\lambda(t)=\lim_{\substack{N\to\infty\\ \Delta t\to 0}}\frac{n(t+\Delta t)-n(t)}{[N-n(t)]\cdot\Delta t} \tag{6-11}$$

式中：N 为开始时投入试验产品的总数；$n(t)$ 为到 t 时刻产品的失效数；$n(t+\Delta t)$ 为到 $t+\Delta t$ 时刻产品的失效数；Δt 为时间间隔。

失效率是标志产品可靠性常用的特征指标之一，失效率愈低，则可靠性愈高。根据失效率的定义，将式(6-11)改写为

$$\lambda(t)=\frac{n(t+\Delta t)-n(t)}{[N-n(t)]\cdot\Delta t}=\frac{1}{N-n(t)}\cdot\frac{n(t+\Delta t)-n(t)}{\Delta t}=\frac{1}{N-n(t)}\cdot\frac{\mathrm{d}n(t)}{\mathrm{d}t}\tag{6-12}$$

将式(6-12)中分子、分母各乘以 $1/N$,得

$$\lambda(t)=\frac{1}{\frac{N-n(t)}{N}}\cdot\frac{\mathrm{d}\frac{n(t)}{N}}{\mathrm{d}t}=\frac{1}{R(t)}\cdot\frac{\mathrm{d}F(t)}{\mathrm{d}t}=\frac{f(t)}{R(t)}\tag{6-13}$$

或

$$\lambda(t)=\frac{f(t)}{R(t)}=-\frac{1}{R(t)}\cdot\frac{\mathrm{d}R(t)}{\mathrm{d}t}\tag{6-14}$$

将式(6-14)从 $0\sim t$ 进行积分,则得

$$\int_0^t\lambda(t)\mathrm{d}t=-\ln R(t)$$

于是得

$$R(t)=\exp\left(-\int_0^t\lambda(t)\mathrm{d}t\right)\tag{6-15}$$

式(6-15)称为可靠度函数 $R(t)$的一般方程,当 $\lambda(t)$为常数时,就是常用到的指数分布可靠度函数表达式。

产品的失效率 $\lambda(t)$与时间 t 的关系曲线如图 6-1 所示。因其形状似浴盆,故称浴盆曲线,它可按早期失效期、正常运行期、损耗失效期分为三个特征区。

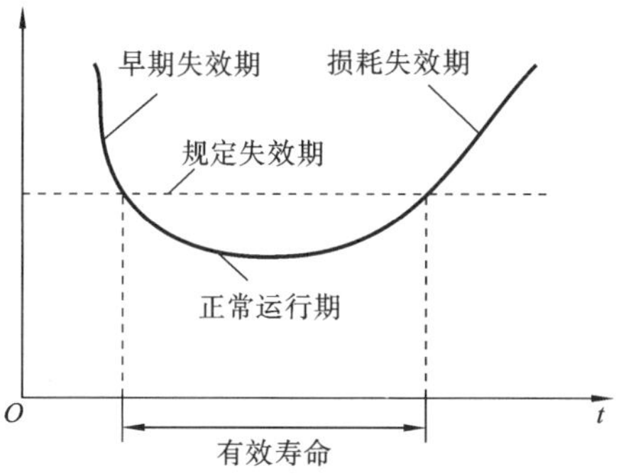

图 6-1　产品典型的失效率曲线

1) 早期失效期

早期失效期一般出现在产品开始工作后的较早时期,如产品试车跑合阶段。在这一阶段中,失效率由开始很高的数值急剧地下降到某一稳定的数值。这一阶段失效率特别高,其原因主要是材料不良,检验出现差错,以及产品存在制造工艺缺陷和设计缺陷等。为了缩短早期失效期,在产品投入运行之前要进行运转试验,以及早发现缺陷;或通过试验进行筛选,剔除不合格产品。

2) 正常运行期

正常运行期又称有效寿命期。在该阶段内如果产品发生失效,一般都是由偶然的原因引起的,因而该阶段也称为偶然失效期。偶然失效是随机发生的,例如个别产品由于使用过程中工作条件发生不可预测的突然变化而失效。这个时期产品处于最佳状态,产品的失效率低且稳定,近似为常数。产品、系统的可靠度通常以这一时期的可靠度为代表,通过提高可靠性设计质量改进设备使用管理情况,加强产品的工况故障诊断和维护保养等工作,可使产品的失效率降到最低水平,延长产品的使用寿命。

3）耗损失效期

耗损失效期出现在产品使用的后期。其特点是失效率随工作时间的增加而上升。耗损失效主要是产品经长期使用后，由于某些零件的疲劳、老化、过度磨损等原因，已渐近衰竭，从而处于频发失效状态，失效率上升，最终会导致产品的功能终止。减少耗损失效的方法是不断提高产品零、部件的工作寿命。需要注意的是浴盆曲线反映的为不可修复且较为复杂的设备和或系统的失效率变化曲线。对于单一的失效机理，零、部件失效率变化曲线为递减型曲线。

为了提高产品的可靠性，应该研究和掌握产品的失效规律。可靠性研究虽然涉及上述三种失效期，但着重研究的是偶然失效，因为它发生在产品的正常使用期间。

5. 平均寿命

平均寿命是一批类型、规格相同的产品从投入运行到发生失效（或故障）的平均工作时间，即产品寿命的数学期望。不可修复产品的平均寿命，是指从开始使用到发生失效的平均时间，用 MTTF(mean time to failure)表示。可修复产品的平均寿命又称为平均无故障工作时间，是指相邻两次故障之间工作时间的平均值，用 MTBF(mean time between failure)表示。

设有 N 个产品从开始使用到发生失效的时间为 $t_1, t_2, \cdots, t_n$，则有

$$\mathrm{MTTF} = \frac{1}{N}\sum_{i=1}^{n} t_i \tag{6-16}$$

此即 MTTF 的数学表达式。

MTBF 的数学表达式为

$$\mathrm{MTBF} = \frac{1}{\sum\limits_{i=1}^{N} n_i}\sum_{i=1}^{N}\sum_{j=1}^{ni} t_{ij} \tag{6-17}$$

式中：t_{ij} 为第 i 个产品从第 $j-1$ 次故障到第 j 次故障的工作时间；n_i 为第 i 个测试产品的故障数；N 为测试产品的总数。

MTTF 和 MTBF 的理论意义和数学表达式都是相似的，故可通称为平均寿命，记作 T。有

$$T = \frac{\text{产品的工作时间}}{\text{总的失效或故障次数}} \tag{6-18}$$

6. 可靠寿命、中位寿命与特征寿命

用产品的寿命指标来描述其可靠性时，除采用平均寿命外，还可采用可靠寿命、中位寿命和特征寿命。

(1) 可靠寿命是指与规定的可靠度相对应的时间。设产品可靠度为 r，使可靠度等于给定值 r 的工作时间 t_r 称为可靠寿命，其可表示为

$$t_r = R^{-1}(r)$$

式中：R^{-1} 是 R 的反函数；t_r 为可靠度 $R=r$ 时的可靠寿命。

(2) 中位寿命：可靠度 $R=0.5$ 时的可靠寿命，记为 $t_{0.5}$。当产品工作到中位寿命 $t_{0.5}$ 时，产品中将有半数会失效，即此时可靠度与失效概率均等于 0.5。

(3) 特征寿命：可靠度 $R=\mathrm{e}^{-1}$ 时的可靠寿命，记为 $t_{\mathrm{e}^{-1}}$。

7. 维修度

维修是为了保持或恢复可修复产品功能而采取的技术管理措施。维修性是指在规定条

件下使用的产品，在规定的时间内，按规定的程序和方法进行维修时，保持或恢复到完成规定功能的能力。可靠性维修是以可靠性为中心、以控制系统的使用可靠性为目的的维修。它以可靠性理论为基础，通过对影响可靠性的因素进行分析和试验，科学地制定维修内容、优先维修制度或方式，以保证系统的使用可靠性。所谓维修度，是指可能维修的产品，在发生故障或失效后在规定的条件下和规定的时间内完成修复的概率，记为 $M(t)$ 。

维修度是用概率表示产品易于维修的性能的，或者说维修度是用概率表征的产品的维修难易程度。维修度是维修时间 t 的函数，可以理解为一批产品由故障状态（$t=0$）恢复到正常状态时，在达到维修时间 t 以前，经过维修后恢复到正常工作状态的产品的百分数，可表示为

$$M(t)=P(t\leqslant T)=\frac{n(t)}{n} \tag{6-19}$$

式中：t 为修复时间；T 为规定时间；n 为需要维修的产品总数；$n(t)$ 为到维修时间 t 时已修复的产品数。

平均修理时间（mean time to repair，MTTR）指可修复的产品的平均修理时间，即修理时间的数学期望。其表达式为

$$\text{MTTR}=\frac{\sum_{i=1}^{n}\Delta t_i}{n} \tag{6-20}$$

式中：n 为修复的次数；Δt_i 为发生第 i 次故障时的维修时间。

维修度除与产品的固有质量有关外，还与以下三个因素有关。

(1) 产品结构的维修方便性。应对产品进行维修性设计，即在产品的结构设计中，要设法使产品在发生故障后，故障容易发现、便于检查、易于修复。维修性设计应考虑到产品的接近性好，即检查和维修人员应极易接近该产品的被检查、被维修部分，方便工作。

(2) 修理人员的修理技能。

(3) 维修系统的效能。包括备件的供应、维修工具及设备的效能和维修系统的管理水平等。

这三个因素称为维修三要素。

8. 有效度

有效度指可能维修的产品在规定的条件下使用时，在某时刻 t 具有或维持其功能的概率。换句话说，包括维修的效用在内，在给定的使用条件下，在规定的某时间内，产品保持正常使用状态或功能的概率，就是该产品的有效度。有效度是反映产品维修性与可靠性的综合指标。它是指可以维修的产品在某时刻维持其功能的概率，记作 A，其计算公式为

$$A=\frac{\text{MTBF}}{\text{MTBF}+\text{MTTR}} \tag{6-21}$$

从式(6-21)可以看出，要提高产品的有效度，要么增大 MTBF 值，或者减小 MTTR 值。

6.2.2　可靠性设计常用的概率分布

1. 二项分布

二项分布又称伯努利分布。二项分布满足以下基本假定：试验次数 n 是一定的；每次试验的结果只有成功或失败两种，每次试验的成功概率和失败概率相同，即 p 和 q 是常数；所

有试验都是独立的。

将试验 A 重复做 n 次，若各次试验的结果互不影响，即每次试验结果出现的概率都与其他各次试验结果无关，则称这 n 次试验是独立的，并称它们构成一个序列。

若一次试验中，$P(A)=p$，$P(\bar{A})=1-p$，则在 n 次独立的重复试验中，试验 A 发生的概率为

$$P_n(r)=C_n^r p^r q^{n-r} \quad (r=0,1,2,\cdots,n) \tag{6-22}$$

式(6-22)为二项概率公式。若已知 X 是一个随机变量，X 的可能取值为 $0,1,2,\cdots,n$，用 X 表示在 n 次重复试验中事件 A 发生的次数，则随机变量 X 的分布律为

$$P(X=r)=C_n^r p^r q^{n-r} \quad (r=0,1,2,\cdots n) \tag{6-23}$$

此时，称随机变量 X 服从二项分布 $B(n,p)$。当 $n=1$ 时，二项分布简化为两点分布，即

$$p\{X=r\}=p^r q^{1-r} \quad (r=0,1) \tag{6-24}$$

随机变量 X 取值不大于 k 时的累积分布函数为

$$F(r)=P(r\leqslant k)=\sum_{r=0}^{k} C_n^r p^r q^{n-r} \tag{6-25}$$

X 的数学期望与方差分别为

$$\mu=E(x)=\sum_{k=0}^{n} kP(X=k)=np$$

$$\sigma=D(X)=\sum_{k=0}^{n}[k-E(X)]^2 P(X=k)=npq=np(1-p)$$

二项分布用来计算冗余系统的可靠度，也可用于一次性使用装置或系统的可靠度估计。由于工程问题中的随机事件常包含有两种可能的情况（如可靠和不可靠、合格和不合格等），因此二项分布不仅可用于产品的可靠性抽样检验，还可用于可靠性试验和可靠性设计等。

2. 泊松分布

泊松分布也是离散型随机变量的一种分布形式。它描述在给定时间内发生的平均次数为常数的事件发生次数的概率分布。

在可靠性工程中，应用二项分布时，常常会遇到试验次数 n 值较大($n\geqslant 50$)而每次事件发生的概率 p 值较小($p\leqslant 0.05$)的情况，这时用式(6-23)计算会比较麻烦，但可以使用泊松分布来近似求解。

泊松分布的表达式（n 次试验中发生 r 次事件的概率）为

$$P(X=r)=\frac{\mu^r e^{-\mu}}{r!} \tag{6-26}$$

式中：r 为事件发生次数；μ 为该事件发生次数的均值，$\mu=np$。

不难证明，泊松分布的均值和方差都是 μ。其累积分布函数（n 次试验中事件次数发生不多于 r 次的概率）为

$$F(r\leqslant k)=\sum_{r=0}^{k}\frac{\mu^r e^{-\mu}}{r!} \tag{6-27}$$

例 6-2 现有 25 个零件进行可靠性试验，已知在给定的试验时间内每个零件的失效概率为 0.02，试分别用二项分布和泊松分布求 25 次试验中恰有两个零件失效的概率。

解 由题意可知 $n=25$，$r=2$，$\mu=np=25\times 0.02=0.5$，$p=0.02$，$q=0.98$。

由二项分布：

$$P(X=r)=C_n^r p^r q^{n-r}=C_{25}^2\times 0.02^2\times 0.98^{23}=0.0754$$

由泊松分布：

$$P(X=r)=\frac{\mu^r e^{-\mu}}{r!}=\frac{0.5^2 e^{-0.5}}{2!}=0.0758$$

可见由这两种分布计算所得的结果非常接近，而二项分布计算较繁，泊松分布计算则简单一些。

3. 指数分布

当失效率 $\lambda(t)$ 为常数，即 $\lambda(t)=\lambda$ 时，可靠度函数 $R(t)$、失效概率函数 $F(t)$ 和失效密度函数 $f(t)$ 都呈指数函数形式分布。即

$$R(t)=e^{-\lambda t} \tag{6-28}$$

$$P(t)=1-e^{-\lambda t} \tag{6-29}$$

$$f(t)=\frac{dP(t)}{dt}=\lambda e^{-\lambda t} \tag{6-30}$$

式中：λ 为失效率，是指数分布的主要参数，有

$$\lambda=1/\text{MTBF}=\text{常数}$$

例 6-3　已知某设备的失效率 $\lambda=8\times10^{-4}/\text{h}$，求使用 100 h，1000 h 后该设备的可靠度。

解　由式(6-28)可知，对于该设备，$R(t)=e^{-\lambda t}$，则

工作 100 h 后该设备的可靠度为

$$R(100)=e^{-8\times10^{-4}\times100}=0.92$$

工作 1000 h 后的可靠度为

$$R(1000)=e^{-8\times10^{-4}\times1000}=0.45$$

4. 正态分布

正态分布在机械可靠性设计中应用广泛，如对于材料强度、磨损寿命、齿轮轮齿弯曲强度、疲劳强度以及难以判断其分布的情况均要用到正态分布。正态分布属于递增型的概率分布，它的分布曲线处于浴盆曲线的耗损失效阶段。

正态分布的概率密度函数 $f(x)$ 和累积分布函数 $F(x)$ 分别为

$$f(x)=\frac{1}{\sqrt{2\pi}\sigma}e^{-\frac{(x-\mu)^2}{2\sigma^2}}\quad(-\infty<x<+\infty) \tag{6-31}$$

$$F(x)=\frac{1}{\sqrt{2\pi}\sigma}\int e^{-\frac{(x-\mu)^2}{2\sigma^2}}dx\quad(-\infty<x<+\infty) \tag{6-32}$$

式中：μ 称为位置参数，μ 的大小决定了曲线的位置，代表分布的中心倾向；σ 称为形状参数，σ 的大小决定着正态分布的形状，表征分布的离散程度。

μ 和 σ 是正态分布的两个重要分布参数。由于正态分布的主要参数为均值 μ 和标准差 σ（或方差 σ^2），故正态分布记为 $N(\mu,\sigma^2)$。

正态分布有如下特性：

(1) 正态分布具有对称性，曲线关于纵轴 $x=\mu$ 对称，并在 $x=\mu$ 处达到极大值 $\frac{1}{\sqrt{2\pi}\sigma}$，如图 6-2 所示。

(2) 正态分布曲线与 x 轴围成的面积为 1。以 μ 为中心，在 $\pm\sigma$ 区间内的概率为 68.27%；在 $\pm2\sigma$ 区间内的概率为 95.45%，在 $\pm3\sigma$ 区间内的概率为 99.73%，如图 6-3 所示。对于可靠性性设计只需考虑 $\pm3\sigma$ 范围的情况就可以了，这就是常说的 3σ 原则。

(3) 在 $\mu=0,\sigma=1$ 时，该正态分布称为标准正态分布，记为 $N(0,12)$。标准正态分布曲线关于纵坐标轴对称。

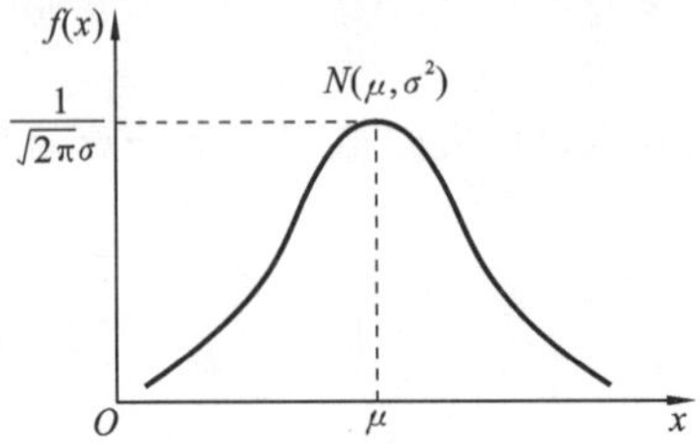

图 6-2 正态分布曲线

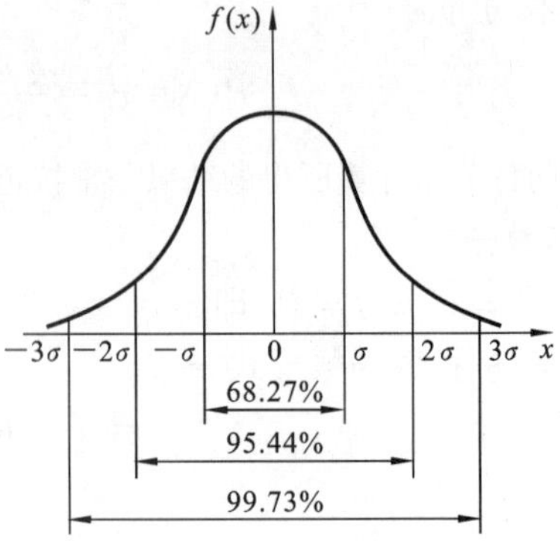

图 6-3 标准正态分布概率密度

当遇到非标准的正态分布 $N(\mu,\sigma^2)$ 时，可对随机变量 x 进行变换，即令 $z=\frac{x-\mu}{\sigma}$，代入式(6-32)，得

$$F(z)=\frac{1}{2\pi}\int_{-\infty}^{\frac{x-\mu}{\sigma}}\mathrm{e}^{-\frac{z}{2}}\mathrm{d}z=\phi\left(\frac{x-\mu}{\sigma}\right)=\sigma(z)$$

$F(z)$ 值可查标准正态分布积分表获得，如表 6-1 所示。

表 6-1 标准正态分布积分表

z	0.00	0.01	0.02	0.03	0.04	0.05	0.06	0.07	0.08	0.09
−3.0	0.0013	0.0010	0.0007	0.0005	0.0003	0.0002	0.0002	0.0001	0.0001	0.0000
−2.9	0.0019	0.0018	0.0017	0.0017	0.0016	0.0016	0.0015	0.0015	0.0014	0.0014
−2.8	0.0026	0.0025	0.0024	0.0023	0.0023	0.0022	0.0021	0.0021	0.0020	0.0019
−2.7	0.0035	0.0034	0.0033	0.0032	0.0031	0.0030	0.0029	0.0028	0.0027	0.0026
−2.6	0.0047	0.0045	0.0044	0.0043	0.0041	0.0040	0.0039	0.0038	0.0037	0.0036
−2.5	0.0062	0.0060	0.0059	0.0057	0.0055	0.0054	0.0052	0.0051	0.0049	0.0048
−2.4	0.0082	0.0080	0.0078	0.0075	0.0073	0.0071	0.0069	0.0068	0.0066	0.0064
−2.3	0.0107	0.0104	0.0102	0.0099	0.0096	0.0094	0.0091	0.0083	0.0087	0.0084
−2.2	0.0139	0.0136	0.0132	0.0129	0.0126	0.0122	0.0119	0.0116	0.0113	0.0110
−2.1	0.0179	0.0174	0.0170	0.0166	0.0162	0.0158	0.0154	0.0150	0.0146	0.0143
−2.0	0.0228	0.0222	0.0217	0.0212	0.0207	0.0202	0.0197	0.0192	0.0188	0.0183
−1.9	0.0287	0.0281	0.0274	0.0268	0.0262	0.0256	0.0250	0.0244	0.0238	0.0233
−1.8	0.0359	0.0352	0.0344	0.0336	0.0329	0.0322	0.0314	0.0307	0.0300	0.0294
−1.7	0.0446	0.0436	0.0427	0.0418	0.0409	0.0401	0.0392	0.0384	0.0375	0.0367
−1.6	0.0548	0.0537	0.0526	0.0516	0.0505	0.0495	0.0485	0.0475	0.0465	0.0455
−1.5	0.0668	0.0655	0.0643	0.0630	0.0618	0.0606	0.0594	0.0582	0.0570	0.0559
−1.4	0.0808	0.0793	0.0778	0.0764	0.0749	0.0735	0.0722	0.0708	0.0694	0.0681
−1.3	0.0968	0.0951	0.0934	0.0918	0.0901	0.0885	0.0869	0.0853	0.0838	0.0823
−1.2	0.1151	0.1131	0.1112	0.1093	0.1075	0.1056	0.1038	0.1020	0.1003	0.0985
−1.1	0.1357	0.1335	0.1314	0.1292	0.1271	0.1251	0.1230	0.1210	0.1190	0.1170
−1.0	0.1587	0.1562	0.1539	0.1515	0.1492	0.1469	0.1446	0.1423	0.1401	0.1379
−0.9	0.1841	0.1814	0.1788	0.1762	0.1736	0.1711	0.1685	0.1660	0.1635	0.1611
−0.8	0.2119	0.2090	0.2061	0.2033	0.2005	0.1977	0.1949	0.1922	0.1894	0.1867
−0.7	0.2420	0.2389	0.2358	0.2327	0.2297	0.2266	0.2236	0.2206	0.2177	0.2148

续表

z	0.00	0.01	0.02	0.03	0.04	0.05	0.06	0.07	0.08	0.09
−0.6	0.2743	0.2709	0.2676	0.2643	0.2611	0.2578	0.2546	0.2514	0.2483	0.2451
−0.5	0.3085	0.3050	0.3015	0.2981	0.2946	0.2912	0.2877	0.2843	0.2180	0.2776
−0.4	0.3446	0.3409	0.3372	0.3336	0.3300	0.3264	0.3228	0.3192	0.3056	0.3121
−0.3	0.3821	0.3783	0.3745	0.3707	0.3669	0.3632	0.3594	0.3557	0.3520	0.3483
−0.2	0.4207	0.4168	0.4129	0.4090	0.4052	0.4013	0.3974	0.3936	0.3897	0.3859
−0.1	0.4602	0.4562	0.4522	0.4483	0.4443	0.4404	0.4364	0.4325	0.4286	0.4247
−0.0	0.5000	0.4960	0.4920	0.4880	0.4840	0.4801	0.4761	0.4721	0.4681	0.4641
0.0	0.5000	0.5040	0.5080	0.5120	0.5160	0.5199	0.5239	0.5279	0.5319	0.5359
0.1	0.5398	0.5438	0.5478	0.5517	0.5557	0.5598	0.5636	0.5675	0.5714	0.5753
0.2	0.5793	0.5832	0.5871	0.5910	0.5948	0.5987	0.6026	0.6064	0.6103	0.6141
0.3	0.6179	0.6217	0.6255	0.6293	0.6331	0.6368	0.6406	0.6443	0.6480	0.6517
0.4	0.6554	0.6591	0.6628	0.6664	0.6700	0.6736	0.6772	0.6808	0.6844	0.6879
0.5	0.6915	0.6950	0.6985	0.7019	0.7054	0.7088	0.7123	0.7157	0.7190	0.7224
0.6	0.7257	0.7291	0.7324	0.7357	0.7389	0.7422	0.7454	0.7486	0.7517	0.7549
0.7	0.7580	0.7611	0.7642	0.7673	0.7703	0.7734	0.7764	0.7794	0.7823	0.7852
0.8	0.7881	0.7910	0.7939	0.7967	0.7995	0.8023	0.8051	0.8078	0.8106	0.8133
0.9	0.8159	0.8186	0.8212	0.8238	0.8264	0.8289	0.8315	0.8340	0.8365	0.8389
1.0	0.8413	0.8438	0.8461	0.8485	0.8508	0.8531	0.8554	0.8577	0.8599	0.8621
1.1	0.8643	0.8665	0.8686	0.8708	0.8729	0.8749	0.8770	0.8790	0.8810	0.8830
1.2	0.8849	0.8869	0.8888	0.8907	0.8925	0.9014	0.8962	0.8980	0.8997	0.9015
1.3	0.9032	0.9049	0.9066	0.9082	0.9099	0.9115	0.9131	0.9147	0.9162	0.9177
1.4	0.9192	0.9207	0.9222	0.9236	0.9251	0.9265	0.9278	0.9292	0.9306	0.9319
1.5	0.9332	0.9345	0.9357	0.9370	0.9382	0.9394	0.9406	0.9418	0.9430	0.9441
1.6	0.9452	0.9463	0.9474	0.9484	0.9495	0.9505	0.9515	0.9525	0.9535	0.9545
1.7	0.9554	0.9564	0.9573	0.9582	0.9591	0.9599	0.9608	0.9616	0.9625	0.9633
1.8	0.9641	0.9648	0.9656	0.9664	0.9671	0.9678	0.9686	0.9693	0.9700	0.9706
1.9	0.9713	0.9719	0.9726	0.9732	0.9738	0.9744	0.9750	0.9756	0.9762	0.9767
2.0	0.9772	0.9778	0.9783	0.9788	0.9793	0.9798	0.9803	0.9808	0.9812	0.9817
2.1	0.9821	0.9826	0.9830	0.9834	0.9838	0.9842	0.9846	0.9850	0.9854	0.9857
2.2	0.9861	0.9864	0.9868	0.9871	0.9874	0.9878	0.9881	0.9884	0.9887	0.9890
2.3	0.9893	0.9896	0.9898	0.9901	0.9904	0.9906	0.9909	0.9911	0.9913	0.9916
2.4	0.9918	0.9920	0.9922	0.9925	0.9927	0.9929	0.9931	0.9932	0.9934	0.9936
2.5	0.9938	0.9940	0.9941	0.9943	0.9945	0.9948	0.9948	0.9949	0.9951	0.9952
2.6	0.9953	0.9955	0.9956	0.9957	0.9959	0.9960	0.9961	0.9962	0.9963	0.9964
2.7	0.9965	0.9966	0.9967	0.9968	0.9969	0.9970	0.9971	0.9972	0.9973	0.9974
2.8	0.9974	0.9975	0.9976	0.9977	0.9977	0.9978	0.9979	0.9979	0.9980	0.9981
2.9	0.9981	0.9982	0.9982	0.9983	0.9984	0.9984	0.9985	0.9985	0.9986	0.9986
3.0	0.9987	0.9990	0.9993	0.9995	0.9997	0.9998	0.9998	0.9999	0.9999	1.0000

例 6-4 假设有 100 个某种材料的试件进行抗拉强度试验，结果符合正态分布。今测得试件材料的强度均值 $\mu=600$ MPa，标准差 $\sigma=50$ MPa。求：

(1) 试件材料的强度均值等于 600 MPa 时的可靠度、失效概率和失效试件数；

(2) 强度落在 550～450 MPa 区间内的失效概率和失效试件数；

(3) 失效概率为 0.05（可靠度为 0.95）时材料的抗拉强度。

解 (1) 假设
$$z=\frac{x-\mu}{\sigma}=\frac{600-600}{50}=0$$

由 $\mu=0,\sigma=1$ 时的正态分布积分(查表 6-1)，得
$$F(z)=0.5$$

可靠度
$$R(x=600)=1-F(z)=1-0.5=0.5$$

试件失效数
$$n=100\times0.5=50$$

(2) 失效概率
$$P(450<x<550)=\phi\left(\frac{550-600}{50}\right)-\phi\left(\frac{450-600}{50}\right)=\phi(-1)-\phi(-3)$$
$$=0.1587-0.0013=0.1574$$

试件失效数
$$n=100\times0.1574\approx16$$

(3) 失效概率 $P(z)=0.05$，由 $\mu=0,\sigma=1$ 时的正态分布积分得 $z=-1.64$。

由 $z=\frac{x-\mu}{\sigma}$，可以得出 $-1.64=\frac{x-600}{50}$，材料的抗拉强度为 $x=518$ MPa。

5. 对数正态分布

如果随机变量 x 的自然对数 $y=\ln x$ 服从正态分布，则称 x 服从对数正态分布。与正态分布曲线不同，对数正态分布曲线向右倾斜，并不对称(见图 6-4)，随机变量 x 的取值恒大于零。对数正态分布是描述不对称随机变量的一种常用的分布。对数正态分布也是自变量取对数时，符合正态分布的一种偏态性概率分布，可以用来描述零件疲劳寿命分布。

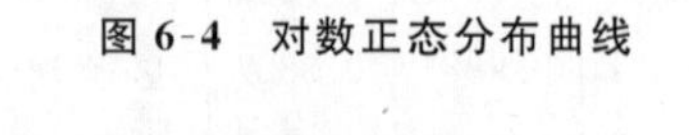

图 6-4 对数正态分布曲线

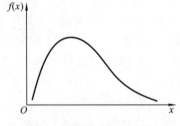

对数正态分布的概率密度函数和累积分布函数分别为
$$f(x)=\frac{1}{\sqrt{2\pi}\sigma x}\exp\left[-\frac{(\ln x-\mu)^2}{2\sigma^2}\right]\quad(x>0)\tag{6-33}$$
$$F(x)=\int_0^{+\infty}\frac{1}{\sqrt{2\pi}\sigma x}\exp\left[-\frac{(\ln x-\mu)^2}{2\sigma^2}\right]dx\quad(x>0)$$

式中：μ 为对数均值；σ 为对数正态分布标准差。

失效概率函数为
$$P(x)=\int_{-\infty}^{x}f(x)dx=\phi\left(\frac{\ln x-\mu}{\sigma}\right)\tag{6-34}$$

可靠度函数为
$$R(x)=1-\phi\left(\frac{\ln x-\mu}{\sigma}\right)\tag{6-35}$$

故障率函数为

$$\lambda(x)=\frac{f(x)}{R(x)}=\frac{\frac{1}{\sqrt{2\pi}\sigma x}\exp\left[-\frac{1}{2}\left(\frac{\ln x-\mu}{\sigma}\right)^2\right]}{1-\varphi\left(\frac{\ln x-\mu}{\sigma}\right)} \tag{6-36}$$

在机械零部件的疲劳寿命、疲劳强度、耐磨寿命以及描述维修时间的分布等研究中，大量应用了对数正态分布。这是因为对数正态分布是一种偏态分布，能较好地符合一般零部件失效过程的时间分布。

6. 韦布尔分布

韦布尔分布是一种适应性广的概率分布，它可以拟合各种类型的试验数据，特别是各种寿命试验，常用来描述材料疲劳失效、轴承失效等情况下产品的寿命分布，在可靠性设计中占有重要地位。韦布尔分布包括产品寿命周期三个阶段的失效分布特征。韦布尔分布是递增型、恒定型、递减型多种故障概率分布，韦布尔分布是从链式强度模型中提出来的：当“链条”中“环”的强度低于随机应力时，某一“环”便可能发生断裂，只要某一薄弱环发生故障则会整体失效，因此最弱“环”的寿命即是产品的寿命。韦布尔分布用三个参数来描述，这三个参数分别是尺度参数 η、形状参数 β、位置参数 γ。三参数韦布尔分布的概率密度函数和累积分布函数分别为

$$f(x)=\frac{\beta}{\eta}\left(\frac{x-\gamma}{\eta}\right)^{\beta-1}\exp\left[-\left(\frac{x-\gamma}{\eta}\right)^{\beta}\right]\quad(x\geqslant\gamma,\beta>0,\eta>0) \tag{6-37}$$

$$F(x)=1-\exp\left[-\left(\frac{x-\gamma}{\eta}\right)^{\beta}\right] \tag{6-38}$$

韦布尔分布的形状参数 β 的大小决定了韦布尔分布曲线的形状，如图 6-5 所示：当 $\beta>1$ 时，密度函数曲线呈单峰型，且随 β 的减小峰高逐渐降低；当 $\beta=3,5$ 时，密度函数曲线接近正态分布的密度函数分布曲线；当 $\beta=1$ 时，密度函数曲线就是指数分布的密度函数曲线；当 $\beta<1$ 时，密度函数曲线的渐进直线为 $x=\gamma$。

韦布尔分布的尺度参数 η 对 x 标尺起缩小或放大的作用，但不影响分布的形状。图 6-6 给出了 γ,β 不变而 η 取不同值时的韦布尔分布曲线。当 γ,β 参数不变时，η 变化将使分布曲线沿横坐标轴伸长或缩短，而分布曲线的形状相似，且分布曲线起点的横坐标不变。随着尺度参数 η 的减小，曲线由同一原点向右扩展，最大值减小。

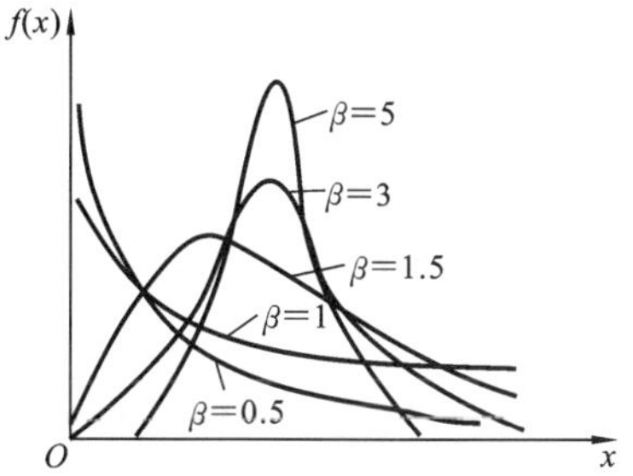

图 6-5 当 $\gamma=0,\eta=1,\beta$ 不同时的韦布尔分布的密度函数曲线

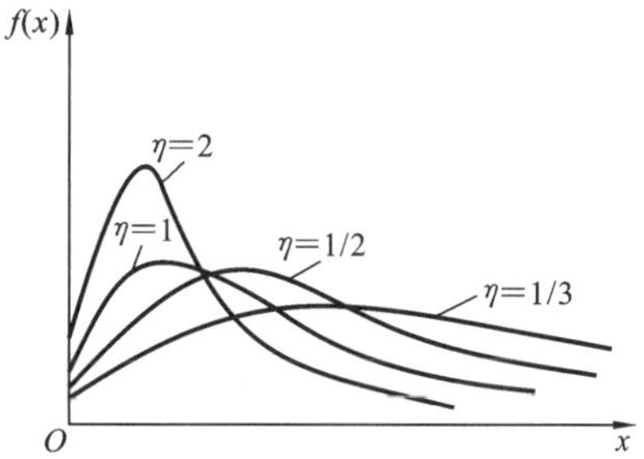

图 6-6 当 $\gamma=0,\beta=2,\eta$ 不同时的韦布尔分布曲线

韦布尔分布的位置参数 γ 只决定分布曲线的起始位置。γ 的取值可正、可负、可为零。当 $\gamma=0$ 时，分布曲线由坐标原点起始。在 γ,β 参数不变的情况下，γ 变化只会使 $f(x)$ 曲线

产生平移，并不影响韦布尔分布曲线的形状，如图 6-7 所示。位置参数 γ 的大小反映了密度函数曲线起始点横坐标的变化。

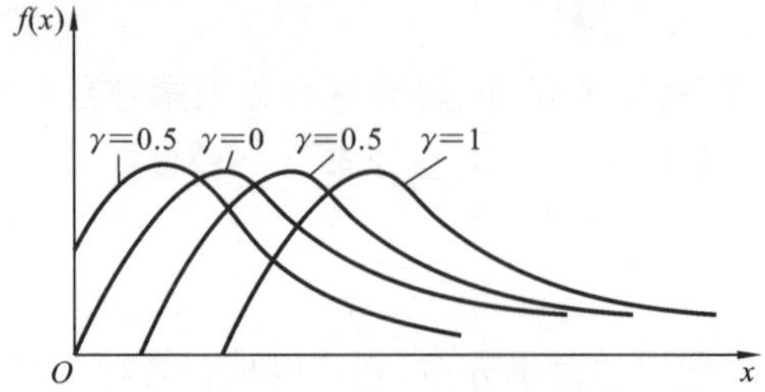

图 6-7　当 $\gamma=0,\beta=2,\eta$ 不同时的韦布尔分布曲线

韦布尔分布还有其他一些特点：当 $\beta>1$ 时，表示磨损失效；当 $\beta=1$ 时，表示恒定的随机失效，这时 λ 为常数；当 $\beta<1$ 时，表示早期失效。当 $\beta=1,\gamma=0$ 时，$f(x)=e^{-\eta x}$，为指数分布，式中 η 为平均寿命。

以内燃机设备为例，有三种故障的概率分布属于韦布尔分布：

(1) 串联结构在较强外应力随机作用下发生故障的概率。如内燃机的水管、油管和常有故障发生的齿轮传动(系)、链条系统等零件，其故障率可考虑韦布尔分布。

(2) 非串联结构中，由于各零件故障间相互关联密切，有传播蔓延而导致的故障的概率，滚动轴承的故障率亦服从韦布尔分布，这些故障包括滚珠轴承表面下的细小裂缝的表面传播引起的疲劳、由部分滚珠破裂导致其他滚珠过载所形成的轴承故障。

(3) 磨损期出现的故障，由于磨损积累、疲劳积累和耗损积累而逐渐产生的故障，如活塞、缸体、齿轮箱以及轴承在磨损期出现的故障的发生概率，很大部分服从韦布尔分布。

6.3　机械强度可靠性设计

机械强度(零部件)的可靠性设计是以常规机械设计的设计原则、准则、计算方法及其计算公式为基础的，只是在进行可靠性设计时将这些公式中的设计变量作为服从某种分布规律的随机变量，并运用概率论与数理统计的方法和强度理论，推导出在给定的设计条件下零件具有一定可靠度的计算公式。应用这种公式即可在给定的设计条件下确定零件的参数和结构尺寸，或在已知零件参数和结构尺寸的条件下确定该零件的可靠度及使用寿命。

机械强度可靠性设计主要有两方面内容：一是对已有设计进行可靠性水平的评估或预测，即计算可靠度是多少；二是按给定的可靠性指标进行机械设计计算，如计算零部件的尺寸，选择型号、材料等。

根据受力状况，零部件的可靠性设计可以分为两大类：一类是静强度的可靠性设计，另一类是疲劳强度的可靠性设计。

6.3.1　可靠性设计过程

常规的机械零件设计是以满足工作能力基本要求为目的的。对于一般的机械零件，设计时要满足的强度条件为：

$$n=\frac{c}{s}\geqslant[n] \tag{6-38}$$

式中：n 为零件材料的安全系数；c 为材料的强度；s 为零件的工作应力；$[n]$为许用安全系数。这种设计方法把各个设计参数看成为确定的量，设计时没有考虑实际强度、载荷、寿命及几何尺寸等参数的离散性和随机性，也未与失效概率相联系，只是在计算安全系数时，为了弥补安全系数所隐含的各种影响因素的不确定性，常取强度可能出现的最小值，工作应力可能出现的最大值；同时许用安全系数$[n]$的确定具有经验性和盲目性，如在 $n>1$ 的情况下机械零件可能失效，n 取值过大，造成产品笨重和浪费，所以，就安全系数本身来说，它只能在一定程度上反映零件的安全程度。

常规的设计方法只能用于一般用途的零部件设计，对于非常重要或要求质量小、可靠性高的产品，当要求将破坏概率限定在某一给定的很小范围内时，就必须用概率论的理论进行零件的可靠性设计。

机械零件可靠性设计与机械常规设计方法的不同之处是，它将应力和与强度相关的设计参数都看作随机变量，这些变量同时遵循某一分布规律。与强度相关的设计参数主要包括：

（1）机械零件强度设计参数 c　它是随机变量，假设强度设计参数 c 的概率密度函数为 $f(c)$。与机械零件强度相关的因素包括：零件材料自身强度，如屈服强度、疲劳强度、抗拉强度等力学性能；零件外在属性，如零件的尺寸及表面加工质量、结构形状、工作环境条件；零件的内在属性，包括表面质量、微观裂纹等影响强度的各个因素。这些因素对应的参数为不定值，且服从一定的概率分布，从而零件的强度分布可以通过各个因素的随机变量分布进行运算获得。

（2）机械零件应力设计参数 s　它也是随机变量，假设应力设计参数 s 的概率密度函数为$g(s)$。零件应力分布和大小与其承受的载荷和温度有关，也与零件的形状、尺寸和材料性质等有关。这些影响因素都属于随机变量，都遵循各自特定的分布规律，通过分布间的运算可以计算出相应的应力分布。

（3）零件的强度 r　它随时间的推移而衰减，即强度的均值 μ 随时间的推移而减小，而均方差 σ_c 随时间的推移而增大。加载在零件上的应力 s 对时间而言是稳态的，即其概率密度 $f(s)$的均值 μ_c 不随时间推移而变化。

当机械零件应力分布及强度分布为已知量时，则需应用概率统计的理论，对这二者进行耦合分析，开展机械强度可靠性的设计工作。在设计过程中可以采用应力-强度干涉模型，同时必须严格控制失效概率，以达到可靠性设计的要求。该可靠性设计的过程可用图 6-8 表示。

机械零部件的可靠性设计是以应力-强度分布干涉模型为基础的。因为应力超过强度就会发生失效，但这里所说的应力和强度对机电产品设计来说是具有广泛含义的。应力是指导致失效的任何因素，如机械零件承受的应力、加在电气元件上的电压或温度等。而强度是指阻止失效发生的任何因素，如机械零件的材料强度，硬度、加工精度，电气元件的击穿电压等。

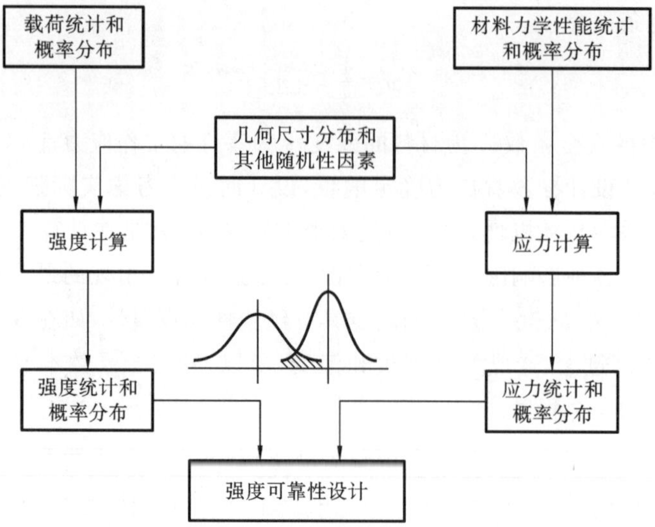

图 6-8 可靠性设计过程

6.3.2 应力-强度分布干涉理论

机械可靠性设计就是要明确载荷应力及零件强度的分布规律，合理地建立应力与强度之间的数学模型，严格控制失效概率，以满足设计要求。

由于零件的工作应力 s 和强度 c 都是随机变量，均服从一定的统计分布规律。可令零件的应力和强度的概率密度函数分别为 $g(s)$ 和 $f(c)$。由于一般情况下，应力和强度是相互独立的随机变量，且在机械设计中应力和强度具有相同的量纲，因此可以把 $g(s)$ 和 $f(c)$ 表示在同一坐标系中。另由统计分布函数的性质可知，机械工程中常用的分布函数的概率密度函数曲线都是以横坐标为逼近线的，这样绘于同一坐标系中的两条概率密度函数曲线 $g(s)$ 和 $f(c)$ 必定有相交的区域，称这一区域为干涉区，这是产品可能发生失效的区域。基于上述思想，绘制出的图 6-9 称为应力-强度分布的干涉模型。

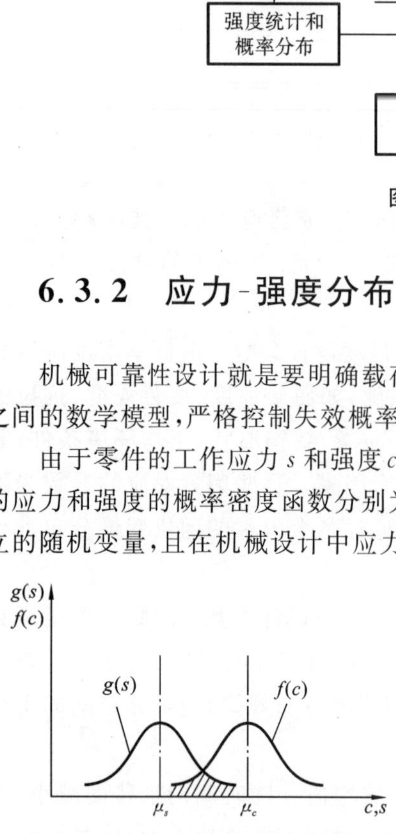

图 6-9 应力-强度干涉模型

为保证零件能够正常工作，零件的强度 c 必须大于零件的工作应力 s，而零件的可靠度 R 实质上就是零件的应力强度相互“干涉”时，零件的强度 c 比应力 s 大的概率，即

$$R=P(r>s)=P[(r-s)>0] \tag{6-39}$$

上述应力-强度干涉模型揭示了概率设计的本质。由干涉模型可以看出，就统计数学的观点而言，任何一个设计都存在失效的可能性，即可靠度总是小于 1。而我们能做到的是将失效率限制在一个可以接受的限度之内。因此，在应力和强度的分布类型和分布参数一致的情况下，就可用解析法求得可靠度的大小。

为了确定零件的实际安全程度，应先根据试验及相应的理论分析，找出 $f(c)$ 及 $g(s)$。然后应用概率论及数理统计理论来计算零件失效的概率，从而可以求得零件不失效的概率，即零件强度的可靠度。

1. 概率密度函数联合积分法

零件失效的概率为 $P(c<s)$，即当零件的强度 c 小于零件工作应力 s 时，零件发生强度失效。现将应力概率密度函数 $g(s)$ 和强度概率密度函数 $f(c)$ 相重叠部分放大，如图 6-10 所示。从距原点为 s 的 a-a 直线看起，曲线 $f(c)$ 以下、a-a 线以左（即变量小于 s 时）的面积 Δ 表示零件的强度值小于 s 的概率，它可以表示为

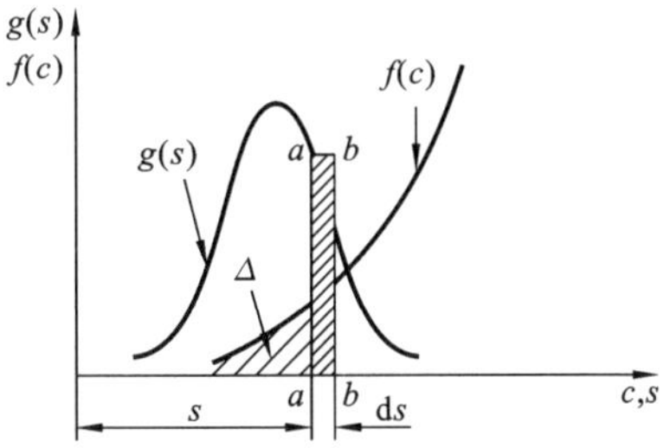

图 6-10　强度失效概率计算原理图

$$\Delta = P(c < s) = \int_0^s f(c)\mathrm{d}c = F(s) \qquad (6\text{-}40)$$

曲线 $g(s)$ 下、位于 a-a 线与 b-b 线之间的面积代表了工作应力 s 处于 $s \sim s+\mathrm{d}s$ 之间的概率，它的大小为 $g(s)\mathrm{d}s$。

零件的强度和工作应力两个随机变量，一般看作互相独立的随机变量。根据概率乘法定理：两独立事件同时发生的概率是两事件单独发生的概率的乘积，即

$$P(AB) = P(A) \cdot P(B)$$

所以，乘积 $F(s)g(s)\mathrm{d}s$ 即为对于确定的值，零件中的工作应力刚好大于强度值的概率。

若把应力 s 值在它一切可能值的范围内进行积分，即得零件的失效概率 $P(c<s)$ 的值为

$$P(c < s) = \int_0^{\infty} F(s)g(s)\mathrm{d}s = \int_0^{\infty}\left[\int_0^s f(c)\mathrm{d}c\right]g(s)\mathrm{d}s \qquad (6\text{-}41)$$

式(6-41)即为在已知零件强度和应力的概率密度函数 $f(c)$ 及 $g(s)$ 时，计算零件失效概率的一般方程。

2. 强度差概率密度函数积分法

令强度差

$$Z' = c - s \qquad (6\text{-}42)$$

由于 c 和 s 均为随机变量，所以强度差 Z' 也为一随机变量。零件的失效概率很显然等于随机变量 $Z'<0$ 的概率，即 $P(Z'<0)$。

从已求得的 $f(c)$ 及 $g(s)$ 可得强度差为 Z' 时的概率密度函数 $P(Z')$，从而求得零件的失效概率：

$$P(Z' < 0) = \int_{-\infty}^{0} P(Z')\mathrm{d}Z' \qquad (6\text{-}43)$$

由概率论可知，其均值 $\mu_{Z'}$ 和标准差 $\sigma_{Z'}$ 分别为

$$\left.\begin{aligned} \mu_{Z'} &= \mu_c - \mu_s \\ \sigma_{Z'} &= \sqrt{\sigma_c^2 + \sigma_s^2} \end{aligned}\right\} \qquad (6\text{-}44)$$

则零件的失效概率为

$$P(Z' < 0) = \int_{-\infty}^{0} \frac{1}{\sigma_{Z'}\sqrt{2\pi}}\exp\left[-\frac{1}{2}\left(\frac{Z'-\mu_{Z'}}{\sigma_{Z'}}\right)^2\right]\mathrm{d}Z' \qquad (6\text{-}45)$$

为了便于计算，令 $t=\dfrac{Z'-\mu_{Z'}}{\sigma_{Z'}}$，有

$$P(Z' < 0) = P\left(t < -\frac{\mu_{Z'}}{\sigma_{Z'}}\right) = \frac{1}{\sqrt{2\pi}}\int_{-\infty}^{-\frac{\mu_Z}{\sigma_Z}} \exp\left(-\frac{t^2}{2}\right)\mathrm{d}t \qquad (6\text{-}46)$$

令 $Z_R=\dfrac{\mu_{Z'}}{\sigma_{Z'}}$，则可以得出

$$P(Z'<0)=P(t<-Z_R)=\frac{1}{\sqrt{2\pi}}\int_{-\infty}^{-Z_R}\exp\left(-\frac{t^2}{2}\right)\mathrm{d}t \tag{6-47}$$

为了便于实际应用,人们已将式(6-47)的积分值制成正态分布积分表,在计算时可直接查取。

6.3.3 零件强度可靠度的计算

零件的强度可靠性以可靠度 R 来量度。在正态分布条件下,R 按下式计算:

$$R=1-P(Z'<0)=1-\frac{1}{\sqrt{2\pi}}\int_{-\infty}^{-Z_R}\mathrm{e}^{-\frac{t^2}{2}}\mathrm{d}t=\frac{1}{\sqrt{2\pi}}\int_{-Z_R}^{\infty}\exp\left(-\frac{t^2}{2}\right)\mathrm{d}t \tag{6-48}$$

例 6-5 某螺栓中所受的应力为一服从正态分布的随机变量,其数学期望 $\mu_s=350$ MPa,均方差 $\sigma_s=28$ MPa。螺栓材料的疲劳强度亦为一服从正态分布的随机变量,其数学期望 $\mu_c=420$ MPa,均方差 $\sigma_c=28$ MPa。试求该零件的失效概率及强度可靠度。

解 应用强度差概率密度函数积分法,按式(6-44)计算,得

$$\mu_{Z'}=\mu_c-\mu_s=(420-350)\ \text{MPa}=70\ \text{MPa}$$

$$\sigma_{Z'}=\sqrt{\sigma_c^2+\sigma_s^2}=\sqrt{(28)^2+(28)^2}\ \text{MPa}=39.6\ \text{MPa}$$

$$Z_R=\frac{\mu_{Z'}}{\sigma_{Z'}}=\frac{70}{39.6}=1.77$$

查表 6-1,对应于 $-Z_R=-1.77$ 的表值为 0.0384,即

$$P(Z'<0)=P(t<-Z_R)=\int_{-\infty}^{-Z_R}\frac{1}{\sqrt{2\pi}}\mathrm{e}^{-\frac{t^2}{2}}\mathrm{d}t=0.0384=3.84\%$$

则

$$R=1-P(Z'<0)=1-0.0384=0.9616$$

即该螺栓的失效概率为 3.84%,可靠度为 96.16%。

6.3.4 零件强度分布参数的确定

零件强度 c 一般服从正态分布 $N(\mu_c,\sigma_c)$。其概率密度函数为

$$f(c)=\frac{1}{\sqrt{2\pi}\sigma_c}\exp\left[-\frac{1}{2}\left(\frac{c-\mu_c}{\sigma_c}\right)^2\right] \tag{6-49}$$

强度 c 的分布参数(数学期望 μ_c 与均方差 σ_c)较精确的确定方法是,根据大量零件样本试验数据,应用数理统计方法,按下列公式计算:

$$\begin{cases}\mu_c=\dfrac{1}{n}\sum\limits_{i-1}^{n}c_i\\[2ex]\sigma_c=\sqrt{\dfrac{1}{n-1}\sum\limits_{i=1}^{n}(c_i-\mu_c)^2}\end{cases} \tag{6-50}$$

但在大多数情况下,由于成本和试验过程困难等原因,零件样本试验数据难以取得。因此,为实用起见,可通过材料的机械特性资料,考虑零件的载荷特性及制造方法对零件强度的影响来近似确定分布参数。

1. 静强度计算

以下是静强度的数学期望 μ_c 与均方差计算公式:

$$\begin{cases}\mu_c=k_1\mu_{c0}\\ \sigma_c=k_1\sigma_{c0}\end{cases} \tag{6-51}$$

式中：μ_{c0}、σ_{c0} 分别为材料样本试件拉伸力学特性的数学期望和均方差，材料的抗拉强度 σ_b 及屈服强度 σ_s 大都是服从正态分布的，通常从有关设计手册中可查得的数值，一般是强度值的数学期望值，强度值的均方差经统计约为数学期望值的 10%；k_1 为计及载荷特性和制造方法而给出的修正系数，

$$k_1=\frac{\varepsilon_1}{\varepsilon_2} \tag{6-52}$$

其中 ε_1 为按拉伸获得的机械特性转为弯曲或扭转特性的转化系数。对于承受弯曲载荷且截面为圆形和矩形的碳钢，$\varepsilon_1=1.2$，对于其他截面的碳钢和各种截面的合金钢，$\varepsilon_1=1.0$；对于承受扭转载荷、圆截面的碳钢和合金钢，$\varepsilon_1=0.6$。ε_2 为考虑零件锻（轧）或铸的制造质量影响系数，是考虑材料的不均匀性、内部可能的缺陷以及实际尺寸与名义尺寸的误差等因素而给出的修正系数，对于锻件和轧制件可取 $\varepsilon_2=1.1$，对于铸件可取 $\varepsilon_2=1.3$。

由此，得出静强度计算时的零件强度分布参数的近似计算公式：

对于塑性材料，

$$\left.\begin{aligned}\mu_c&=\frac{\varepsilon_1}{\varepsilon_2}\sigma_s\\ \sigma_c&=0.1\mu_c=0.1\left(\frac{\varepsilon_1}{\varepsilon_2}\right)\sigma_s\end{aligned}\right\} \tag{6-53}$$

对于脆性材料，

$$\left.\begin{aligned}\mu_c&=\frac{\varepsilon_1}{\varepsilon_2}\sigma_b\\ \sigma_c&=0.1\mu_c=0.1\left(\frac{\varepsilon_1}{\varepsilon_2}\right)\sigma_b\end{aligned}\right\} \tag{6-54}$$

2. 疲劳强度计算

以下是疲劳强度的数学期望 μ_c 与均方差计算公式：

$$\begin{cases}\mu_c=k_2\mu_{(\sigma-1)}\\ \sigma_c=k_2\sigma_{(\sigma-1)}\end{cases} \tag{6-55}$$

式中：$\mu_{(\sigma-1)}$、$\sigma_{(\sigma-1)}$ 分别为材料样本试件对称循环疲劳强度的数学期望及均方差。材料的疲劳强度也可以认为是服从正态分布的，从手册中查得的 $\sigma-1$ 值一般是对称循环疲劳强度的数学期望值，按现有资料统计，对称循环疲劳强度的均方差通常为数学期望值的 4%～10%，对于一般计算可以近似地取为 8%；k_2 为疲劳强度修正系数，按表 6-2 所列公式计算。

表 6-2　疲劳强度修正系数 k_2 的计算公式

<table>
<tr><th>r 的取值范围</th><th colspan="2">计 算 公 式</th></tr>
<tr><td rowspan="3">$r\leqslant 1$</td><td colspan="2">$\dfrac{2}{(1-r)K+\eta(1+r)}$</td></tr>
<tr><td>对称循环（$r=-1$）</td><td>脉动循环（$r=0$）</td></tr>
<tr><td>$\dfrac{1}{K}$</td><td>$\dfrac{2}{K+\eta}$</td></tr>
<tr><td>$r=-\infty$
$r>1$</td><td colspan="2">$\dfrac{2r}{(1-r)K+\eta(1+r)}$</td></tr>
</table>

注：r 为应力循环不对称系数，$r=\sigma_{\min}/\sigma_{\max}$；$K$ 为有效应力集中系数，具体值可参阅有关资料；η 为材料对应力循环不对称性的敏感系数，对于碳钢、低合金钢 $\eta=0.2$；对于合金钢 $\eta=0.3$。

6.3.5 零件应力分布参数的确定

零件危险截面上的工作应力 s 是载荷 $P=\sum_{i=1}^{n}P_i$ 及截面尺寸 A 的函数，即

$$s=f\left(\sum_{i=1}^{n}P_i,A\right) \tag{6-56}$$

如前所述，由于强度、载荷及其各组成项都是随机变量且服从一定的分布规律，因而零件截面上的工作应力也是随机变量，也服从一定的分布规律。

在强度问题中，很多实际问题均可用正态分布来分析。因此，一般将应力的分布视为正态分布 $N(\mu_s,\sigma_s)$，则概率密度函数为

$$g(s)=\frac{1}{\sqrt{2\pi}\sigma_s}\exp\left[-\frac{1}{2}\left(\frac{s-\mu_s}{\sigma_s}\right)^2\right] \tag{6-57}$$

工作应力的分布参数 μ_s，σ_s 应按各类机械的大量载荷或应力实测资料，应用数理统计方法，按下列公式计算：

$$\begin{cases}\mu_s=\dfrac{1}{n}\displaystyle\sum_{i-1}^{n}s_i\\ \sigma_s=\sqrt{\dfrac{1}{n-1}\displaystyle\sum_{i=1}^{n}(s_i-\mu_s)^2}\end{cases} \tag{6-58}$$

由于目前我国在这方面的实测资料较少，因而难以提出确切数据。为实用起见，建议按下列近似计算法公式确定：

（1）静强度分布参数计算公式

$$\begin{cases}\mu_s=\sigma_{\mathrm{II}}\\ \sigma_s=k\mu_s\end{cases} \tag{6-59}$$

（2）疲劳强度分布参数计算公式

$$\begin{cases}\mu_s=\sigma_{\mathrm{I}}\\ \sigma_s=k\mu_s\end{cases} \tag{6-60}$$

以上两式中：μ_s，σ_s 分别为零件危险截面上的工作应力（对于静强度计算为最大工作应力，对于疲劳强度计算为等效工作应力）的数学期望和均方差；σ_{I} 为根据工作状态的正常载荷（或称第Ⅰ类载荷），按常规应力计算方法求得的零件危险截面上的等效工作应力；σ_{II} 为根据工作状态的最大载荷（或称第Ⅱ类载荷），按常规应力计算方法求得的最大工作应力；k 为工作应力的变差系数。

工作应力的变差系数 k 值，应按实测应力试验数据统计得出，也可通过分析各项计算载荷的统计资料按下式近似计算：

$$k=\frac{\sqrt{\sum(k_iP_i)^2}}{\sum P_i} \tag{6-61}$$

式中：P_i 为第 i 项载荷，对于静强度计算按最大载荷取值，对于疲劳强度计算按等效载荷取值，各项载荷的具体计算方法应针对各类机械，参照有关专业资料进行；k_i 为第 i 项载荷的变差系数，可按计算零件的实际载荷分布情况，应用数理统计方法来确定。

在确定工作应力的变差系数 k 值时，若缺乏足够的统计资料难以计算，也可按关于各类专业机械的经验数据近似取值。

通过上述计算可以求出零件危险截面上工作应力的分布参数 μ_s 及 σ_s。在求得了 μ_s 及 σ_s 后，代入式(6-57)，即可求出应力的概率密度函数 $g(s)$。

6.3.6　机械零部件强度的许用可靠度

根据上述的分析与计算，在求得零件强度和零件工作应力的概率密度函数 $f(c)$ 与 $g(s)$ 及其分布参数 (μ_c,σ_c)，(μ_s,σ_s) 后，就可以计算 Z_R：

$$Z_R=\frac{\mu_c-n\mu_s}{\sqrt{\sigma_c^2+\sigma_s^2}} \tag{6-62}$$

式中：n 为强度储备系数，具体数值按各类专业机械的要求选取，一般可取 $n=1.1\sim1.25$。

将由式(6-62)求得的 Z_R 值代入式(6-48)，可求出零件已考虑了强度储备后的强度可靠度 R 值。所求得的 R 值不能小于零件的许用可靠度 $[R]$，即应满足如下强度可靠性计算条件：

$$R\geqslant[R] \tag{6-63}$$

许用可靠度 $[R]$ 值的确定是一项直接影响产品质量和技术经济指标的重要工作，目前可参考的资料甚少。应根据所计算零件的重要性、计算载荷的类别，并考虑载荷和应力等计算的精确程度，以及产品的经济性等方面因素综合评定许用可靠度。

6.4　疲劳强度可靠性设计

在实际工作中，绝大多数机械零部件承受的载荷是随时间变化的，对这类零部件需要进行疲劳强度的可靠性设计。

6.4.1　疲劳曲线

1. S-N 曲线

一般情况下，材料所承受的循环载荷的应力幅越小，到发生疲劳破坏时所经历的应力循环次数越多。S-N 曲线就是材料所承受的应力幅水平与该应力幅下发生疲劳破坏时所经历的应力循环次数的关系曲线。S-N 曲线一般是使用标准试样进行疲劳试验获得的。纵坐标表示试样承受的应力幅，用应力 S 表示；横坐标表示应力循环次数，常用 N 表示，如图 6-11(a)所示。考虑使用方便性，在双对数坐标系下将 S-N 曲线近似简化成两条直线，如图 6-11(b)所示。但也有很多情况下只对横坐标取对数，此时也常把 S-N 曲线近似简化成两条直线。

S-N 曲线中的水平直线部分对应的应力水平就是材料的疲劳强度，其原意为材料经受无限次应力循环都不发生破坏的应力极限，工程上对于钢铁材料“无限次”一般规定为 10^7 次。但利用现代高速疲劳试验机进行研究所得的成果表明，即使应力循环次数超过 10^7，材料仍然有可能发生疲劳断裂。不过对于实际工程中的疲劳强度设计，10^7 次的应力循环次数已经完全能够满足需要。常规的疲劳试验一般是在对称循环变应力条件下进行的，但是实

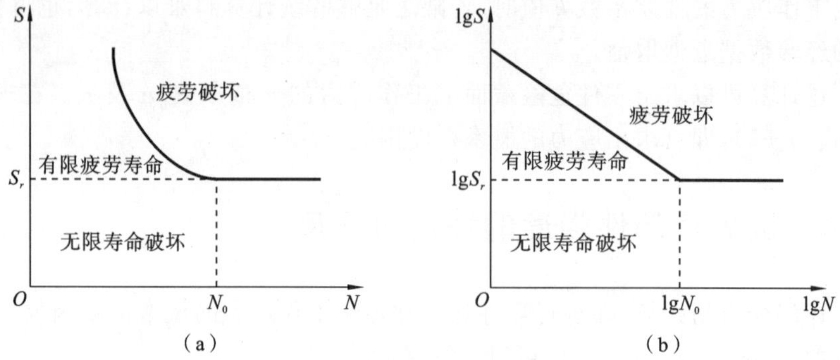

图 6-11　S-N 曲线的一般形式

际上很多零件是在非对称循环的变应力条件下工作的，这时需要考虑其应力循环特性 $r=\frac{s_{\min}}{s_{\max}}\left(或\frac{\sigma_{\min}}{\sigma_{\max}}\right)$对疲劳失效的影响。

图 6-12 给出了不同 r 值下的 S-N 曲线。工程上常以 σ_{-1}作为循环疲劳强度。图中斜线部分给出了试样承受的应力幅水平与发生疲劳破坏时所经历的应力循环次数之间的关系，用幂函数的形式可表示为

$$S^m N=C \tag{6-64}$$

式中：S 为应力幅或最大应力；N 为试样发生疲劳破坏时的应力循环次数；m 为根据应力的性质及材料的不同确定的参数，一般为 $3\leqslant m\leqslant 6$；C 为根据材料确定的常数。

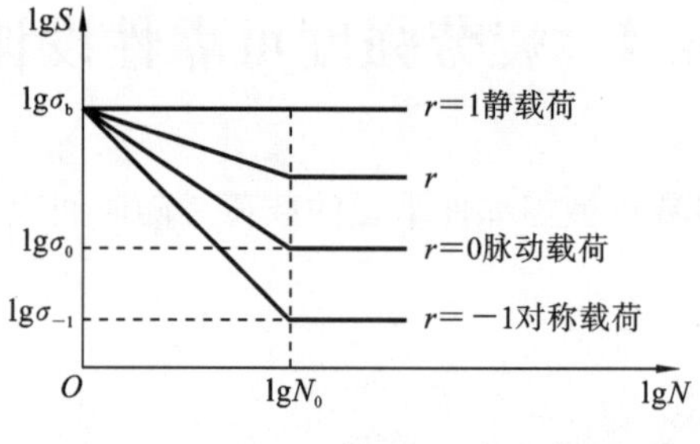

图 6-12　不同 r 值下的 S-N 曲线

对式(6-64)取对数后则得直线方程，如图 6-10(b)所示。随着 m 值的改变，可以画出一系列不同的斜率为 m 值的直线，并分别与表示疲劳强度的水平线相连接。

对于斜线表示的不同应力水平，由式(6-64) 可建立如下关系式：

$$N_i=N_j\left(\frac{S_j}{S_i}\right)^m \tag{6-65}$$

式中：S_j，N_j表示 S-N 曲线上某已知点的坐标值；N_i为与已知应力水平 S_i相对应的待求的应力循环次数。

如果 S-N 曲线上有两点为已知点，则由式(6-65) 得斜率 m 的值为

$$m=\frac{\lg N_i-\lg N_j}{\lg S_j-\lg S_i} \tag{6-66}$$

如果给定一个应力循环次数，便可由式(6-66)求出或由斜线量出材料在该条件下所能承受的最大应力幅水平。反之，也可以由一定的工作应力幅求出对应的疲劳寿命。因为此时试样或材料所能承受的应力幅水平是与给定的应力循环次数相关联的，所以称之为条件

疲劳极限，或称为疲劳强度。斜线部分是零部件疲劳强度的有限寿命设计或疲劳寿命计算的主要依据。

2. *P-S-N* 曲线

在研究机械零部件疲劳寿命时，常常需要确定零部件的疲劳破坏概率及其分布类型，为此就需要用到 *P-S-N* 曲线。实践表明，*S-N* 曲线的试验数据，由于受作用载荷的性质、试件几何形状及表面精度、材料特性等多种因素的影响，存在着相当大的离散性。同一组试件，在一个固定的应力水平 S 下，即使其他条件都基本相同，它们的疲劳寿命值 N 也并不相等，但却具有一定的分布规律性。可以根据存活率 P（相当于可靠度 R）来确定 N 值。

图 6-13 表示多种不同应力水平下 N 值的分布情况。由图可以看出，随着应力水平的降低，N 值的离散度越来越大。由此可知，疲劳寿命 N 不仅与存活率 P 有关，而且与应力水平 S 有关，即 N 为 S，P 的二元函数关系，即 $N=\phi(S,P)$，这一函数关系可表示成三维空间中的一个曲面。

在实际工程中为方便起见，常将 P，S 与 N 的函数关系画在 *S-N* 的二维平面上。当 P 的取值一定时，则以 S 为自变量形成一条 *S-N* 曲线；当 P 的取值变化时，则每一个 P 值对应着一条 *S-N* 曲线而形成 *S-N* 曲线族，如图 6-14 所示。这种以 P 作参数的 *S-N* 曲线族称为 *P-S-N* 曲线（在双对数坐标系中为直线）。在工程中使用的和文献资料中提供的 *S-N* 曲线，若无特别说明，通常为 P 或 R 等于 50%时的 *S-N* 曲线，它表示了疲劳强度的中值，意味着该疲劳强度的可靠度仅为 50%。显然，用它来估计疲劳寿命可靠度太低。因此，设计时应按照不同的可靠度要求来选择不同的 *P-S-N* 曲线 。利用 *P-S-N* 曲线不仅能估计零件在一定应力水平下的疲劳寿命，而且也能给出在该应力值下的破坏概率或可靠度。*P-S-N* 曲线与 *S-N* 曲线相比，给出了对应寿命下的疲劳强度的随机分散特性和对应疲劳强度下的疲劳寿命的分散特性。

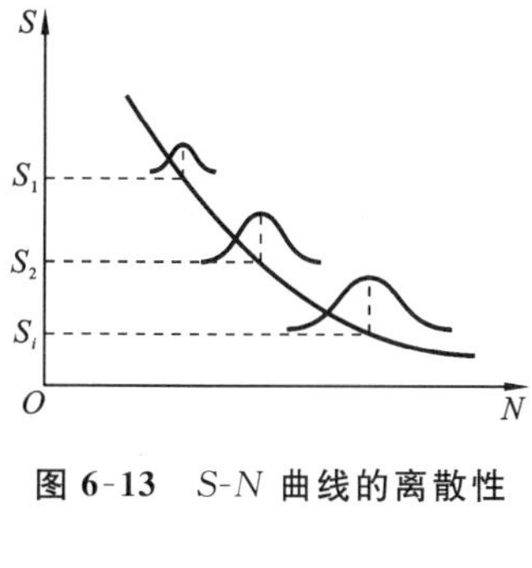

图 6-13　*S-N* 曲线的离散性

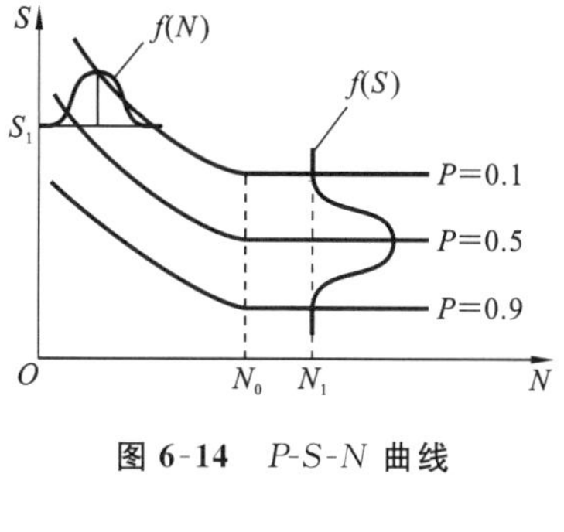

图 6-14　*P-S-N* 曲线

6.4.2　等幅变应力作用下零件的疲劳寿命及可靠度

机械零件中，如轴类及其他传动零件，它们多半承受对称或不对称循环的等幅变应力的作用。根据对这些零件所得到的试验数据进行统计分析，所作出的分布函数为对数正态分布或韦布尔分布。现分别讨论它们的疲劳寿命及可靠度。

1. 疲劳寿命服从对数正态分布

对于在对称循环等幅变应力作用下的零件，其疲劳寿命，即达到破坏的循环次数一般符合对数正态分布。其概率密度函数为

$$f(N)=\frac{1}{N\sigma_{N'}\sqrt{2\pi}}\exp\left[-\frac{1}{2}\left(\frac{N'-\mu_{N'}}{\sigma_{N'}}\right)^2\right] \tag{6-67}$$

式中：$N'=\ln N$。

因此，零件在使用寿命即工作循环次数达到 N 时的失效概率为

$$P(N\leqslant N_1)=P(N'\leqslant N'_1)=\int_{-\infty}^{N'_1}\frac{1}{\sigma_{N'}\sqrt{2\pi}}\exp\left[-\frac{1}{2}\left(\frac{N'-\mu_{N'}}{\sigma_{N'}}\right)^2\right]\mathrm{d}N'$$

$$=\int_{-\infty}^{Z_1}f(Z)\mathrm{d}z=\varphi(Z_1) \tag{6-68}$$

式中：Z_1 为标准正态变量，有

$$Z_1=\frac{N'-\mu_{N'}}{\sigma_{N'}}=\frac{\ln N_1-\mu_{\ln N}}{\sigma_{\ln N}}$$

由此可得零件的可靠度为

$$R(N_1)=1-\phi(N_1) \tag{6-69}$$

例 6-6 某零件在对称循环等幅变应力 $S_a=600$ MPa 的条件下工作。根据零件的疲劳试验数据，知其达到破坏的循环次数服从对数正态分布，其对数均值和对数标准差分别为 $\mu_{N'}=10.647$，$\sigma_{N'}=0.292$。试求该零件工作到 15800 次循环时的可靠度。

解 按题意 $N_1=15800$ 次，故 $N'=\ln N_1=\ln 15800=9.668$。

标准正态变量为

$$Z_1=\frac{N'-\mu_{N'}}{\sigma_{N'}}=\frac{9.668-10.647}{0.292}=-3.35$$

由此得可靠度为

$$R(N_1=15800)=1-\phi(-3.35)=1-0.0004=0.9996$$

2. 疲劳寿命服从韦布尔分布

零件的疲劳寿命用韦布尔分布来拟合，将更符合实际的失效规律，特别对于受高应力的接触疲劳尤为适用。常用的是三参数韦布尔分布，其概率密度函数可由式(6-36)得出：

$$f(N)=\frac{b}{N_T-N_0}\left(\frac{N-N_0}{N_T-N_0}\right)^{b-1}\exp\left[-\left(\frac{N-N_0}{N_T-N_0}\right)\right] \tag{6-70}$$

式中：N_0 为最小寿命（位置参数）；N_T 为特征寿命（$R=e^{-1}=0.368$ 时的寿命）；b 为形状参数。

零件的使用寿命，即工作循环次数达 N 时的失效概率为

$$F(N)=\begin{cases}1-\exp\left[-\left(\dfrac{N-N_0}{N_T-N_0}\right)^b\right] & (N\geqslant N_0)\\ 0 & (N<N_0)\end{cases} \tag{6-71}$$

因此，韦布尔分布的可靠度函数为

$$R(N)=\begin{cases}\exp\left[-\left(\dfrac{N-N_0}{N_T-N_0}\right)^b\right] & (N\geqslant N_0)\\ 1 & (N\leqslant N_0)\end{cases} \tag{6-72}$$

根据上述公式，可推导出求韦布尔分布的平均寿命 μ_N、寿命均方差 σ_N 和可靠寿命 N_R 的计算式如下：

$$\mu_N=N_0+(N_T-N_0)\Gamma\left(1+\frac{1}{b}\right)$$

$$\sigma_N=(N_{\rm T}-N_0)\left[\Gamma\left(1+\frac{2}{b}\right)-\Gamma^2\left(1+\frac{1}{b}\right)\right]^{1/2}$$

$$N_R=N_0+(N_{\rm T}-N_0)\left(\ln\frac{1}{R}\right)^{1/b}$$

应用式(6-71)、式(6-72)进行计算时，必须首先求出韦布尔分布三个分布的参数 N_0，N_T 和 b 的估计值。在工程上一般应用韦布尔概率纸用图解法来估计这三个分布参数，并可达到一定精度，满足工程计算的要求；也可以用分析法来估计，该法虽能达到较高的精确性，但其计算较复杂。

6.4.3　不稳定应力作用下零件的疲劳寿命

分析不稳定应力作用下零件的疲劳寿命有多种方法，这里介绍常用的迈纳(Miner)法。

当零件承受不稳定变应力时，在设计中常采用迈纳的疲劳损伤累积理论来估计零件的疲劳寿命。图 6-15 所示为损伤累积理论示意图。这是一种线性损伤累积理论，其要点是：每一载荷量都损耗试件一定的有效寿命分量；疲劳损伤与试件吸收的功成正比；试件吸收的功与应力的作用循环次数和在该应力值下达到破坏的循环次数之比成比例；试件达到破坏时的总损伤量(总功)是一个常数；低于疲劳极限 S_e 的应力不再造成损伤；损伤与载荷的作用次序无关；各循环应力产生的所有损伤分量之和等于 1 时，试件就发生破坏。因此，归纳起来可得出如下的基本关系式：

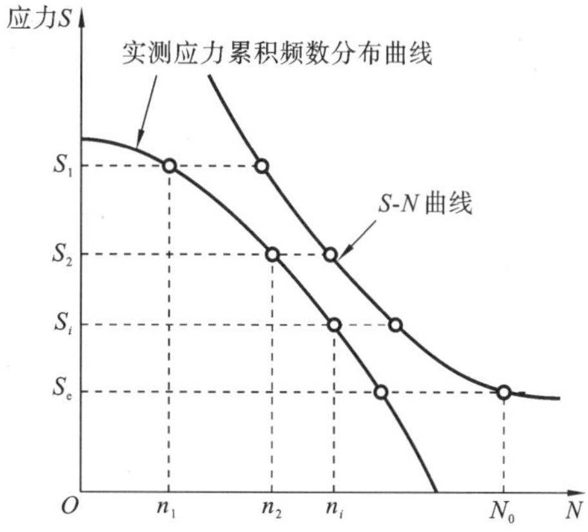

图 6-15　损伤累积理论示意图

$$d_1+d_2+\cdots+d_k=\sum_{i=1}^{k}d_i=D$$

$$\frac{d_i}{D}=\frac{n_i}{N_i}$$

$$\frac{n_1}{N_1}D+\frac{n_2}{N_2}D+\cdots+\frac{n_k}{N_k}D=D$$

所以

$$\sum_{i=1}^{k}\frac{n_i}{N_i}=1 \tag{6-73}$$

式中：D 为总损伤量；d_i 为损伤分量或损耗的疲劳寿命分量；n_i 为在应力 S_i 作用下的工作循环次数；N_i 为对应于应力 S_i 的破坏循环次数。

式(6-73)为迈纳定理的数学表达式。由于迈纳理论没有考虑应力级间的相互影响和低于疲劳极限 S_e 的应力损伤分量，因而有一定的局限性。但由于公式简单，其已广泛应用于有限寿命设计中。

令 $N_{\rm L}$ 为所要估计的零件在不稳定变应力作用下的疲劳寿命，α_i 为第 i 级应力 S_i 作用下的工作循环次数 n_i 与各级应力总循环次数之比，则

$$\alpha_i = \frac{n_i}{\sum_{i=1}^{k} n_i} = \frac{n_i}{N_L}$$

代入式(6-73)得

$$N_L \sum_{i=1}^{k} \frac{\alpha_i}{N_i} = 1 \tag{6-74}$$

又设 N_i代表最大应力 S_i 作用下的破坏循环次数，则根据材料疲劳曲线 S-N 函数关系，有

$$\frac{N_1}{N_i} = \left(\frac{S_i}{S_1}\right)^m \tag{6-75}$$

代入式(6-74)，得估计疲劳寿命的计算式：

$$N_L = \frac{1}{\sum_{i=1}^{k} \frac{\alpha_i}{N_i}} = \frac{N_1}{\sum_{i=1}^{k} \alpha_i \left(\frac{S_i}{S_1}\right)^m} \tag{6-76}$$

通过式(6-76)，便可求出在一定应力作用下零件的疲劳寿命。

6.4.4 承受多级变应力作用的零件在给定寿命时的可靠度

设某零件承受图 6-16 所示的三级等幅变应力(S_a为应力幅，S_m为平均应力)的作用。其相应的工作循环次数为 n_1，n_2，n_3。若疲劳寿命的分布形式为对数正态分布，以 $\mu_{N'1}$，$\mu_{N'2}$，$\mu_{N'3}$分别表示三种应力水平(S_{a1}，S_{m1})，(S_{a2}，S_{m2})，(S_{a2}，S_{m2})对应的对数寿命均值，以 $\sigma_{N'1}$，$\sigma_{N'2}$，$\sigma_{N'3}$表示其对应的对数寿命标准差，就可通过标准正态变量 Z_1，Z_2，Z_3 的逐级换算，得出 $n=n_1+n_2+n_3$时的零件可靠度。其具体分析及计算步骤如下：

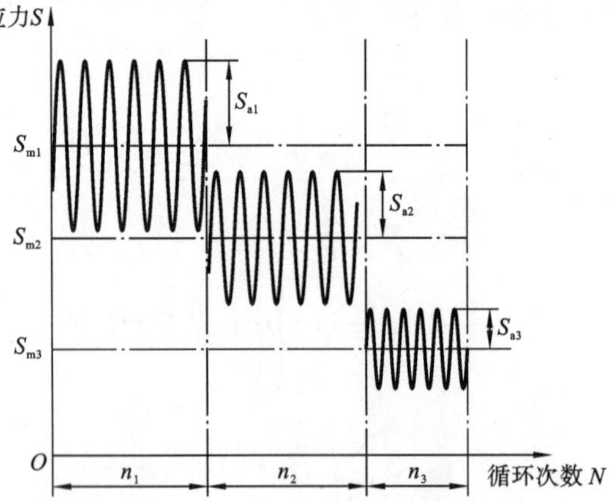

图 6-16 多级等幅变应力谱

(1) 计算 Z_1：

$$Z_1 = \frac{\ln n_1 - \mu_{N'_1}}{\sigma_{N'_1}}$$

(2) 计算第 1 级折合到第 2 级的当量工作循环次数 n_{1e}：

$$n_{1e} = \ln^{-1}(Z_1 \sigma_{N'_2} + \mu_{N'_2})$$

(3) 计算 Z_2：

$$Z_2=\frac{\ln(n_{1e}+n_2)-\mu_{N'_2}}{\sigma_{N'_2}}$$

（4）计算第 1,2 级折合到第 3 级的当量工作循环次数 $n_{1,2e}$：

$$n_{1,2e}=\ln^{-1}(Z_2\sigma_{N'_3}+\mu_{N'_3})$$

（5）计算 Z_3：

$$Z_3=\frac{\ln(n_{1,2e}+n_3)-\mu_{N'_3}}{\sigma_{N'_3}}$$

（6）计算可靠度 R：

$$R=\int_{Z_3}^{\infty}f(Z)\mathrm{d}Z=1-\int_{\infty}^{Z_3}f(Z)\mathrm{d}Z=1-\phi(Z_3)$$

按所求得的 Z_3 值，经查正态分布表，可得 $\phi(Z_3)$ 值，进而可以求得零件的可靠度 R 值。

上述方法还可以推广应用于求任意多级等幅变应力或不稳定变应力作用下零件的可靠度。

例 6-7　某转轴受三级等幅变应力 $S_{a1}=690$ MPa，$S_{a2}=550$ MPa，$S_{a3}=480$ MPa 的作用（S_{m1}，S_{m2}，S_{m3} 均为零），三级应力下的工作循环次数分别为 $n_1=3500$ 次，$n_2=6000$ 次，$n_3=10000$ 次。已知该轴的疲劳试验数据如表 6-2 所列，试求该轴在这三级变应力作用下总工作循环次数达 $n=3500+6000+10000=19500$ 时的可靠度。

表 6-2　转轴疲劳破坏循环次数的分布参数

级别 i	应力 S_i/MPa	疲劳破坏循环次数按对数正态分布的特性值	
		对数寿命均值 $\mu_{N'i}$	对数寿命标准差 $\sigma_{N'i}$
1	690	9.390	0.200
2	550	10.640	0.205
3	480	11.390	0.210

解　根据表 6-2 所列数据，按下列步骤计算。

（1）计算 Z_1：

$$Z_1=\frac{\ln n_1-\mu_{N'_1}}{\sigma_{N'_1}}=\frac{\ln(3500)-9.390}{0.200}=-6.1474$$

（2）计算 n_{1e}：

$$n_{1e}=\ln^{-1}(Z_1\sigma_{N'_2}+\mu_{N'_2})=\ln^{-1}[(-6.1474)\times0.205+10.640]=11846$$

（3）计算 Z_2：

$$Z_2=\frac{\ln(n_{1e}+n_2)-\mu_{N'_2}}{\sigma_{N'_2}}=\frac{\ln(11846+6000)-10.640}{0.205}=-4.1486$$

（4）计算 $n_{1,2e}$：

$$n_{1,2e}=\ln^{-1}(Z_2\sigma_{N'_3}+\mu_{N'_3})=\ln^{-1}[(-4.1486)\times0.210+11.390]=37000$$

（5）计算 Z_3：

$$Z_3=\frac{\ln(n_{1,2e}+n_3)-\mu_{N'_3}}{\sigma_{N'_3}}=\frac{\ln(37000+10000)-11.390}{0.210}=-3.010$$

（6）计算 R：

$$R=\int_{-3.010}^{\infty}f(Z)\mathrm{d}Z=1-\phi(-3.010)=0.9987$$

6.5 系统可靠性设计

“系统可靠性”这一术语在可靠性工程中是经常遇到的。对系统进行可靠性分析，在整个可靠性理论与实践中占有很重要的地位。随着科学技术的发展，系统的复杂程度越来越高，而系统越复杂，其发生故障的可能性就越大，这就迫使人们必须提高组成系统的零部件的可靠度。假如组成系统的零部件的可靠度都为 99.9%，那么，由 40 个零部件组成的串联系统，其可靠度约为 96%，而由 400 个零部件组成的串联系统，其可靠度约为 67%。

系统是由某些彼此相互协调工作的零件、子系统组成，以完成某一特定功能的综合体。组成系统相对独立的机件通称为单元。系统与单元的含义均为相对的概念，由研究对象而定。例如：将汽车作为一个系统时，则其发动机、离合器、变速箱、传动轴、车身、转向装置、制动装置等，都是作为汽车这一系统的单元而存在的；将驱动桥作为一个系统进行研究时，则主减速器、差速器、驱动车轮的传动装置及桥壳就是它的组成单元。系统的单元可以是子系统、机器、总成、部件或零件等。系统的可靠性不仅与组成该系统各单元的可靠性有关，而且也与组成该系统的各单元间的组合方式和相互匹配有关。

机械系统可靠性是指由若干个机械零件组成并相互有机地组合起来，为完成某一特定功能的综合体，故该机械系统的可靠度取决于以下两个因素：

(1) 机械零部件本身的可靠度，即组成系统的各个零部件完成所需功能的能力。

(2) 机械零部件组合成系统的组合方式，即组成系统的各个零件之间的联系形式。

机械系统可靠性设计的目的，就是要在使机械系统满足规定的可靠性指标、完成预定功能的前提下，使该系统的技术性能、质量指标、制造成本及使用寿命等取得协调并达到最优化的结果，或者在性能、质量、成本、寿命和其他要求的约束下，设计出高可靠性机械系统。机械系统可靠性分析的基本问题：

(1) 机械系统可靠性的预测问题，在已知系统中各零件的可靠度时，如何得到系统的可靠度的问题。按照已知零部件或各单元的可靠性数据，计算系统的可靠性指标，称为可靠性预测。通过对系统的几种机构模型的计算、比较，得到满意的系统设计方案和可靠性指标。

(2) 机械系统可靠性的分配问题，在已知对系统的可靠性要求(即可靠性指标)时，如何安排系统中各零件的可靠度的问题。按照已经给定的系统可靠性指标，对组成系统的单元进行可靠性分配，并对多种设计方案进行比较、选优。

6.5.1 系统的可靠性预测

可靠性预测是一种预报新产品可靠性水平的方法，是在设计阶段进行的定量地估计未来产品可靠性的方法。可靠性预测的具体做法是根据以往积累的可靠性数据资料，以及产品的零部件、机能、工作条件及其相互关系，运用可靠性理论，计算出新产品的可靠性指标。系统的可靠性是根据组成系统的元件、部件的可靠性来估计的，是一个自下而上、从局部到整体、由小到大的一种系统综合过程。

可靠性预测的目的在于发现薄弱环节、提出改进措施、进行方案比较，以选择最佳方案。可靠性预测的数据也可作为可靠性分配的依据。可靠性预测的具体目的如下：

（1）了解方案设计是否与技术要求的可靠性指标相符合，这种符合的可能性有多大。

（2）便于进行失效判断。在所设计的产品的试验和实际运行数据中，如发现可靠度达不到预计值或可靠度下降，便可根据失效率异常的情况来查找产品中的某一特定部位是否发生了失效。

（3）在设计的最初阶段，找出薄弱环节，并采取改进措施。

（4）得出可靠性预测数据，作为可靠性分配的依据，以便在制定可靠性指标时，找到可能实现的合理值。

（5）正确选择零部件。

（6）便于综合考虑可靠性指标和性能参数。

（7）为可靠性增长试验、验证试验及费用核算等方面的研究提供依据。

对于某些无法进行整机可靠性试验的产品，可采用把各部件的试验数据综合起来以计算整机可靠度的办法，即根据零部件的可靠度来预计全系统的可靠度。

可靠性预测一般遵循的程序如下：

（1）对被预计的系统做出明确定义。

（2）确定分系统。

（3）找出影响系统可靠度的主要零件。

（4）确定各分系统中所用的零部件的失效率。

（5）计算分系统的失效率。

（6）确定用以修正各分系统失效率的修正系数。

（7）计算系统失效率的基本数值。

（8）确定出用以对系统失效率的基本数值进行修正的修正系数。

（9）计算系统的失效率。

（10）预计系统的可靠度。

在可靠性工程中，常用结构图表示系统中各零件的结构装配关系，用逻辑图表示系统中各零件间的功能关系。系统逻辑图包含一系列方框，每个方框代表系统的一个零件，方框之间用短线连接起来，表示系统各零件功能之间的关系。系统逻辑图也称为可靠性框图。

下面分别讨论系统可靠性的预测方法。

1. 串联系统的可靠性预测

图 6-17 所示为具有 n 个单元的串联系统的可靠性框图。

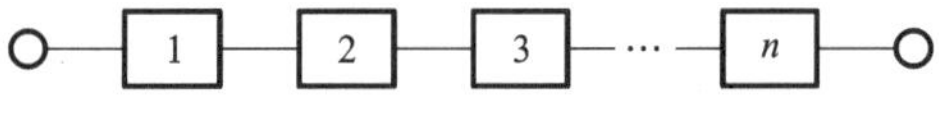

图 6-17　具有 n 个单元的串联系统的可靠性框图

设系统正常工作时间（寿命）这一随机变量为 T，组成该系统的第 i 个单元的正常工作时间 T_i 也为随机变量。在串联系统中，要使系统能正常运行，要求每一单元的正常工作时间都大于系统正常工作时间 t。假设各单元的失效时间之间相互独立，则可以求出系统的可靠度。

设第 i 个部件的寿命为 t_i，可靠度为

$$R_i = P\{t_i > t\} \quad (i=1,2,\cdots,n) \tag{6-77}$$

假定随机变量 $t_1, t_2, \cdots, t_n$ 相互独立，若初始时刻（$t=0$）所有部件都是新的，且同时工作，

显然串联系统的寿命为

$$T=\min\{t_1,t_2,\cdots,t_n\} \tag{6-78}$$

系统可靠度为

$$\begin{aligned} R_S(t) &= P(T>t) = P\{\min(t_1,t_2,\cdots,t_n)>t\} \\ &= P\{t_1>t,t_2>t,\cdots,t_n>t\} = \prod_{i=1}^{n} P\{t_i>t\} \\ &= R_1(t)R_2(t)\cdots R_n(t) = \prod_{i=1}^{n} R_i(t) \end{aligned} \tag{6-79}$$

显然，$R_S \leqslant \min\limits_{i=1\sim n}\{R_i\}$，且当 n 增大时 R_S 变小。

另有观点认为，串联系统应是一种链式系统，即系统的可靠度取决于其中最弱环节的可靠度，因此有

$$R_S-\min_{i=1\sim n}\{R_i\} \tag{6-80}$$

系统故障概率为

$$\begin{aligned} F_S(t) &= P\{T\leqslant t\} = 1-P\{\min t_i>t\} = 1-P\{t_1>t,t_2>t,\cdots,t_n>t\} \\ &= 1-\prod_{i=1}^{n}R_i(t) = 1-\prod_{i=1}^{n}[1-F_i(t)] \end{aligned} \tag{6-81}$$

设各单元的失效率分别为 $\lambda_1(t),\lambda_2(t),\cdots,\lambda_n(t)$，则其可靠度为

$$\begin{cases} R_1(t) = \exp\left[-\int_0^t \lambda_1(t)\mathrm{d}t\right] \\ R_2(t) = \exp\left[-\int_0^t \lambda_2(t)\mathrm{d}t\right] \\ \vdots \\ R_3(t) = \exp\left[-\int_0^t \lambda_3(t)\mathrm{d}t\right] \end{cases} \tag{6-82}$$

$$R_S(t) = \exp\left\{-\int_0^t [\lambda_1(t)+\lambda_2(t)+\cdots+\lambda_n(t)]\mathrm{d}t\right\} = \exp\left[-\int_0^t \lambda_S(t)\mathrm{d}t\right] \tag{6-83}$$

$$\lambda_S(t) = \lambda_1(t)+\lambda_2(t)+\cdots+\lambda_n(t) = \sum_{i=1}^{n}\lambda_i(t) \tag{6-84}$$

式(6-84)表明：串联系统的失效率是各单元失效率之和。

例 6-8 已知某串联系统由三个服从指数分布的单元组成，三个单元的失效率分别为 $\lambda_1=0.0003\ \mathrm{h}^{-1}$，$\lambda_2=0.0001\ \mathrm{h}^{-1}$，$\lambda_3=0.0002\ \mathrm{h}^{-1}$，工作时间 $t=1000$ h。试求系统的可靠度、失效率和平均寿命。

解 三个单元的可靠度为

$$\begin{cases} R_1=\exp(-\lambda_1 t)=\exp(-0.0003t) \\ R_2=\exp(-\lambda_2 t)=\exp(-0.0001t) \\ R_3=\exp(-\lambda_3 t)=\exp(-0.0002t) \end{cases}$$

则

$$R_S = R_1R_2R_3 = \exp\left(-\sum_{i=1}^{3}\lambda_i t\right) = \exp[-(0.0003+0.0001+0.0002)\times 1000] = 0.5488$$

$$\lambda_S = \sum_{i=1}^{3}\lambda_i = (0.0003+0.0001+0.0002)\ \mathrm{h}^{-1} = 0.0006\ \mathrm{h}^{-1}$$

$$T_S = \frac{1}{\lambda_S} = \frac{1}{0.0006}\ \text{h} = 1666.67\ \text{h}$$

关于串联系统的可靠度,有以下两点要说明:

(1) 在实际工程系统中,有些串联系统的可靠度取决于系统中的“最弱环节”,该环节如果能承受最大载荷或最危险环境应力,那么这个系统就被认为是可靠的,系统可靠度为 $R=\text{Min}(R_i)$。

(2) 通常在研究系统时,如果能满足组成系统的零部件数目较多、系统已经过充分调整、定期更换有效寿命已知的耗损性零件这三个条件,那么便可近似地认为系统的失效率 $\lambda=$常数。

串联系统特点:串联系统的可靠度低于该系统的每个单元的可靠度,且随着串联数目的增加而迅速下降;串联系统的故障率大于每个单元的故障率;若串联系统的各个单元皆服从指数分布,则该系统寿命也服从指数分布。

在串联系统设计中,为提高系统的可靠度,可从三个方面来考虑:尽可能减少串联单元数目;提高单元可靠度,降低其故障率;采用等可靠度单元,这样组成的系统具有较好的效益。

2. 并联系统的可靠性预测

若一个系统的单元中只要有一个单元正常工作,该系统就能正常工作,只有全部单元均失效时系统才会失效,则这种系统称为并联系统。具有 n 个单元的并联系统可靠性框图如图 6-18 所示。

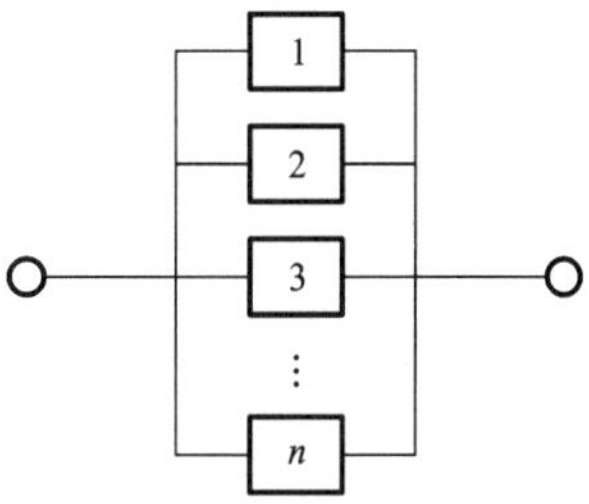

图 6-18　具有 n 个单元的并联系统可靠性框图

设第 i 个部件的寿命为 t_i,可靠度为 $R_i=P\{t_i>t\}(i=1,2,\cdots,n)$,$F_i(t)$ 和 $R_i(t)$ 分别表示部件 i 的失效概率和可靠度。假定随机变量 $t_1,t_2,\cdots,t_n$ 相互独立,则并联系统的寿命为

$$T_S = \max\{t_1,t_2,\cdots,t_n\} \tag{6-85}$$

系统失效概率为

$$\begin{aligned} F_S(t) &= P\{T_S \leqslant t\} = P\{\max\{t_1,t_n,\cdots t_n\} \leqslant t\} = P\{t_1 \leqslant t, t_2 \leqslant t, \cdots, t_n \leqslant t\} \\ &= P(t_1 \leqslant t)P(t_2 \leqslant t)\cdots P(t_n \leqslant t) = F_1(t)F_2(t)\cdots F_n(t) = \prod_{i=1}^{n} F_i(t) \end{aligned} \tag{6-86}$$

系统失效概率密度函数为

$$f_S(t) = \frac{\mathrm{d}F_S(t)}{\mathrm{d}t} = \sum_{i=1}^{n} f_i(t) \prod_{j\neq i}^{n} F_j(t) \tag{6-87}$$

由于 $0\leqslant F(t)\leqslant 1$,易知 $F(t)\leqslant F_i(t)$。

系统可靠度为

$$\begin{aligned} R_S(t) &= P\{T_S > t\} = P\{\max(x_1,x_2,\cdots,x_n) > t\} \\ &= 1 - p\{\max(x_1,x_2,\cdots,x_n) \leqslant t\} \\ &= 1 - p\{x_1 \leqslant t, x_2 \leqslant t, \cdots, x_n \leqslant t\} \\ &= 1 - \prod_{i=1}^{n} [1 - R_i(t)] \end{aligned} \tag{6-88}$$

式中:P 为单个单元的失效概率。

并联系统可靠度 R_S 总是大于系统中任何一个单元的可靠度,且并联单元数越多,系统的可靠度越大。

当部件的寿命服从参数为 λ_i 的指数分布，即 $R_i(t)=e^{-\lambda_i t}(i=1,2,\cdots,n)$ 时，系统的可靠度为

$$R_S(t)=\sum_{i=1}^{n}e^{-\lambda_i t}-\sum_{1\leqslant i<j\leqslant n}e^{-(\lambda_i+\lambda_j)t}+\sum_{1\leqslant i<j<k\leqslant n}[e^{-(\lambda_i+\lambda_j+\lambda_k)t}+\cdots+(-1)^{n-1}e^{-(\sum_{i=1}^{n}\lambda_i)t}] \tag{6-89}$$

系统的平均寿命为

$$\begin{aligned}\theta_S&=\int_0^{\infty}R_S(t)\mathrm{d}t=\int_0^{\infty}1-\prod_{i=1}^{n}(1-R_i(t))\mathrm{d}t\\&=\sum_{i=1}^{n}\frac{1}{\lambda_i}-\sum_{1\leqslant i<j\leqslant n}\frac{1}{\lambda_i+\lambda_j}+\cdots+(-1)^{n-1}\frac{1}{\lambda_1+\lambda_2+\cdots+\lambda_n}\end{aligned} \tag{6-90}$$

特别是当 $n=2$ 且两个单元失效率不等时，若 $\lambda_S(t)=-\frac{1}{R_S(t)}\cdot\frac{\mathrm{d}R_S(t)}{\mathrm{d}t}$，可以得出：

$$R_S(t)=e^{-\lambda_1 t}+e^{-\lambda_2 t}-e^{-(\lambda_1+\lambda_2)t}$$

$$\theta_S=\frac{1}{\lambda_1}+\frac{1}{\lambda_2}-\frac{1}{\lambda_1+\lambda_2}$$

$$\lambda_S=\frac{\lambda_1 e^{-\lambda_1 t}+\lambda_2 e^{-\lambda_2 t}-(\lambda_1+\lambda_2)e^{-(\lambda_1+\lambda_2)t}}{e^{-\lambda_1 t}+e^{-\lambda_2 t}-e^{-(\lambda_1+\lambda_2)t}}$$

在机械系统中，实际上应用较多的是 $n=2$ 且可靠度相等的情况，此时

$$R_S=1-(1-R)^2=R(2-R) \tag{6-91}$$

如果单元的可靠度函数为指数函数（正常工作期或偶然失效期），即 $R(t)=e^{-\lambda t}$，则

$$R_S=2e^{-\lambda t}-e^{-2\lambda t}=e^{-\lambda t}(2-e^{-\lambda t})$$

系统失效率为

$$\lambda_S(t)=-\frac{1}{R_S(t)}\cdot\frac{\mathrm{d}R_S(t)}{\mathrm{d}t}=2\lambda\cdot\frac{1-e^{-\lambda t}}{2-e^{-\lambda t}} \tag{6-92}$$

并联系统工作寿命用 MTBF（即平均无故障工作时间）表示，有

$$\mathrm{MTBF}=\theta=\int_0^{\infty}R_S(t)\mathrm{d}t=\int_0^{\infty}\left[1-\prod_{i=1}^{n}(1-R_i(t))\right]\mathrm{d}t \tag{6-93}$$

当 $n=2$ 且两个单元的失效率相等时

$$\theta_S=\int_0^{\infty}R_S(t)\mathrm{d}t=\int_0^{\infty}(2e^{-\lambda t}-e^{-2\lambda t})\mathrm{d}t=1.5\cdot\frac{1}{\lambda}=1.5\theta \tag{6-94}$$

当 $n=2$ 且两个单元的失效率不相等时

$$\begin{aligned}\theta_S&=\int_0^{\infty}R_S(t)\mathrm{d}t=\int_0^{\infty}1-[(1-R_1(t))(1-R_2(t))]\mathrm{d}t\\&=\int_0^{\infty}1-[(1-e^{-\lambda_1 t})(1-e^{-\lambda_2 t})]\mathrm{d}t\\&=\frac{1}{\lambda_1}+\frac{1}{\lambda_2}-\frac{1}{\lambda_1+\lambda_2}\end{aligned} \tag{6-95}$$

例 6-9 已知某并联系统由两个服从指数分布的单元组成，两个单元的失效率分别为 $\lambda_1=0.0002\ \mathrm{h}^{-1}$，$\lambda_2=0.0003\ \mathrm{h}^{-1}$，工作时间 $t=800\ \mathrm{h}$，试求系统的可靠度、失效率和平均寿命。

解 两个单元的可靠度为

$$\begin{cases}R_1=e^{-\lambda_1 t}=e^{-0.0002t}\\R_2=e^{-\lambda_2 t}=e^{-0.0003t}\end{cases}$$

$t=800$ h 时系统的可靠度为

$$R_S(800)=1-\prod_{i=1}^{2}[1-R_i(t)]=R_1+R_2-R_1R_2$$
$$=e^{-0.0002\times 800}+e^{-0.0003\times 800}-e^{-0.0002\times 800}e^{-0.0003\times 800}$$
$$=0.9685$$

$t=800$ h 时系统的失效率为

$$\lambda_S=\frac{f_S(t)}{R_S(t)}=-\frac{1}{R_S(t)}\frac{dR_S(t)}{dt}=\frac{\lambda_1 e^{-\lambda_1 t}+\lambda_2 e^{-\lambda_2 t}-(\lambda_1+\lambda_2)e^{-(\lambda_1+\lambda_2)t}}{e^{-\lambda_1 t}+e^{-\lambda_2 t}-e^{-(\lambda_1+\lambda_2)t}}$$
$$=\frac{0.0002e^{-0.0002\times 800}+0.0003e^{-0.0003\times 800}-(0.0002+0.0003)e^{-(0.0002+0.0003)\times 800}}{e^{-0.0002\times 800}+e^{-0.0003\times 800}-e^{-(0.0002+0.0003)\times 800}}$$
$$=7.3578\times 10^{-5}\ \mathrm{h}^{-1}$$

系统的平均寿命为

$$T_S=\int_0^{\infty}R(t)dt=\int_0^{\infty}R_S dt=\int_0^{\infty}(e^{-\lambda_1 t}+e^{-\lambda_2 t}-e^{-(\lambda_1+\lambda_2)t})dt=\frac{1}{\lambda_1}+\frac{1}{\lambda_2}-\frac{1}{\lambda_1+\lambda_2}$$
$$=\left(\frac{1}{0.0002}+\frac{1}{0.0003}-\frac{1}{0.00021+0.0003}\right)\mathrm{h}=6333.33\ \mathrm{h}$$

并联系统的特点：系统的失效概率低于各单元的失效概率；系统的平均寿命高于各单元的平均寿命；系统的可靠度大于单元可靠度的最大值；若系统的各单元服从指数分布，则该系统不服从指数分布；随着单元数的增加，系统的可靠度增大，系统的平均寿命也随之增加，但随着单元数目的增加，新增加单元对系统可靠性及寿命提高的贡献变得越来越小。

当串联系统的可靠性不能满足设计要求时，可以采用备份元件或备份系统来提高可靠性水平。该方法将增加系统的体积、质量、成本和复杂性，一般只在较重要的系统中才采用。

3. 串并联系统的可靠性预测

串并联系统是把若干个串联系统或并联系统重复地加以串联或并联，所得到的更复杂的可靠性结构模型。可通过将该系统转化为等效串联系统来计算该系统的可靠度。

(1) 串-并联系统：由一部分单元先串联组成一个子系统，再由这些子系统组成一个并联系统，如图 6-19 所示。该系统的可靠度为

$$R(t)=1-\prod_{i=1}^{n}\left[1-\prod_{j=1}^{m_i}R_{ij}(t)\right] \tag{6-96}$$

(2) 并-串联系统：由一部分单元先并联组成一个子系统，再由这些子系统组成一个串联系统，如图 6-20 所示。该系统的可靠度为

$$R(t)=\prod_{j=1}^{n}\left\{1-\prod_{i=1}^{m_i}[1-R_{ij}(t)]\right\} \tag{6-97}$$

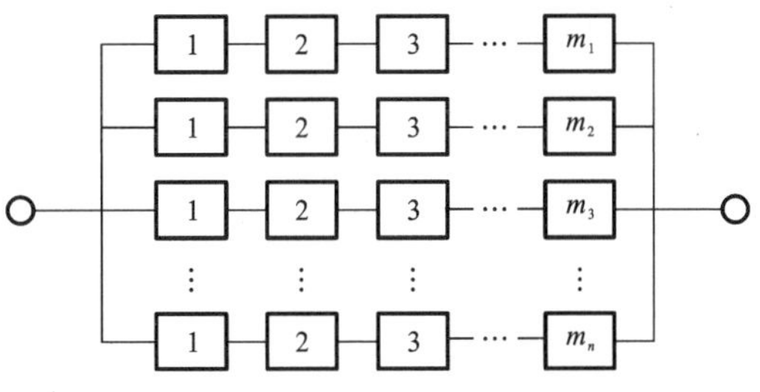

图 6-19　串-并联系统的可靠性框图

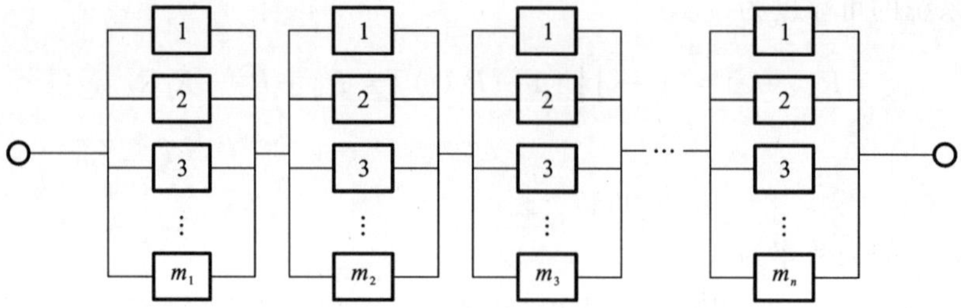

图 6-20　并-串联系统的可靠性框图

例 6-10　如果在 $m=n=5$ 的串-并联系统与并-串联系统中，单元可靠度 $R(t)$ 均为 0.75，试分析求出这两个系统的可靠度。

解　对于串-并联系统：

$$R(t)=1-\prod_{i=1}^{n}\left[1-\prod_{j=1}^{m_i}R_{ij}(t)\right]=1-[1-(0.75)^5]^5=0.74192$$

对于并-串联系统：

$$R(t)=\prod_{j=1}^{n}\left\{1-\prod_{i=1}^{m_i}[1-R_{ij}(t)]\right\}=[1-(1-0.75)^5]^5=0.99513$$

例 6-11　如图 6-21 所示为行星齿轮机构可靠性框图。如果太阳轮 a，行星轮 g_1，g_2，g_3 及齿圈 b 的可靠度分别为 $R_a=0.995$，$R_{g1}=R_{g2}=R_{g3}=R_g=0.999$ 和 $R_b=0.990$，求行星齿轮机构的可靠度 R_S。设任一齿轮的失效是独立事件。

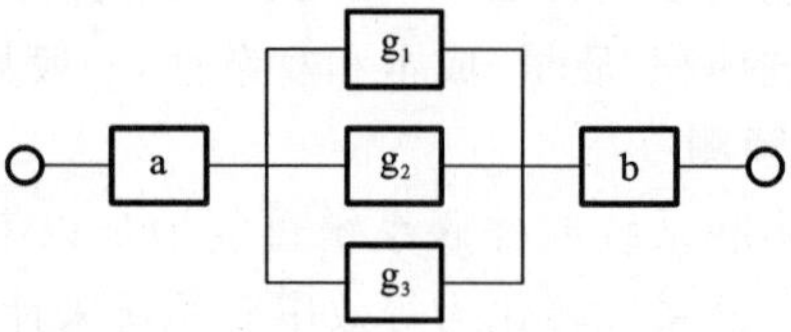

图 6-21　行星齿轮机构可靠性框图

解　由该行星齿轮机构的可靠性框图可得

$$R_S=R_aR_b[1-(1-R_g)^3]=0.995\times0.990\times[1-(1-0.999)^3]=0.985$$

4. 储备系统的可靠性预测

在储备系统中，各单元并联且只有一个单元工作，其他单元不工作，作为储备单元。当工作单元失效时，储备单元中的一个单元立即顶替上，将失效单元换下，使系统工作不致中断。图 6-22 所示为储备系统可靠性框图。

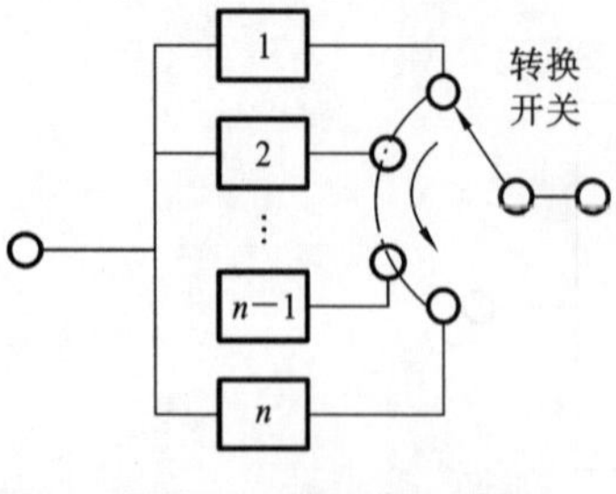

图 6-22　储备系统可靠性

若每个单元的失效率 $\lambda_1(t)=\lambda_2(t)=\cdots=\lambda_n(t)=\lambda$，即元件的寿命服从指数分布，则各单元的平均寿命为 $1/\lambda$，整个系统的平均寿命为 n/λ。

按平均寿命与可靠度的关系，系统的可靠度按下列泊松分布的部分和来计算：

$$R_S(t)=e^{-\lambda t}\left[1+\lambda t+\frac{(\lambda t)^2}{2!}+\frac{(\lambda t)^3}{3!}+\cdots+\frac{(\lambda t)^n}{n!}\right] \tag{6-98}$$

当 $n=2$ 时，有

$$R_S(t)=e^{-\lambda t}(1+\lambda t) \tag{6-99}$$

$$\lambda_S(t)=-\frac{1}{R_S}\cdot\frac{dR_S}{dt}=-\frac{\lambda^2 t}{1+\lambda t} \tag{6-100}$$

储备系统的平均寿命为

$$T_S=\int_0^{\infty}R_S(t)\,dt=\int_0^{\infty}e^{-\lambda t}\,dt+\int_0^{\infty}\lambda t\,e^{-\lambda t}\,dt=\frac{2}{\lambda}=2\theta \tag{6-101}$$

当开关非常可靠时，储备系统的平均寿命比并联系统的要高。

6.5.2　系统可靠性分配

可靠性分配是先将工程设计规定的系统可靠性指标按一定的原则合理地分配给各个分系统，然后把各个分系统的可靠性指标分配给下一级的单元，一直分配到零件级，确定系统各组成单元的可靠性定量要求，从而保证整个系统的可靠性指标。

1. 等分配法

等分配法又称平均分配法，是对系统中的全部单元分配以相等的可靠度的方法。

1）串联系统可靠性分配

当系统中 n 个单元具有近似的复杂程度、重要性以及制造成本时，则可用等分配法分配系统各单元的可靠度。所以，将各单元串联起来工作时，若系统的可靠度为 R_S，各单元应该分配的可靠度为 R_i，则有

$$R_S=\prod_{i=1}^{n}R_i=R_i^n \tag{6-102}$$

$$R_i=(R_S)^{1/n}\quad(i=1,\ 2,\ \cdots,\ n) \tag{6-103}$$

2）串联系统可靠性分配

当系统的可靠性指标要求很高（例如 $R_S>0.99$）而选用已有的单元不能满足要求时，则可选用具有 n 个相同单元的并联系统。系统的可靠度及各单元应该分配的可靠度分别为

$$R_S=1-(1-R_i)^n \tag{6-104}$$

$$R_i=1-(1-R_S)^{1/n}\quad(n=1,2,\cdots,n) \tag{6-105}$$

2. 再分配法

在串联系统中，可靠度越低的单元越容易改进。基本思想：把原来可靠度较低的单元的可靠度全部提高到某个值，而原来较高可靠度的单元的可靠度则保持不变。

如果已知串联系统（或串并联系统的等效串联系统）各单元的可靠度预测值为 $\hat{R}_1,\hat{R}_2,\cdots,\hat{R}_n$，则系统的可靠度预测值为

$$\hat{R}_S=\prod_{i=1}^{n}\hat{R}_i\quad(i=1,2,\cdots,n)$$

若设计规定的系统可靠度 $R_S>\hat{R}_S$，表示预测值不能满足要求，需要做再分配计算。提高低可靠性指标单元的可靠度效果要好且更容易实现，因此，可提高低可靠度并按等分配法则进行再分配。其再分配的步骤为：

（1）先给各单元分配可靠度，并保证

$$\hat{R}_1<\hat{R}_2<\cdots<\hat{R}_m<\hat{R}_{m+1}<\cdots<\hat{R}_n; \tag{6-107}$$

（2）寻找 R_0；

（3）找出满足下式的 m 值：

$$\hat{R}_m < R_0 = \left[\frac{R_S}{\prod_{i=m+1}^{n} \hat{R}_i}\right]^{1/m} < \hat{R}_{m+1}; \tag{6-108}$$

(4) 按照下式进行单元可靠性再分配：

$$\begin{cases} R_1 = R_2 = \cdots = R_m = \left[\dfrac{R_S}{\prod_{i=m+1}^{n} \hat{R}_i}\right]^{\frac{1}{m}} \\ R_{m+1} = \hat{R}_{m+1}, R_{m+2} = \hat{R}_{m+2}, \cdots, R_n = \hat{R}_n \end{cases} \tag{6-109}$$

例 6-12 设串联系统四个单元的可靠度预测值由小到大排列为 $\hat{R}_1 = 0.9507$，$\hat{R}_2 = 0.9570$，$\hat{R}_3 = 0.9856$，$\hat{R}_4 = 0.9998$。若设计规定串联系统的可靠度 $R_S = 0.9560$，试进行可靠性分配。

解 根据题意可知原系统的可靠度预测值为 $R_S = R_1 \cdot R_2 \cdot R_3 \cdot R_4 = 0.8066$，不能满足设计规定的系统可靠度要求，因此需提高单元的可靠度，并进行可靠性再分配。

设 $m=1$，则

$$R_0 = \left[\frac{R_S}{\hat{R}_2\hat{R}_3\hat{R}_4}\right]^{1/1} = \left(\frac{0.9560}{0.9570 \times 0.9856 \times 0.9998}\right)^1 = 1.0138 > \hat{R}_2$$

设 $m=2$，则

$$R_0 = \left[\frac{R_S}{\hat{R}_3\hat{R}_4}\right]^{1/2} = \left(\frac{0.9560}{0.9856 \times 0.9998}\right)^{1/2} = 0.9850$$

$$\hat{R}_2 < R_0 < \hat{R}_3 = 0.9856$$

分配结果：

$$R_1 = R_2 = 0.9850, \quad R_3 = \hat{R}_3 = 0.9856, \quad R_4 = \hat{R}_4 = 0.9998$$

3. 相对失效率法与相对失效概率法

相对失效率/概率法根据使系统中各单元的容许失效率/概率正比于该单元的预计失效率/概率的原则来分配系统中各单元的可靠度。该方法适用于失效率/概率为常数的串联系统。对于串联系统，其可靠性分配的具体方法和步骤如下。

(1) 计算各单元的相对失效率和相对失效概率。

各单元相对失效率的计算式为

$$\omega_i = \frac{\lambda_i}{\sum_{i=1}^{n} \lambda_i} \quad (i = 1,2,\cdots,n) \quad \left(\sum_{i=1}^{n} \omega_i = 1\right) \tag{6-109}$$

各单元相对失效概率的计算式为

$$\omega'_i = \frac{P_i}{\sum_{i=1}^{n} P_i} \quad (i = 1,2,\cdots,n) \quad \left(\sum_{i=1}^{n} \omega'_i = 1\right) \tag{6-110}$$

(2) 计算系统容许失效率和容许失效概率(设计指标)。

系统容许失效率的计算式为

$$R_{Sd} = \exp\left(-\int_0^t \lambda_{Sd}\,dt\right)$$

得

$$\lambda_{Sd} = \frac{-\ln R_{Sd}}{t} \tag{6-111}$$

系统容许失效概率的计算式为

$$P_{\mathrm{Sd}}=1-R_{\mathrm{Sd}} \tag{6-112}$$

(3) 计算各单元容许失效率和容许失效概率(分配到的指标)。

各单元容许失效率的计算式为

$$\lambda_{i\mathrm{d}}=\omega_i\lambda_{\mathrm{Sd}}=\frac{\lambda_i}{\sum_{i=1}^{n}\lambda_i}\cdot\lambda_{\mathrm{Sd}} \tag{6-113}$$

各单元容许失效概率的计算式为

$$P_{i\mathrm{d}}=\omega'_iP_{\mathrm{Sd}}=\frac{P_i}{\sum_{i=1}^{n}P_i}\cdot P_{\mathrm{Sd}} \tag{6-114}$$

(4) 计算各单元分配到的可靠度,其计算式为

$$R_{i\mathrm{d}}=\exp(-\lambda_{i\mathrm{d}}t) \tag{6-115}$$

$$R_{i\mathrm{d}}=1-P_{i\mathrm{d}} \tag{6-116}$$

例 6-13　一个串联系统由三个单元组成,各单元的预计失效率分别为:$\lambda_1=0.005\ \mathrm{h}^{-1}$,$\lambda_2=0.003\ \mathrm{h}^{-1}$,$\lambda_3=0.002\ \mathrm{h}^{-1}$,要求工作 20 h 时系统可靠度为 $R_{\mathrm{Sd}}=0.980$,应给各单元分配的可靠度分别为多少?

解　可按相对失效率法为各单元分配可靠度。

(1) 预计失效率的确定。

多根据统计数据或现场使用经验给出各单元的预计失效率 λ_i。

系统失效率的预测值为

$$\lambda_{\mathrm{S}}=\sum_{i=1}^{3}\lambda_i=(0.005+0.003+0.002)\ \mathrm{h}^{-1}=0.01\ \mathrm{h}^{-1}$$

(2) 校核系统的可靠度能否满足设计要求:

$$R_{\mathrm{S}}=\mathrm{e}^{-\lambda_{\mathrm{S}}t}=\mathrm{e}^{-0.01\times 20}=\mathrm{e}^{-0.2}=0.8187<R_{\mathrm{Sd}}=0.980$$

因 $R_{\mathrm{S}}<R_{\mathrm{Sd}}$,故需提高单元的可靠度并重新进行可靠性分配。

(3) 计算各单元的相对失效率 ω_i:

$$\omega_1=\frac{\lambda_1}{\lambda_1+\lambda_2+\lambda_3}=\frac{0.005}{0.005+0.003+0.002}=0.5$$

$$\omega_2=\frac{\lambda_2}{\lambda_1+\lambda_2+\lambda_3}=0.3$$

$$\omega_3=\frac{\lambda_3}{\lambda_1+\lambda_2+\lambda_3}=0.2$$

(4) 计算系统的容许失效率 λ_{Sd}:

$$\lambda_{\mathrm{Sd}}=\frac{-\ln R_{\mathrm{Sd}}}{t}=\frac{-\ln 0.980}{20}=\frac{0.0202027}{20}\ \mathrm{h}^{-1}=0.001010\ \mathrm{h}^{-1}$$

(5) 计算各单元的容许失效率 $\lambda_{i\mathrm{d}}$:

$$\lambda_{1\mathrm{d}}=\omega_1\lambda_{\mathrm{Sd}}=0.5\times 0.001010\ \mathrm{h}^{-1}=0.000505\ \mathrm{h}^{-1}$$

$$\lambda_{2\mathrm{d}}=\omega_2\lambda_{\mathrm{Sd}}=0.3\times 0.001010\ \mathrm{h}^{-1}=0.000303\ \mathrm{h}^{-1}$$

$$\lambda_{3\mathrm{d}}=\omega_3\lambda_{\mathrm{Sd}}=0.2\times 0.001010\ \mathrm{h}^{-1}=0.000202\ \mathrm{h}^{-1}$$

(6) 计算各单元分配的可靠度 $R_{i\mathrm{d}}(20)$:

$$R_{1\mathrm{d}}(20)=\exp(-\lambda_{1\mathrm{d}}t)=\exp(-0.000505\times 20)=0.98995$$

$$R_{2\mathrm{d}}(20)=\exp(-\lambda_{2\mathrm{d}}t)=\exp(-0.000303\times 20)=0.99396$$

$$R_{3d}(20)=\exp(-\lambda_{3d}t)=\exp(-0.000202\times 20)=0.99597$$

(7) 检验系统可靠度是否满足要求：

$$R_{Sd}(20)=R_{1d}(20)\cdot R_{2d}(20)\cdot R_{3d}(20)=0.98995\times 0.99396\times 0.99597$$
$$=0.9800053>0.980$$

故系统的可靠度 $R_{Sd}(20)$ 大于给定值 0.980，即满足设计要求。

4. 按复杂度与重要度分配可靠度

零件的重要度 E_i 是指零件的故障会引起系统失效的概率。串联系统复杂度与重要度分配的步骤如下：

(1) 确定各个零件的复杂度 C_i 和重要度 E_i。

(2) 计算各个零件的相对复杂度，计算式为

$$v_i=C_i/\sum_{i=1}^{n}C_i$$

(3) 由已知的系统可靠度 R_{Sa} 计算分配给各零件的可靠度：

$$R_{ia}=1-\frac{1-R_{Sa}^{v_i}}{E_i}$$

对分配结果进行必要的修正，即可以满足要求。

6.6 可靠性工程设计案例

由材料力学知识可知，零件工作时不随时间变化或变化缓慢的应力称为静应力。当应力循环次数小于 10^3 时，循环应力也近似作为静应力处理。静强度不足引起的零部件失效的形式主要是整体断裂或发生过大的塑性变形，前者是应力超过抗拉强度所致，后者是应力超过屈服强度所致。

机械零部件的静强度可靠性设计思路与步骤同常规设计类似，不同之处仅在于可靠性设计把各设计变量，如载荷、材料强度、零件尺寸及其影响因素都视为随机变量，并且这些变量均服从某一分布。

零部件的静强度可靠性设计基本上分为如下三个步骤：

(1) 确定零部件强度的分布参数(μ_r,σ_r)。

(2) 确定零部件工作应力的分布参数(μ_s,σ_s)。

(3) 根据连接方程计算可靠度或确定有关参数。

根据本章介绍的零件强度可靠性计算理论，进行机械零件的设计计算；该理论也可用来对已有机械零件进行强度可靠性验算。下面以某专业机械中的传动齿轮轴的强度计算为例来说明应用机械强度可靠性计算理论及方法解决实际设计问题的步骤。

例 6-14 某专业机械中的传动齿轮轴材料为 40Cr 钢，其经锻制并经调质热处理而成。经载荷计算已求得危险截面上的最大弯矩 $M_{弯(\mathrm{II})}=1500\ \mathrm{kN\cdot cm}$，最大扭矩 $M_{扭(\mathrm{II})}=1350\ \mathrm{kN\cdot cm}$，等效弯矩 $M_{弯(\mathrm{I})}=800\ \mathrm{kN\cdot cm}$，等效扭矩 $M_{扭(\mathrm{I})}=700\ \mathrm{kN\cdot cm}$，试按强度可靠性设计理论确定该轴的直径。

解 (1) 按静强度设计。

① 选定许用可靠度[R]值及强度储备系数 n 值。

按该专业机械的要求，选$[R]=0.99$，$n=1.25$。

② 计算零件发生强度失效的概率 P：

$$P=1-R=1-0.99=0.01$$

③ 由 P 值查标准正态分布表，求 Z_R 值。

当 $P=0.01$ 时，由标准正态分布表可查得 $Z_R=2.32$。

④ 计算材料承载能力的分布参数 μ_c，σ_c：

$$\mu_c=\frac{\varepsilon_1}{\varepsilon_2}\sigma_s,\quad \sigma_c=0.1\mu_c$$

轴材料为 40Cr 钢，经过调质热处理，由材料手册查得相应尺寸的屈服强度 $\sigma_s=539.5$ MPa；对于合金钢零件 $\varepsilon_1=1.0$；轴是锻件，所以 $\varepsilon_2=1.1$。因此得

$$\mu_c=\frac{1.0}{1.1}\times 539.5\ \text{MPa}=490\ \text{MPa},\quad \sigma_c=0.1\times 490\ \text{MPa}=49\ \text{MPa}$$

⑤ 按已求得的 Z_R 值计算 μ_s。

$$Z_R=\frac{\mu_c-n\mu_s}{\sqrt{\sigma_c^2+\sigma_s^2}}=\frac{\mu_c-n\mu_s}{\sqrt{\sigma_c^2+(k\mu_s)^2}}=2.32$$

由式(6-61)确定 k 值，解得

$$\mu_s=291.3\ \text{MPa}$$

⑥ 按已求得的 μ_s 值计算轴的尺寸。

$$\mu_s=\sigma_{\text{II}}=\sqrt{\left(\frac{M_{弯(\text{II})}}{W}\right)^2+4\left(\alpha\frac{M_{扭(\text{II})}}{W_{\text{p}}}\right)^2}=\sqrt{\frac{M_{弯(\text{II})}^2+(\alpha M_{扭(\text{II})}^2)^2}{W}}$$

可得

$$d^3=\frac{\sqrt{M_{弯(\text{II})}^2+(\alpha M_{扭(\text{II})}^2)^2}}{0.1\mu_s}$$

式中：α 是轴计算应力换算系数，用于考虑弯曲与扭转极限应力的差别，以及弯曲与扭转应力循环特性的不同，α 值可查机械工程手册或直接取值。材料为合金钢，故 $\alpha=0.83$，则有

$$d^3=\frac{\sqrt{(15000)^2+(0.83\times 13500)^2}}{0.1\times 291.3\times 10^6}\ \text{m}^3=6.43\times 10^{-4}\ \text{m}^3$$

$$d=0.0863\ \text{m}$$

(2) 按疲劳强度计算。

步骤①，②，③的计算同静强度设计。

④ 计算零件强度的分布参数 μ_c，σ_c：

$$\mu_c=k_2\sigma_{-1(弯)},\quad \sigma_c=0.08\mu_c$$

对钢质零件，可按如下近似关系来计算对循环的弯曲疲劳强度：

$$\sigma_{-1(弯)}=0.43\sigma_{b(拉)}=0.43\times 735.7\ \text{MPa}=316.4\ \text{MPa}$$

式中：$\sigma_{b(拉)}$ 为抗拉强度，由材料手册查得 40Cr 钢，经调质热处理，相应尺寸的 $\sigma_{b(拉)}=735$ MPa。

现已知该轴所受的弯曲应力是对称循环应力($r=-1$)，扭转应力是脉动循环应力($r=0$)。现按第三强度理论，将载荷换算成相当弯矩进行合成应力计算，所以 k_2 值按 $r=-1$ 计算，得 $k_2=1/K$，K 为有效应力集中系数。现已知轴与齿轮采用紧密配合，查设计手册得 $K=2$。所以

$$k_2 = 1/K = 0.5$$

从而可求得零件疲劳强度的分布参数

$$\mu_c = 0.5 \times 316.4\ \text{MPa} = 158.2\ \text{MPa}$$

$$\sigma_c = 0.08 \times 158.2\ \text{MPa} = 12.7\ \text{MPa}$$

⑤ 按已经求得的 Z_R 值计算 μ_s。

$$Z_R = \frac{\mu_c - n\mu_s}{\sqrt{\sigma_c^2 + \sigma_s^2}} = \frac{158.2 - 1.25\mu_s}{\sqrt{12.7^2 + (0.08\mu_s)^2}} = 2.32$$

解得：$\mu_s = 98.8$ MPa。

⑥ 按已经求得 μ_s 的值计算轴的尺寸。

$$\mu_s = \sigma_{\text{I}} = \sqrt{\frac{M_{弯(\text{I})}^2 + (\alpha M_{扭(\text{I})}^2)^2}{W}}$$

所以

$$d^3 = \frac{\sqrt{M_{弯(\text{I})}^2 + (\alpha M_{扭(\text{I})}^2)^2}}{0.1\mu_s} = \frac{\sqrt{(8000)^2 + (0.75 \times 7000)^2}}{0.1 \times 98.8 \times 10^6}\ \text{m}^3 = 9.69 \times 10^{-4}\ \text{m}^3$$

式中，取 $\alpha = 0.75$，所以

$$d = \sqrt[3]{9.69 \times 10^{-4}}\ \text{m} = 0.099\ \text{m}$$

通过上述计算可以看出，该轴应按照疲劳强度设计，轴的危险截面的直径 $d = 10$ cm。

习题与思考题

6-1 何为产品的可靠性？研究可靠性有何意义？

6-2 何为可靠度？如何计算可靠度？

6-3 何为失效率？如何计算？失效率与可靠度有何关系？

6-4 零件失效在不同失效期具有哪些特点？可靠性分布有哪几种常用分布函数？试写出它们的表达式。

6-5 可靠性分布有哪几种常用的分布函数？写出它们的表达式。

6-6 可靠性设计与常规静强度设计有何不同？可靠性设计的出发点是什么？

6-7 为什么按静强度设计法设计为安全的零件，按可靠性分析后会出现不安全的情况？

6-8 已知零件所受应力 $f(s)$ 和零件强度 $f(r)$，如何计算该零件的强度安全可靠度？

6-9 机械系统的可靠性与哪些因素有关？机械系统可靠性设计的目的是什么？

6-10 已知某产品的寿命服从指数分布 $R(t) = e^{-\lambda t}$，求 $r = 0.9$ 时的寿命。

6-11 产品的强度和应力分布均为任意分布时，如何通过编程方法来计算可靠度？试编写程序。

6-12 试写出串联系统、并联系统、串并联系统、储备系统的可靠度计算式。

6-13 简述用布尔真值表法计算系统可靠度的思想。

6-14 某机械零件服从对数正态分布，其对数均值及对数标准差为 $\mu = 15$，$\sigma = 0.3$，求当循环次数 $N = 2 \times 10^6$ 次时的失效概率。

6-15 某产品共 150 个，现做其寿命试验，工作 20 h 时有 50 个失效，再工作 1 h，又有 2

个失效,试求某产品工作到 $t=20$ h 时的失效率。

6-16　已知某发动机零件的应力和强度均服从正态分布,$\mu_s=350$ MPa,$\sigma_s=40$ MPa,$\mu_r=820$ MPa,$\sigma_r=80$ MPa。计算该零件的可靠度。又假设零件的热处理效果不好,使零件强度的标准差增大为 $\sigma_r=150$ MPa,求其零件的可靠度。

6-17　已知某零件的强度和应力均服从对数正态分布,且已知 $\mu_r=150$ MPa,$\mu_s=100$ MPa,$\sigma_s=15$ MPa,试问:强度的最大允许标准差为多大,方能使可靠度不低于 0.999?

6-18　已知某零件的工作应力和强度的分布参数为 $\mu_s=500$ MPa,$\sigma_s=50$ MPa,$\mu_c=600$ MPa,$\sigma_c=60$ MPa,若应力和强度都服从正态分布,试计算该零件的可靠度;若服从对数正态分布,试计算其可靠度。

6-19　试比较各由两个相同元件组成的串联系统、并联系统、储备系统(转换装置及储备元件均完全可靠)的可靠度。假定元件寿命服从指数分布,失效率为 λ,元件可靠度 $R(t)=e^{-\lambda t}=0.9$。

6-20　系统的可靠性与哪些因素有关?系统的可靠性预测的目的是什么?

6-21　由三个子系统组成的串联系统,设每个子系统分配的可靠度相等,系统的可靠性指标为 $R=0.85$,求每个子系统的可靠度。

第7章　机电产品模块化设计

7.1　概　　述

产品模块化方法的发展已经有很长的历史，并且产品模块化又是从不同行业中各自发展起来的，因此，迄今为止对产品模块化的概念、过程和方法还缺少统一的描述。

本章建立了机电产品模块化方法体系结构，充分考虑新产品和已有产品两种不同对象的模块化方法，提出了产品模块化过程和方法，强调了模块化设计对环境友好的作用，并阐述了模块化、系列化和标准化之间的关系。

7.2　新产品模块化设计方法

新产品模块化设计主要采取的是自上而下和自下而上相结合的方法，其中以自上而下的方法为主。自上而下的产品设计的实质是进行产品功能和结构的分解：成套装置→整机→部件→零件。在产品开发中需要考虑的是产品模块如何分解，如何尽可能提高通用模块的比例，尽可能减少专用模块。最终得到一个模块化产品平台，在该平台上可以快速配置出各种个性化产品。其特点是：

① 由易到难，上层的模块功能关系、结构边界清晰，容易进行模块化。

② 通过顶层设计，进行模块化的全面规划。

自下而上的产品设计的实质是模块的选择。在设计各种层次的模块时，要尽可能利用来自其他产品的现成的模块，以减少产品开发成本，缩短研发周期。

7.2.1　市场分析，确定需求

产品开发的目标有两个：首先是确定正确的产品，其次才是正确地开发产品。在产品开发的前期，要进行深入、细致的市场分析，全面、明确地了解客户对产品的功能要求。

在市场分析阶段的主要目标是：完成市场分析报告，明确新产品研发的方向、可行性以及功能需求；完成新产品设计需求任务书，并通过产品市场规划以及设计制造部门的审核。

面向产品模块化的客户需求获取的目的是：确定目前的客户群范围，确定企业产品模块化开发方向以及企业模块化产品定位等关系到企业生存和发展的关键决策，并且通过需求分析，确定今后企业重点应该发展和促进的产品模块化内容。

通过企业对现有客户的调查及分析、对客户未来的潜在需求的调查和预测，以及对客户需求的综合评定和规范化处理，有效获取和理解客户需求，并在设计规范中准确定义产品需求信息，然后综合考虑产品功能、性能、成本、寿命、可靠性等各种因素，并从中分析提炼，获取核心客户群及核心客户需求集，在此基础上，识别并提取客户群的共性需求，为定义产品平台提供基础。

产品模块化设计并不仅仅针对单一的产品，而是基于满足一类客户需求的产品族进行设计。因此首先是通过客户调查分析确定目前企业应该关心的客户群，并设计出相应产品族结构。

图7-1所示为确定需求的过程和方法。

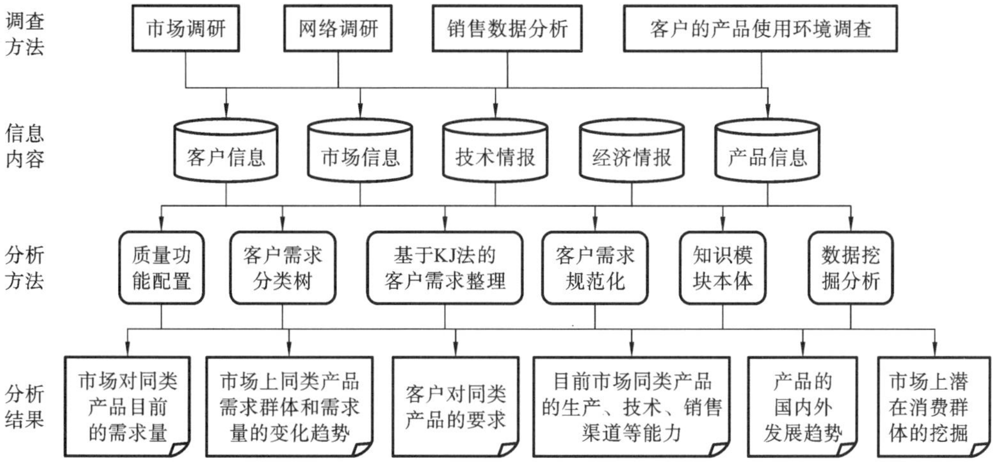

图7-1 确定需求的过程和方法

1. 产品模块化需求的确定

产品模块化设计主要是由客户需求驱动的。确定产品模块化需求的主要方法如下：

(1) 充分掌握客户需求，特别是在功能、性能、参数、造型、价格、交货时间等方面的需求和各种特殊要求，以及近期和远期的市场趋势等关键信息。

(2) 对客户群进行细化，深入了解不同背景的客户的需求。

(3) 评价客户不同需求的关系和重要性。

2. 产品模块化的客户需求信息获取方法

1) 市场调研

这是最常用的方法。除了采用专门的市场调研人员进行市场调研外，还可以组织销售人员在与客户接触过程中进行现场调研。销售人员可以通过电子邮件、短信等方式随时将调研信息发送给企业相关人员。更好的做法是，提倡企业全员参与市场调研。

2) 网络调研

以互联网为代表的网络为企业开展客户需求调研提供了很好的环境，使企业能十分方便地获得大量的客户信息，所需成本低，客户覆盖面大。

利用网络可以发布调查表，由客户填写；可以让客户在网上虚拟体验产品，反馈意见；可以在网上产品销售过程中，跟踪分析客户的点击情况，了解需求等。

有些情况特别适合网络调研，例如窗户的网上协同设计、CD唱片在网上的定制、图书的网上销售。随着信息技术的发展，网络调研的费用也会降低。

3) 销售数据分析

可以利用企业的销售数据，或者购买一些网商的销售数据，进行数据挖掘分析，从中了解客户需求。

在市场营销中可以发现很多机遇，利用这些机遇可以使企业更好地为客户服务，争取获得更大的市场，如图 7-2 所示。

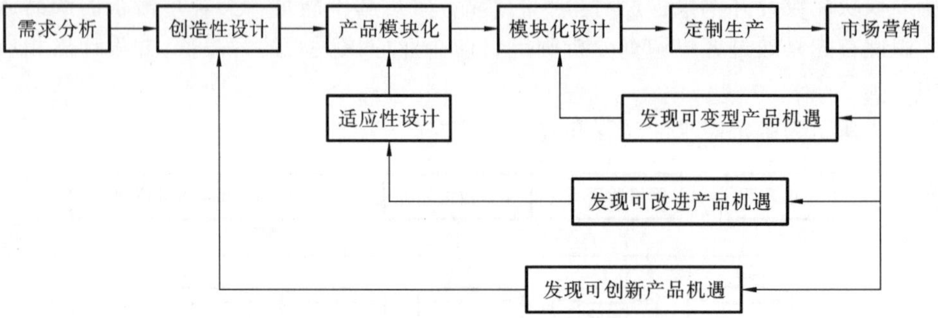

图 7-2　利用市场营销发现机遇的方法示意图

4）客户的产品使用环境调查

通过对客户的产品使用环境调查，可以切身了解客户的潜在需求，设计出更能满足客户需求的产品。

以下通过“宇通采集之旅”这个案例来对此予以说明。

中国幅员辽阔，不同地区的地理条件、气候条件、道路条件、车辆运行工况等都存在较大差异。如果在产品开发过程中没有充分考虑这些因素，投放市场后的车辆在不同地区就有可能出现问题。缺少客户实际的使用数据会导致整车匹配难以达到最优，造成车辆结构对于某些路况显得设计过度，造成资源浪费，对于某些路况又显得设计不足容易损坏。

为此，宇通客车试验中心的工程师开展了“宇通采集之旅”项目，通过客户的产品使用环境调查，详尽掌握全国典型客车使用条件，为“因地制车”提供依据，为客户带来质量更加稳定的产品。

“宇通采集之旅”能够在全天候、全路况、全载荷的使用环境条件下，实时测量环境温度、海拔高度、车辆运行速度、油耗值、底盘关键零件受力数据、整车结构受力数据等。这些数据可作为产品开发过程中计算分析、台架试验、道路试验的依据，帮助优化整车参数匹配，优化整车结构刚度、强度；根据不同的使用条件，进行传动系统模块化设计，通过模块的不同组合，可以适应不同的使用条件。试验部门则根据这些数据进行实车台架试验和道路试验。

客户到宇通客车订车，销售人员可以迅速告诉客户应该选用什么样的产品、用什么样的组合来匹配可靠性最好或者经济性最好的产品。

3. 客户需求调查分析的主要内容

表 7-1 为客户需求调查分析的主要内容。

表 7-1　客户需求调查分析的主要内容

大　类	调查分析内容	注 意 点	方　法
客户信息	客户使用该产品的目的、条件和环境，客户对产品运行时的状况、效能、维修情况和寿命长短情况的意见和要求等	对客户进行分类，不同类型的客户对产品可能有不同的需求	以客户需求分类树为依据进行调研
市场信息	市场价格、销售方式、市场潜力或饱和程度、市场竞争形势、市场同类和相似产品的销售情况、市场未来发展趋势等	对市场进行细分	争取经销商的认可与合作，搭建通往零售终端的稳固桥梁

续表

大　类	调查分析内容	注　意　点	方　法
技术情报	同行企业的技术、工艺、管理情况；所用设备、材料、标准；相关技术的发展趋势；有关重大新技术研究进展等	产品模块化的实现需要利用新的技术	利用中国知网、展览会等获取
产品信息	市场上同类产品的品种和规格信息；行业产品的模块化现状；产品模块现状等	充分利用市场上已有的产品模块资源	搜索和分析分布在网络和各种零件库中的信息

4. 产品模块化的客户需求分析方法

1）质量功能配置方法

质量功能配置(quality function deployment,QFD)方法是一种客户需求分析方法，是把客户需求转化为设计要求、零部件特性、工艺要求、生产要求的多层次演绎分析方法，提供了一种用矩阵形式描述产品生命周期过程的工具，以此来表达产品的客户需求分析、开发设计、制造等一系列复杂过程中各种因素间的相互关系。详细内容可参见相关著作[2]。图 7-3 为 QFD 的基本流程。

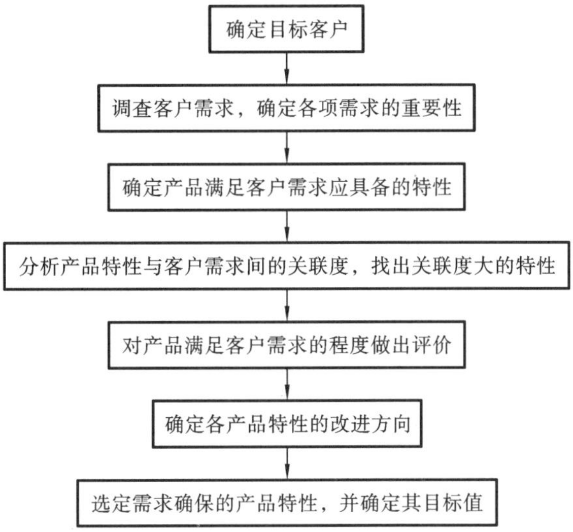

图 7-3　QFD 的基本流程

2）客户需求分类树方法

建立客户需求分类树的目的是归类、整理原始客户需求信息，为产品模块化设计提供参考依据。

(1) 概括客户需求。客户对需求的描述通常会比较冗长、模糊，为了便于信息处理，必须对它们进行概括，但需注意不要歪曲客户的原意。

(2) 合并客户需求。在用简洁的语言概括客户的需求后，应将表达同一含义或相似含义的客户需求进行合并。

(3) 客户需求分类。整理后的客户需求是随意排列的，必须对它们进行合理的分类。可采用成组技术对客户需求进行分类，把相关的客户需求分在同一类中，尽量用客户的语言给每一类冠以类名；如有必要，可再对每一类客户需求进行分类成组。在此基础上建立客户需求分类树。

(4) 对客户需求重要度进行整理。利用已经得到的调查表，在两两比较客户需求相对重要性的基础上，确定各个客户需求的绝对重要度。两两比较的方法是：同等重要各给 2 分，一项比另一项重要分别给 3 和 1 分，一项比另一项重要得多分别给 4 和 0 分，形成得分矩阵，分别计算各加权系数。

3) 基于 KJ 法的客户需求整理方法

KJ 法是由日本的川喜田二郎(Kawakita Jiro)发明并推广使用的一种分析方法。其主要做法是把收集到的杂乱无章的文字资料，按其相互关系接近的程度进行归并整理，找出解决问题的方法。KJ 法是通过重复使用 A 型解(affinity diagram，亲和图解)来解决问题的，即把收集来的事实、意见、设想等语言文字资料，按其相互接近性质加以归类合并和作图，从中找到解决问题的方法。

4) 客户需求规范化方法

需求信息描述的规范化是指将以定性描述为主的需求信息以特定格式加以表达和规范化。表 7-2 为需求信息模板。将用 KJ 法得到的各级需求、客户特征等信息，按需求信息模板的要求，形成规范化的客户需求信息。

表 7-2 需求信息模板

<table>
<tr><th colspan="2">客户特征</th><th>说明</th></tr>
<tr><td rowspan="6">客户需求</td><td>功能</td><td rowspan="6">用于明确客户的需求。
陈述：有关此需求的简单定义。
描述：有关此需求的进一步详细解释</td></tr>
<tr><td>适应性</td></tr>
<tr><td>性能</td></tr>
<tr><td>经济性</td></tr>
<tr><td>可靠性</td></tr>
<tr><td>使用寿命</td></tr>
<tr><td colspan="2">客户需求权重</td><td>优先级：此需求相对重要性的度量</td></tr>
<tr><td colspan="2">客户对竞争产品的评价</td><td>客户对其他公司同类产品在满足其需求方面的满意程度</td></tr>
<tr><td colspan="2">类比项设定</td><td>确定与当前客户需求类似的以往客户</td></tr>
</table>

5) 知识模块本体方法

客户需求很多也比较杂乱无章，往往表述不清楚、不完整，所采用的术语也不一致。因此需要对客户需求进行整理，去粗存精，去伪存真，由表及里。在这种情况下可以采用本体的概念帮助整理。

在传统的信息表达、组织和管理过程中，不同客户的背景及需求等的不同，导致了具有相同内涵的产品信息表示和理解上的差异。例如，图 7-4 给出了不同客户对电热水器内胆需求的表达，它们都表达了内胆需求内涵的一部分。

如果以知识模块本体的方法进行组织和集成，更能表达完整的内胆需求内涵，提高企业外部客户需求获取的准确性(见图 7-5)。不同层次、背景的客户有不同的需求，因此需要对这些需求信息进行分类。

6) 数据挖掘分析

数据挖掘又称商务智能，主要是通过数据总结、数据分类、数据聚类和关联规则等来发

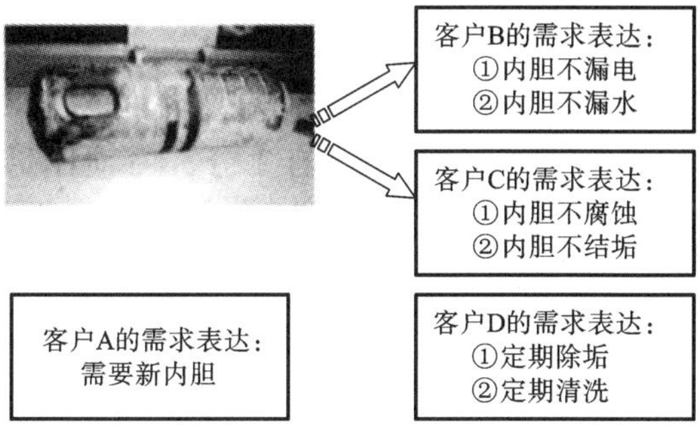

图 7-4　不同客户对电热水器内胆需求的表达

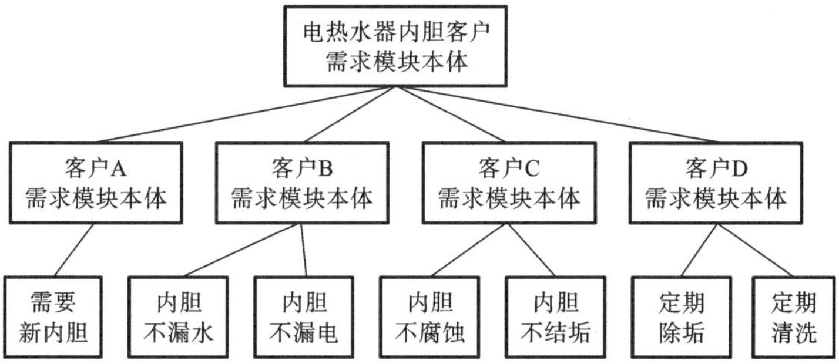

图 7-5　电热水器内胆需求的模块本体表达

现数据中隐含的知识和规律。例如，应用聚类分析技术将客户按其需求的相似性分成若干个客户群。这种聚类实际上是将原来离散的客户按照其需求的相似性，重新加以聚类。

5. 客户需求调查数据的综合分析

在上述各项调查和分析完成后，调研人员应运用统计方法对调查数据进行综合，对调查和分析取得的所有信息资料进行全面的分析和整理。对客户需求进行概括、合并和分类，然后编写一份完整的客户需求调研报告，以供参考和使用。客户需求调研报告的主要内容如下。

（1）市场对同类产品目前的需求量；随着生产的发展和生活的改善在近几年内市场需求量的变化幅度；由新设计带来的产品在功能、性能、参数、造型或价格上的优势对市场需求的刺激和促进作用。

（2）市场上同类产品需求群体和需求量的变化趋势。

（3）客户对同类产品的需求，包括功能、性能、参数、造型、价格、使用寿命以及个性化定制等方面的需求。

（4）目前市场同类产品在生产、技术、销售渠道等方面的能力。

（5）产品的国内外发展趋势。

（6）市场上潜在消费群体的挖掘等。

7.2.2　确定功能原理和功能模块及系列化规划

该阶段的目标是：建立产品功能树、确定产品的功能模块，进行产品系列化总体规划。

1. 产品功能分解

1) 确定产品功能的方法

(1) 产品功能分解方法　满足某一任务和需求的产品功能原理可能有多种。因此,需要从可制造性、可装配性、可维护性、可回收性、经济性、环境友好性等不同角度对机电产品的功能原理进行规划和分解。另外,建立产品功能原理库对于功能原理的划分、分解和确定有很大的好处。

采用由上向下的分解方法,确定组成产品总体功能的各个层次的子功能,并且构造出产品功能树。功能树的叶节点是功能模块。针对客户群的共性需求,规划产品族产品功能模块划分,提取可变型参数,并将产品功能抽象描述为不同层次的功能单元,建立产品的功能模型。产品族功能的分解如下(见图 7-6):

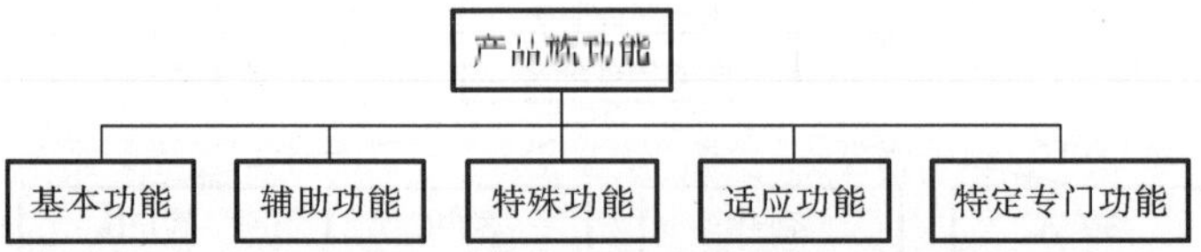

图 7-6　产品族功能的分解

① 基本功能是指系统中基本的、经常重复的、不可缺少的功能,在系统中基本不变。例如,工业汽轮机的热力转化机械力矩的功能、安全保护功能等。

② 辅助功能主要指实现安装和连接所需的功能。例如,工业汽轮机输出端的减速功能,以满足不同客户的需要。

③ 特殊功能是表征系统中某种或某几种产品特殊的、使之更完善或有所扩展的功能。例如,工业汽轮机的远程监控和维护功能。

④ 适应功能是为了和其他系统或边界条件相适应所需要的可临时改变的功能。实现适应功能的产品的尺寸基本确定,只是由于某些未能预知的条件,某些尺寸需根据当时的情况予以改变,以满足预定要求。例如,一些厚度尺寸可变的垫块即可实现这种性质的功能。

⑤ 特定专门功能是指某些不能预知的、由客户特别指定的功能,该功能由于其不确定性和极少重复,由非模块化单元实现。例如,工业汽轮机的双轴力矩输出功能,是某些电站给水泵节能配套的特定专门需求。

上述五种功能模块中基本功能模块和辅助功能模块称为必需功能模块,即组合产品中必须包括的模块;特殊功能模块和适应功能模块称为可能功能模块,是否需要应视具体情况而定;特定专门功能模块是为了某个特定任务而开发的模块,与其他模块构成混合系统。

(2) 产品功能目录方法　功能目录又称设计目录,用于有规律地分类整理和存储设计过程中所需的大量产品功能信息,以便设计者查找和使用。功能目录具有信息完备性、可补充性及易检索性等特点,适用于计算机辅助设计。功能目录的目的在于更好地划分产品模块,同时在功能目录中形成便捷的功能和结构选项。

功能目录的建立过程如下:

① 对产品的相应功能进行分类整理,填入表格首列;

② 针对每个分功能进行已有产品数据整理,整理出产品现有的该功能的实现原理(来自各个领域,不仅本行业),填入该功能对应的行;

③ 针对每个单元格内的原理构建相应的实例库,该实例可以是企业已有零部件实例,

也可以是同行业甚至跨行业的实例。

功能目录是模块化设计过程中产品功能结构分析阶段的产物。虽然该阶段的功能结构来自于企业本身的产品，但可以抛开本企业的束缚寻求原理和实例。功能目录的建立是为了指导后续设计，是一种知识的整理和积累。

（3）功能分析法　功能分析法可用来完成部件层模块的功能结构图，深入分析产品的信号流、能量流以及物料流的流动方式。

2）产品功能模块划分的基本原则

（1）相似性原则　相似性原则是指在产品功能模块划分中，要分析不同产品中的相似性要素，将其划分为基本功能或通用模块；对来自不同产品的各种零部件进行相似性分析，将相似的零部件进行适当的归并处理，设计为通用或标准模块。

产品种类很多，每种产品有许多变型。不同产品中包含有相同或相似的模块，不同模块中包含相同或相似的要素，通过同类归并、选优和简化，可以形成具有相同要素的、标准化的模块。通过模块的选择和组合构成不同的客户定制产品，以满足客户的不同需求。

例如，工业汽轮机是个性化产品，但不同型号的工业汽轮机，若其主参数接近，则其输出段、输入段、支撑段有较大相似性，只是通流段有差别，因此可以将输出段、输入段、支撑段的零部件进行归并处理，建立通用模块。

（2）层次压缩原则　层次压缩原则是指采用大粒度的产品标准模块，压缩产品层次，简化产品结构，缩短产品制造过程和周期。

产品的结构通常可以用树状结构加以描述。树状结构的层次数间接反映了产品的复杂程度和制造深度。一般情况下，中等复杂程度的产品如电视机等的结构层次为 9～10 层，复杂产品如涡轮机、汽车或飞机等的结构层次则可达 14～20 层甚至更多。通常情况下，产品结构层次越多，制造周期就越长。合理压缩产品层次，简化产品结构，不但可以缩短产品制造周期，还可以简化产品制造过程。压缩产品层次的主要方法是提高部件的“功能集成度”和采用外购件模块。

（3）模块聚类原则　模块聚类原则是指模块设计应使产品具有较高的功能集成度，有利于简化产品结构，便于重用。模块聚类的优化目标是：模块内的信息、功能和结构等的关联度尽可能大，模块间的信息、功能和结构等的关联度尽可能小，如图 7-7 所示。

	模块	1	2	3	4	5	6
功能	1		1		1		1
	2	1		1		1	
	3		1		1		1
	4	1		1		1	

矩阵变换 ⇒

	模块	1	3	5	2	4	6
功能	2	1	1	1			
	4	1	1	1			
	1				1	1	1
	3				1	1	1

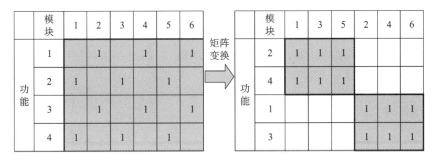

图 7-7　模块间的信息、功能和结构等的关联度

按照模块聚类原则设计出来的模块具有很高的功能集成度，更加有利于简化产品的结构，便于重用。

模块聚类原则主要有五个：结构交互原则、能量交互原则、物质交互原则、信号交互原则和作用力交互原则。一般来说，两模块间的这种交互作用越大，它们就越应划分在同一模块中。例如：将尺寸易于变动的模块与相对固定的模块分离；强电模块与强电模块放在一起，弱电模块与弱电模块放在一起等。这样可以将零件间的功能、信息和物质等交互作用转化为零件内部的交互作用，可以节约材料和便于废弃后的重用、回收与处理。

一般来说，可以基于以下准则进行零件合并：

① 零件使用同一种材料，或改进后可以使用同一种材料；

② 零件相互接触、无相对运动且有刚性连接；

③ 零件中没有标准件、通用件和外购外配件；

④ 零件合并后不会影响产品的可拆卸性和可装配性。

(4) 相对独立性原则　相对独立性原则是指模块应具有一定的独立性和从上层系统分离出来的可能性，具有清晰的、可识别的功能，可以通过更换模块而组合成多种产品，便于单独组织生产，便于售后服务、维修、升级更新和综合利用，模块的功能和性能可以被单独试验。

一般一个模块应只有一个功能，有时也可以有多个功能，但模块之间的功能尽可能不要交叉、共用。已分解的功能单元在结构上应尽可能做到独立化，以利于拼组、搭配、构成多种变型品种，如图 7-8 所示。相对独立性原则适用于除结构单元模块外的其他类型模块。

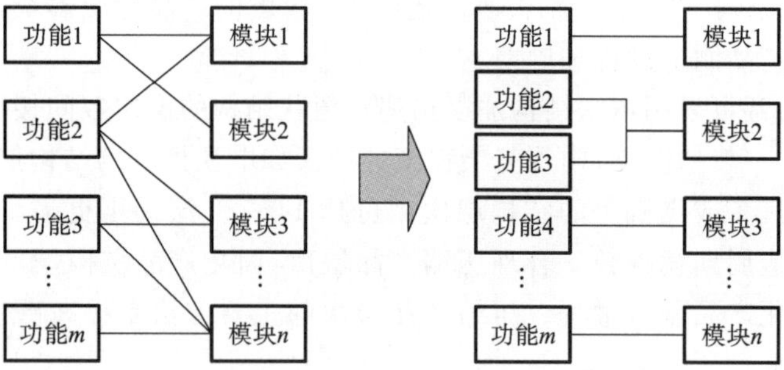

图 7-8　模块之间的功能尽可能不要交叉

(5) 基础件模块化原则　一些产品的基础件往往是产品的大件，大都是铸件或焊接件(如工业汽轮机中的汽缸等)，成本相对较高、交货期较长，因此基础件模块化容易取得较显著的经济效益。

例如，机床的基础大件是功能独立的单元，需要作为单独的模块。由于基础件是整台机床的支撑并直接影响机床的性能，要预先对不同结构、不同尺寸模块的刚度、强度和承载能力进行有限元分析，以确定其使用范围。

(6) 产品整体最优原则　产品整体最优原则要求产品结构模块化最终能实现产品族整体最优，即产品族中的各相似产品的质量、成本、交货期全面优化。

根据模块对产品结构、性能、制造周期、成本等方面的影响，可以将模块分为重要模块和次要模块，突出重点，这样有利于提高模块组合后的效果。

模块划分应尽量考虑整个产品生命周期中各个环节的需求，例如划分为工艺相似族、采购相似族和维修相似族等。但是，有时候企业不同领域可能对某种模块划分的需求是相悖的，这时就需要企业进行平衡，或者改变企业业务模式以适应模块划分，或者暂时容忍这种划分的缺欠留待以后进行优化。

(7) 产品全生命周期成本最低原则　产品全生命周期成本最低原则要求产品全生命周

期各个环节(包括产品开发、设计、采购、制造、装配、销售、运输、现场安装、使用、维护、拆卸、回收处理等环节)成本之和为最低。

对于客户,产品全生命周期成本包括购买价格以及使用、维护、拆卸、回收处理等各个环节的成本。越来越多的客户要求产品生产企业提供产品全生命周期成本报价,以代替产品报价。

产品服务(如租赁服务)和产品全生命周期成本至少将直接影响产品服务企业的效益。

例如,某些内圆磨床把电动机与主轴部件作为一个模块,显然降低了模块的通用性,但提高了模块的工作性能,减少了接口模块,提高了系统的可靠性,反而降低了成本。国外已有把电动机(驱动器)与控制器做成一体的产品出售。

(8) 可扩展性原则　可扩展性原则要求在模块设计时考虑到该模块系列的可扩展性,如在模块中预留一定的安装空间和相关接口,以便增设新的模块,满足新产品的要求,方便制造和管理。

(9) 可维护性原则　可维护性原则要求尽可能将具有相同维护频率、维护要求、维护时间和维护复杂性的零部件划分在同一模块中,以便于集中维护。

良好的维护可以减少废弃物排放,延长产品寿命,提高运行质量,并最终改善产品的环境性能。产品维护分为预防性维护和恢复性维修。模块划分时注意可维护性,可以在维修时直接更换出现故障的模块,以节省停工时间。

(10) 可重用性原则　可重用性原则要求将重用可能性较大的零件放在同一模块中,便于产品整体废弃后部分零部件的重用,从而大大减轻废弃物对环境的影响。产品重用可以避免废弃物的产生。

因部分零部件升级而废弃整个产品,显然会增加产品回收和处理成本,降低资源利用率,加剧环境负荷和污染。当前高度竞争的市场、客户的高期望值和技术的快速发展又使得产品的升级换代日益快速。如果将未来可能升级的零部件放在一个模块中,在升级时直接更换该模块,可以在减少产品开发时间和成本的同时,减少对环境的不利影响。

(11) 可回收性原则　可回收性原则要求尽可能将具有相容或相同性质(如有毒、有害)的材料的零部件划分在同一个模块中,以便进行产品拆卸、材料分拣和材料回收。

在产品设计阶段应尽可能选择环境协调性好、低能耗、低成本、少污染、易加工和易回收的材料,并尽量减少产品中的材料种类。对于在当前条件下无法或无必要进行重用和回收的零部件,按照自然降解、焚烧和掩埋等不同的处理方式将零件划分到不同的模块中,以利于产品报废后的处理,减少拆卸与分拣成本。

2. 确定功能作用原理

1) 功能-原理关系树

在进行功能作用原理(方案)分析时,需要将产品功能树中的每一个功能节点展开。分析时应当考虑实现某功能节点的多个可行的原理(方案),以便以后根据不同的需求进行配置。

原理分析的结果是建立功能-原理关系树,即将功能节点作为树的根节点,而将实现该功能的各个原理或方案作为叶节点,并与功能根节点相连。确定原理方案时,又可分为两种情况:

(1) 确定基本功能模块的“与”原理方案(可能有多种方案),将可能的方案都列出来,供以后选用。每个方案之间存在“异或”关系。

(2) 对于非基本功能模块(叶节点以上的功能节点),就要确定其可组合性,因为这些非基本功能模块是由各个基本功能模块组合而成的,既然基本功能模块可能有多种方案,那么组合方案也可能有若干种。

在许多情况下，常常根据具体情况将功能、原理设计放在一起考虑，形成“功能原理设计”，这样在构造功能原理树的时候，也就往往只构造功能树，而不构造原理树。

2）功能-技术方案矩阵

(1) 首先利用TRIZ等方法，建立产品功能技术方案库和功能-技术方案矩阵。表7-3所示为土豆综合收获机的产品原理方案。图中粗线的方框表示所选择的方案。

表7-3　土豆综合收获机的产品原理方案

功能	1	2	3	4	
挖掘	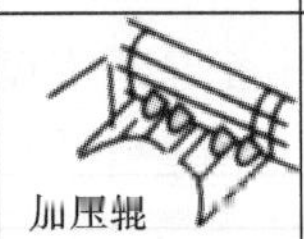 加压辊	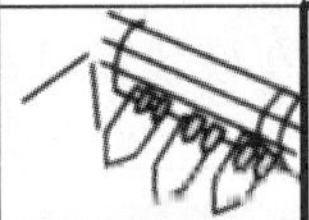 加压辊	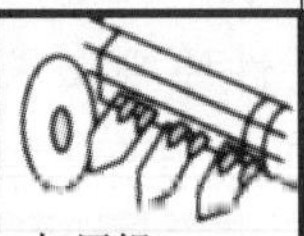 加压辊	…	…
筛	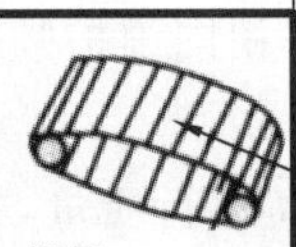 栅筛	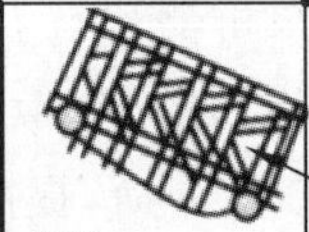 鼓筛	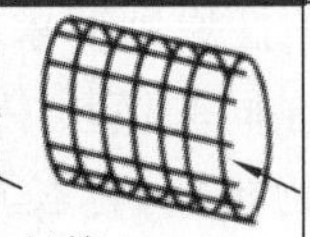 链筛	 轮筛	…
茎叶分离	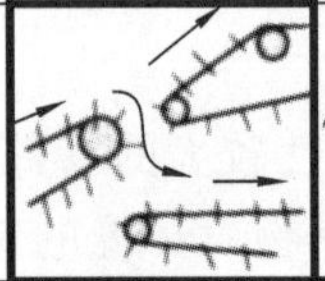	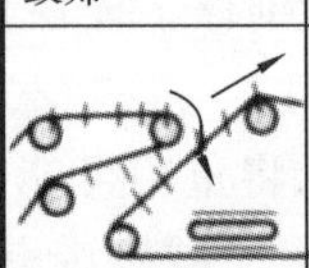	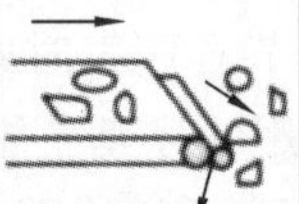 扯辊	…	…
石土分离	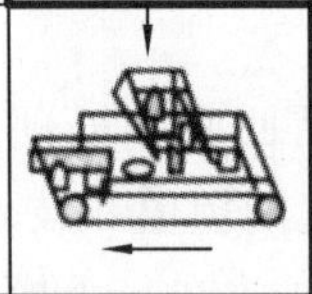	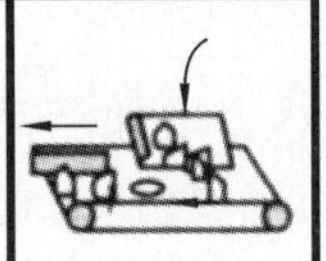	…	…	…
土豆分选	用手	用摩擦（斜面）	检验粗细（孔板）	检验分量（称重）	…
收集	翻斗	翻底斗	装袋设备	…	…

↓原理组合

(2) 由功能原理及其结构出发，利用技术方案库，从上到下逐层寻求相同或相似的技术方案及其结构。

(3) 在没有适合的技术方案的情况下，需要重新设计技术方案。设计新技术方案的主要方法是：

① 适应性设计，基于已有的相似技术方案进行设计创新；

② 创造性设计，设计新的技术方案。新技术方案设计需要采用多学科优化(MDO)、头脑风暴法、TRIZ等方法，获取功能原理解及其变型，还可以通过形态学矩阵辅助决策。

该阶段的目标是：提出各功能模块的解和解的变型，并进行实例化可行性分析；生成模块的初始结构设计草案。

3）最佳方案选择

如果在上述步骤中已经找到若干个解决问题的方案，就可以按照技术和经济准则对其进行评价，从中选择出最佳方案加以进一步处理。其中两条重要的原则如下：

（1）子功能物理作用相同原则　应尽可能使各个功能结构块具有相同的物理作用方式，并使用相同的能量种类。因为如果在一个模块化产品系统中同时使用电驱动、液压驱动和机械驱动方式，无论是在经济上还是在技术上都是不利的。

（2）全生命周期优化原则　同一种功能原理，可能有多种技术方案。因此，需要从可制造性、可装配性、可维护性、可回收性、经济性、环境友好性等多角度对产品的技术方案及其结构进行选择和设计。

3. 产品参数系列化规划

产品参数是表明产品中某些重要性质的量。当市场对产品功能的需求存在一定的变化范围时，首先确定功能主参数，然后根据产品功能参数按照一定的规律划分功能等级，确保以较少的参数等级比较全面地满足市场需求。

1）产品功能主参数分析

产品功能主参数是指各参数中起主导作用的参数，反映该产品最主要的功能特性，是产品基本性能或基本技术特性的标志，是选择或确定产品功能范围、规格的基本依据。

功能主参数选择的主要原则如下：

（1）主参数应该能反映系列产品的基本特性（如齿轮减速器速比、电动机功率、液压泵流量等）。

（2）主参数应该是产品中最稳定的参数（如工业汽轮机输出功率、车床工件最大直径）。

（3）优先选择性能参数，其次选择几何参数。

（4）一般选取一个主参数。

（5）在确定主参数时，还应该充分考虑该产品与同类产品和配套产品之间的关系。

2）确定功能参数范围

一般要经过对企业近期和长远的需要、生产情况、产品质量水平、国内外同类产品的生产情况的分析，根据产品结构特点和一般使用范围规律，确定功能参数范围。

功能参数范围大、参数多，对市场的应变能力往往就比较强，有利于占领市场，但设计难度大，工作量大，甚至在一定程度上会导致应用模块化技术的难度加大；反之，则对市场的应变能力减弱，但设计容易，工作量小，易于提高产品性能和针对性。

若功能参数范围过宽，则会造成浪费，而过窄则不能满足要求。

图 7-9 所示为汽车变速器的产品系列，其主要功能参数是转矩和挡位。

3）确定功能参数系列

主要是确定整个系列的功能区段划分，功能区段之间选用怎样的公比等。常见的参数系列分级有一般数值和优先数系列。应该尽量选择优先数系列。

一般数值系列主要有以下几种数列：①等差数列；②阶梯式等差数列；③几何级数（等比级数）等。

优先数系列是由公比分别为 10 的 5，10，20，40，80 次方根，且项值中含有 10 的整数幂的理论等比数列导出的一组近似等比的数列。各数列分别用符号 R5，R10，R20，R40 和 R80 表示，称为 R5 系列、R10 系列、R20 系列、R40 系列和 R80 系列。

优先数系列具有经济合理、易记、计算方便、适应性广泛等优点，是国际上统一的数值分级制度，可用于各种量值的分级，以便在不同的地方都能优先选用同样的数值。

以 JB/ZQ 6101—2000 模块化减速器系列为例，该系列分为两大类：① 圆柱齿轮减速

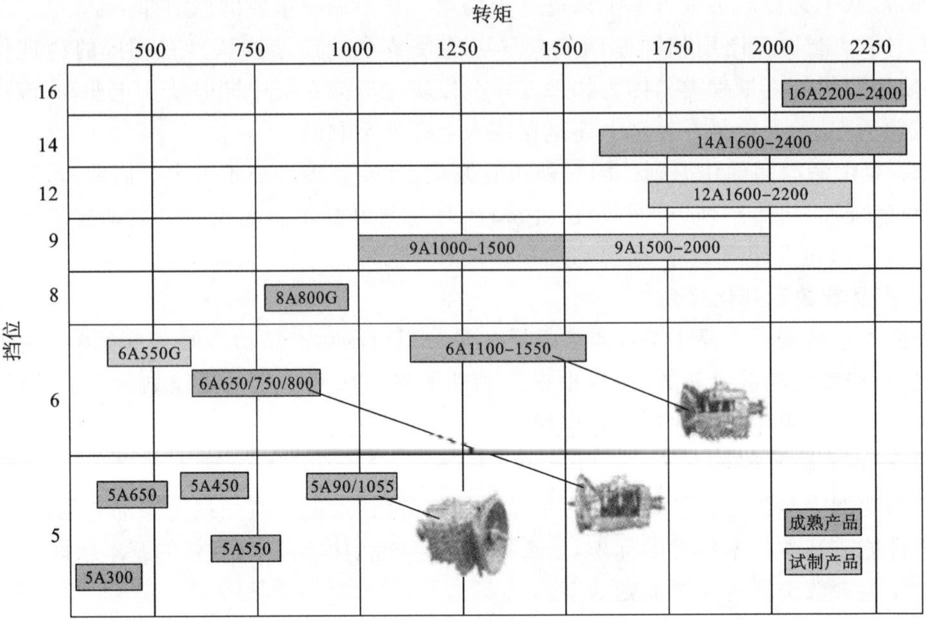

图 7-9　汽车变速器的产品系列

器，包括 MP1(单级)、MP2(二级)、MP3(三级)、MP4(四级)四个子系列；②圆锥、圆柱齿轮减速器，包括 MR2(二级)、MR3(三级)、MR4(四级)四个子系列。减速器系列的主要参数如中心距、公称传动比、中心高等都以 R20 优先数为基础，但对于大规格中心距应增加 R40 优先数。减速器设计采用优先数的主要优点为：

(1) 可满足减速器的总传动比等于各级传动比乘积的条件，以实现齿轮在跨系列互换的条件下的各级等强度优化。

(2) 便于模块化设计，末级中心距决定了减速器的宽窄和承载能力的大小，结构上以末级为基础往前组合。因此凡中心距相同部分的结构，外形安装尺寸可以完全相同，可以用组合模造型，可以采用通用零件模块。

(3) 简化统一零件的尺寸规格，大大减少系列内零件和毛坯的数量。

4. 产品功能模块系列化规划

产品功能模块系列化与一般的产品模块化的区别是：前者对变型产品中的变化类型有数量限制，进行了科学的安排，便于对模块进行标准化；后者没有限制，可以满足客户高度个性化的需求，但模块增多，可能使成本上升。

5. “事后”系列化方法和“事前”系列化方法

1) “事后”系列化方法

目前往往采用一种“事后”系列化方法，即在成功研制了一种产品型号后，才开始考虑将其作为基本型，通过“挖潜”来发展出系列型号。这种做法往往有较大的局限性。

2) “事前”系列化方法

“事前”系列化方法是在产品研发初期就考虑产品的系列化问题，研究目标是通过对产品不同型号的通用性的分析，以较少的通用模块满足产品不同型号的需求，从而降低产品族生命周期成本。

美国联合攻击机 JSF 是一种在设计之初就考虑不同军种使用要求的战斗机。在飞机型号设计的初期，也就是说在气动布局、总体布置和外形参数确定阶段就考虑了系列化的要求，使各种衍生出来的机型能更好地适应不同的飞行任务。JSF 包括三种类型的飞机，一种是空军使用的常规起落型（CTOL），另一种是海军使用的舰载型（CV），还有一种是海军用的短距起飞垂直着陆型（STOVL）。JSF 的设计思想是设计一个通用的飞机平台，在此基础上衍生出三种不同的型号，以满足客户不同的需求。虽然最终由于三种型号性能差异太大，JSF 部件通用性不如所期望的那么高，但其通用性仍然超过了 80%。

2001 年，我国新一代大推力运载火箭研制计划正式立项。专家组要解决的问题是“火箭的模组如何确定，用什么原则确定”。最后通过对各种方案进行筛选，专家组确定了两条原则：① 以火箭发动机推力来确定模组。其中包括两个模组，一个是助推模组，推力为 1200 kN（正负 200 kN），采用液氧煤油发动机；另一个是箭身模组，推力为 500～700 kN（地面推力 500 kN，太空推力 700 kN，正负 200 kN），采用液氢液氧发动机。② 以火箭箭身直径为模组分类的主参数，包括 3.25 m，2.15 m 和 5 m 的箭身模组直径。运载火箭每一级箭身模组都有自己的箭体结构和动力装置。箭身模组之间靠级间段连接。运载火箭一般由 2～4 级箭身模组组成。末级有仪器舱，内装制导与控制系统、遥测系统以及安全系统。有效载荷装在仪器舱上面，外面套有整流罩。之所以采用上述两个模组原则，就是为了少花钱多办事，并且最大限度地利用现有技术。因为按照上述的模组原则，在现有产品的技术上，只需要研制 120 t 液氧煤油火箭发动机，50 t 液氢液氧发动机即可，而箭身方面，只需要研制 5 m 直径的芯级即可，其他部分都是现成的。然后按照不同的发射任务需要，各种模组可以像积木一样进行组合，总的组合方案超过 1000 种，可以满足我国较长一段时间内的所有航天发射任务。

按照上述两个模组原则，将新研制的两种发动机和芯级与现有的火箭发动机和芯级进行组合，如图 7-10 所示。其载荷可以涵盖 10 t 以下及 10 t，20 t，30 t 和 40 t 等多个级别，使火箭运载能力的跨度达到最大。

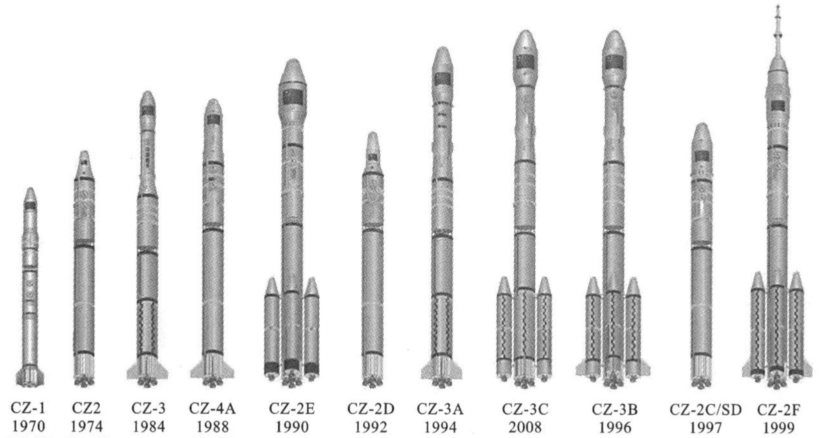

图 7-10　运载火箭的系列化

7.2.3　寻找原理方案及总体结构规划

同一种功能原理，可能有多种对应的原理方案。因此，该阶段的目标是：从可制造性、可装配性、可维护性、可回收性、经济性、环境友好性等多个角度寻找机械产品各功能模块的解，即原理方案，进行产品结构的总体规划。寻找原理方案及总体结构规划的过程如图 7-11 所示。

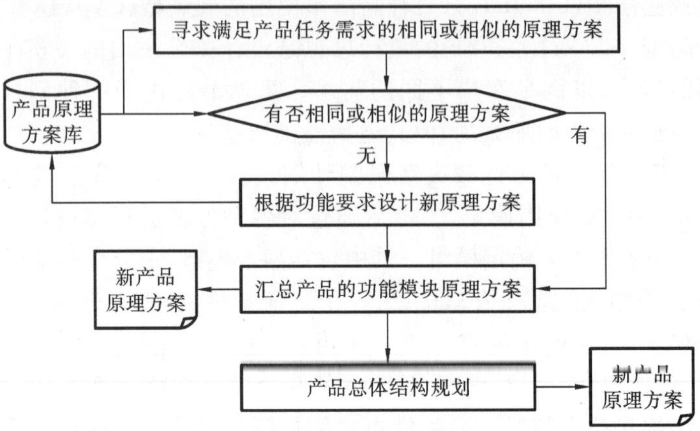

图 7-11　寻找原理方案及总体结构规划的过程

1. 寻找产品原理方案

寻找产品原理方案的方法有如下几个：

(1) 搜集已有的产品模块，确定其功能原理。

(2) 根据机械产品的功能原理，建立产品原理方案库。功能具有层次结构，原理方案同样也有层次结构。

(3) 由功能原理出发，利用原理方案库，从上到下逐层寻求满足产品任务需求的相同或相似的原理方案。

(4) 设计新的原理方案。在没有适合的原理方案的情况下，需要新设计原理方案。新设计原理方案的方法主要是适应性设计和创造性设计方法。

(5) 将产品的功能模块原理方案进行汇总，得到产品的原理方案。

2. 产品总体结构规划

根据产品原理方案，采用自上而下和自下而上相结合的方法，进行产品总体结构规划，包括产品总体布局、输入和输出设计、功能的可实现性分析、任务指标的可满足性分析、经济的可行性分析、产品风险分析、产品模块的总体规划等。

7.2.4 结构模块划分

结构模块划分是回答产品及其组成部分"是什么"的问题。产品结构模块划分的目的是：力求以尽可能少的模块组成尽可能多的产品，并在满足客户要求的基础上使产品质量高、性能稳定、结构简单和规范、成本低廉。在结构模块划分中，既要考虑制造管理的方便性，又要考虑该模块系列的可扩展性。

1. 结构模块划分的过程

图 7-12 为结构模块划分的基本过程。产品模块划分通常可以采用定性的分析方法，主要基于一些启发式规则和设计师经验。

2. 模块划分顺序

不同产品的模块有不同的划分顺序。大多数情况下，模块划分顺序是：先整体后局部、

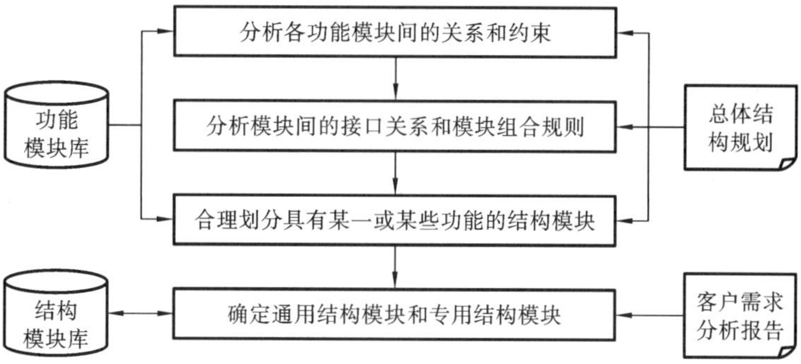

图 7-12　结构模块划分的基本过程

先主要后次要、先功能后结构。

（1）先整体后局部，即先进行系统级的模块划分，然后根据某一个模块系统功能划分出更细的子模块、子子模块等，直至模块不能再细分为止，如图 7-13 所示。

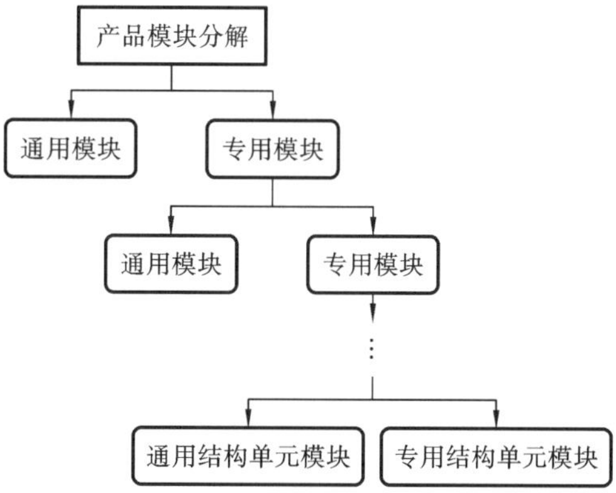

图 7-13　产品模块的递阶分解

（2）先主要后次要，即先划分对产品功能具有决定意义的核心模块，然后再划分其他次要模块，最后是那些辅助性模块。

（3）先功能后结构，即优先按照功能划分子模块，在功能模块已经清楚的情况下，再考虑按照结构划分子模块。每一个功能模块的子集对应于一个物理构件。

3. 产品生命周期不同阶段对模块划分的要求

产品生命周期不同阶段对模块划分有不同的要求，见表 7-4。

表 7-4　产品生命周期不同阶段对模块划分的不同要求

阶　段	要　求	例　子
产品研发设计	如果产品中某部分结构需要沿用在下一代产品中，则该结构应独立成一个通用模块，以便继承	电动机模块往往可以延续使用
	如果产品中某部分结构在产品生命周期中还将不断发展，为了避免技术进步导致产品整个结构的大变动，需要将该结构独立成一个专用模块，以便不断发展	手机显示屏技术发展较快，可作为专用模块

续表

阶　段	要　求	例　子
产品研发设计	如果产品中某部分结构受产品设计参数、性能影响较大，为了减少这些影响波及范围，需要将该结构独立成一个专用模块	工业汽轮机转子的通流部分受产品设计参数影响较大，作为专用模块
	如果产品中某部分结构受时尚、潮流等的影响较大，则为了减少这些影响波及的范围，需要将该结构独立成一个专用模块	手机的外套受时尚、潮流等的影响较大
	如果产品中某部分结构可以用在所有产品上，则需要将该结构独立成一个通用模块	轴承、紧固件等标准件
产品制造	如果产品中某部分结构的制造过程比较特殊，则需要将该结构独立成一个模块	工业汽轮机的汽缸是大型非回转体，制造特殊
	如果产品中某些技术方案的制造过程相同，则可考虑将该类结构组合成一个模块	如果有一些零件，它们都可采用铸造方式得到，可以将其做成一个铸件
	如果产品中某部分结构必须分开测试，或有独立的测试方法，则需要考虑将该结构独立成一个模块	计算机中的内存、CPU 等有独立的测试方法
零部件采购	如果产品中某部分结构可以由技术专精、价格便宜的供应商提供，且此技术与其他技术没有密切关系，则需要将该结构独立成一个模块	工业汽轮机的减速器有专业生产企业
	如果产品中某部分结构仅由某一些专业技术厂商提供，则需要将该结构独立成一个模块	工业汽轮机控制系统的供应商极少
产品装配/安装	如果整机受运输、现场建设和安装条件的局限，难以运到现场组装，则需要将该产品分解为若干模块，由企业制造好各种模块，再将模块运到现场组装，提高效率，保证质量	模块化核电站、大型变压器、船舶等
产品使用/维护	整机使用中经常需要通过更换模块以满足不同任务的需要，这些模块可以独立成通用模块，以提高整机的可重构性和可扩展性	机床使用中经常遇到不同的零件和加工工艺
	如果产品中某部分结构损坏率相对高，或会损耗，需要经常独立维修或替换，则需要将该结构独立成一个模块	高铁的轴承损坏率相对较高
	如果产品中某部分结构有售后服务的需求，且需拆装，则需要将该结构独立成一个模块	工业汽轮机的滑动轴承使用一定时间后需要更换
产品报废/回收	如果产品中某部分结构中存在某些对环境有害物质，需要独立回收，则需要将该结构独立成一个模块	塑料件对环境有害，需要独立回收
	如果产品中某部分结构中存在某些高价物质，需要独立回收，则需要将该结构独立成一个模块	铜价值高，需要独立回收

4. 产品模块化策略

产品模块化通常可以采取七种基本策略，包括：跨产品的模块共享、基于基型的模块互换、个别模块定制、模块混合、总线模块化、可重构的模块化、相同模块重复组合。表 7-5 对这七种策略进行了比较。

表 7-5　七种模块化基本策略

策　　略	含　　义	应　　用	图　　解
跨产品的模块共享	同一模块用于多个产品，减少模块数量，提高模块的通用性	标准紧固件	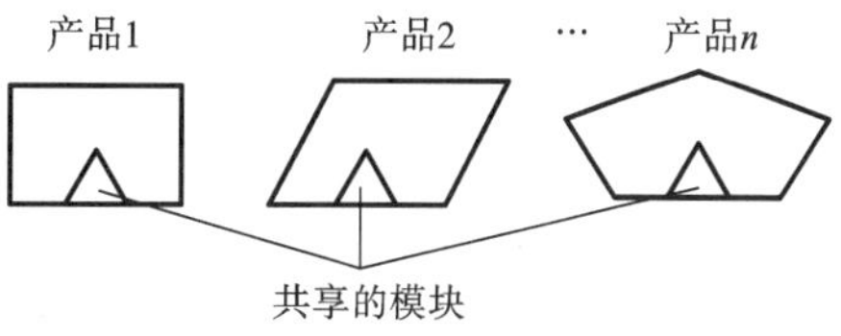
基于基型的模块互换	不同的模块与相同的基本产品组合形成与互换构件一样多的产品，可以围绕标准化产品开展定制服务	手表、手机	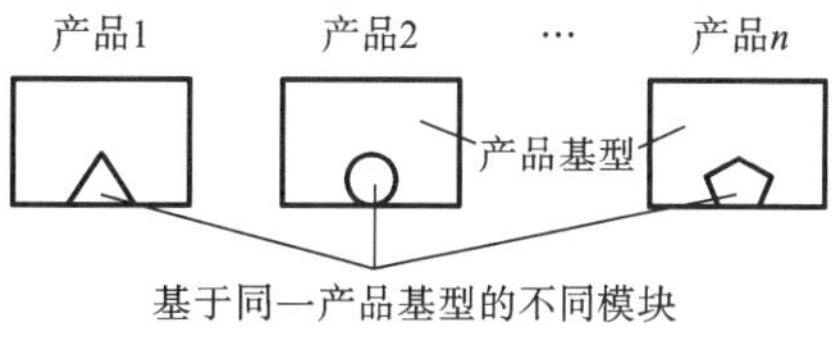
个别模块定制	构件在预置或实际限制中不断变化	工业汽轮机、家具	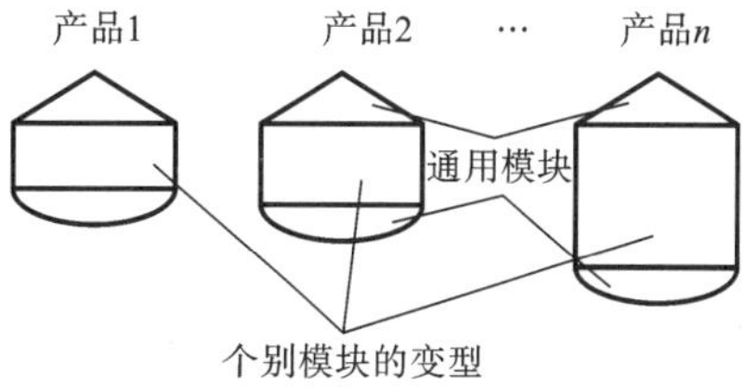
模块混合	模块混合在一起后形成了完全不同的产品	基于零件库设计的产品	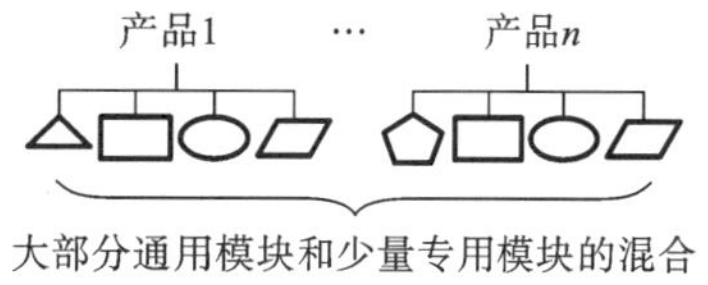
总线模块化	采用可附加大量不同构件的标准构件，并允许可插入模块类型、数量和位置有所变化	汽车（总线是基础底盘）、计算机	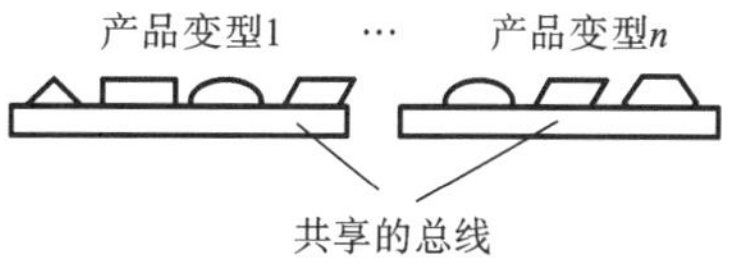
可重构的模块化	允许任何数量的不同类型的构件按任何方式进行配置，构件间以标准结构连接	建筑用的脚手架	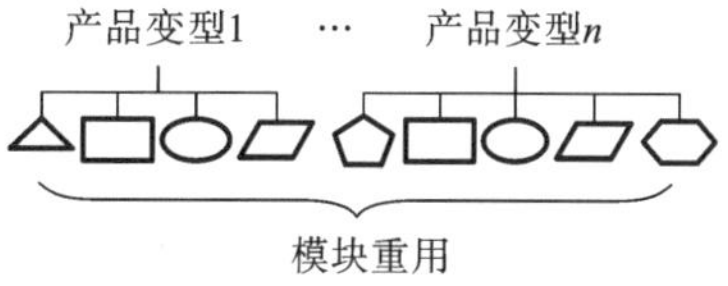
相同模块重复组合	通过相同模块的增减，满足个性化的需求	模块化热水设备	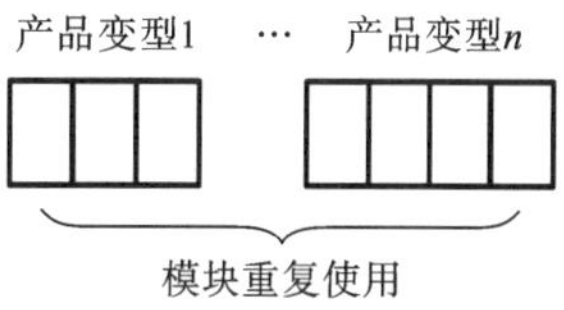

7.3 产品模块化设计的过程模型

7.3.1 产品模块化设计的 Y 模型

产品模块化设计过程模型(Y 模型)如图 7-14 所示。企业可以根据需要选择其中全部或部分步骤开展产品模块化设计。该过程主要适用于面向订单的设计(ETO)、面向订单的制造(MTO)和面向订单的装配(ATO)的产品。

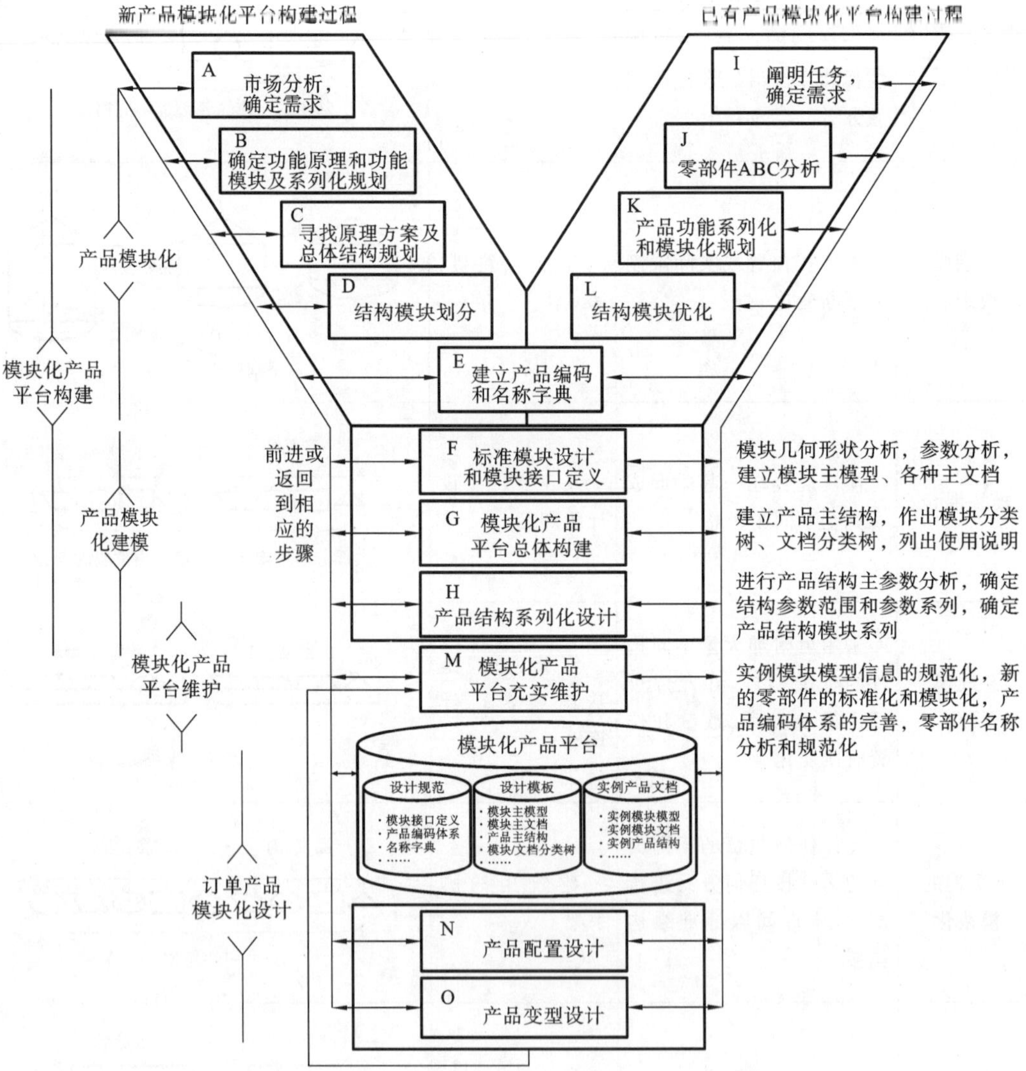

图 7-14 产品模块化设计过程模型(Y 模型)

7.3.2 模块化产品平台构建过程

如图 7-14 所示，模块化产品平台构建过程可分为两个部分：新产品模块化平台构建过程和已有产品模块化平台构建过程。

1）新产品模块化平台构建过程

新产品模块化平台构建过程（见图 7-15）的特点是：将模块化产品平台构建作为新产品开发的部分内容。由于未来的客户需求大多是未知的和变化的，因此需要进行预测分析。预测分析是在客户需求调查分析基础上进行的，通过质量功能配置，将客户需求转化为产品的功能和结构需求，并进行产品模块化规划和产品模块接口设计。最终得到的是既满足未来市场的功能需求和成本要求，又具有模块化的特点，能够较好满足未来的客户多样化和个性化需求的新产品。

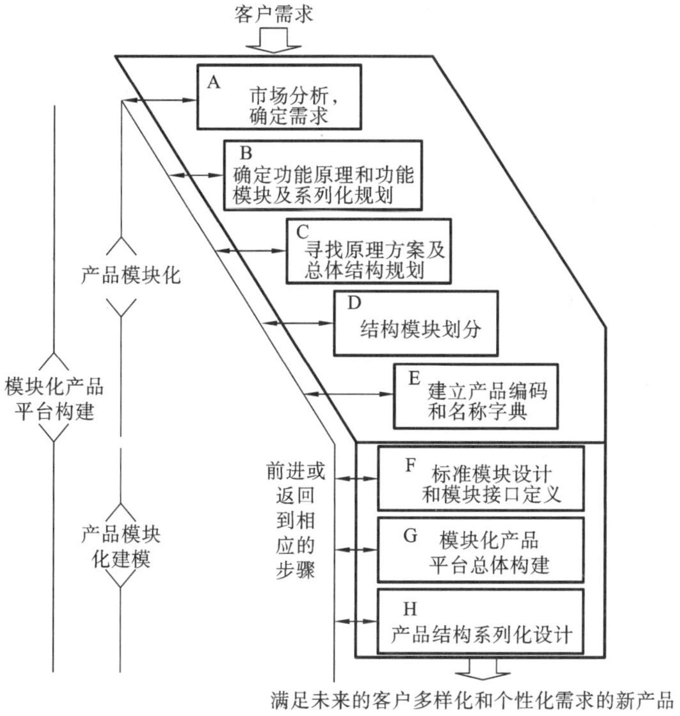

图 7-15　新产品模块化平台构建过程

2）已有产品模块化平台构建过程

已有产品模块化平台构建过程（见图 7-16）是面向已有产品的（基于历史订单的）模块化平台构建过程。

如果企业已有成熟产品推向市场，但在该产品开发时企业没有很好地考虑模块化问题，或者市场的发展提出模块化的需求，就需要对已有客户需求信息和设计数据进行分析，并对未来市场趋势进行预测和分析，在此基础上进行产品的功能和结构模块划分。

企业成熟产品已有大量的订单，已经进行了大量的产品定制设计，这时客户的需求比较明确，主要是通过分析企业已有的产品订单、设计、采购、制造、装配和服务等历史数据，进行模块化产品设计，进行零部件的通用化、系列化和标准化，降低未来产品的成本，缩短设计周

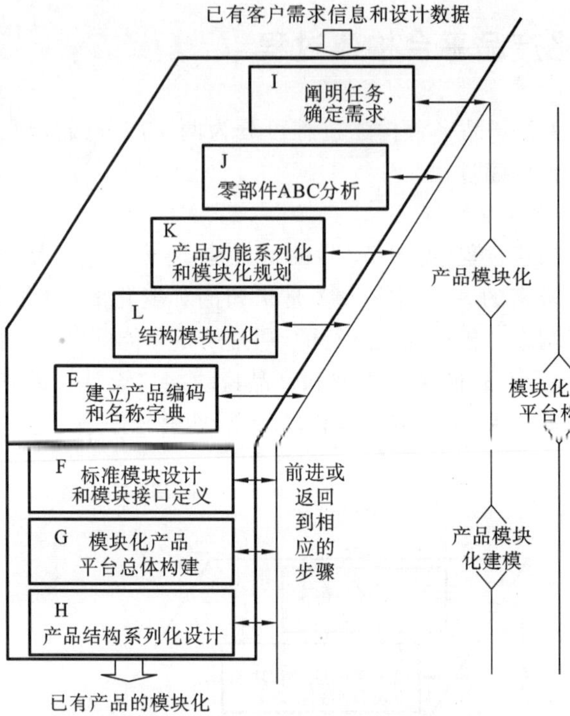

图 7-16　已有产品模块化平台构建过程

期。这种事后的模块化产品开发方法的缺点是前期大量的产品无法享受模块化带来的好处，并且有时会受到一些限制。

为了使模块化产品的成果具有可持续性，需要考虑未来客户需求的变化趋势，在对已有客户需求信息和设计数据进行分析的同时，也需要对未来的变化进行预测，尽可能准确、全面地获取客户需求，在此基础上进行产品模块化。

7.3.3　模块化产品平台充实维护过程

在模块化产品平台总体构建完成后，要对已有的零部件(实例)信息进行规范化，建立各种设计模板、实例产品文档，以备查询使用。

在模块化产品平台使用中，一方面将增加大量的模块化设计实例，另一方面，可发现模块化产品平台的一些新问题，因此需要对模块化产品平台中的各项内容进行不断充实、更新维护和优化，以保证模块化产品平台内信息的实时性、可靠性以及完整性。例如，在设计 BOM 的基础上建立制造 BOM 和维修 BOM 等就属于模块化产品平台充实维护工作。

7.3.4　产品配置和产品变型设计过程

在完成模块化产品平台的构建后，企业要针对订单给出的任务，利用模块化产品平台，开展产品配置设计和模块变型设计。

产品配置设计过程的特点如下：

(1) 配置设计是在综合分析企业资源特点和客户需求的基础上，在产品设计性能和结构约束下，根据产品主结构模型，通过对不同功能和结构的模块组合的可能性以及合理性进行评价，配置出满足客户多样化和个性化需求，且成本低、交货期短的产品的过程。

(2) 配置设计系统的用户涉及产品全生命周期各个阶段，包括产品客户、设计人员、制造和装配人员、销售人员、安装人员、维修人员等。

(3) 配置设计包括功能和结构配置设计两个部分。功能配置结果映射为结构配置。

产品模块变型设计过程的特点如下：

(1) 在保持原理不变和结构相似或相同的情况下，适应特定的资源和设计需求，对模块主模型的部分结构或设计参数做适当调整或局部改动。

(2) 通过模块主模型的事物特性表控制模块变型的数量和范围。

7.4 建立产品编码和名称字典

通过建立产品编码和名称字典可回答产品及其组成部分“如何描述”的问题。建立产品编码和名称字典产品编码体系的作用是对整机、部件、零件等用字母或数字进行编码，以码代形，便于搜索、分类和统计。

图 7-17 为建立产品编码和名称字典的一般过程。

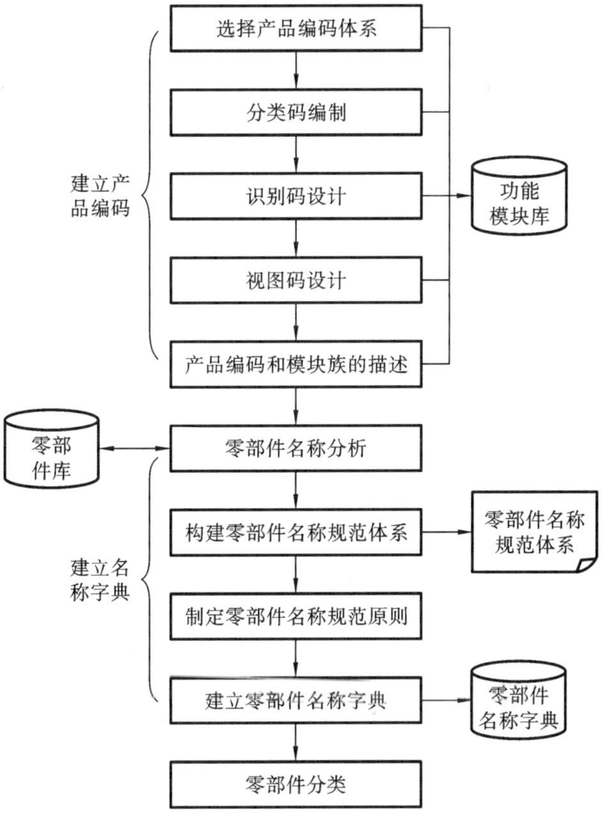

图 7-17 建立产品编码和名称字典的一般过程

1. 产品编码体系的选择

目前常见产品编码体系主要有隶属编码体系、复合编码体系、平行编码体系和识别编码体系等，如图 7-18 所示。这几种编码体系的优缺点见表 7-6。

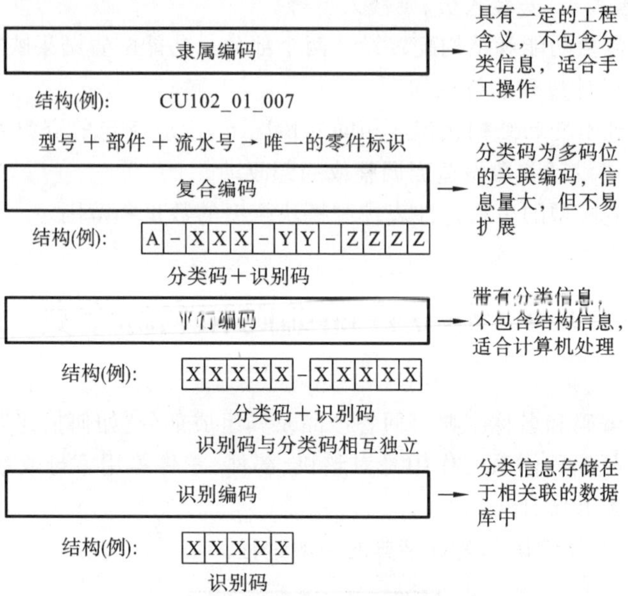

图 7-18 常见产品编码体系

表 7-6 常见产品编码体系的优缺点比较

编码体系类别	优 点	缺 点
隶属编码体系	具有丰富的结构或工程含义(如装配关系)，能方便地获得零部件的使用情况，有利于指导产品装配的过程； 适合于手工操作	可扩展性差； 不具有分类功能，无法获得零部件基本信息； 不同的产品应用同一零件有难度，容易造成混乱
复合编码体系	采用关联编码表示分类信息，分类信息量较大； 识别码帮助识别，一物一码	由于是关联编码，可扩展性差
平行编码体系	分类码和识别码相互独立，具有较好的可扩充性； 具有分类和识别作用	编码本身不具有很丰富的结构或工程信息
识别编码体系	分类信息存放于与识别码相关联的数据库中； 一般采用流水编码方式	编码本身不体现分类信息

目前多是采用国家标准《事物特性表定义和原理》(GB/T 10091.1—1995)中的分类码编码体系，这是一种平行编码体系。

2. 产品编码设计

1) 产品编码体系

这里主要介绍一种平行编码体系，其编码由分类码和识别码两个相对独立的部分组成。这两部分编码有十分密切的联系，在使用过程中可以按照使用目的不同以各种组合方式使用，或者单独使用。

(1) 分类码　分类码(SML-ID)主要用于产品信息的分类。

分类码可以根据国家标准 GB/T 10091.1—1995 的规定编制。产品分类码在整机级以所利用的资源分类为主，其次是功能原理和方案的分类；在部件级以功能原理和方案的分类为主，其次是结构的分类；在零件级以结构分类为主，其次是功能原理的分类；在结构单元级则以结构分类为主。

GB/T 10091.1—1995 对分类码的定义给出了指导性的建议。

(2) 识别码　识别码(Part-ID)主要用于对不同模块化产品信息的区分和标识，要求具有唯一性。通常采用由计算机自动产生的顺序编号作为识别码。如果企业已经建立零部件编码系统，则只要这些零部件编码具有唯一性，就可以作为识别码使用。

视图码(View-ID)也是一种识别码，主要用于零部件的每一个视图的识别。

2) 分类码设计

分类码由标准编号、分标准编号、分表编号和分图编号四部分组成，并可根据实际需要做必要的扩充。图 7-19 所示为分类码的结构。

图 7-19　分类码的结构

(1) 标准编号　标准编号用来区分不同的标准，用两位数字表示。如：

① 00：表示 DIN4000 标准。

② 01：表示 DIN4001 标准。

③ 08，09，99：备用编号。

④ 10～98：表示企业标准。

其中：DIN4000/4001 标准用于标准件和外购外协件(称为 C 类零部件)；企业标准用于典型的变型零部件(称为 B 类零部件)和与客户需求有关的特殊零部件(称为 A 类零部件)。

(2) 分标准编号　分标准编号对应相应标准所属的分标准。

例如，在 DIN4000 标准中，编号为 2 的分标准是螺钉和螺母标准，编号为 8 的分标准是法兰标准，编号为 11 的分标准是弹簧标准，等等。

(3) 分表编号　一个分标准可以包括属于一个大类的很多小类标准，分表编号表示检索对象在分标准中所属的小类编号。

例如，在 DIN4000 标准中，编号为 2 的分标准是螺钉和螺母标准，其下属编号为 1.1 的分表是利用外部工具拧紧的有头螺钉的标准，编号为 1.2 的分标准是利用内部工具拧紧的有头螺钉的标准，等等。

(4) 分图编号　分图编号指用结构表示的、对分标准中的小类做进一步说明的编号。

例如，在 DIN4000 标准中，编号为 2 的分标准是螺钉和螺母标准，其下属编号为 1.1 的分表是利用外部工具拧紧的有头螺钉的标准表格，其下属编号为 1 的分图是六角螺钉图，下属编号为 39 的分图是四角螺钉图，等等。

图 7-20 表示了按照上述分类方法对六角螺钉进行分类的例子。图中分类码为 00-2-1.1-1 的六角螺钉的事物特性表中包括了不同螺纹直径和不同长度的所有六角螺钉，不同尺寸的六角螺钉分别具有不同的识别码。

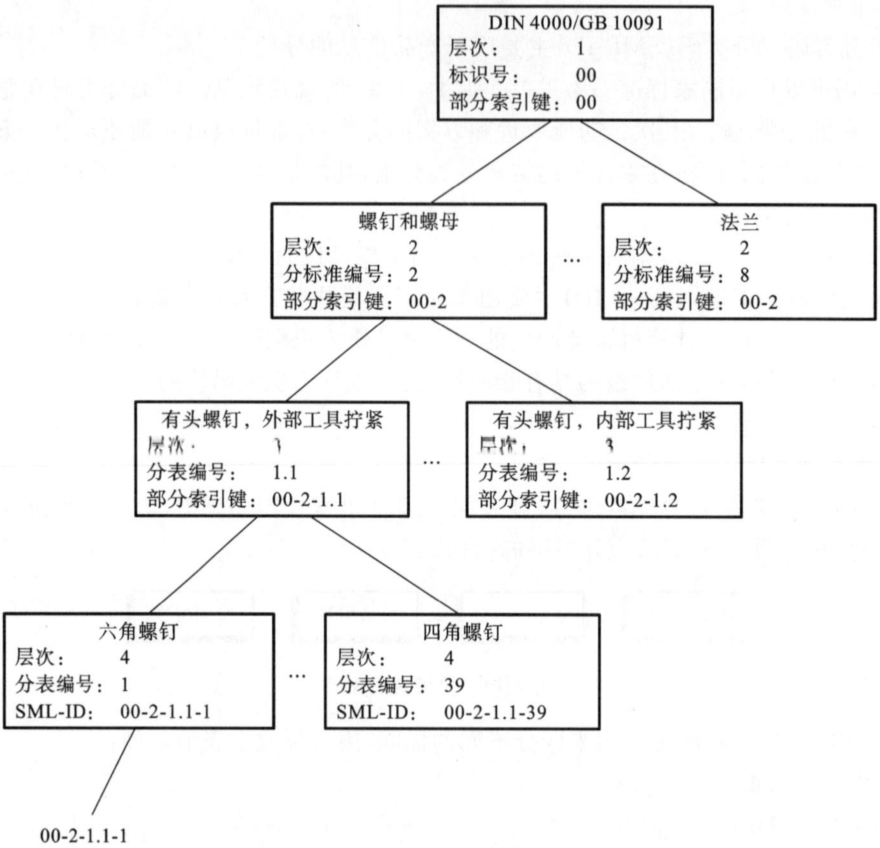

Part–ID	A 03	B	C	D	E	F	G	H	J
30001	12	20	15			8			
31203	12	22	17			8			
32876	14	24	18			10			
32908	14	26	20			10			
33218	14	30	22			10			
33666	16	25	20			12			
33458	16	28	22			12			
35678	16	30	24			12			
…	…	…	…			…			

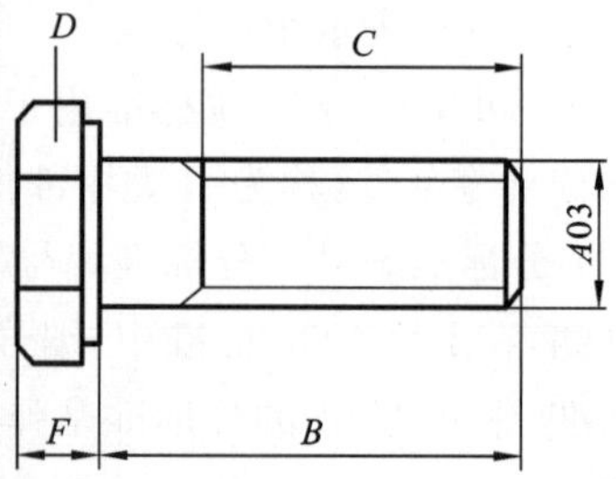

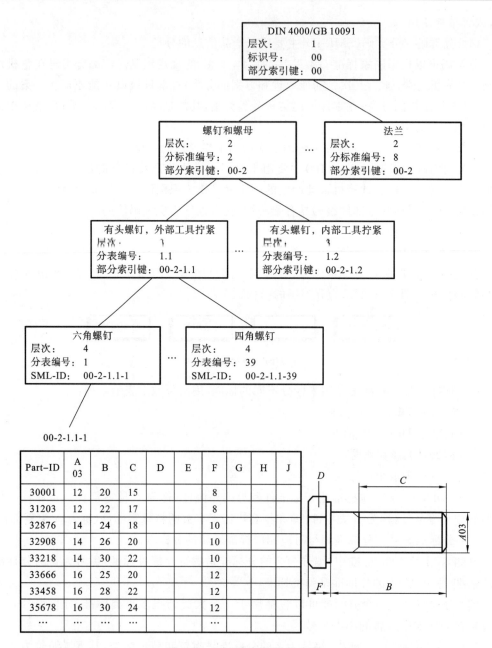

图 7-20 对六角螺钉进行分类

3）识别码设计

识别码是用来对同一对象族中的不同对象进行区分和标识的编号，通常采用由计算机自动产生的顺序编号作为识别码。识别码要求具有唯一性，即能唯一地定义对象。对于已经有零部件编码系统的企业，只要其零部件编码具有唯一性，也可以作为识别码使用。

4）视图码设计

产品编码系统的编码是直接面向结构的，必要时可利用视图编码对零部件的各种不同视图进行标识。图 7-21 表示了按 DIN FB14 标准规定编制的视图码结构。

在视图码中共有几何构件种类、显示等级、视图号和组装状态四类信息。

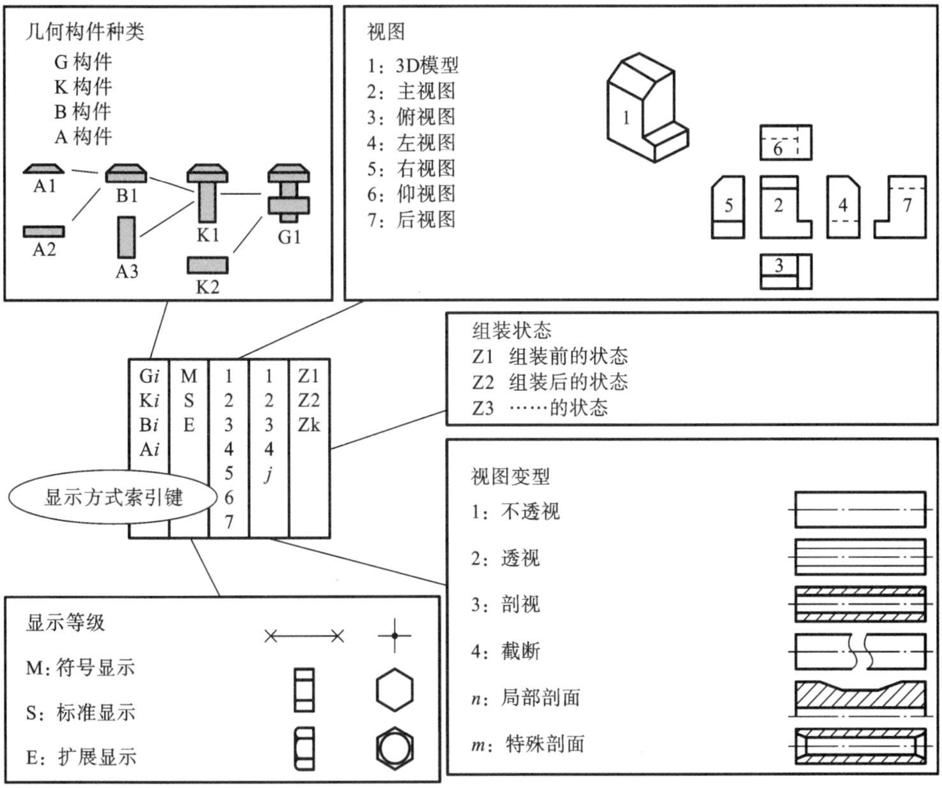

图 7-21　按 DIN FB14 标准规定编制的视图码结构

(1) 几何结构种类　在 DIN FB14 标准中，将构件及其组合件分成四类，即 G、K、B、A 构件。各构件的意义如下。

① G 构件：用若干整件和必要的 A 构件和 B 构件组成的组件。

② K 构件：也称整件(如完整的标准件)，通常包括一个或若干个 A 构件和(或)B 构件。

③ B 构件：只在一个结构文件标准内专用，以及为了清楚、合理地进行描述和编程的特定结构构件。

④ A 构件：在多种结构文件标准内应用，以及为了清楚、合理地进行描述和编程的通用结构构件。

在 DIN 4001/T2(GB/T 15049.2)标准中对上述几何结构种类有明确的规定。

图 7-22 所示构件的层次结构表示了各种构件的关系。A 类构件组成 B 类构件；B 类构件和 A 类构件组成 K 类构件；A 类构件、B 类构件和 K 类构件组成 G 类构件。

几何结构种类符号后面可以跟 1～2 位标识号以做区分，如 E21Z2，gS12Z1 等。

(2) 显示等级　对显示等级的规定如下：

① 符号显示(M)；

② 标准显示(S)；

③ 扩展显示(E)。

符号显示(M)等级表示在装配图中只需显示对象的符号；标准显示(S)等级表示需要显示对象的足够信息；扩充显示(E)等级表示需要对几何结构进行详细的表达。如图 7-23 所示为螺母的不同显示等级。

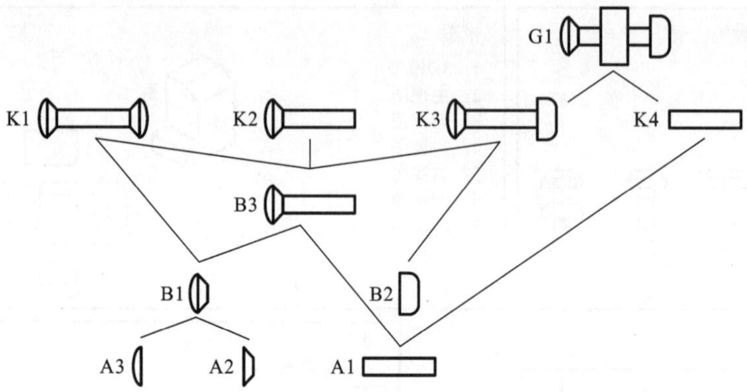

图 7-22 构件的层次结构

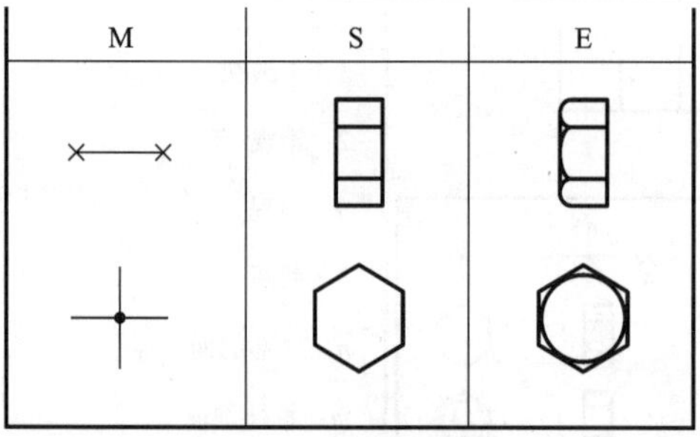

图 7-23 显示等级

(3) 视图号 视图号是对几何形体各个方向视图的编号，具体规定如图 7-24 所示。

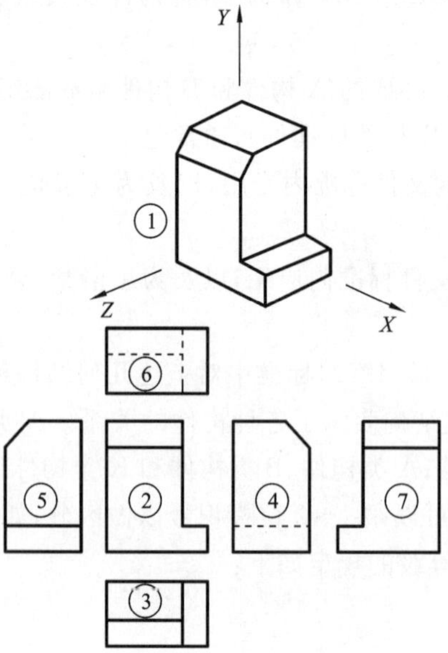

图 7-24 视图号

一个视图可以有多种不同的显示方式(如剖面显示和隐边显示等)和不同的变型。视图的变型标识号通常从 1 开始，依次递增，一般情况下每次递增 1。

(4) 组装状态 一个整件的构件形状或尺寸可能在组装时发生变化。这时有以下几种情况：

① 构件有两种或更多的独立状态(如装配状态的铆钉或非装配状态的铆钉)。

② 构件几何结构的改变能通过算法获得(如弹簧)。

③ 以上两种情况同时存在。

组装状态种类的识别码通常从 1 开始，依次递增。图 7-25 表示了不同的组装状态。

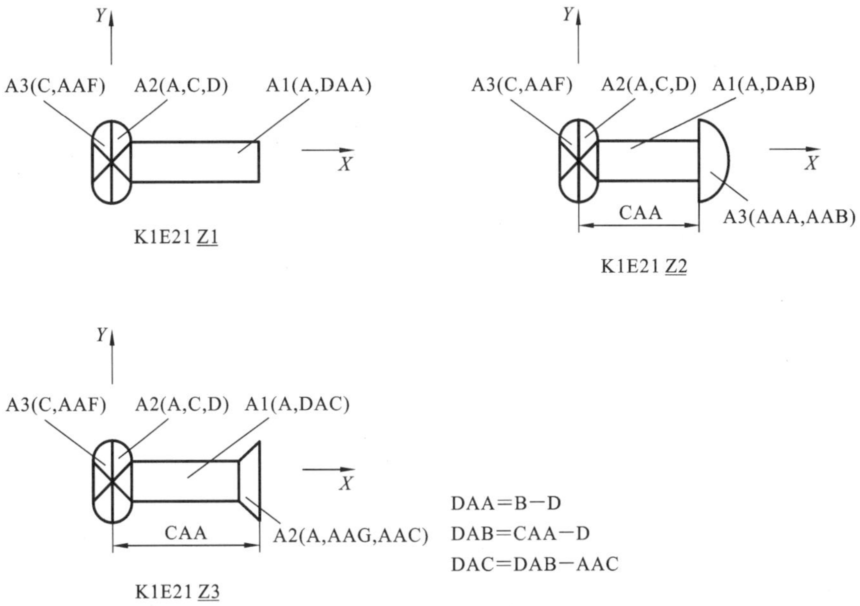

图 7-25　不同的组装状态

5) *产品编码和模块族的描述方法*

产品编码系统主要通过表格、视图和主文档实现对模块族主要信息的描述。图 7-26 表示了一个分类码为 11_35_1_1 的模块族的各种编码。从图中可以看出，该模块族的描述信息主要包括三个组成部分，即表格部分、视图部分和主文档部分。主文档包括主图、主工艺过程规划和主 NC 程序等。为简洁起见，图 7-26 中的主文档仅用模块族的主图表示。

(1) 表格部分用"T"开头的代码标识，由事物特性表和模块主记录两部分组成，前者描述了模块族的事物特性，事物特性表中包括同一模块族的所有模块；后者描述了该模块的基本属性。事物特性表和模块主记录通过唯一的 Part-ID 相连。

(2) 视图部分用"A"，"B"，"K"，"G"开头的代码标识，其含义已在前面介绍过。

(3) 主图部分用"Z"开头的代码标识，描述了该类模块的公用信息。

产品编码系统体现了图、表、码三位一体的思想，通过事物特性表实现了各视图的关联，通过引入主图的概念，可以更方便地进行产品建模和零部件的变型设计。

在对全部模块依据一定的准则进行编码以后，可以方便地利用虚拟装配技术、PDM 技术对模块进行组合和评价。在组合过程中，设计人员能够按照自己的意图对模块进行选取、装配、接口改进、综合评价。

3. 名称字典的建立方法

1) *需求*

在企业多年的数据积累过程中，往往因为企业人员个人的主观因素或企业没有统一的

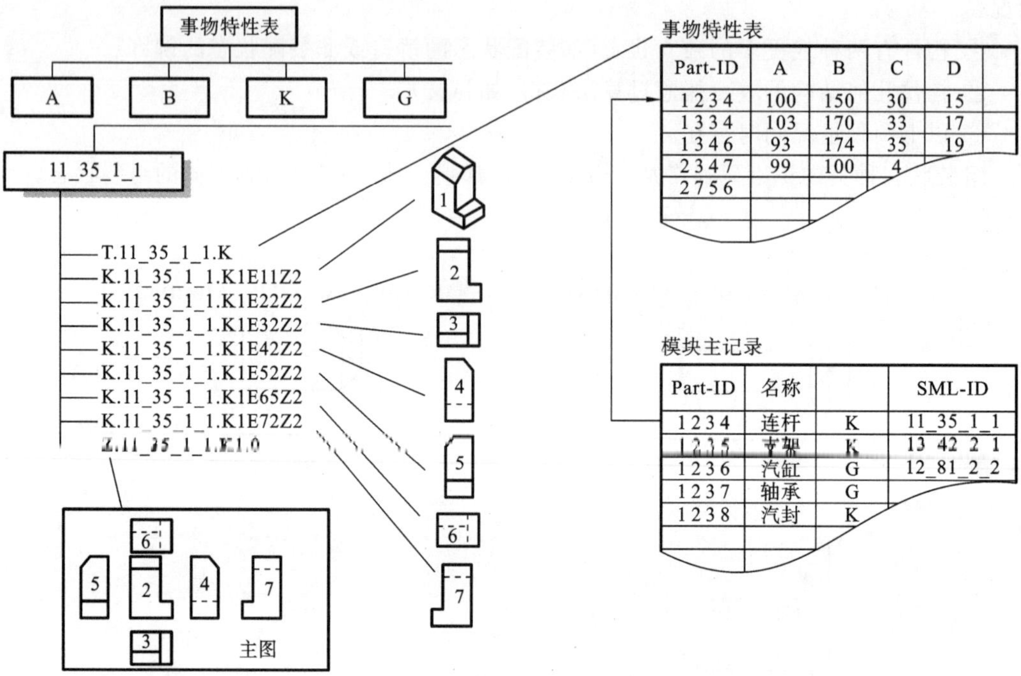

图 7-26　分类码为 11_35_1_1 的模块族的各种编码

名称规范体系而导致同一对象出现多个不同的名称，例如同一六角螺钉，不同的设计人员会对其有不同的命名：连接螺钉、紧固螺钉、定位螺钉、支承螺钉或调节螺钉等。这对零部件重用和归类生产造成了很大的困难。进行零部件名称规范化的主要目的是为了正确识别零部件，减少零部件种类，提高零部件的重用度。

2）零部件名称在模块化中的作用

零部件名称是对零件功能或结构特征的一种描述，尽管不规范、不完整，但因其简单直观，在产品模块化应用中仍有独特的作用。

(1) 零部件名称可作为零部件信息检索的一个重要工具。

在零件信息检索过程中，人们往往希望能快速找到所需要的零件信息。零部件名称索引文件在大部分情况下能较好地满足人们的希望，尤其是标准件和专用件的检索，但也有如下的局限性：

① 由于一部分零部件名称定义的外延较广，结果所检索到的零件种类较多，它们的形状结构有较大变化；

② 一些零件结构相似，但因功能或其他因素不同而取的零部件名称也不同，这给相似件的检索带来了困难；

③ 有时由于人们的习惯、经验等不同，对相同功能和结构的零件定义不同的名称，这也给零件信息的检索带来了较大的困难。这些局限性通过零部件名称的规范化可得到部分克服。

(2) 零部件名称可作为零部件模块划分的一个辅助工具。

零部件名称大多由词缀与词根通过修饰和被修饰的关系构成，被修饰的词根可以作为零件族的大类识别符，而零部件名称定义的外延相对于词根要小些，因此可作为零件族的小类识别符。例："杆"可作为零件族的大类识别符，而"拉杆"、"连杆"等可分别作为零件族的小类识别符。

（3）零部件名称可用作零部件模块标准化的一个辅助工具。

零部件名称在专用件的标准图册和标准工艺的制订、相似件的主模型图册和主文档的设计等方面也能发挥一定的作用。

事物总是有两面性的。零部件名称既有使用简便、符合人们习惯等特点，同时又有所包含的信息不全、不规范、主观性强、模糊性大等缺点。虽然通过零部件名称规范化可部分解决其存在的问题，但零部件名称要完全取代分类编码是不可能的，只能作为一种重要的辅助工具。

3）零部件名称规范化的主要工作内容

零部件名称规范化的主要工作包括进行零部件名称分析、构建名称规范体系、制定名称规范原则和建立名称字典等。

（1）零部件名称分析。进行零部件名称分析是为了建立统一的、无冗余的零部件名称字典。对零部件名称的正确分析与命名可以支持 PDM 系统的有效应用，支持企业实现模块化设计。

（2）构建零部件名称规范体系。零部件名称规范化是用规范文档对零部件名称进行规范命名的过程，因此，合理的名称规范体系发挥着举足轻重的作用。

零部件名称规范体系由各种零部件名称规范的方法所组成。由于企业零部件种类繁多，且各具特点，名称规范体系中应包含各零部件的名称规范文档，注明规范依据、规范步骤、规范注意事项等。通常制订零部件名称规范文档时，可选取相关产品的标准作为参考的依据，这样既有利于保证零部件名称的一致性和唯一性，又可以满足对零部件进行资源共享的需求。

（3）制定零部件名称规范原则。

在名称分析的过程中，由资深工程师辅助标准化部门和信息化部门的工作人员统一制定命名原则，对现有零部件名称逐一进行校验，并对日后生成的新对象的命名予以指导。

名称规范化中应明确零部件名称规范原则，尽量避免命名二义性的情况。由于面向功能的命名方法存在严重的二义性，所以建议尽可能采用面向零部件几何形状的命名方法。例如，将用于连接、紧固、定位、支承或调节的六角螺钉，统一命名为六角螺钉。在采用面向零部件几何形状的命名方法后，可以大大减少同一零部件的命名混乱状况。

（4）建立零部件名称字典。

在规范好零部件名称的基础上，建立统一的、无冗余的名称字典。建立名称字典可减少零部件种类及数量，保证所有数据的唯一性，便于使用人员检索和重用，有利于信息交换和信息共享，提高技术人员和管理人员的工作效率。

名称字典中存储了零部件经过规范化后的名称、原名称及对象描述等。

当企业人员需要对新产生的零部件进行命名时，只能在名称字典中挑选合适的名称，PDM 系统拒绝接受名称字典中不存在的对象名称。如果需要在名称字典中增加一个新的名称，则必须履行一个严格的标准化过程：由设计部门提出命名申请，经标准化部门审核通过，再与其他部门协商，确定新增命名的必要性和合理性后，严格按照名称规范体系的规范文档及规范原则的要求，由信息化部门进行添加。

（5）对名称字典进行检查。

构建名称字典后，必须对其内容和表达规范进行检查，包括字典元素和表达规范的检验。重点是对字典元素进行一致性规则、完整性规则、严格性规则的检查，即名称字典中是否有重复的名称定义、是否包含该企业所有零部件的完整信息且没有冗余，以及零部件规范的名称是否符合规范体系的要求等。

4）零部件分类

产品模块分类是面向零件族的，完善的产品模块化分类可以向开发设计人员提供有效的检索手段。例如，当一位设计人员接到设计一个新的两级齿轮变速器任务时，他首先希望知道本企业已经生产过的所有两级齿轮变速器产品的技术资料，以便从中找到可以通用的模块和可以参考的资料。此时，该设计人员可以向 PDM 系统输入名称“两级齿轮变速器”，或者利用 PDM 系统提供的分类管理功能，沿着零部件的分类树查找到所有两级齿轮变速器的技术资料。

产品零部件分类方法包括层次式分类法和非层次式分类法。

(1) 层次式分类法　又称树结构分类法，对零部件从上往下逐层分解。检索时可按树状结构一层一层地找到所需用的零部件。这种分类法的优点是：有较好的结构性；可以快速找到不同层次的零部件；零部件的隶属关系和组成关系比较清晰。缺点是：灵活性差；需要大量的人工维护；树结构的建立有较强的主观性，与编制者的产品分解方法有很大关系。

选取不同的分类特性可能得到不同的分类层次结构，合理的分类层次结构方便企业人员对零部件及相关信息进行查询和推理，结构清晰，容易识别和记忆。根据 DIN 4000 标准的思想，分类层次结构通常以 3～4 层为宜。

(2) 非层次式分类法　又称关键词(或主题词)分类法，通过描述零部件的关键词进行分类。这种分类法的优点是：灵活性和可扩展性好；可以与 Web2.0 中的标签(tag)结合使用；可以采用分布化、自组织的分类方式，人工维护分类系统的成本较低。缺点是：关键词建立和使用有较强的主观性和随意性，容易出现语义冲突问题，降低分类效率。采用本体技术有助于克服该缺点。

非层次式分类结构的构建没有显式的分类层，不必定义分类规则，是利用零部件的分类特性隐式地建立分类结构。根据客户的实际需求，输入某一分类特性，动态产生相应的分类视图。采用非层次式分类法来构建分类结构，能灵活地满足使用人员多样化的重用需求，具有较大的弹性。非层次式的分类结构为客户提供了更多的检索方式，可以用作技术对象的搜索引擎。其中，最大的优势体现在客户能直接对某个特性进行检索。以往要检索某一特性时，需要调出整张事物特性表或事物特性一览表，而对于非层次式分类结构可只调出该特性的描述，指定特性的具体数值或给定某个取值的范围进行检索，还可根据特定需求，进行多个特性的组合检索，如可通过长度/直径的比来检索，从而有效地避免二义性。

习题与思考题

7-1　模块化设计中的模块划分方法有哪几种？

7-2　试以精密机床为例阐述模块化设计过程。

7-3　如何从绿色设计的角度开展模块化设计？

7-4　试分析如何结合虚拟设计开展模块化设计。

第8章　机电产品动态性能设计与优化

8.1　概　　述

随着现代机械产品日益向大型化、高速化、精密化和高效化方向发展，机械系统的振动问题日益突出。良好的机械系统动态性能已经成为产品开发设计中重要的优化目标之一。因此，用先进的动态设计取代传统的静态设计方法是机械结构设计的必然趋势。

机械系统动态设计的主要内容包括两个方面：

(1) 建立一个切合实际的机械系统动态力学模型，为进行机械系统动态力学特性分析提供条件；

(2) 选择有效的机械系统动态优化设计方法，以获得一个具有良好的机械系统动态性能的产品结构设计方案。

现代机械动态设计有狭义动态设计和广义动态设计两种不同的含义。

狭义的动态设计以机器中结构型零部件为研究对象，以线性动力有限元法为手段，采用理论研究和模型试验相结合的方法，找出产品初步设计中的缺陷和问题，进而对零部件或结构进行动力修改，避免结构在工作时发生共振和出现不稳定振动，它的研究范围仅限于结构的动态特性，即机器零部件的固有特性。

广义的动态设计包括机器工作过程中发生的运动学、动力学等与动态特性有关的所有设计内容。从不同角度来看，可发现广义的动态设计具有多种特点。

(1) 从研究目标来看，广义的动态设计考虑的是与机器运动学和动力学相关的所有设计内容，包括机器运动学和动力学分析及相关参数的计算等。

(2) 从研究的理论基础来看，广义的动态设计不仅要考虑机械系统的线性振动问题，还要考虑非线性动力学问题，所以广义动态设计的基础不只是线性动力学理论，还包括非线性动力学理论。对不少机械来说，如果不去研究非线性动力学问题，很难揭示机器运转过程中所发生的非线性动力学现象，如超谐和亚谐振动、跳跃和滞后、分岔与混沌、慢变与突变等现象。

(3) 从研究内容来看，狭义动态设计的重点是研究机器结构或系统的模态参数，并以避免机器或结构出现共振及不稳定的振动(或减少共振及不稳定的振动)为主要目的；广义动态优化涵盖了机器运动学和动力学的所有方面，而不只是考虑消除那些有害的振动。对于利用振动的机械，还要考虑如何充分地利用振动，甚至是利用共振给生产和人类生活带来益处，并创造出经济效益和社会效益。

(4) 从研究手段和方法来看，一般采用广义优化和试验研究相结合的方法。所谓广义优化，它的内涵除了最优化方法(通常得到的是量化的结果)外，还要考虑工程设计过程中常常采用的类比和选优等优化方法。

(5) 从研究对象来看，不只限于一般机械，目前已扩展到设计难度最大的一些大型高速旋转机械，如汽轮机组等。

由此可见，广义动态设计已经大大扩展并改变了狭义机械动态设计的内容和范围，从而使动态设计所涉及的内容的广度、深度和难度都发生了根本性的变化。

8.2 动态设计基本原理

8.2.1 动态设计的有关概念

1. 动刚度

动刚度 K_D 是衡量机械系统及结构抗振能力的常用指标，在数值上等于单位振幅所需的动态力。

$$K_D=\frac{F}{A}=K\sqrt{\left(1-\frac{\omega^2}{\omega_n^2}\right)^2+\left(2\zeta\frac{\omega}{\omega_n}\right)^2}$$

式中：K 为系统的静刚度；ω_n 为系统的固有频率；ζ 为结构阻尼；ω 为共振频率。

从上式看，可采取以下措施来提高系统结构的动刚度：

(1) 提高系统的静刚度；

(2) 提高系统的固有频率；

(3) 增加结构阻尼。

2. 动态设计

动态设计是指在图纸设计阶段就充分考虑机械结构和机器系统的动态性能，整个设计过程实质上运用动态分析技术，借助计算机分析、计算机辅助设计和仿真来实现。

机械系统的动态特性是指机械系统本身的固有频率、阻尼特性和对应于各阶固有频率的振型，以及机械在动载荷作用下的响应。

8.2.2 机械系统动态设计的基本原则和步骤

1. 机械系统动态设计的基本原则

机械系统动态设计的基本原则如下：

(1) 防止共振；

(2) 尽量减小机器振动幅度；

(3) 尽量增加结构各阶模态刚度，且最好接近相等；

(4) 尽量提高结构各阶模态阻尼比；

(5) 避免零件疲劳破坏；

(6) 提高系统振动稳定性，避免失稳。

2. 机械系统动态设计的基本步骤

机械系统动态设计的基本步骤如下：

(1) 建立动力学模型；

(2) 进行动态特性分析；

(3) 进行动态设计指标的评定；

(4) 修改结构参数和优化设计。

8.3　多学科设计优化

20 世纪 80 年代计算智能技术研究兴起之后，优化设计在原有基础上融合了计算智能等学科的理论与技术成果并加以发展，取得了实质性、突破性进展。20 世纪 90 年代出现的多学科设计优化是一种工程系统设计方法学，它面向多学科优化和工程系统设计，对于推动工程系统设计进展具有里程碑意义。

后来，商品化多学科设计优化大型应用软件工具又相继推出，并在航空航天等领域取得了可喜的应用成果。近年来在优化设计研究和应用中，人们重视以知识为基础、以人为中心，重视人机合作以及人的能力，发挥人机各自的特长，这就更促进了优化设计理论和应用的发展。

近十年来，现代优化设计方法和技术的发展及应用实践表明，优化设计可以拓展更大的空间和发挥更大的作用。另外，复杂机电产品性能设计多属工程系统设计，多学科优化设计是处理工程系统设计问题的有效方法。

多学科优化设计（MDO）也称为多学科优化或多学科系统优化设计，或多领域设计优化，是一种工程系统设计方法学。

美籍波兰人 Sobieszczanski-Sobieski 于 1982 年在一篇研究大型结构优化的论文中首次提出 MDO 思想。1990 年，Sobieszczanski-Sobieski 开始倡导面向多学科设计的分解方法，这被认为是在 MDO 理论方面有开创性的工作。航空航天界最先认识到 MDO 研究的重要性和迫切性。1991 年美国航空航天学会（AIAA）专门成立了 MDO 技术委员会，并发表了关于 MDO 发展现状的白皮书，这标志着 MDO 研究作为一个新的研究领域的诞生。美国航空航天局（NASA）的 Langley 研究中心（MDOB）将 MDO 定义为："MDO 是一种复杂工程系统设计方法学，通过探索和利用系统中相互作用的协同机制来设计复杂工程系统及其子系统。"

MDO 方法针对复杂耦合系统设计问题，采用分而治之的策略，将系统合理地分解为若干容易处理的子系统。系统既可按学科划分，也可按物理结构划分，但各子系统之间往往存在耦合关系。为此给出保证系统整体协调（又称协调一致性）的策略和方法，以使各子系统能相对独立自主地处理或优化自身子系统问题，并实现系统的并行计算，充分利用和发挥各子系统之间相互作用所产生的有益的协同效应，最终获得系统整体最优解或工程满意解。但是由于问题复杂，实际上目前并非都能保证获得最优解或满意解。作为 MDO 进一步的探索方向，如何简化它复杂的协调方法并充分发挥其相互作用的协同效益，以达到更好地设计复杂工程系统的目的，也是人们关注的课题。

8.4　工 程 实 例

8.4.1　超重型卧式车床主轴系统动态性能分析

超重型卧式车床主轴系统动态性能分析可从以下几个方面着手：一是主轴箱动态性能

分析。在主轴箱中有五根采用齿轮传动的传动轴，其具有传动精准、稳定性高、传动轴使用寿命长、传动效率高、承载扭矩能力强、适用范围广等优势。要通过分析设计提升主轴箱布局科学性，使齿轮传动机构布置紧凑合理，确保超重型卧式机床按照生产目标高效完成制造任务。CK61450 型超重型数控卧式车床圆周速度为 300 m/s，传递功率为数万千瓦。二是主轴系统动态性能分析。将斜齿圆柱齿轮装配在主轴中部位置，在斜齿圆柱齿轮前端安置卡盘，卡盘用于装夹工件，圆柱滚子轴承用于支承主轴。为确保主轴系统运行稳定可靠，将两组圆柱滚子推力轴承安置在齿轮前部，在提高主轴轴向运行刚度基础上，可抵消主轴系统动态运行过程中产生的轴向分力，确保主轴系统动态性能更加稳定，为提升超重型卧式车床生产能力奠定基础。三是工况分析。相较于一般数控卧式机床，超重型卧式数控机床工况差异性较为明显，以 CK61450 型超重卧式数控机床为例，其加工生产的工件平均质量在 70 t 左右，这就造成主轴系统在生产制造过程中需承受极大的扭矩，且运动速度较慢，平均主轴转速在 0.5～69.4 r/min 范围内。这种有别于常规的机床加工状态，需要主轴系统运行极为稳定，使其动静态特性均在超重型数控机床生产加工要求范围内，以满足主轴系统动态运行需求。

通过利用 ANSYS 软件对以 CK61450 型为例的超重型卧式数控机床主轴动态性能进行分析可知，超重型数控机床若想得到有效运行，各项功能均可有效落实，数控机床设计人员需从实际出发，结合超重型卧式数控机床主轴箱、数轴系统及其运行工况，探究其优化设计方略，继而达到提升超重型卧式数控机床主轴系统动态性能的目的。

1. 优化设计原理

超重型卧式数控机床主要生产大型工件，一旦在该生产系统中出现主轴系统动态性能不稳定现象，就将降低数控系统生产性能。随着我国科学技术的不断发展，数控机床主轴系统动态性能若想得以提升，设计人员需秉持与时俱进的精神，做好结构优化设计。需从实际出发，进行结构动静态分析，找出影响系统性能提高的因素，结合超重型卧式数控机床产品制造需求，进行结构修整；利用 ANSYS 等软件对主轴系统动态性能进行分析，探究优化设计方略是否满足超重型卧式数控车床高效生产需求，如若满足结构修整需求，则落实结构优化操作。

2. 主轴系统优化设计方法

主轴系统优化设计方法如下：

一是确定轴承跨距，适当调整轴承跨距。最优跨距是确保主轴系统运行稳定、高效的主要因素，为此技术人员需在保持主轴整体长度不变情况下，灵活调整前端与后端轴承，在轴承跨距调整过程中，利用结构分析软件对跨距动静态性能进行分析，继而找出符合主轴系统运行的最优跨距。

二是确定轴末端缩短距离。主轴系统性能受轴末端长度变化影响，为此技术人员需在超重型卧式数控车床主轴系统基础上，进行初始建模，以轴末端长度为变量，进行动态性能分析，研究不同轴末端长度对主轴系统动态性能的影响，找出最优轴末端缩进距离。

三是确定孔径大小。在主轴系统中，孔径变化会对超重型卧式数控车床制造体系产生影响，为此技术人员在优化设计主轴前端与后端缩进距离时，需结合缩进调整值，设置主轴孔径扩大或缩小值，确保孔径大小符合主轴动态运行需求。

四是优化设计结果对比。为确保主轴系统动态性能研究更加科学有效，为优化设计主轴系统奠定基础，确保主轴系统运行符合超重型卧式数控车床生产需求，技术人员需在优化方案制定完备后，利用 ANSYS 等软件对主轴动态性能进行系统分析，对主轴运行频率、工作效率、体积、质量、变形量、刚度等因素进行综合衡量，确保优化设计符合生产需求，达到提升生产成效的目的，继而提升优化改造科学性，避免盲目改造造成生产成本浪费，达到提升生产企业经济收益的目的。

8.4.2　传动轴系统的建模与动态性能分析

传动轴系统在工作中会受到各种激励作用，当受到的外界动载荷的激励频率与自身的频率相一致时，结构将发生共振。共振将加速传动轴系统的损坏，降低其寿命，带来较大的经济损失。因此，传动轴系统振动特性已经成为重要的研究课题之一。

传动轴系统由轴管、等速万向节和伸缩套组成，如图 8-1 所示。通过对汽车传动轴系统的建模与动态性能分析和传动轴系统的模态分析，可以获得传动轴结构的模态参数（频率与振型），为传动轴的减振分析与控制提供数据。这里采用多体动力学传递矩阵法对传动轴系统进行建模，其中轴管对传动轴总成的特性有较大的影响，影响参数包含刚度与质量。这也是在进行传动轴系统分析时，将其作为柔体来研究的原因。

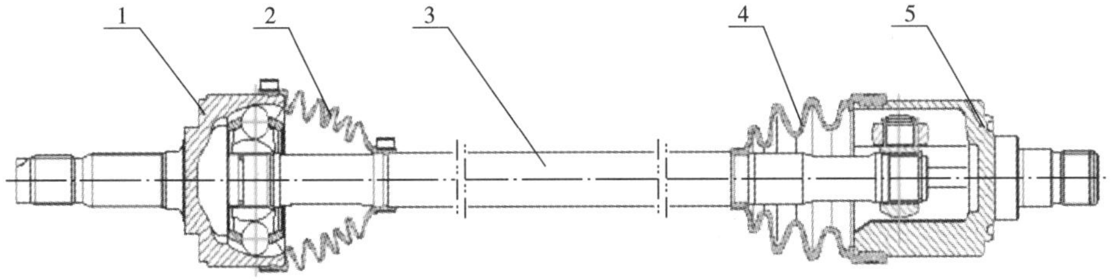

图 8-1　传动轴系统的二维结构示意图

1,5—球笼式万向节；2,4—防尘罩；3—传动轴轴管

首先根据传动轴的结构特点将其简化为无质量梁单元和集中质量单元的有序组合；其次是根据单元部件所受力特点建立无单元和集中质量的动力学方程，得到各个部件的传递矩阵。各单元从最左端开始，根据传递矩阵原理，右端截面的状态向量与左端截面的状态向量存在一定的关系，并可以用数学表达式矩阵表示，形成矩阵连乘的形式，代入端点处的边界条件，即可完成各截面处和元件各个点处的状态向量的求解。

在传动轴系统的理论模型建立和传动轴的振动特性的分析中，通过坐标变换进行非耦合化处理，然后利用单自由度系统解的合成来完成多自由度系统求解的响应。利用具有正交性质固有向量进行有效的坐标变换，可以把物理坐标上描述多自由度系统的运动方程巧妙转化为非耦合方程。

符号约定：$\boldsymbol{M}$ 为质量矩阵，$\boldsymbol{C}$ 阻尼矩阵，$\boldsymbol{K}$ 为刚度矩阵，则多自由度系统的运动方程可表示为

$$\boldsymbol{M}\ddot{\boldsymbol{x}}+\boldsymbol{C}\dot{\boldsymbol{x}}+\boldsymbol{K}\boldsymbol{x}=\boldsymbol{f}$$

将运动方程简化，得

$$\boldsymbol{D}\boldsymbol{X}=\boldsymbol{z}$$

则

$$\boldsymbol{X}=\boldsymbol{A}\boldsymbol{v}$$

若

$$X^{T}DX=X^{T}z$$

则
$$y^{T}A^{T}DAy=y^{T}By=y^{T}A^{T}z$$

B 是对角矩阵，通过两次变形将系统矩阵 D 对角化变换为模态矩阵 A。根据中间轴管结构，通过动力学分析，可以将轴管部件等效为如图 8-2 所示的理论模型。

对于传动轴系统，考虑到传动轴系统两端万向节的实际结构，将传动轴系统等效为平面弹簧铰，建立传动轴整体系统的简化模型，如图 8-3 所示。

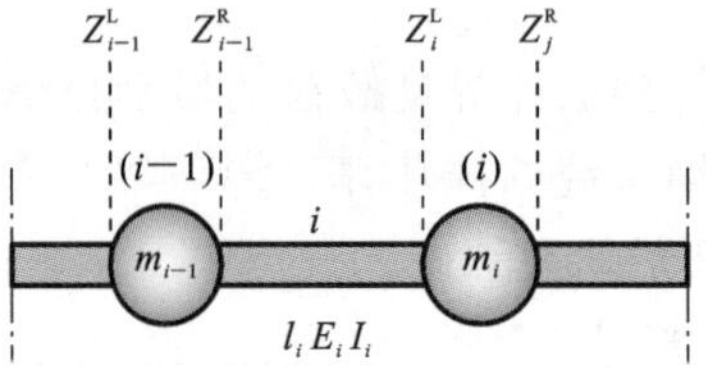

图 8-2 集中质量单元与无质量单元的轴管

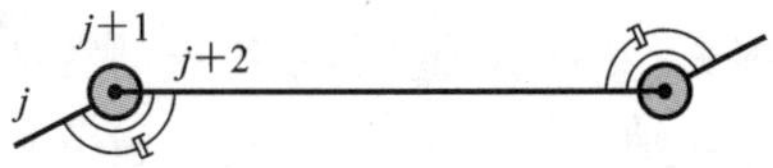

图 8-3 传动轴系统的简化模型

习题与思考题

8-1 何为动态设计？

8-2 动态设计的主要内容包括哪些方面？

8-3 动态设计的基本原则有哪些？

8-4 常用的转子平衡方法有哪些？各有什么特点？

8-5 模态参数识别的方法有哪些？

8-6 举例说明模态参数识别在现实中的应用。

8-7 机械系统旋转物体的失衡有哪几种情况？

8-8 机械系统的主要建模方法有哪些？

8-9 试述采用有限元法进行机械系统动态特性分析的基本过程及步骤。

8-10 试述进行机械系统的动态设计的基本工作步骤。

第9章　产品仿真与数字样机

数字样机技术是以CAD/CAE/CAM等技术为基础，以机械系统运动学、动力学和控制理论为核心，并融合虚拟现实、仿真技术、三维计算机图形技术、网络通信技术、分布式协同技术、用户界面技术等，将分散的产品设计开发和分析过程集成在一起，通过建立产品的虚拟原型进行仿真试验，从视觉、听觉、触觉及功能、行为上模拟真实产品，提供一个全新研发机械产品的设计方法。数字样机运动仿真主要解决机械系统的运动学、动力学和静平衡类型的分析与仿真问题。通过仿真中的反馈信息不断地指导设计，保证产品寻优开发过程顺利进行。

产品的创新和快速开发是提高企业竞争力的关键。个性化的需求、快速多变的市场及日益加剧的市场竞争，都要求企业能够快造地抓准市场需求的脉搏，快速地提供能够满足需求的新产品，从而在第一时间内获得丰厚的利润。数字样机技术为企业创造具有竞争力的产品提供了有利的工具和手段，在即将到来的数字样机时代，产品设计将变得轻松快捷。

1990年10月29日，美国波音公司正式启动波音777飞机研制计划。波音777飞机研制中实现的全数字化无纸设计制造，是近年来引起科技界、企业界瞩目的一次重大突破。福特汽车公司的新车型开发，美国航空航天局(NASA)的喷气式推进实验室(JPL)实现火星探测器在火星上的成功软着落，同样成为轰动一时的新闻，其采用的开发过程10多年后被称为数字产品开发，应用的开发技术被称为虚拟样机技术或数字样机技术。在新的时代背景下，企业要求得生存与发展，就必须调整产品开发和生产组织模式，进而解决好“T”(最快的上市时间)、“Q”(最好的产品质量)、“C”(最低的产品成本)、“S”(良好的产品服务质量)、“E”(最少的环境污染)等难题。随着现代信息技术特别是计算机技术的飞速发展和应用，为TQCSE难题的解决提供了良好的平台。在这样的历史背景下，虚拟产品开发(virtual product development，VPD)、虚拟样机技术(virtual prototyping，VP)和数字样机技术(digital prototyping，DP)应运而生。

20世纪50年代以来，计算机技术的迅速发展，为工程设计、分析和优化技术带来了全面的变革。计算机硬件、计算技术、应用数学、力学、计算机图形学、软件技术等的不断结合与融合，推动着设计理念、理论、方法、技术乃至工具的进步，设计理论研究、新技术应用空前繁荣。

20世纪90年代以前以C3P(CAD/CAE/CAM/PDM)为代表的计算机辅助设计工具CAX软件在工业界得到广泛普及，产生了巨大的经济效益和社会效益，“数字化”作为显著的时代技术特征初露端倪。人们利用CAX软件，以计算机取代人完成了产品开发过程中机械、烦琐、重复的绘图、计算和例程管理等工作，大大提高了产品开发效率，但由于学科的融合度较低，各类设计工具更多地表现为单一学科技术的软件化，其相互集成亦是以软件接口，实现所谓的数据集成或信息集成，因此，以C3P为代表的计算机辅助设计工具对更高层次的设计活动如综合分析、系统优化设计乃至创新设计缺乏有效的可操作的支持。

针对这些不足，20世纪90年代中期以来，计算机辅助设计更多地强调了基于多体系统(multibody system)的复杂机械产品系统动态设计、基于多学科协同(multi-disciplines colaberative)集成框架的优化设计、基于本构融合的多领域物理建模(multi-domain physical modeling)及可重用机、电、液、控数字化功能样机的分析、研究与开发,并逐步形成新一代技术和平台工具。在设计管理方面,产品数据管理(product data management)向产品全生命周期拓延,已形成产品全生命周期管理(PLM)技术。上述技术特征可归结为 M3P。可以说,多学科、多领域的融合与渗透是 21 世纪计算机辅助产品开发技术发展的主线,M3P 已成为当前技术研究、开发和应用的特征。

日趋复杂的现代机电产品广泛涉及航空航天、机电制造、能源和交通等重要行业,如飞机、电力机车、混合动力汽车等。这些机电产品通常是集机械、电子、液压、控制等多领域物理子系统于一体的复杂大系统,多领域物理耦合和连续-离散混合的特性是其本构描述的基本特征。因此,复杂机电产品的创新从理论、方法和技术工具三个层面对设计学提出了新的挑战。必须从复杂系统的角度,审视现代机电产品的物理本构特性,探索面向复杂机电产品的先进设计理论,形成系统化、规范化的设计理论及方法,为新一代数字化设计提供技术支持。把握数字化设计技术的发展规律和方向,需要全面考察、分析相关领域技术的发展,以总体领悟数字化设计的发展规律。

9.1 数字样机的虚拟装配技术

9.1.1 虚拟装配技术概述

虚拟装配(virtual assembly,VA)是近年提出的一个全新的概念。狭义的虚拟装配就是在虚拟环境中快速地把单个零部件或部件组装形成产品的方法。广义的虚拟装配是指在虚拟环境中,如何使设计人员方便地进行结构设计、修改,让设计人员专注于产品功能的实现。

9.1.2 数字样机协同装配技术

将数字现实技术应用于数字样机的开发过程,支持设计人员在数字现实环境中通过多种交互方式,更加直观、自然、高效地操纵和评价数字样机,真实地感知数字样机。数字现实技术包含了交互设备、交互方法等多个方面,而数字样机技术则包含了建模、分析、仿真等多个方面,两者相融合派生出了大量新的研究内容。

数字样机建模技术是数字样机开发技术的核心内容,它以产品数字样机模型信息为基础,可以用于整机或子系统样机的干涉检查、结构静力学分析、生成工程图纸和数控加工程序等。

1. 产品建模定义

产品建模(product modeling)又称产品造型或几何建模(geometric modeling),它是研究如何用数学方法在计算机中表达物体的形状、属性及其相互关系,以及如何在计算机中模拟模型特定状态的一种技术。产品建模技术的研究始于 20 世纪 60 年代,此时的研究重点是线框建模技术;20 世纪 70 年代,产品建模技术的研究重点是自由曲面建模及实体建模技术;20 世纪 80 年代以后,产品建模技术的研究重点是参数化建模及特征建模技术。

近几年，面向装配的产品结构建模技术成为研究的热点，它超越了单纯的三维几何建模的范畴，最终目标是构建产品的数字样机。利用数字样机对产品性能进行分析或模拟，比对物理样机进行制作或处理要容易得多，因此数字样机已经成为企业级的产品数字化模型，是实现制造业信息化中并行工程、虚拟产品开发和集成制造的信息源。

数字样机模型是对机械产品系统的数字化描述，其模型应满足如下的基本要求：

(1) 数字样机是物理样机在计算机中的数字化描述，物理样机是数字样机的物质化产物，两者具有映射关系。根据产品的对象特点以及应用场合，对数字样机模型进行必要的简化是允许的。

(2) 数字样机模型应具有稳定性、完备性，应能提供产品全生命周期所需信息。

(3) 数字样机模型应能反映物理样机的几何属性、功能特点和性能特性，其形式可以是多样的，但内容必须真实反映产品特性。

(4) 数字样机模型应具备可派生性，应能根据不同应用生成不同的应用模型。

2. 数字样机模型信息

完整的数字样机模型信息构成应包括几何信息、约束信息和工程属性信息。几何信息包括点、线、面、体等几何相关信息；约束信息包括零部件间的约束及数字样机内部和外部的参照信息；工程属性信息包括装配结构、装配明细、材料性能、运动副特性、整机的工作特性、输入与输出特性、总体技术要求等信息。通过产品建模技术可以构建物体的数字样机模型。数字样机模型是对原物理样机确切的数学描述和对某种状态的真实模拟，可以为各种后续应用提供信息。

3. 产品数字样机模型的信息结构

为了在计算机内部用一定结构的数据来描述、表示三维物体，需要使计算机能够识别和处理实体的几何信息和拓扑信息。几何信息(geometric information)是指构成几何实体的几何元素在欧氏空间中的大小和位置。用数学表达式可以描述几何元素在空间的大小和位置。但是，数学表达式的几何元素是无界的。在实际应用时，需要把数学表达式和边界条件结合起来。

拓扑信息(topological information)是构成几何实体的几何元素的数目及其几何元素相互之间的连接关系，即拓扑关系允许三维实体做弹性运动，可以随意地伸张扭曲。因此，形状、大小不一样的实体，它们的拓扑结构却有可能相同。从拓扑信息的角度来看，顶点、边、面是构成模型的三种基本几何元素。从几何信息的角度，则分别对应于点、直线(或曲线)、平面(或曲面)。上述三种基本几何元素之间存在多种可能的连接关系。以立方体为例，它的顶点、边和面的连接关系共有九种。

描述拓扑信息的目的是便于直接对构成形体的各个面、边及顶点的参数和属性进行存取和查询，便于实现以面、边、点为基础的各种几何运算和操作。物体的拓扑信息和几何信息是互相关联的，不同的拓扑关系需要不同的几何信息，而这些拓扑关系和几何信息反映在不同的实体核心技术和几何引擎技术上。

4. 三维建模核心

三维建模系统的核心计算包括各种几何引擎技术和约束求解，ACIS，ParaSolid 和 D Cubed 等软件便属于此类技术。

ACIS 是美国 Spatial Technology 公司开发的具有实体拓扑运算管理、数据管理和基本建模功能的几何建模引擎。ACIS 采用面向对象的数据结构，支持线框模型(wireframe model)、表面模型(surface model)和实体模型(solid model)三种模型的统一表示，支持NURBS曲面建模，可以源程序形式给开发者提供几何建模的基础平台。ACIS包括一系列的C++函数和类(包括数据成员和方法)。开发者可以利用这些功能，开发面向终端用户的三维建模系统。目前，已有380多个基于ACIS 3D Tookit的开发商和180多个商业应用，最终用户已近100万。许多著名的大型系统都以ACIS作为建模内核，如AutoCAD，Mechanical Desktop，CATIA，Autodesk Inventor，IronCAD和Cimtron等。

ParaSolid是EDS公司的一项产品，其目标是提供世界领先的核心几何造型能力和数据交换工业标准。ParaSolid是一个严格的以边界表示的实体建模内核，它支持实体建模、通用单元建模和集成的自由形状曲面/片体建模，支持多种操作系统平台。其采用独特的容差建模技术，可以识别数据的异常，不但可应用于机械CAD/CAM/CAE领域，也可应用于建筑工程与结构和虚拟现实。可以从所有现代高级语言如C，C++和Visual C++等中调用ParaSolid的面向对象的子程序库，用来快速和有效地实现实体建模应用。目前，ParaSolid已发布了250个企业许可证，100万个终端用户许可证，UG，Solid Edge，SolidWorks等CAD系统都是采用它作为内核的。

D-Cubed是英国剑桥大学推出的几何约束求解器，其具有二维与三维约束求解模块、三维高级消隐模块，以及干涉碰撞、干涉检测模块等，采用D-Cubed为底层的商品化软件有Pro/E等。

需要注意的是，即使其建模系统使用的建模核心是相同的，所开发的CAD系统还是会有很大的不同。例如，基于ParaSolid几何核心的UG Ⅱ和SolidWorks系统，它们的功能特点、风格各不相同。同样，基于ACIS几何核心的CATIA和Autodesk Inventor系统，也存在这种现象。开发一个CAD系统，除了实体建模的几何核心外，还需要融合先进的特征设计方法、参数化技术、变量化技术、图形学技术、交互技术等。

5. 几何模型类型

数字样机的几何模型是产品零件模型、装配模型、动力学分析模型、可制造性分析模型以及使用和维护模型等多种异构子模型的联合体。在这一联合体中，产品的几何形状定义与描述是核心部分，它为结构分析、工艺设计、模拟仿真以及加工制造提供基本数据。按照对三维几何模型的几何信息和拓扑信息的信息描述和存储方法的不同，几何模型包括线框模型、表面模型和实体模型三种。对应于三种几何模型，则有相应线框模型、表面模型、实体模型三种模型的建模技术。

实体建模表示方法除了以上三种常用方法之外，还有实体参数表示法、空间单元表示法等，在不同情况下，它们各有各的长处。

从CAX集成技术的发展来看，单纯的几何模型不能满足要求。现在大多数CAD系统都兼有CSG法、B-Rep法及扫描法。例如，以CSG法构建系统外部模型，以B-Rep法构建内部模型。CSG法适用于用户接口，方便用户输入数据，定义体素及确定集合运算类型，而在计算机内部转化为以B-Rep法构建的数据结构模型，以便于存储物体更详细的信息。

9.2 特征建模技术

以几何学为基础的三维实体建模方法在表示物体形状和几何特性方面是有效的，能够满足对物体的描述和工程的需要，但是从工程应用和系统集成的角度来看，还存在一些问题，主要表现在三个方面：

(1) 数据库不完善，缺乏产品开发全生命周期所需的信息，如材料、加工信息、公差、表面粗糙度、装配要求等信息，因此不能构成符合 STEP 标准的产品模型，导致 CAX 集成困难；

(2) 实体建模系统在零部件建模设计时，只能提供无工程语义的简单体素的拼合，不能满足设计和制造对构形的需要，所提供的构形手段不符合工程师的习惯；

(3) 实体修改设计建模设计环境欠佳，在使用实体建模系统构造零件时，难以进行创造性设计，同时也不方便。

为了构建一个既适用于产品设计和工程分析，又适用于制造计划的产品信息模型，特征建模(feature based modeling)技术应运而生，并很好地弥补了实体建模方法的不足。特征建模是三维建模方法的一个新里程碑，是在 CAX 技术发展和应用达到一定的水平，要求进一步提高生产组织的集成化和自动化程度的历史进程中孕育、成长起来的。

9.2.1　特征定义和分类

特征(feature)一词最早见于 1978 年 MIT(麻省理工学院)的一篇论文——*A Feature based Representation of Parts for CAD*《CAD 中基于特征的零件表示》。此后，陆续开展了特征技术研究。早期研究的特征建模是以实体模型为基础，用具有一定设计和加工功能的特征作为造型的基本单元，建立零部件的几何模型。后来，STEP 标准将形状和公差特征等列为产品定义的基本要素，特征的研究与应用变得更为重要。1992 年 Beown 给出了特征的定义：特征就是任何已被接受的某一个对象的几何、功能元素和属性，通过它们可以很好地理解该对象的功能、行为和操作。

随着特征技术由工艺规划向设计检验和工程分析方面发展，特征定义趋向于更一般化。特征源于设计、分析和制造等生产过程的不同阶段，它是设计者对设计对象的功能、形状结构、制造、装配、检验、管理与使用等的具有确切的工程含义的高层次抽象描述。特征具有特定几何形状、拓扑关系、典型功能绘图表示方法、制造技术和公差要求等。

针对不同的应用领域和不同的对象，特征的抽象和分类有所不同。构成机械产品零部件特征的信息可以分为五大类。

(1) 形状特征，描述零件的几何形状、尺寸等的相关的信息集合，包括功能形状、加工工艺形状和装配辅助形状等。

(2) 技术特征，描述零件的性能和技术要求的信息集合，包括材料硬度、热处理等。

(3) 精度特征，描述零件的几何形状、尺寸参数的许可变动量的信息集合，包括尺寸公差、几何公差和表面粗糙度等。

(4) 装配特征，零件的方向位置、相互作用面和配合关系等的信息集合。

(5) 管理特征，与零件管理有关的信息集合，包括标题栏信息(如零件名称图纸编号、设计者、设计日期等)、零件材料和未注表面粗糙度等信息。

上述特征中，形状特征是描述零件或产品的最重要的特征，也是应用最成熟的特征。形状特征又可分为基础特征和辅助特征。前者用来描述物体的基础几何形状，后者是对物体局部形状进行表示的特征。基础特征和辅助特征还可以进一步细分。

9.2.2 特征建模系统

特征建模又称为特征造型，它是将特征技术引入产品设计，从而使设计意图体现得更加直接，使建立的产品模型更易于理解和更便于组织生产。与传统的实体建模相比，它有着显著的优点。

(1) 特征建模着眼于更好地表达产品的完整信息，为建立产品的集成信息模型服务。特征建模对产品的设计工作在更高层次上进行，设计人员的操作对象是产品的功能要素，如定位孔、螺纹孔、键槽等，设计人员有更多的精力进行创造性构思。

(2) 特征建模有助于加强产品设计、分析、工艺准备、加工、检验各部门之间的联系，更好地将产品的设计意图贯彻到后续环节中，并及时地得到后者的反馈信息。这有助于推行行业内产品设计和工艺方法的规范化、标准化和系列化，并且在产品设计中及早考虑制造要求，可以保证产品结构具有良好的工艺性。

(3) 特征建模有利于推动一个行业的产品设计，有利于提炼出设计中的规律知识及规则，促进产品智能化设计和制造的实现。

使用特征构造的产品模型，可以加强 CAD 系统的特征信息处理能力。由 CAD 系统输出可供 CAPP 系统接受的加工模型，自动生成工艺过程规划，可提高产品设计及制造的柔性化、自动化程度，从而满足市场多品种、小批量生产的需求。

为了实现 CAX 集成，特征建模系统中应包含：

① 零件的几何形状信息；

② 机加工孔、槽、倒角和面等特征；

③ 孔槽、倒角和面等特征的尺小、位置和公差；

④ 形面特征的加工要求；

⑤ 形面特征之间的尺寸和形位关联；

⑥ 加工表面的粗糙度。

一般零件特征模型可分为以下四个层次：

① 总体特征：包括设计基准、公差信息表。

② 宏观特征，包括公差、材料、技术条件等信息，它为下层特征所继承和利用，构成产品形状特征整体，对应于 CSG 树层。

③ 工序特征，是由加工特点和建模方法共同决定的零件类型（如轴、盘、支架、箱体和曲面、立体等）所反映的特定的局部形状特征，对应于外壳层。

④ 外观特征，对应于 B-Rep 结构中的面、环、边、点。

由于特征是从设计和制造的角度由零件结构上提取出来的，这样就使得构造 CAD 模型时能更接近设计和制造的实际情况，完成系列的工程处理，即所谓“你怎样加工制造，我就怎样创建模型”。可见，加工工艺对零件特征建模者有很重要的指导意义。

9.2.3 参数化设计

在几何建模技术发展中，为了控制几何模型，从 20 世纪 80 年代开始，出现了参数化设计技术。1985 年，德国 Dornier GmbH 公司与 CADAM 公司成功开发的 IPD 系统是最初的三维参数化设计系统，它的应用使设计效率大为提高。而后真正实现了参数化设计技术在生产实际中应用的则是美国 PTO 公司的 Pro/E 软件。目前的三维 CAD 软件都应用了参数化设计技术，而且大部分参数化功能和特征建模技术相结合，使特征模型成为参数化的载体。

1. 参数

参数是指用符号来表达的形体尺寸。符号是尺寸的名称，它们是一种变量。如图 9-1 所示的一个带孔的长方形共标注了四个尺寸，但都是用符号表达的。其中 x 和 y 是孔的定位尺寸，d_0、d_1 是孔的定形尺寸。因此，该图形具有四个参数，由这四个参数所组成的参数组构成了图形的参数化表达。如果形体是三维模型，则可增加一个厚度参数 h。

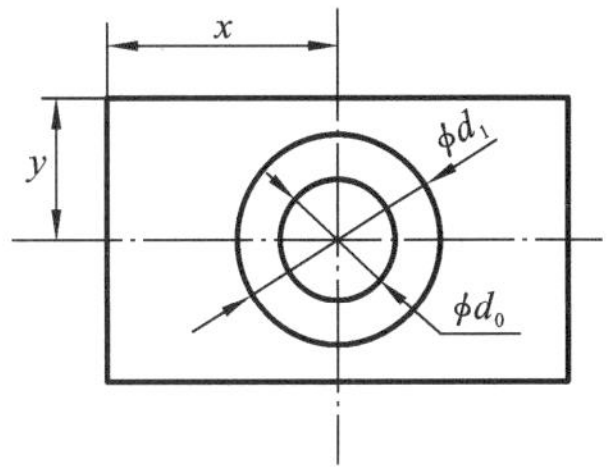

图 9-1　带孔长方形

如果对参数组中的每个参数赋予具体的数值，则图形的大小由所赋数值决定。对这组参数赋予不同的数值，将得到结构相似但大小不同的一组系列图形，这就是参数化设计的基本思想。参数总是与模型的修改紧密联系在一起，设计者修改参数的值，就意味着修改模型。对于一个具体的图形，参数的设置可以有不同的方案。因此，参数组是不唯一的。设计者的任务是要选择参数数量最少、标注最合理的一个参数组。对参数组最基本的要求是，对该形体而言，所标注的尺寸参数要做到"一对一"。即不允许出现尺寸的过约束和欠约束，必须是全约束，这样才能唯一、正确地确定一个形体。因此，复杂形体的参数组的设置常常很难一次成功，往往需要多次反复修改。当今参数化的 CAD 软件中提供了检测欠约束和过约束尺寸的功能。

2. 关系

关系是一种数学描述，用来描述尺寸参数之间的关联。当形体复杂时，所设置的参数数量必然很多，如果这些参数都是独立变量，参数间缺乏相互约束，则在赋值生成新形体的过程中，就有可能出现形体极不合理的情况，导致形体无法生成。必须用方程式来定义各参数间的关系，减少独立参数的数量，消除参数化过程中可能产生的形体不合理现象。

目前，三维 CAD 软件中参数之间支持常规的加、减、乘、除数学运算，甚至可以进行开方、平方、三角函数等复杂运算，其语法规则遵循一般程序语言系统对公式计算的语法规则。这样在尺寸驱动图形变化时，图形将在尺寸参数关系的约束下进行合理更新。

3. 约束

约束可分为尺寸约束、关系约束和拓扑约束三类。尺寸约束是指图形中标注的尺寸参数及其尺寸值，如距离、角度等。前面叙述的参数设置实质上就是添加尺寸约束。关系约束是指尺寸参数之间的关系，可用方程式来描述。拓扑约束是指图形各几何元素间的相对位置和连接关系，又称为结构约束或几何约束，如平行、垂直、相切等。拓扑约束在参数化过程中保持不变，以保留初始设计意图。

目前商用三维 CAD 软件中，拓扑约束大多用在草图绘制阶段的二维图形设计上，通常是通过菜单或按钮的形式供设计者选用。设计者可以选择自动添加约束的模式，也可以通过人为操作添加或删除约束。

从理论上讲，变量化设计比单纯参数化设计及静态实体造型更灵活，更适合于概念设计，如运动机构协调、公差分析、设计优化、初步方案选型等。图 9-2 所示为变量化设计的系统原理框图，其中几何元素是指构成物体的直线、圆等几何图元；约束包括尺寸约束和几何约束；几何尺寸是指每次赋予的一组具体参数值；工程约束表达设计对象的原理、性能等；约束管理用来确定约束状态，识别欠约束或过约束等问题；约束分解可以将约束划分为较小的方程组，通过独立求解，得到每一个几何元素特定点的坐标，从而得到具体的几何模型。

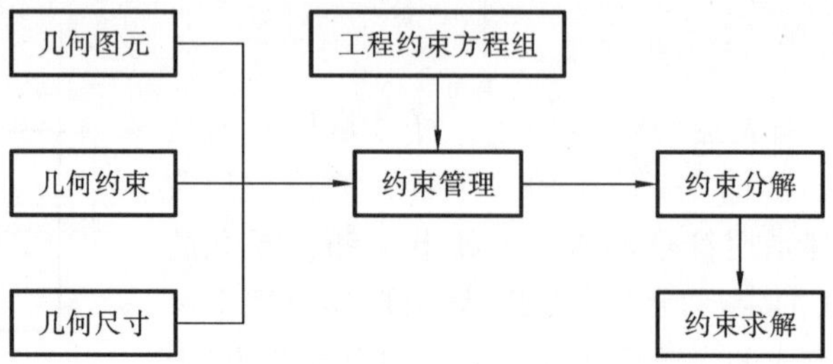

图 9-2　变量化设计系统原理框图

变量化设计的约束条件没有先后顺序的区别，约束关系可根据设计者的意图改变。通常通过求解一组包含几何约束和工程约束的联立方程来确定产品的形状和尺寸。这种求解方法功能更为强大，但是大型约束方程组整体求解的效率与稳定性较差，系统实现并不容易，只有 1DEAS 等少数软件采用该建模方法。但总体来讲，变量化设计技术保持了参数化设计技术的优点，可克服参数化设计的不足，为 CAD 技术的发展应用提供更大的空间和机遇。

9.3　数字样机运动学与动力学仿真技术

9.3.1　仿真的定义和类型

仿真(simulation)，简单讲就是指模仿真实系统，是通过对模拟系统的试验去研究一个存在或设计中的系统。机械产品仿真的关键是建立与实际系统相对应的数字样机仿真模型。仿真可以再现系统的状态、动态行为及性能特征，可用于分析系统配置是否合理、性能是否满足要求，也能预测系统可能存在的缺陷，为系统设计提供决策支持和科学依据。

如：研制新型飞机时，一般先要对按比例缩小的飞机模型进行风洞试验，以验证飞机的空气动力学性能；开发新型轮船时，一般先要在水池中对缩小的轮船模型进行试验，以了解轮船的各种性能；设计新的生产线时，先要对生产线的性能进行评估等。在机械产品的设计开发中，计算机仿真的实质是产品设计与制造过程的数字化，因而又称数字化仿真。目前，基于数字化仿真理念的数字样机仿真已成为现代产品开发中重要的支撑技术和手段。

根据仿真模型的不同，仿真可以分为物理仿真、数学仿真以及物理数学仿真。物理仿真是通过对实际存在的模型进行试验，以研究系统的性能，如上述飞机风洞试验、轮船水池模型等。数学仿真是建立系统的可计算的数学模型来代替实际系统，并据此编制成仿真程序，利用计算机进行模拟试验研究，以获得实际系统的特征和规律，因而数学仿真就是常说的计算机仿真。物理数学仿真是前两者的有机结合，可称之为半物理仿真，其应用如各种航空、航天仿真训练器等。显然，如果采用数学仿真可以研究实际系统的性能，将能显著地降低模型试验的时间及成本。

根据系统状态变化是否连续，可将系统分为连续系统和离散事件系统。连续系统是指其状态会随时间发生连续变化的系统，如化工系统、电力系统、液压-气动系统、铣削加工系统等。连续系统的数学模型有微分方程、状态方程、脉冲响应函数等。离散事件系统是指只有在离散的时间点上发生“事件”时，其状态才发生变化的系统，它的数学模型通常为差分方程。制造领域中的生产线或装配线、路口的交通流量分布、电信网络的电话流量等，都可视为典型的离散事件系统。

9.3.2　数字样机仿真的优势

数字样机仿真强调产品的概念设计、装配设计、零件设计、性能试验及修改完善等所有环节都在计算机环境中借助数字样机完成。应用数字样仿真技术可以使产品的设计者、使用者和制造者在产品研制的早期，在虚拟环境中对数字化产品原型进行设计优化、性能测试、制造仿真和使用仿真，这对启迪设计创新、提高设计质量、减少设计错误、加快产品开发周期有重要意义。数字样机仿真的优势主要体现在以下几个方面。

1. 有利于缩短产品开发周期

传统的产品开发遵循设计、制造、装配样机试验的串行开发模式，而简单的计算分析难以准确地预测被设计产品的实际性能。通常需要通过样机试制和样机试验确定设计方案的优劣，以便修改完善设计。采用数字样机仿真技术，可以在计算机上完成产品的概念设计、结构设计加工、装配以及系统性能的仿真，提高设计的一次成功率，缩短设计周期。如美国 Boing 公司的 777 型飞机开发中广泛采用数字样机仿真技术，完成了飞机设计、制造、装配及试飞的全部过程，取消了传统的风洞试验、上天试飞等物理样机仿真及试验环节，使开发周期由原来的 9～10 年缩短为 4.5 年。

2. 有利于降低产品开发成本

以数字样机代替物理样机进行试验，能显著地降低开发成本。例如，汽车车身结构的设计不仅要考虑运行阻力、外观造型等因素，还要考虑汽车受到碰撞时乘员的安全性。传统的车身结构设计开发中，每种车型都要进行几十辆甚至上百辆实车碰撞，以验证车身等结构的变形。通过基于计算机的碰撞仿真试验，可以大大减少实车碰撞试验的次数，仅有几次认证碰撞试验即可通过法规要求，从而极大地降低新车开发成本。

3. 有利于提高产品质量

传统的产品开发多以满足基本使用要求为准则。随着市场竞争的加剧和相关技术的发展，使产品在全生命周期内的综合性能最优成为现代产品设计的核心准则。但是，物理仿真往往难以复现产品在全生命周期内可能出现的各种复杂工作环境，或因复现环境的代价太高而难以付诸实施。数字样机仿真技术可以克服上述缺点，在产品未实际开发出来之前，研究产品在各种工作环境下的表现，以保证产品具有良好的综合性能。

4. 有助于完成复杂产品的改进和训练

操作控制复杂产品（如航天器）或技术系统（如核电站）的人员，必须接受系统的训练。以真实产品或系统进行训练，费用高昂且风险极大。采用数字化样机仿真技术，可以再现系统的实际工作过程，甚至可以特意设计出各种“故障”和“险情”，让受训人员进行处理和排除，从而使受训人员在虚拟现实的环境中掌握系统的操作及控制，取得用真实产品或系统难以达到的训练效果。

9.4 数字样机概述

9.4.1 数字样机的定义

数字样机是进入 21 世纪以来在制造业信息化领域中出现频率越来越高的专业术语，其对应的英文是 Digital Prototype(DP)或 Digital Mock-Up(DMU)。数字样机是相对物理样机而言的，是指在计算机上表达的机械产品整机或子系统的数字化复型，它与真实的物理产品之间具有 1∶1 的比例和精确的尺寸表达，用于验证物理样机的功能和性能。

在数字样机概念出现前期，国内外文献大量出现虚拟样机(virtual prototype，VP)概念。按照美国前 MDI 公司总裁 Rober Ryan 博士的界定，VP 技术是面向系统级设计的，应用于基于仿真设计过程的技术，包含数字物理样机(digital mock-up，DMU)、虚拟样机(functional virtual prototype，FVP)和虚拟工厂仿真(virtual factory simulation，VFS)三个方面内容。其中，DMU 对应于产品的装配过程、用于快速评估组成产品的全部三维实体模型装配件的形态转性和装配性能，虚拟样机用于分析过程以评价已装配系统整体上的功能和操作性能，VFS 对应于产品的制造过程，用于评价产品的制造性能。

我国国家标准 GB/T 26100—2010《机械产品数字样机通用要求》定义：数字样机是对机械产品整机或具有独立功能的子系统的数字化描述，这种描述不仅反映了产品对象的几何属性，还至少在某一领域反映了产品对象的功能和性能。由此可见，产品的数字样机形成于产品的设计阶段，可应用于产品的全生命周期过程(包括工程设计、制造、装配、检验、销售、使用、回收等环节)；数字样机在功能上可实现产品干涉检查、运动分析、性能模拟、加工制造模拟、培训宣传和维修规划等方面。

随着世界著名计算机辅助设计(CAD)软件提供商 Autodesk、PTC、西门子 PLM(原 UGS)和达索等提供的 CAD 软件能够创建精确的三维 CAD 模型，数字样机开发(digital prototyping)逐渐被明确提出。数字样机开发即建立机械产品整机或子系统数字化模型的过程。国际知名的研究机构 Aberdeen 公司最早比较正式地描述数字样机的概念，同时另一家研究公司 IDC 也发表了与数字样机相关的白皮书。Aberdeen 公司与主流的 CAD 厂商共同完成的一项研究表明：数字样机技术不仅能够大大减少物理样机的制作数量，从而降低成本，而且可以提高产品研发效率，缩短产品上市周期，降低产品研发的风险，使研发的产品更加适应市场需求。

Autodesk 公司则强调数字样机是超越 3D 的设计技术。数字样机可用来在概念设计、结构设计、工程设计、电气设计、产品设计、数据管理甚至市场宣传的过程中实现高效的协同设计，并凭借仿真、分析和可视化等手段，对设计进行校验、优化和管理，在产品制造之前虚拟地体验产品功能。

由此可见，数字样机开发技术包含创建和应用数字物理样机(DMU)的全过程，是基于 3D 或 DMU 又高于 3D 或 DMU 的一套完整的产品开发方法和技术体系。数字样机开发技术是在一般虚拟样机(VP)基础上发展起来的，是对功能虚拟样机技术(FVP)的进一步扩展。数字样机以机械系统运动学、动力学和控制理论为核心，融合了虚拟现实技术和仿真技术。它基于计算机的产品数字化描述，对产品设计、制造装配、使用、维护、服务直至产品回收再利用等全部功能属性进行设计、分析与仿真，以取代或精简物理样机。

9.4.2　数字样机支撑技术

数字样机支撑技术以 CAX（如 CAD、CAE、CAM 等）和 DFX（如面向装配的设计（DFA）、可制造性设计（DFM）等）技术为基础，向前延伸到工业设计（机械美学）阶段，向后延伸到市场宣传（动画设计）阶段。数字样机开发是把一个创意变成一个可以向客户推销的数字化产品原型的全过程，而向客户推销时并没有开始真实的制造过程，在获得了客户的认同或订单后，才真正开始进行物理样机的制造，这样会大大降低产品研发的风险。数字样机支撑技术体系的构成，包括概念设计（工业设计、人机工程）、工程设计与分析（机械、电气 CAD、电子设计自动化（EDA）、CAE）、工程制造（CAM、逆向制造）、PDM 与产品生命周期管理（PLM）、渲染和动画（虚拟现实、三维动画）等技术。

工业设计和人机工程设计是以工学、美学、经济学、工效学为基础对工业产品进行的设计，是机械美学（工程与艺术结合）的核心。工程设计、工程分析与工程制造的理论基础是计算机图形学、多体系统动力学、结构有限元理论，以及多领域物理系统混合建模与仿真理论等，侧重于系统层次的性能分析与优化设计，用于解决产品的运动学、动力学问题及变形、结构、强度、寿命等方面问题，解决复杂产品机-电液控等多领域能量流和信号流的传递与控制问题。数据管理是进行有效数据收集、交换、存储、处理和应用的过程，涉及产品全生命周期的各种数据。而渲染和动画（也是机械美学的重要内容之一）在机械产品开发中也越来越重要，逐渐成为产品推广和抢占市场的有效手段。

在数字样机实现方面，针对不同的应用，存在着不同的设计、分析和仿真系统。例如：在人机工程设计方面，有 CATIA，HumanCAD 等；在工业造型设计方面，有 Autodesk Alias，Rhino，MAYA 等；在产品几何建模方面，有 CATIA，UG，Pro/E、Inventor 等三维 CAD 系统；在运动学和动力学特定分析和仿真方面，有 MSC/Adams，MS/DADS，Simpack，RecurDyn 等；在应力疲劳特性分析方面，有 FE-Safe 等；在非线性变形分析方面，有 MSC/NATRAN，ANSYS，MSC/Marc，HKS/ABAQUS，Adina 等；在振动与噪声分析方面，有 Sysnoise，AutoSea 等；在有限元热分析方面，有 ANSYS，MSC/Nastran 等；在大变形碰撞与冲击仿真方面有 LS Dyna，MSC/Dytran 等；在计算流体力学方面，有 Star/CD，Fluent Flow/3D，Moldflow 等；在液压与控制方面，有 Amesim 和 MATLAB 工具包、MSC/ADAMS 工具包等；在多领域物理系统混合建模与仿真方面，有 MSC/EASY5，Dymola，MAESIMANSYS WorkBench 等；在产品市场推广与产品宣传方面有 3DMAX，MAYA 等。

9.4.3　数字样机的分类与特点

数字样机按照其反映机械产品的完整程度，可分为全机样机和子系统样机。全机样机包含整机或系统全部信息的数字化描述，是对系统所有结构零部件、系统设备、功能组成、附件等进行完整描述的数字样机；子系统样机是按照机械产品不同功能划分的子系统所包含的全部信息数字化描述，如动力系统样机、传动系统样机。

数字样机具有如下特点。

1. 工作方式的并行协同化

现代产品开发要求有效地组织多学科的产品开发队伍，充分利用各种计算机辅助工具，并有效地考虑产品开发与生产的全过程，从而缩短产品开发周期，降低成本，提高质量，生产出满足用户需求的产品。产品开发工作方式要求在数据共享的基础上，采用团队工作模式，可在异地进行设计，有助于强强联合，优势互补。现代产品的开发不再采用传统的串行工作方式，而是在并行工程(concurrent engineering，CE)技术的支持下进行异地协同设计，即集中不同地点、不同行业的专家，几乎同时参与统产品的开发设计工作，并且在产品设计的早期就全面考虑产品生命周期中的各种因素，尽可能减少重复，赢得时间，进而产生巨大的效益。进行异地并行设计要解决数据交换问题，采用基于网络协议的交换标准。

2. 产品表达的数字可视化

在实体造型技术成为主流的CAD技术的同时，科学可视化(scientific visualization，SV)思想得到发展。科学可视化将信息转化成为图像，使"不可见的"变为"可见的"，让研究者能观察模拟过程与计算过程，获得更直观的研究效果。科学可视化思想使数字样机仿真技术不断完善和升级，集成有限元分析、运动学与动力学仿真等功能，赋予数字样机技术更加广泛的意义。

目前，多媒体技术和虚拟现实技术的介入，使得产品表达真正实现了数字可视化。对数字化样机在可视化方面的一般要求包括：

① 能够观察产品的性能，包括结构质量、材料、装配用途等；

② 能提供适当的多媒体手段(如静态图、动态图、曲线图、录像、声音等)表达或记录产品性能；

③ 具有后处理数据接口，方便数字样机的进一步仿真。

9.4.4 数字样机的真实性

数字样机是"没有真实的真实"，其建模总体流程甚至具体过程，都应与实际设计思维和制造过程尽量一致。因此，数字样机具有真实性的特点，主要包括几何真实性、物理真实性和行为真实性三层含义。

1. 几何真实性

数字样机模型首先必须具备几何真实性，即与实际产品具有相同的几何结构与几何尺寸、相同颜色、相同材质与纹理，设计者能够真实地感知产品的几何属性。结构和几何尺寸的真实性由几何图形数据库(几何信息和拓扑信息)来保证，颜色、纹理与材质的真实性由概念设计数据信息来保证。几何真实性是物理真实性和行为真实性的前提，若几何不真实则谈不上物理真实和行为真实，即数字样机模型如果与实际物理模型不吻合，则数字样机的仿真结果没有应用参考价值。

2. 物理真实性

数字样机模型还必须具有物理真实性，即与实际产品具有相同或相近的材料、体积、密度和质量信息，能够方便地查询几何实体的惯性矩、重心等力学信息，具备运动学和动力学属性。虚拟环境中零件间的相互作用，反映了实际产品中零件间的相互作用。物理真实性由几何真实性和工程数据库来保证。物理真实性是行为真实性的必要条件，在数字样机仿真中表现出来的就是工程约束和边界条件。不真实的工程约束和边界条件，同样会造成数字样机仿真结果没有意义。

3. 行为真实性

数字样机模型也要具有行为真实性，即在外部环境的激励下，数字样机应能做出与实际产品相同或相近的行为响应，能够预先得知产品的运动行为、力学行为、强度（破坏）行为和工作特征行为等。行为真实性由几何真实性、物理真实性和工程数据库来保证。行为真实性是数字样机仿真结果的表现，只要几何模型正确，工程约束和边界条件准确，再加上统一的单位体系，数字样机仿真的行为就与实际物理样机的行为相一致，其仿真结果就是对实际物理试验结果的准确预报，具有可信性和可用性。

由于数字样机具有真实性，研发团队使用一致的数字化模型，可以有效提升研发过程的沟通效率，从而使新产品可以更快地被投放到市场。生产商可以使用数字样机观察仿真产品在现实世界中的变化，从而可减少对花费高昂的物理样机的依赖。用户可以从多角度、全方位地提前了解新产品的功能特点、可使用性、可维护性等。

9.5　数字样机的应用与发展

9.5.1　数字样机的应用

机械产品的数字样机能够为产品的研发、生产、市场等多个环节提供相应的支持。

在产品研发阶段，数字样机能够支持总体设计、结构设计、工程分析、校核与优化、工艺设计等协同设计工作，能够支持项目团队的并行产品开发。结构方案设计、总体布置设计和生产详细设计从流程上看采用的是串行模式，但实施过程中采用的是并行模式，这样有利于在设计初期做出正确判断，实现概念设计与详细设计的结合。

基于数字样机模型可以进行工程分析，包括空间结构分析、重量特性分析、运动分析和人机功效分析等。空间结构分析是分析数字样机模型是否具有正确的构型、尺寸、运动关系、公差信息等，确保其能够支持产品的干涉检查、间隙分析等，使设计者能够直观地了解样机中存在的问题。重量特性分析是分析数字样机模型是否具备完整的位置、体积、质量等属性，以保证为设计提供正确的重量、重心、转动惯量等参数。运动分析是分析数字样机模型是否具备正确的运动副、驱动类型、负载类型、阻尼与摩擦系数等信息，以保证设计师能够正确仿真产品的运动轨迹、包络空间、死点位置、速度、加速度、受力状况等动力学特性。人机功效分析是分析数字样机模型是否具备该产品在使用中的人体姿态的相关信息，以保证该产品具有良好的人机性，包括产品使用时的操控性、舒适性和维修性等。

数字样机模型也可以为产品校核计算提供数据信息（通常包括几何属性、材料特性、失效准则、边界条件、载荷属性、温湿度等信息），从而为产品的整机或局部校核计算提供静力学、动力学、液压温控、自控、电磁等多个领域的基础数据。基于数字样机模型可进行产品整机、局部或原理模型的空间构型优化、机构优化、装配优化、多学科优化等，优化计算数据中包括优化目标、优化变量、边界条件、优化策略、迭代方式等。

在产品生产阶段，数字样机可以提供产品装配分析的数据信息，包括装配单元信息、装配层次信息等，以保证对产品的装配顺序、装配路径、装配时的人机性、装配工序和工时等进行仿真，进而验证产品的可装配性，为定义、预测、分析装配误差和技术要求提供必要的数据。数字样机还可以为产品的工艺仿真和评估提供数据，包括加工方法、加工精度、加工顺序、刀具路径及信息等，从而实现对样机的CAM仿真和基于三维数字样机的工艺规划。

在产品销售阶段，数字样机可以为产品宣传提供逼真的动、静态产品数据，包括产品的渲染图片、产品结构、产品组成、工作过程、实现原理等相关的宣传资料。数字样机也可以为产品培训提供分解视图、原理图等动、静态数据，甚至包括虚拟现实环境下的产品虚拟使用与维修培训。数字样机还能提供近似产品和快速变型与派生设计，以满足市场报价、快速组织投标和生产的需求。

9.5.2 数字样机技术的发展

近10年来，人们都在讨论机械设计如何从二维设计转变到三维设计，如今这个热点已经加入了"数字化"和"仿真"的成分。CAX技术已经更深入地应用在数字样机中，未来几年，设计领域的讨论焦点会更多关注数字样机技术中CAX的应用。

世界上最大型的企业，包括很多航空航天、汽车、船舶等行业的公司，已经为数字样机技术奋斗了数十年。他们希望整个生产流程从头到尾都实现数字化。目前，汽车、飞机、手机等行业的大型制造企业面临的新一轮挑战是机电一体化产品的数字化。

未来10年将是数字样机技术快速发展的阶段，但目前该技术的应用还比较有限。即便是美国、德国、日本等这些技术很先进的国家，也仍在大量使用二维设计。其原因首先是人们不愿意去改变原有的事物，其次是学习新技术也需要很长的时间。国内的一些企业，尤其是中小企业，绝大部分也还停留在二维CAD的水平。但由于政府鼓励和支持技术创新，并且很多企业会涉及出口业务，为了加速业务量，完成大量的外包项目，必须缩短设计周期，这些都会推动我国企业应用和发展数字样机技术。促使二维设计向三维设计转换的最大力量将是新代的IT程师，他们希望可以设计出整个机器，看到整个机器的三维模型，这将加速二维设计到三维设计的转变过程。

调查显示，落后的制造商通常采用传统的二维设计，而10%～20%采用数字样机技术的制造商则成为了佼佼者。同时调查数据表明，目前优秀制造商制作物理样机的时间和数量比普通制造商少了近一半。优秀制造商与普通制造商的区别主要表现在以下几个方面：

① 优秀的制造商在项目最开始就采用了数字化技术，因此在一开始，就领先普通制造商一半以上的时间；

② 优秀的制造商能够在造型、出图、仿真、分析、加工等各领域延伸其设计能力，将数字化技术渗透到各个环节；

③ 优秀的制造商不是控制图纸，而是控制管理的数据，超过一半的优秀制造商会使用文件存储，接近一半的优秀制造商采用了配置管理技术。

数字样机技术遇到的最大瓶颈问题是从设计到制造的流程中断问题。通常，产品开发流程是指从概念设计到功能设计再到生产制造的整个流程。在整个流程中的创意阶段接触到信息的是工业设计工程师，工程设计阶段接触到信息的是机械或电子设计工程师，生产阶段接触到信息的是制造工程师和生产工人。当信息由一个阶段流向另一个阶段时经常会中断，信息中断会使成本提高。要解决这种从设计到制造的瓶颈问题，就需要依靠数字样机技术,将各个环节紧密结合。

在工业设计阶段,工业设计师们可以借助数字样机草图,把徒手画出的各种各样的创意和想法用数字化的信息表达出来并转变成三维模型,做到将数字化信息有效利用。在工程设计阶段,工程设计师和机械设计师会试图将各个零件模型构造出来,确保其都能正确地装配和安装;电气工程师会设计电气系统并和机械系统紧密结合,保证其各个环节的有机结合,确保整个系统正常工作。

数字样机技术能够提供功能导向性技术,通过数字化的方式解决工程设计的问题。工程师可以不建造任何三维模型,直接勾勒出二维草图,在这个基础上拼接二维的形状,之后直接模拟整个机构的运动。甚至可以加一些动力学的内容来检测所有结构的速度、运动曲线等。工程设计师在没有进行任何三维建模工作时,就得到了整个系统的工作状况、动力学曲线,从而能够很好地修改其设计,确保在后期的仿真和制造中尽可能减少问题。

9.6　基于数字样机的性能仿真与分析技术

9.6.1　基于数字样机的运动学与动力学性能分析

基于产品数字样机的运动学性能分析是采用多体系统运动学理论,着重于分析产品机构的可动性和运动轨迹。通过建立产品机构的运动学仿真模型进行分析求解,设计人员可以了解产品各部件的工作空间范围,在工作过程中是否会发生运动干涉和锁死等情况,并判断从动件上的点是否能到达预定的位置及其轨迹是否符合要求,从而对产品机构的设计方案进行改进和优化。

产品运动学性能分析通常都分成四个步骤:

(1) 前处理。主要是产品几何模型的建立和导入。通过数字样机运动学分析软件自带的几何建模功能以及与 CAD 系统的数据接口建立产品几何模型。

(2) 运动学建模。由用户交互定义产品各部件之间的运动约束关系和几何约束关系等。

(3) 仿真求解与分析,通过求解器对运动学方程进行求解,获得产品各部件在各仿真步长下的运动学行为,包括位移、速度和加速度等。

(4) 后处理。通过产品模型在环境中的运动仿真以及图表曲线等方式将仿真结果展示出来。

产品运动学仿真模型通常由三个部分组成,包括构件、约束和外部驱动。构件由产品机构中一个或多个具有相同运动形式的零件组合而成。构件之间的相互作用关系称为约束(运动副),如转动副、平移副、凸轮副等。自由构件在空间中有三个平移自由度和三个转动自由度,约束则限制了构件在某一或某几个方向上的自由度。外部驱动装置通常是具有无限动力的电动机,它驱动产品机构的主动件按照某一规律进行运动。运动学仿真模型的数学方程是多个非线性代数方程组,其求解过程通常是先采用牛顿-拉斐逊方法进行迭代,将非线性方程组转化为线性方程组,再通过高斯消元法对各线性方程组进行求解。

基于数字样机的动力学性能分析主要包括两种情况:一种是已知产品的受力情况,分析产品机构的运动学和动力学响应,相应的动力学问题称为动力学正问题;另一种是已知产品的运动情况,分析产品在运动过程中的受力情况,相应的动力学问题称为动力学逆问题。此外,现代产品机械系统离不开控制技术,在产品设计过程中还经常会遇到这样的动力学问题:产品机构的部分构件受控,当它们按照某种规律运动时,在载荷作用下其他构件如何进行运动? 此类问题称为动力学正逆混合问题。

通过动力学分析获得产品机构在运动过程中各运动副的动反力是系统各部件强度分析的基础,为进行产品零件的强度分析提供初始数据。产品的动力学分析与运动学分析过程类似,也分为前处理、建模、求解与分析、后处理四个部分。产品的动力学模型是在运动学模型的基础上,加入了构件之间的力的相互作用而构成的。

目前国外已开发出多种成熟的运动学与动力学分析商用软件,如美国 MSC 公司的 ADAMS、比利时 LMS 公司的 DADS、韩国 FunctionBay 公司的 RecurDyn,以及德国 INTEC 公司开发的 Simpack 等。一般来说,空间多体系统运动通过决定刚体位置的参照系描述,包括基于绝对坐标系的 Cartesian 坐标描述方法和基于相对坐标的 Lagrangian 广义坐标描述方法。采用基于 Cartesian 的方法的运动学与动力学分析软件以 ADAMS 软件为代表,采用基于 Lagrangian 的方法的运动学与动力学分析软件则以 RecurDyn 软件为代表。

9.6.2 数字样机多学科建模与性能仿真

现代产品通常综合了机械、控制、电子、液压等多门学科的技术,研发流程都是多人团队、多学科领域的协同设计过程。无论是系统级的方案原理设计,还是部件级的详细参数规格设计,都涉及多个不同子系统和相关学科领域,这些子系统都有自己特定的功能和独特的设计方法,而各子系统之间则具有交互耦合作用,共同组成完整的功能系统。目前较为流行的不同领域子系统单独仿真的做法已经不能满足复杂产品设计的需要,针对复杂产品的建模与仿真技术正朝着多领域统一建模与协同仿真的方向发展。

1. 建模方法

数字样机多学科建模的目的是将机械、控制、电子、液压等多个不同学科领域的模型相互耦合成为一个更大的模型,以用于整体的仿真和分析。建模方法主要有四种。

1) 基于统一语言的方法

该方法采用一种统一的建模语言,如 MATLAB/Simulink、键合图(Bond 图)、标准建模语言(UML)等,以实现多领域建模。该方法认为各学科领域模型之间都是通过端口进行能量的交换,从而利用两个共轭变量描述各模型之间的交互关系,这两个共轭变量的乘积通常表示功率或者能量流。

该方法的优点在于,可以在一个统一框架内组合不同领域的模型组件构造系统整体模型,具备模型重用性好、便于数据交换、建模简单等优点。其缺点主要是,建模时通常会出现遗漏了方程或者方程冗余的情况,使得模型无法求解。同时,模型包含的方程数目十分庞大,在结构上产生奇异性,即引起欠约束或过约束问题,从而使得进行模型修正十分困难和费时。

2) 基于接口的方法

该方法是指利用某学科领域的仿真软件完成该领域仿真模型的构建,然后利用各个不同领域仿真软件之间的接口(通常是以中间文件的形式或利用 SDK 进行二次开发的方式),实现多领域的混合建模。如用于运动学动力学仿真的 ADAMS 和用于有限元仿真分析的 ANSYS 之间有着相互数据交互的接口,ADAMS 可以读取 ANSYS 中生成的 mnf 文件,进行柔性体的运动仿真,而 ANSYS 可以通过 ADAMS/SDK 进行二次开发来读取 ADAMS 中的仿真结果进行有限元分析。

该方法的优点在于:能充分发挥各学科领域商用软件的优势,如良好的人机交互建模方式、精确的仿真计算以及功能强大的仿真后处理方法等。但该方法也有一些缺点:

① 仿真软件必须提供相互之间的接口以实现多领域建模,而这些数据接口往往为某公司所私有,它们不具有标准性、开放性,而且扩展困难;

② 仿真软件提供的二次开发技术需要耗费大量的人力和时间来进行研究;

③ 各领域商用仿真软件开发的模型通常只能放在单台计算机上进行集中式仿真运行,不支持分布式仿真。

3) 基于 HLA 的方法

HLA(high level architecture)是分布式交互仿真的高层体系结构,已成为 IEE M&S 的正式标准。HLA 通过提供通用的、相对独立的支撑服务程序,将应用层同底层支撑环境分离,即将具体的仿真功能实现、仿真运行管理和底层通信三者分开,从而可以使各学科仿真模型相对独立地进行开发,最大限度地利用各自学科的最新技术来实现标准的功能和服务。

4) 基于 Modelica 语言的方法

Modelica 语言是一种基于方程的面向对象的陈述式物理建模语言,能够用来直接描述模型系统的物理结构,适合于物理建模。它采用微分代数方程描述系统结构,并支持多学科的建模。

2. 仿真方法

多学科仿真本质上就是各学科模型之间的信息传递和交互,目前主要的仿真方法有以下几种。

1) 联合仿真式仿真

当两个不同仿真工具通过联合仿真方式建立连接后,其中一方所包含的模型可以将自己计算的结果作为系统输入指令传递给另一方建立的模型,这些指令包括力、力矩、驱动等指令。后者的模型在指令作用下所产生的响应量,如位移、速度、加速度、应力、形变等,又可以反馈给前者的模型,实现模型信息和仿真数据的双向传递。信息和数据传递交互往往通过分布中间件如 HLA、CORBA、分布式组件对象模型(distributed component object model,DCOM)等实现。

2) 模型转换式仿真

该方法是指将一个学科中的模型转化为特定格式的包含模型信息的数据文件,供另外一个学科仿真工具的模型调用,从而实现信息的交互。该方法特点在于求解速度快,对系统资源要求较少,而且模型建立后便于重复使用。缺点是需要定义特定格式的数据文件,通用性很差。

3) 求解器集成式仿真

采用该方法时将不同学科的仿真求解器在同一环境中集成进行联合求解。求解方法分为白盒求解和黑盒求解。白盒求解方法要求对模型的内部很明确,对所有模型的解算使用同一个求解器完成;黑盒求解方法仅需明确各模型的输入和输出,但要求模型自带求解器,求解环境仅负责求解器间的同步协调，大大降低了对仿真人员学科专业知识的要求，是典型的面向模型的仿真模式。该方法的优点在于可以方便地使用多领域的求解技术，便于用户使用现有的模型；缺点是开发相应的求解器和求解环境需要专业人员，开发的周期比较长。

9.6.3 基于数字样机的制造过程仿真技术

1. 虚拟制造的分类

基于数字样机的制造过程仿真属于虚拟制造的范畴。按广义“大制造”的概念，虚拟制造可以分为以设计为中心的虚拟制造、以生产为中心的虚拟制造和以控制为中心的虚拟制造。

以设计为中心的虚拟制造是将产品的制造信息引入设计过程，以便进行产品可制造性的仿真，从而在计算机中制造出产品的数字样机。它可以使产品或工艺的某项制造目标，如可装配性、公差品质、精益性、敏捷性等达到最优；也可以用来对产品或工艺的多领域指标进行优化。由于需要在产品的设计阶段进行制造性能的评价，因此需要建立从产品设计到加工制造的工艺知识库。李伯虎等提出了一种复杂产品协同制造的支撑环境，这种支撑环境为数字样机的虚拟制造提供了合适的开发流程。特征映射技术也广泛地应用于从产品设计模型到产品制造模型的转化过程。

以生产为中心的虚拟制造是通过对产品生产过程模型的仿真，方便、快捷地实现对多种工艺流程的评价。它可以优化生产线的作业流程，甚至对车间及企业的生产过程进行分析与优化。离散事件仿真是生产线及车间作业仿真的核心技术，近年来通常用 Petri 网来模拟离散事件动态系统。将离散事件优化技术与虚拟环境技术结合起来，设计人员可以直观地分析数字样机虚拟制造的整个动态流程。同时并行工程、网络化制造等技术可以将地域上不同分布的企业组成个动态企业联盟，从而在更广泛的范围内实现生产过程的优化。

以控制为中心的虚拟制造是对生产设备的控制模型与真实的工艺过程进行仿真，从而实现对真实的生产流程的优化。这与以生产为中心的虚拟制造有所区别，以生产为中心的虚拟制造针对的是生产过程调度计划，不一定考虑生产设备的控制模型，它通常是对设备布局、物流次序进行仿真与优化。以控制为中心的虚拟制造将真实地模拟生产设备的运行状态，真实地反映数字样机的加工过程。以控制为中心的虚拟制造过程可以分为离线仿真与在线控制两种优化方式。离线仿真是在实际生产加工之前，根据多体运动学和动力学的物理规律建立生产设备的控制模型，通过优化控制策略进行数字样机的虚拟制造仿真，仿真的结果可以导出为数控加工代码，从而直接控制实际生产设备的工作。在线控制是将虚拟制造与实际生产流程结合起来，通过传感技术融合虚拟环境与真实世界的误差，实现生产过程的实时控制。虚拟仪器技术在数字样机虚拟制造与实际产品生产过程的协调融合中发挥了重要作用。

基于数字样机的制造过程仿真通常会涉及虚拟制造技术的各个方面。例如在车身门框数字样机的机器人焊接制造过程仿真中，以设计为中心的虚拟制造使得门框夹具的设计满足可焊接性要求，即夹具的设计必须为机器人焊枪的运动留出必要的空间；以生产为中心的虚拟制造使得每个焊接机器人工作站的内部布局最合理，工作站之间的位置最适宜；以控制为中心的虚拟制造可以通过离线仿真技术生成焊接数控代码，并通过虚拟仪器技术将焊接数控代码用于控制机器人的真实焊接过程。

2. 基于数字样机的虚拟制造过程仿真技术研究现状

近年来，许多学者对基于数字样机的虚拟制造过程仿真技术进行了多方面的研究。韩国高等科技大学的Kim等人在商用虚拟制造软件的基础上开发了一个多通道沉浸式虚拟现实模块，解决了虚拟制造系统中3D模型与虚拟现实系统中模型的不一致性，在降低虚拟现实硬件成本的同时增强了虚拟制造系统的真实感与沉浸感。荷兰Groningen大学的Sboupp等人用数学规划的方法研究了虚拟制造单元的设计过程，在保持制造单元功能布局的基础上，将机器、作业和工人进行临时组合，从而构建出新的虚拟单元制造类型，进而采用多目标设计优化的方法进行制造单元的实时设计。香港理工大学的Chan等人研究了用于产品和工艺设计的图形仿真模型，产品的数据信息可以被虚拟环境中的许多制造活动共享，研究了虚拟制造软件的开发方法并讨论了这些方法的优势与不足。美国Illinois大学的Gi-erach等人提出了在虚拟制造环境中管理网络实体硬件设备和软件服务的便捷方法，描述了虚拟制造环境的体系结构，每个网络实体由它们的接口类型、属性和识别码组成，各个协同实体之间可以共享执行代码。新加坡国立大学的Wu等人提出了分布式虚拟制造中的集成计算模型，采用多代理的方法实现了分布环境中的软件集成，采用罚函数的方法进行虚拟企业中成员的选择，不仅考虑了成员的生产能力与工艺设备，而且综合考察了成员的生产时间与地理位置。德国IPK研究所的Mertins等人研究了虚拟制造中各生产小组产量分配问题，采用大批量融合的方法决定每个生产小组单位产量的生产时间，通过开发仿真模型研究了虚拟制造单元的动态行为。以色列TelAvi大学的Ben-Gal等研究了针对工作站人因工程设计的结构化方法，利用阶乘试验法和响应表面法减少了设计过程中的检验次数，采用多目标优化的方法获得了工作站虚拟制造中的最优配置方案。韩国Ajou大学的Park采用面向对象的方法建立了虚拟柔性制造系统的模型，包括虚拟设备对象模型、调度处理功能模型、状态管理模型和流程控制动态模型，研究了层次化模块方式的离散事件系统规范体系。美国Alventive公司Shyamsundar等人针对数字样机协同装配过程中集成开发工具的缺乏，研究了协同环境的体系结构和设计特征，开发了协同装配集成开发工具，并对网络协同过程中的生产组织与开发效率进行了详细研究。

习题与思考题

9-1　试用数字样机理论对二级圆柱齿轮减速器进行运动和动力仿真分析。

9-2　试用数字样机理论对数控车床进行运动和动力仿真分析。

第 10 章　机械系统创新设计

10.1　概　　述

创新设计(innovation design,ID)是指充分发挥设计者的创造力,利用人类已有的相关科技成果进行创新构思,设计出具有科学性、创造性、新颖性及实用性成果的一种实践活动。它是工程技术设计方法的重要组成部分,贯穿于工程技术设计的全过程。随着现代科技发展速度加快以及市场竞争日趋激烈,在工程技术设计和产品生产中大力倡导并推广新的设计方法显得尤为重要。

10.2　创新设计基础

10.2.1　创新的基本原理

创新和创造是人类一种有目的的探索活动,创新原理是人们对长期创造性实践活动的理论归纳,同时它也能指导人们开展新的创新实践。本章介绍的创新基本原理,可为创新设计实践提供创新思维的基本途径和理论指导。

1. 综合创新原理

综合是将研究的对象的各个方面、各个部分和各种因素联系起来加以考虑,从而从整体上把握事物的本质和规律。综合创新,是运用综合法则的创新功能去寻求新的创造,基本模式如图 10-1 所示。

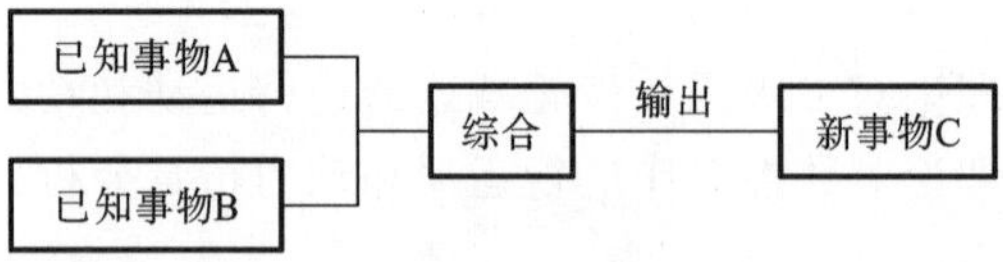

图 10-1　综合创新模式

综合不是将对象各个构成要素简单相加,而是按其内在联系合理组合起来,使综合后的整体作用带来创造性的新发现。在机械创新设计实践中随处可发现综合创新的实例。例如:将啮合传动与摩擦带传动技术综合而产生的同步带传动,具有传动功率较大、传动准确等优点,已得到广泛应用。普通的 X 光机和计算机都无法用来对人脑内部的疾病做出诊断,豪斯菲德尔将二者综合,设计出了 CT 扫描仪,人们利用这种新设备解决了大量的诊断难题,取得了前所未有的成果,促使医学诊断技术产生了飞跃性的发展。

从 20 世纪 80 年代开始形成的机电一体化技术已成为现代机械产品发展的主流,“机电一体化”是机械技术与电子技术、液压、气压、光、声、热以及其他不断涌现的新技术的综合。这种综合创造的机电一体化技术比起单纯的机械技术或电子技术性能更优越，使传统的机械产品发生了质的飞跃。

图 10-2 为一种小型车、钻、铣三功能机床。它是为适应小型企业、修理服务行业加工修配小型零件的需求，运用综合创新原理开发设计出来的小型多功能机床。由图可知，它是以车床为基础，综合钻铣床主轴箱而构成的。

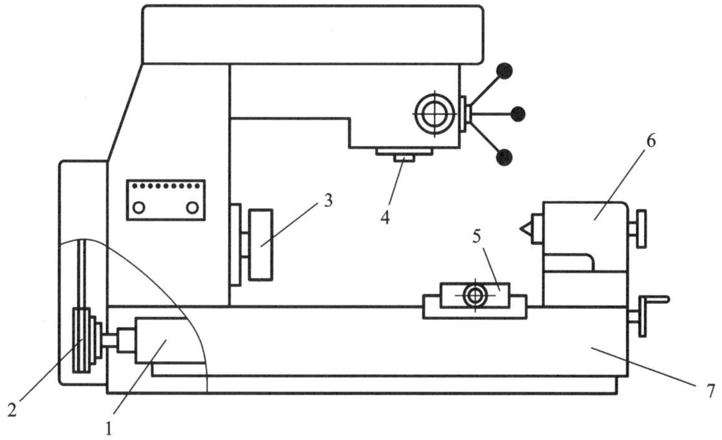

图 10-2　小型车钻铣床

1—电动机；2—带传动；3—车削主轴箱；4—钻铣主轴箱；5—进给板；6—尾座；7—床身

从大量的创新实践可知，综合就是创造。

(1) 综合已有的不同科学原理可以创造出新的原理，如牛顿综合开普勒的天体运行定理和伽利略运动定律，创建了经典力学体系。

(2) 综合已有的事实材料可以发现新规律，例如门捷列夫综合已知元素的原子属性与原子量、原子价的关系的事实和特点，发现了元素周期律。

(3) 综合已有的不同科学方法可以创造出新方法，如笛卡儿引进坐标系、综合几何学方法和代数方法，创立了解析几何方法。

(4) 综合不同学科能创造出新学科，如信息科学、生物科学、材料科学、能源科学空间科学、海洋科学等都属于综合不同学科所形成的新学科。

(5) 综合已有的不同技术能创造出新的技术，如原子能、电子计算机、激光、遗传、自动化、航天技术等。

因此综合创造有以下基本特征：

(1) 综合能发掘已有事物的潜力，并且在综合过程中产生新的价值；

(2) 综合不是将研究对象的各个要素进行简单的叠加或组合，而是通过创造性的综合使综合体的性能产生质的飞跃；

(3) 综合创新比起开发创新在技术上更具有可行性，是一种实用的创新思路。

案例：激光的发明

激光是综合近代光学与电子学而得出的产物，它是一种具有优异特性的新光源，是 20 世纪 60 年代出现的重大科技成就之一，它具有高亮度、高方向性、高单色性、高相干性等特点，已得到广泛的应用。

与20世纪其他重大发明一样，激光器的产生是在基本原理的指导下实践的结果。早在1916年，爱因斯坦就已在关于黑体辐射的研究论文中提出了受激辐射的概念。众所周知，原子是由原子核和电子构成的，电子围绕着原子核不停地运动，并且电子运动具有一定的轨道，各轨道有特定的能量。当电子从高能级轨道跃迁到低能级轨道时，多余的能量就以光的形式释放出来。如果一个原子处在激发状态，它的电子就会自发地由高能级跳到较低能级，同时产生光子，这种发光过程就称为自发辐射。自发辐射是普通光的发光原理。如果有一个光子打到一个处于激发态的原子上，这个光子就会强迫原子发光，这种发光方式就称为“受激辐射”，受激辐射的特点是所发出的光在频率、相位、偏振和传播方向上都是一致的。

爱因斯坦提出的受激辐射概念，受当时技术条件和传统科学观念的束缚，很长时间都没有引起人们足够的重视。因为按照经典物理学理论，在通常条件下，高能态的粒子数少于低能态的粒子数，这样，受激态原子在受激发射中所产生的光子还没有来得及辐射出去就已被低能态原子吸收了，受激辐射被吸收过程淹没。这就是在通常情况下看不到受激辐射的重要原因。要实现受激辐射，首要条件就是高能态粒子数要多于低能态粒子数，也就是要实现“粒子数反转”，从当时经典物理学的观点来看，这是不可想象的。

1951年卡斯特提出了用“抽运”方法实现粒子数反转的设想，珀塞耳、庞德在核感应实验中实现了粒子束反转。1954年，汤斯和他的助手制成了第一台氨分子束微波激射器(Maser)，虽然它产生的微波功率很小，但是它综合并证实了受激辐射、粒子数反转、电磁波放大等现象的可能性，是激光器发明中的一个重要转折点。

1955年巴索夫、普罗霍洛夫和布洛姆伯根研究和设计了微波量子放大器，人们开始考虑把它从厘米波推广到更短的毫米、亚毫米甚至光波波段。1957年9月，汤斯又构思了一个希望运行在光波波段的第一台“光学脉塞”(后来称为laser，即激光器)的设计方案。但经过分析，该方案不是非常理想，这个系统产生出来的光可能会在各种模式之间来回振荡。在此关键时刻，波谱学家肖洛加入了汤斯的研究，肖洛从光学的角度提出了一个关键性的建议：把谐振腔两端的界面以外的其余壁面全部去掉，也就是用两个法布里-珀罗干涉仪构成谐振腔，这就可使系统中的大多数模式衰减，而保证系统仅仅在一个模式中振荡。这种设想使汤斯面临的困难得到了解决。1958年，肖洛和汤斯对他们提出的光波波段工作的量子放大器设计方案进行了详细的理论分析，讨论了谐波腔、工作物质和抽运方式等一系列问题。1960年7月，休斯研究所的梅曼按照肖洛和汤斯的设想，用一种简单的装置成功地制造了世界上第一台激光器，其工作物质为人造红宝石，激光源是脉冲氙灯，可制造波长为0.6943 μm的红色脉冲激光。从此，科幻小说家们所幻想的“死光”，在科学理论的指导下，终于奇迹般地出现了。

启发：学科的交叉和综合是创新的摇篮。通过受激辐射来产生相干光涉及物理光学和无线电技术两个学科，微波技术的产生就是这两个领域相互渗透的结果，而汤斯和肖洛二人的协作，使得将激光器扩展到光学波段所需“互补”的最佳知识结构得以形成，可见，综合就是创新。

2. 分离创新原理

分离是与综合相对应的、思路相反的一种创新原理。它是把某个创造对象分解或离散为有限个简单的局部，把问题分解，将主要矛盾从复杂现象中分离出来解决的思维方法。

分离原理的创新模式如图10-3所示。

积分法首先是化整为零，再积零为整；力学中把各力分解为坐标上的分力，分力求和后

图 10-3　分离创新模式

再合成合力；有限元法把连续体分成许多小单元，就可借助计算机对物理量和参数进行计算和分析，解决复杂问题。以上所述例子都运用了离散原理。

在机械行业，组合夹具、组合机车、模块化机床也是分离创新原理的运用实例。

服装分解处理后产生了袖套、衬领、背心及脱卸式衣服等产品。为解决城市十字路口交通堵塞问题，人们运用分离原理设计出了立交桥；把眼镜的镜架和管片分离，发明了既美观又能缩短镜片与眼球之间距离，而且还有保护眼睛、矫正视力功能的隐形眼镜。

在机械设计过程中，一般都是将问题分解为许多子系统和单元，对每个子系统和单元进行分析和设计，然后综合。在实际的创新过程中，分离与综合虽然思路相反，但二者往往相辅相成，要考虑局部与局部、局部与整体的关系，分中有合，合中有分。

3. 移植创新原理

它山之石，可以攻玉。把一个研究对象的概念、原理和方法等运用于或渗透到其他研究对象而取得成果的方法，就是移植创新。例如：把某一学科领域中的某项新发现移植到另一学科领域，使其他学科领域的研究工作取得新的突破。把某一学科领域中的某一基本原理或概念移植到另一学科领域之中，促使其他学科发展。把某一学科领域的新技术移植到其他学科领域之中，为另一学科的研究提供有力的技术手段，推动其他学科的发展。将一门或几门学科的理论和研究方法综合、系统地移植到其他学科，促使新的边缘学科创立，推动科学技术的发展。

在 19 世纪末，人们运用物理学的原理和方法创立了物理化学。又如，人们把物理学理论和研究方法系统地移植到化学领域中，又将化学现象、化学理论和研究方法综合地移植到生物学领域，创立了生物物理化学这一学科。人们运用移植方法，创造了大量的边缘学科，使现代科技既高度分化又高度综合地向前发展，并造成了现代科技发展的整体化和融合。

总之，移植原理能促使思维发散，只要将某种科技原理转移至新的领域具有可行性，通过新的结构或新的工艺，就可以产生创新。

如轴承是常用的机械零件，一般人们主要通过减少摩擦以提高轴承的旋转精度、机械效率和使用寿命。近来人们将电磁学原理移植到轴承设计中，利用磁的同性相斥特点，开发出了工作时轴颈与轴瓦不接触的磁悬浮轴承，旋转时摩擦阻力很小，现已推广应用。美国西屋公司将磁性轴承用在电度表上，使其计量精度很高，获得较高的商品附加价值。

4. 逆向创新原理

逆向创新原理是从反面、从构成要素中对立的另一面思考，将通常思考问题的思路反转过来，寻找解决问题的新途径、新方法。逆向创新法亦称为反向探求法。

我国宋代“司马光砸缸”的故事，就是运用逆向思维方法的实例，司马光不是直接将小孩拉出来，而是用砸破水缸让水流走的办法将小孩救出的。

1800 年，意大利科学家伏打，将化学能变成电能，发明了伏打电池。英国化学家戴维想到化学作用可以产生电能，那么电能是否可以引起化学变化而电解物质呢？1807 年，他果然用电解法发现了钾和钠两种元素。1808 年，他又发现了钙、锶、铁、镁、硼五种元素，成为发现元素最多的科学家。

18世纪初，人们发现了通电导体可使磁针转动的磁效应。法拉第运用逆向思维反向探求："能不能用磁产生电呢？"于是，法拉第开始做实验，并在经过9年的探索之后，于1831年获得成功，发现了电磁感应现象，制造出了世界上第一台感应发电机，为人类进入电气化时代开辟了道路。

一般我们都认为数学的特点就是"精确"，它对客观规律的数学描述不能模棱两可，必须具有严格的精确性。但在1965年，美国数学家查德却抛开传统数学的精确方法，而专门研究与精确性相反的模糊性，创立了一门新兴学科——模糊数学，在精确方法无能为力的领域，模糊数学显示了无限的生命力，例如其在人类识别、疾病诊断、智能化机器、计算机自动化等方面的应用已卓有成效。

逆向创新法一般有三种：功能性逆向创新法、结构性逆向创新法和因果关系逆向创新法。

5. 还原创新原理

还原法则又称抽象法则，即回到根本、回到事物的起点，暂时放下所研究的问题，反过来追本溯源，分析问题的本质，从本质出发另辟蹊径进行创新。此法的特点为"退后一步，海阔天空"。

日本一家食品公司想生产自己的口香糖，却找不到做口香糖原料的橡胶，他们将注意力放回到"有弹性"这一点，设想用其他材料代替橡胶，经过多次失败后，他们用乙烯树脂代替橡胶，再加入薄荷与砂糖，终于发明出日本式的口香糖，畅销市场。打火机的发明也应用了还原创新原理。它突破现有火柴的框框，把最本质的功能——发火功能抽提出来，把摩擦发火改变为以气体或液体作燃料发火。

还原换元是还原创造的基本模式。所谓换元，是通过置换或代替有关技术元素进行创造。换元是数学中常用的方法，例如直角坐标和极坐标的互相置换和还原、换元积分法等。

案例：洗衣机的开发

千百年来人们洗衣服都是靠手工揉、搓、刷等方法。开始设计洗衣机时，考虑模仿人的洗衣方法，要设计一个像人手那样搓揉衣服的机构是很不容易的；考虑用刷子擦洗，则很难将衣服各处都刷到；考虑捶打方法，又容易损坏衣服。因此在很长时间里，家用洗衣机难以发展。

后来，人们采用还原创新原理，将洗衣问题还原到问题的创造原点。洗衣机的揉、搓、刷等只是洗衣的方法，洗衣机的创造原点是应该是"洗"和"洁"，再加上不损坏衣服，即安全，至于采用什么方法并没有限制。于是，人们设想通过翻滚、摩擦、水的冲刷，并借助洗涤剂的去污作用，使附着在衣物上的脏物脱落，从而达到洗净衣物的目的。

找到了解决问题的简单方法后，人们首先设计出了拖动式洗衣机，在洗衣筒内由拨爪之类的机构带动衣服，使其在水和皂液中旋转、上下浮动，用水流冲刷掉污垢，但这种洗衣机的洗涤效果不够理想。

1922年，工程师设计了摆动式（又叫搅拌式）洗衣机，它的结构是在洗衣筒中心安装一立轴，在立轴上部靠筒底处安置摆动翼（或波轮），通过周期性地正反旋转，使水流和皂液能不断摩擦、冲刷、翻搅衣物，达到洗涤目的。这种洗涤方式一直沿用至今。

6. 价值优化原理

第二次世界大战以后，美国开始了关于价值分析（value analysis，VA）和价值工程（value engineering，VE）的研究。在设计、研制产品（或采用某种技术方案）时，设计研制所需成本

为 C，取得的功能（即使用价值）为 F，则产品的价值 V 为

$$V=\frac{F}{C} \tag{10-1}$$

显然，产品的价值与其功能成正比，而与其成本成反比。

价值工程揭示了产品（或技术方案）的价值、成本、功能之间的内在联系。它通过提高产品的价值来提升技术经济效果。它研究的不是产品（或技术方案）而是产品（或技术方案）的功能，研究功能与成本的内在联系。价值工程是一套完整的科学的系统分析方法。

设计创造具有高价值的产品，是人们追求的重要目标。价值优化或提高价值的指导思想，也是创新活动应遵循的理念。

价值优化的途径有：

(1) 保持产品功能不变，通过降低成本，达到提高价值的目的。

(2) 在不增加成本的前提下，提高产品的功能质量，以实现价值的提高。

(3) 使成本小幅度增加但却使功能大幅度提高，使价值提高。

(4) 功能有所降低，成本却能大幅度下降，使价值提高。

(5) 不但使功能增加，同时也使成本下降，从而使价值大幅度提高。这是最理想的途径，也是价值优化的最高目标。

优化设计并不一定可使每项性能指标都达到最优。一般可寻求一个综合考虑功能、技术、经济、使用等因素后令人满意的系统，有些从局部来看不是最优，但从整体来看是相对最优的。

本章介绍了创新基本原理。但“运用之妙，存乎一心”，各种创新原理和创造技法本身难免存在一定的局限性，我们既要熟悉它们，但在创新实践中又不能受到技法、原理的束缚，打破各种各样的思维定势，才能创新。

10.2.2　创新的基本方法

在着手准备创新之前，首先应该想到的是，发明创造是否人们需要的，是不是对大众有用，否则任何发明创造设计都是没有生命力的；其次要考虑该发明创造设计是否具有科学性、实用性，是否能满足社会的需求；再次是要量力而行，从小处做起，通过不断实践掌握一定的创新方法和技巧，继而从事更复杂的创新活动。

1. 到何处搜寻题材

发明题材的选定是进行发明创造工作的关键，我们到何处去搜寻题材？

1) 向生活索取

世界上不存在尽善尽美的事物，人们的衣、食、住、行、用等方面的物品总有一些不合理、不完善之处，许多小发明的题材都可由这不合理、不完善中产生。

例如浙江宁波有残疾的中学生曹万渝，因感到拄着传统的拐杖在车站等车非常吃力，在开会时搬椅子也不方便，于是他发明了可以当座椅用的两用拐杖（见图 10-4）。

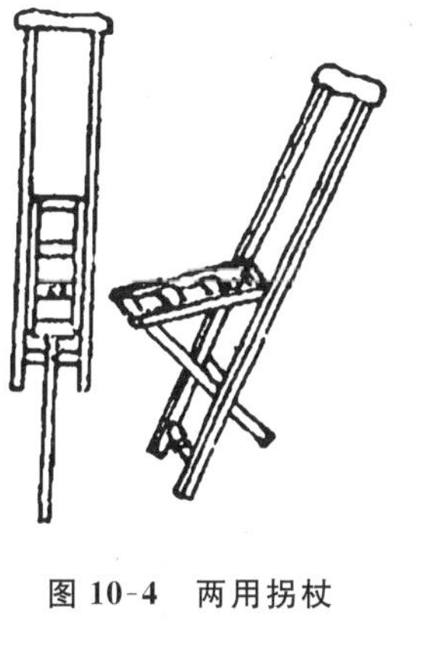

图 10-4　两用拐杖

2) 到各自的工作领域去发掘

长期从事某一工作的人对本专业的现状最熟悉，选题方便，

成功的可能性更大。

伞是日常生活必需品，但普通的伞由于体积较大在旅行时携带很不方便，能不能将伞折叠起来，便于我们携带呢？日本一位任职于制伞公司的童工树田英一在伞上安装了一根弹簧，这样就可以将伞折叠而轻巧地收起来；而打开伞时，弹簧的拉力使得伞不向外翻。后来人们又利用平行四边形机构，巧妙地实现了伞的三折叠（见图 10-5）。

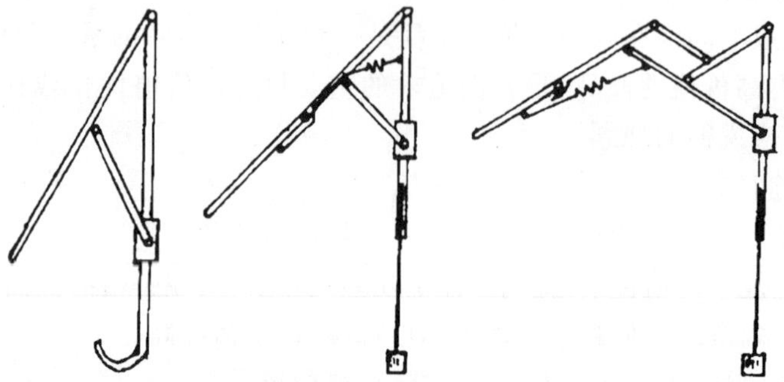

图 10-5 折叠伞

除此之外，人们还设计出了半自动伞、自动伞，折叠的方式也有多种。

2. 创新的主要方法

创新的主要方法有下面的几种。

1）缺点列举法

缺点列举法是将所熟悉的事物的缺点一一列举出来，随时做笔记，找出自己感受最深、最需要解决而又可能解决的问题，对症下药，作为创新发明的题材。

例如"自行车自动充气器"就是针对自行车轮胎跑气这个缺点而构思的发明；针对试电笔要与带电体接触，既不方便也不太安全的缺陷，有人创造设计出了一种新型的不接触式试电工具——感应试电器。

2）希望点列举法

人们总是不满足于现状，对未来充满希望和向往。将这些希望予以具体化，并列举、归类和概括出来，往往就成为一个可供选择的发明课题。希望点列举法既可用于已有事物，又可用于尚未出现的事物。

人们在缝制服装时，感到挖扣眼、钉纽扣，系和解纽扣都很费事，希望能有一种方便的系扣问世。1957 年，瑞士人梅斯特拉尔从一种草本植物上受到启示，发明了尼龙搭扣。像"点灯不用油，耕田不用牛"、人可以像鸟一样在天空翱翔、嫦娥奔月等等古代人民美好的希望，现在都已经成为现实。

3. 系统设问法

系统设问法是针对事物系统地罗列问题，然后逐一加以研究、讨论，多方面扩展思路，就像原子的链式反应那样，从单一物品中萌生出许多新的设想。系统设问可以从下列方面入手：

（1）转化，如：这件物品能否有其他用途？将其稍微改变下，是否还有别的用处？

（2）引申，如：有别的东西像这件物品吗？是否可以从这件物品引申设想出其他东西？

（3）改变，如：改变原来的形状、颜色、气味、样式等，会产生什么结果？

（4）放大或缩小，如：将物品等比例放大或缩小会产生什么结果？

(5) 复杂化,如:在这件物品上加上别的东西会怎样?

(6) 精简化,如:从这件物品上抽掉一些东西会如何?

(7) 代替化,如:有没有其他的物品代替这件物品?是否有其他材料、成分、过程或方法可以代替?

(8) 重组化,如:交换一下零件位置会怎样?变动序列、改换因果关系、改变速率会产生何种结果?

(9) 颠倒化,如:正反互换会怎样?反过来又会怎样?能否反转?

(10) 组合,如:这件物品跟哪种物品组合起来效果会更好呢?

运用系统设问法可将已有物品对照上面的十个方面分别提问,找到的答案一般都可以作为创新的选题。

4. 信息联想法

人们将自己每天耳闻目睹的大量信息加以筛选,从中挑选出新奇的、与技术有关的科学发现和技术发明,通过思维加以联想,往往可产生或提出一个新的发明问题。

联想的方式有:由一事物联想到在空间或时间上与其相联通的另一事物;联想到与其对立的另一事物;联想到与其有类似特点(如功能、性质、结构等方面的特点)的另一事物;联想到与其有因果关系的另一事物;联想到与其有从属关系的另一事物;等等。

信息联想法可以用来组合分析设计方案。参与联想组合的图形可以是二维的,也可以是多维的;组合的元素可以是同一类的,也可以是不同类的。

5. 专利文献选读法

通过阅读大量的专利文献,既可掌握现有发明的内容和思路,了解最新的发明成果,避免重复他人的工作和侵权行为,又可对不完善的部分加以改进,进行再发明。据资料统计:1985 年至 1995 年中国发明协会向社会推荐和宣传的发明创造成果有 10000 多项,其中只有 15%转化为生产力;而这 10 年中我国的专利实施率仅 25%～30%。因此,针对专利中不实用的部分进行改进和完善,往往会获得良好效果。

6. 集思广益法

集思广益法是美国创造工程学家奥斯本于 1945 年首先提出的,原文是"Brain storming",直译就是"头脑风暴"。这种方式是以开小型"诸葛亮会"来进行,与会人数一般为 5～10 人,要求与会者严守下列规则:

(1) 畅所欲言,想到就说,意见越多越好;

(2) 静听别人的发言,从中受到启发,以使自己的意见更加完善;

(3) 欢迎荒诞和使人发笑的发言,设想越新奇越好,能否采用另当别论;

(4) 禁止批评别人的发言,这一点很重要。

会后对会上的各种设想进行整理评价,选择最优设想付诸实施。

可以运用上面介绍的六种方法来确定待发明的课题。题材选取后,要完成它还得付出艰苦的努力和劳动。在解决问题的过程中,要根据事物的品质构造、功能、特征对各种构想进行分析、比较、判断,运用正向思维和逆向思维的分析方法,针对问题进行类比、综合、联想,集思广益,同时反复进行绘图、试验、制作样品和模型,并不断地改进。

10.2.3　创新过程

创新作为一种活动过程,一般要经历如下几个过程:

(1) 准备阶段，指提出问题，明确创新目标，搜集资料，进行定向科学分析的过程；

(2) 创造阶段，指构思、顿悟和发现等的过程；

(3) 整理结果阶段，指验证、评价和公布等的过程；

上述三个阶段是创造过程的一般过程。另外，美国“新产品和过程发展组织与管理协会”顾问 G. Freedman 则提出可把发明创造过程归纳为如下七个阶段：

(1) 意念(发明创造始于意念)；

(2) 概念报告(内容包括意念之间的联系、制约关系和把意念转变成实际方案的途径)；

(3) 可行模型(对概念是否可以实现进行验证)；

(4) 工程模型(展示概念能否实现其功能)；

(5) 可见模型(从工程模型演变成可见模型的阶段)；

(6) 样品模型(样品原型不是由发明创造者在实验室制造的，而是由车间制造的)；

(7) 小批生产(在生产线上实现创造发明)。

应当指出，在计算机模拟技术发展的今天，上述过程中的模型制作工作可以用计算机模拟方式来取代，这将大大缩短整个创造发明的周期。

10.2.4 机械的创新设计

机械设计一般要经过总体方案设计和结构设计两个重要的环节。总体方案设计往往是发散—收敛的过程，它是指从功能分析入手构思探求多种方案，然后进行技术经济评价，经优化筛选求得最佳原理方案。而结构设计是在总体设计的基础上，根据所确定的原理方案，设计满足功能要求的机械结构，确定最好的技术方案。

1. 总体方案设计

机械的总体方案设计是紧紧围绕功能的分析、求解和组合实施的。现代机械种类繁多，但从功能分析的角度看，仍主要由动力、传动、执行、测控四大系统组成。动力系统的功能是为机械提供能量，其功能载体为各种形式的原动机；传动系统则用于实现动力与执行系统间运动和动力的传递功能，其功能载体可以是电力、液压或机械装置；执行系统通过不同的执行元件，为实现工作目的而完成执行功能；测控系统用于实现传感和控制功能，它将机器工作过程中的各种参数和状况检测出来，转化成可测定和控制的物理量，传达到信息处理装置进行处理，并及时发出对各种系统装置的工作指令和控制信号。

在总体方案设计中，首先要根据产品的功能要求构思工作原理。功能要求与产品的用途、性能等概念不完全相同，如电动机的用途是作原动机，可以是驱动水泵或车床，但反映其特定工作能力的功能是能量转化——将电能转化为机械能。

机电产品系统的功能体现为能量、物料信息的变化，并且与周围环境有密切联系。对机电产品系统，要分析其总功能和分功能，分析系统中动力源、传动系统、执行系统检测和控制系统的具体组成和特点。

功能的描述要准确、简洁，要抓住本质。在功能分析的基础上应对系统的原理方案进行总体分析，然后将功能系统按总功能、分功能、功能元进行分解，并分析功能原理方案的工作原理，分析实现各功能元的原理解法；再将各功能元解有机组合，求得技术系统解(可以是多个方案)；删除明显不可行和不理想的方案，对较好的方案进行优化，最后求得最佳原理方案。

例如:数控车床的主功能是将加工过程信息化,自动复现数控程序,通过切削(车削)使零件加工成形。其目标是实现快速生产,主要特征是柔性自动化。它应有能将数控程序转化为工件和刀具运动控制命令的信息处理功能,应有能按运动控制命令运动的伺服系统,并要有保证加工精度的结构功能。数控车床还可能拥有自动换刀、自动装夹工件、自动排屑等辅助功能。数控车床的功能树如图 10-6 所示。

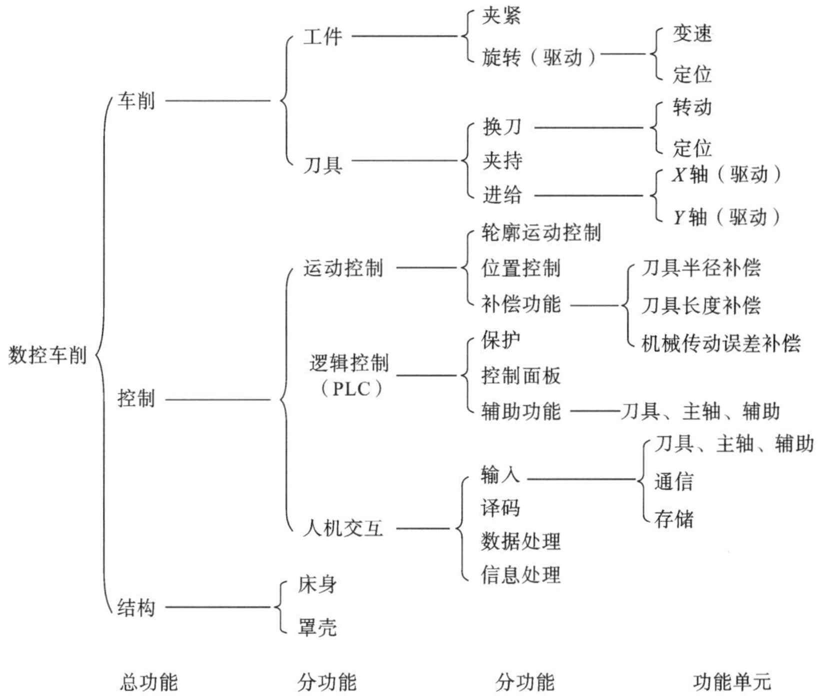

图 10-6　数控车床的功能树

常见的带式运输机,其主要功能是传送构件。从结构上看,它由电动机、联轴器、减速器、齿轮、轴、输送带、机架等构件组成。电动机为动力源,联轴器、减速器等是传动装置,输送带则是工作装置,实现物料的传送。机架对机器起支承作用,机器由人工控制。其功能结构如图 10-7 所示。

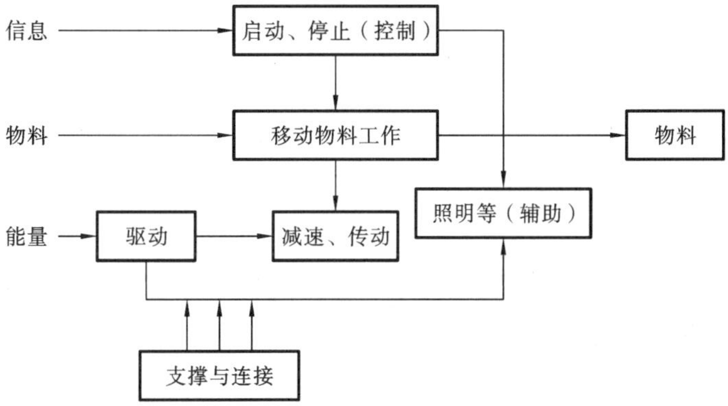

图 10-7　带式运输机的功能结构图

2. 编制设计目录

用功能设计法进行原理方案设计后，需结合设计的过程和需要，编写出内容清晰、条理性强、提取方便、信息面广的设计目录。

3. 建立优化设计评价系统

工程设计问题往往是复杂和多解的。首先通过功能分析获得尽可能多的方案，然后通过评价从中选择最佳方案，在发散—收敛的过程中创新，这是设计的基本思路，也是产品优化的过程。

在确定工作原理方案、选择运动机构、设计结构等的过程中，都要对方案进行分析和评价，对其不足之处要加以改进和完善。

为了对产品(或技术方案)进行科学的评价，首先应确定评价目标，以作为评价的依据，然后应针对评价目标制定确定性或定量的评价方法。

对产品(或技术方案)的评价目标一般包含以下三个：

(1) 技术评价目标，包括工作性能、加工装配工艺性、维护使用性、技术上的先进性等；

(2) 经济评价目标，包括成本、利润、投资回报率等；

(3) 社会评价目标，包括社会效益、市场效应、环保性、宜人性、节能性、可持续性等。

在实际分析中，应选择主要的要求作为评价目标，一般不宜超过 6～8 项，项目过多容易掩盖主要矛盾，不利于选出优化方案。

评价目标确定后应确定评价方法，以便从多种方案中选取最佳方案。常用的评价方法有：评分法、加权系数法、模糊评价法等。

(1) 评分法：用分值来定量评价衡量方案的优劣，评委对各方案按评价目标分项评分，再求各方案总分。

(2) 加权系数法：首先根据各目标的重要程度设置加权系数，评委对各方案每一项评价目标分项评分，再加权求各方案总分。

(3) 模糊评价法：用优、良、中、差等不定量的模糊概念来评价。近年来通过模糊数学理论将模糊信息数值化以进行量化评价的方法已广泛应用于工程方案设计。

4. 结构设计

结构设计是机械设计中的一个十分重要的阶段，也是涉及问题最多、最具体、工作量最大的工作阶段。结构设计实际上就是确定产品、零部件的材料、形状、尺寸及相互配置关系，它是原理方案设计的具体化，以满足产品的功能要求。在结构设计中需要确定所有零部件的形状、尺寸、位置、数量、材料、热处理方式和表面状况，所确定的结构除应能够实现原理方案所规定的动作外，还应该满足对结构的强度、刚度、稳定性、精度、工艺性、寿命、装配、经济性、可靠性等方面的要求。

结构设计是一个从抽象到具体、从粗略到精确的过程，在结构设计中需根据既定的原理方案，确定总体空间布局、选择材料和加工方法，通过计算确定尺寸、检查空间相容性等，由主到次逐步进行结构的细化。结构设计也具有多解性特征，因此需反复、交叉进行分析计算和修改，寻求最好的设计方案，最后完成总体方案结构设计图。

1) 结构设计的基本步骤

由于结构设计过程相当复杂，这里只能介绍原则性的设计步骤。

(1) 确定对结构的要求及空间边界条件。对结构的要求主要包括：

① 与尺寸有关的要求，如传动功率、流量、连接尺寸、工作高度等；

② 与结构布置有关的要求，如物料的流向、运动方位、零部件的运动分配等；

③ 与材料有关的要求，如耐磨性、疲劳寿命、耐腐蚀能力等。空间边界条件主要包括装配限制范围、轴间距、轴的方位、最大外形尺寸等。

(2) 对主功能载体进行粗略结构设计。主功能载体就是实现主功能的构件，如减速器的轴和齿轮、机车的主轴、内燃机的曲轴等。在进行结构设计时，应首先对主功能载体进行粗略构形，初步确定主要形状尺寸，如轴的最小直径、齿轮直径、容器壁厚等，并按比例初步绘制结构设计草图。设计的结构方案可以有多个，要从功能要求出发，选出一种或几种较优的草案，以便进一步修改。

(3) 对辅助功能载体进行初步的结构设计。主要对轴的支承、工件的夹紧装置、密封与润滑装置等进行设计，以保证主功能载体能顺利工作。设计中应尽可能利用标准件、通用件。

(4) 对主功能载体、辅助功能载体进行详细结构设计。详细设计时，应遵循结构设计基本准则，依据国家标准、规范及较精确的计算结果，完成细节设计。

(5) 对设计进行经济综合评价。从多个结构设计草案中选择满足功能要求、性能优良、结构简单、成本低的较优方案。

(6) 完善结构方案，检查错误。消除综合评价时已发现的弱点，检查在功能、空间相容性等方面是否存在缺陷或干扰因素(如运动干扰)。应注意零件的结构工艺性，如轴的圆角和倒角、铸件壁厚、起模斜度、铸造圆角等设置得是否合理，必要时应对结构加以改进，并可采纳已放弃方案中的可用结构，通过优化的方法来进一步完善结构方案。

(7) 完成总体结构设计方案图。结构设计的最终结果是总体结构设计方案图，它清楚地表达了产品的结构形状、尺寸位置关系、材料与热处理、数量等各要素和细节，体现了设计的意图。

2) 结构设计的准则

为使产品预期功能得以实现，产品的经济性、安全性得到保证，提高设计的质量，应遵循“明确、简单、安全”的基本要求。“明确”主要包括功能明确、作用原理明确、工作条件及负载状况明确等；“简单”主要是指零件数目尽量少、零部件间的连接简便、零件形状尽可能简单等；“安全”则是指应保证产品及其零部件在预期的工作期限内正常工作，不会对人和环境产生危害。

为合理地进行结构设计，应考虑如下结构设计准则：

(1) 满足功能要求的设计准则。产品设计的主要目的是实现预定的功能要求，在设计产品时，通常有必要将任务合理分配，即将一个功能分解成多个分功能，每一个分功能由一个功能载体承担。如图 10-8 所示，V 带中的纤维绳用来承受拉力，橡胶层用于承受带弯曲时的拉伸与压缩，而传动所需要的摩擦力则通过包布层与带轮轮槽的作用产生。

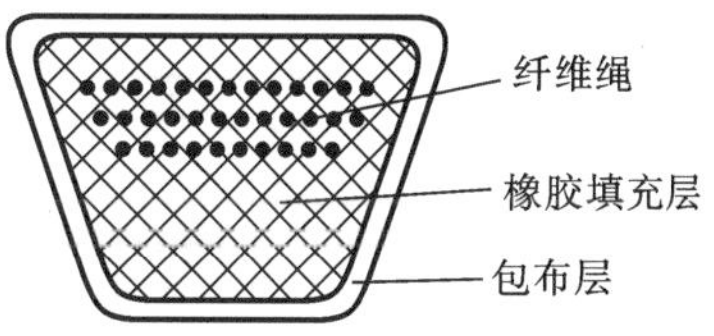

图 10-8　V 带截面结构

图 10-9(a)所示的螺栓既有连接功能又有防松功能，它是将图 10-9(b)所示的螺栓与防松垫圈组合在一起的整体结构。

(2) 考虑加工工艺性的设计准则。在结构设计中，应力求使设计的零部件加工方便，材料损耗少、效率高、生产成本低、符合质量要求。

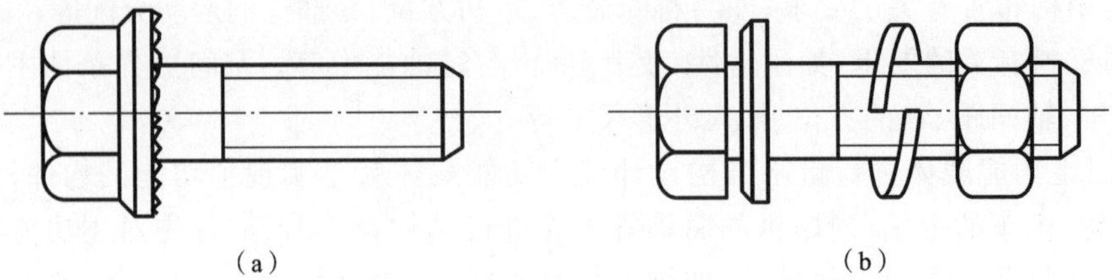

图 10-9　螺栓的组合结构

图 10-10 所示为一包装机械中的支架零件，原来由 11 个零件分别加工后组装而成，加工量大，成本高，采用整体结构后，通过整体铸造一次完成，大大降低了成本。

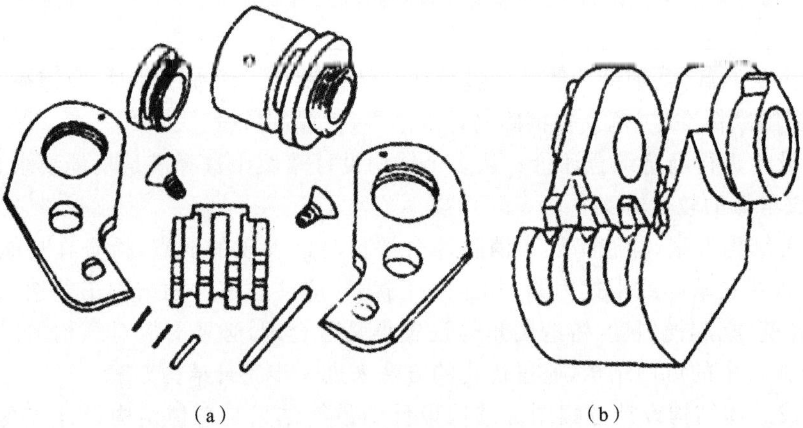

图 10-10　支架零件的整体结构

对于铸件，应尽量减少分型面的数目，避免不必要的凸起和凹陷，尽量少用或不用型芯，力求几何形状简单。应考虑起模斜度，壁厚应均匀并避免缩孔等。

对于切削加工零件，应尽量减少加工面积；若有必要，需设计退刀槽或砂轮越程槽；要使零件在加工时便于装夹；应尽量减少加工的装夹次数，以提高效率；优先采用相同的锥度、圆角半径及孔径，以减少刀具调整次数，提高加工精度等。

(3) 考虑装配的设计准则。加工好的零部件要经过装配才能成为完整的机器，装配质量对机器设备的运行有直接的影响。在结构设计时，应合理考虑装配单元，使零件得到正确安装。如图 10-11 所示，两法兰盘用普通螺栓连接，图(a)中的结构无径向定位基准，装配时不能保证两孔的同轴度，图(b)中的结构以相配的圆柱面为定位基准，设计较为合理。

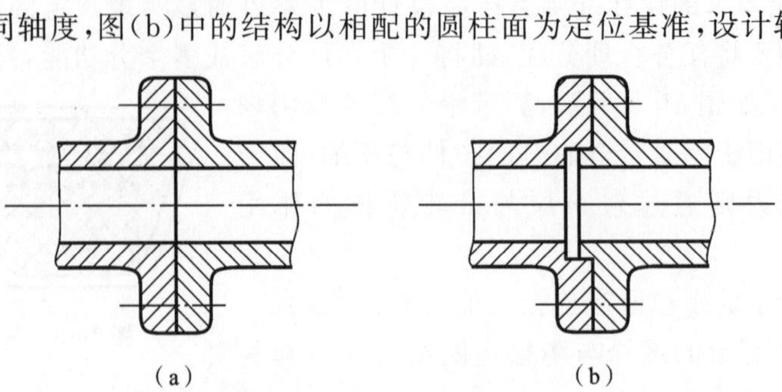

图 10-11　法兰盘的定位基准

对配合零件应注意避免双重配合，图 10-12(a)中零件 A 与零件 B 有两个端面配合，由于制造误差，不能保证 A 的正确位置，而采用图 10-12(b)所示的结构则比较合理。

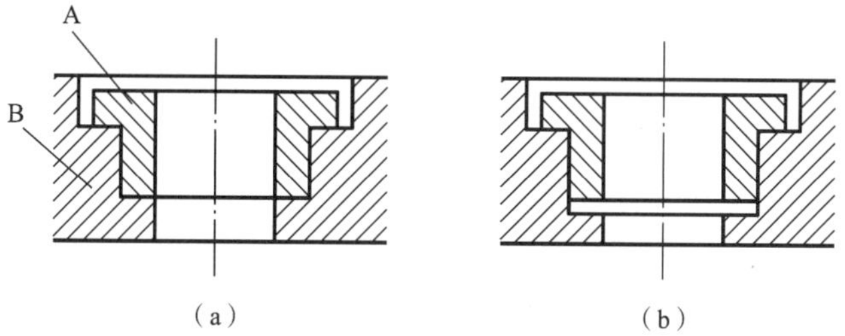

图 10-12　避免双重配合

在结构设计中应明显标出零件的装配位置，以防止错误装配。如图 10-13 所示，轴承座用两个销钉定位。图(a)中两销钉反向对称布置，装配时很可能误将支座旋转 180°安装，使得轴与孔的中心线位置偏差增大。为避免装配错误，可将两定位销布置在同侧，或使两定位销到螺栓距离不等(见图(b))。

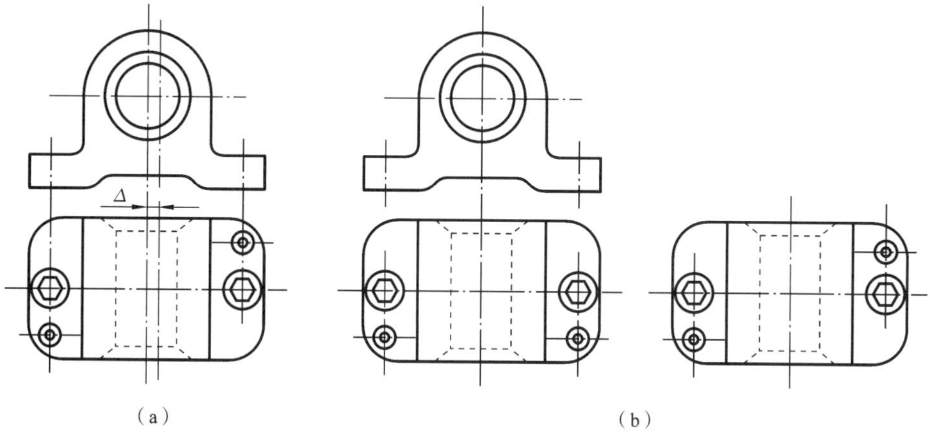

图 10-13　避免轴承座错误装配

为使零件便于装配和拆卸，应保证零件有足够的装配空间。如图 10-14(a)所示结构中装配高度不够，螺栓无法装入，可改成图 10-14(b)所示结构。对于螺栓连接，应设计足够的扳手空间，如图 10-15(a)中空间狭小，扳手无法转动，应采用图 10-15(b)所示合理结构。对于配合零件，应避免过长的配合，图 10-16 中齿轮与轴的配合应采用图 10-16(b)所示的结构。

为了使零件容易装配，孔及圆柱的端部应有倒角。为了便于拆卸零件，应留出安放拆卸工具的位置，例如滚动轴承的拆卸。为了使装配过程简化，补偿装配尺寸链误差，对轴系部件装配时可设置调整补偿环或调整垫片，补偿环或垫片的厚度根据实测结果确定，这样既可降低对装配精度的要求，又可提高装配质量。

(4) 满足强度等方面要求的设计准则。结构设计必须满足强度和刚度要求。适当的结构设计可以减少载荷引起内应力和变形量，提高结构的承载能力。

对于强度要求，应考虑材料的性质。钢材受拉和受压时力学性质基本相同，因此钢结构多为对称结构；铸铁材料的抗压强度远大于抗拉强度，因此承受弯矩的铸铁结构截面多为非对称形状，以使承载时最大压应力大于拉应力。

为充分利用材料，减轻重量，可将结构设计成等强度结构，使零件截面尺寸的变化与其

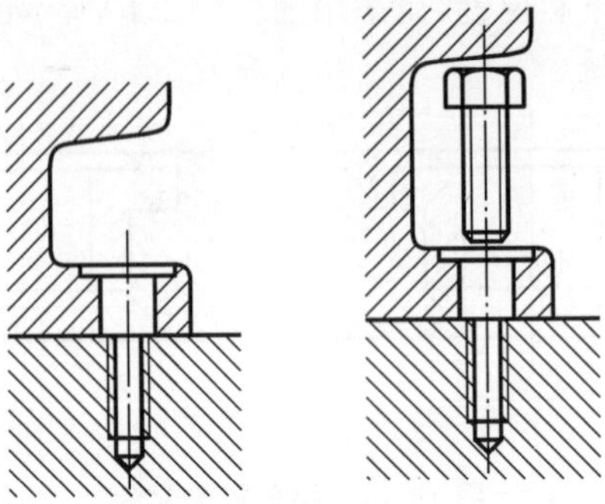

(a)　　　　　　　　　　(b)

图 10-14　螺栓的装配空间

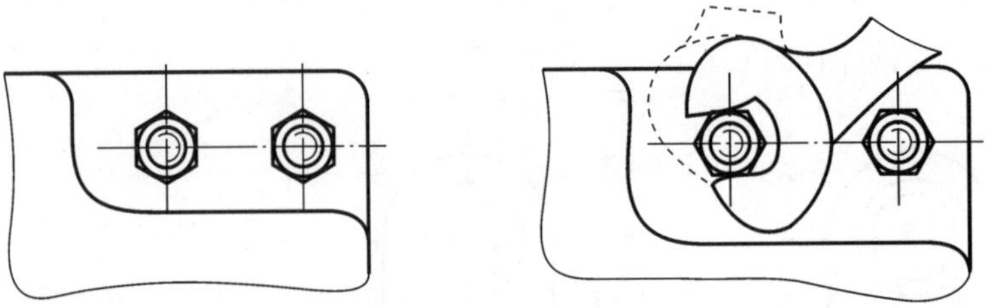

图 10-15　螺栓的扳手空间

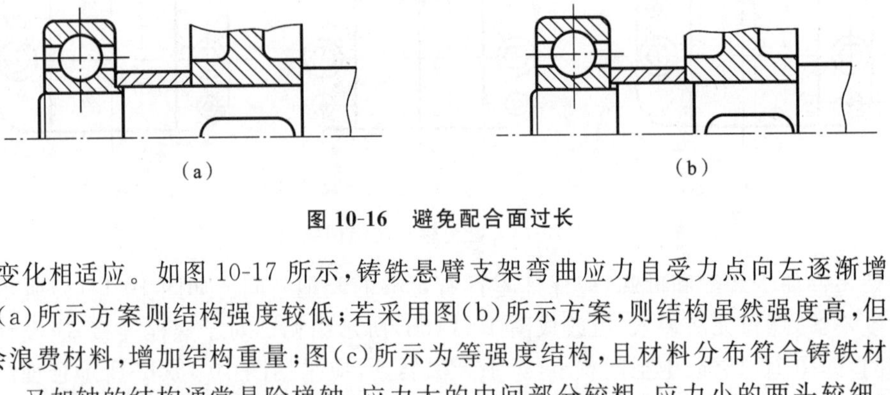

(a)　　　　　　　　　　(b)

图 10-16　避免配合面过长

应力的变化相适应。如图 10-17 所示,铸铁悬臂支架弯曲应力自受力点向左逐渐增大。若采用图(a)所示方案则结构强度较低;若采用图(b)所示方案,则结构虽然强度高,但不是等强度,会浪费材料,增加结构重量;图(c)所示为等强度结构,且材料分布符合铸铁材料的强度特点。又如轴的结构通常是阶梯轴,应力大的中间部分较粗,应力小的两头较细,既便于轴的加工和轴上零件的装拆,又近似为等强度结构。

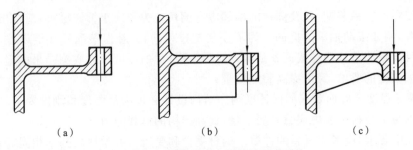

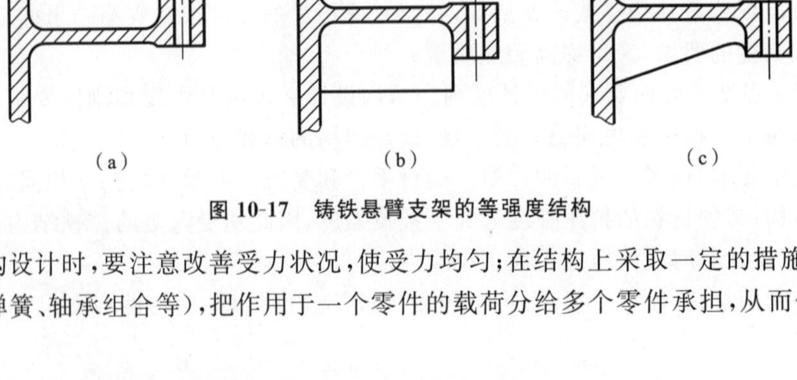

(a)　　　　　　　　(b)　　　　　　　　(c)

图 10-17　铸铁悬臂支架的等强度结构

在结构设计时,要注意改善受力状况,使受力均匀;在结构上采取一定的措施(例如采用并联组合弹簧、轴承组合等),把作用于一个零件的载荷分给多个零件承担,从而使单个零件的载荷减小，强度提高。要注意使力的传递路线尽量短和使承载区域尽量小，例如悬臂布置的小锥齿轮轴，其齿轮部分应尽量靠近轴承，减小悬臂长度，以提高齿轮轴弯曲强度。

应采取措施使零部件在传递动力时产生的附加力(力矩)平衡，不致增加其他零件的载荷。例如，同一轴上两个斜齿圆柱齿轮产生的轴向力，可通过合理选择轮齿旋向和螺旋角的大小相互抵消，而不增加轴承的负载。

同时，应设法减少应力集中。增大过渡圆角、采用卸载结构等是减小应力集中的有效方法。

(5) 考虑造型的设计准则。在产品结构设计中不仅要满足功能要求，而且还应考虑产品的造型，使其适合人的生理特点和心理特点，造型美观、结构宜人化的产品将会对人产生吸引力，使人心情愉快，不易疲劳。

结构设计时，应注意使各部分尺寸比例协调、匀称，形状、色彩和谐，使操作者在工作时不易疲劳，并能及时、正确、全面地了解机器的工作状况，进行正确的操作。

(6) 其他设计准则。在结构设计时，还应考虑其他方面的设计准则，如：采用标准件和标准尺寸系列，以利于标准化；采用耐腐蚀性的设计；采用可实现自我加强、自我保护，零件之间相互支持的设计；为节约材料和资源，采用使报废产品能够回收利用的设计；等等。

3) 结构设计的变异

为了得到较好的设计结果，设计者要思路开阔，尽可能多地思考各种能实现功能的结构方案，以便挑选出较优方案。例如螺钉用于连接时需要通过螺钉头部对其拧紧，根据所需拧紧力的大小，变换功能面的形状数量和位置(内、外)可得到多种螺钉头的设计方案。当所需拧紧力很小、不需专门工具时，可设计成滚花型和元宝手柄型用手拧紧；所需拧紧力较小时，可设计成平头或沉头形式，也可用内六角、内四角、内三角形式，通过专用扳手作用于螺钉头的内表面拧紧；所需拧紧力较大时，往往要用扳手拧紧，可设计成外六角、外四角等螺钉头形式。除此之外，显然还有很多螺钉头部形状设计方案，但在设计新的螺钉头部形状方案时要同时考虑拧紧工具的形状和操作方法。

通过改变零件或零件之间功能面的位置可产生新的方案。如图 10-18(a)所示，摆杆 1 的接触面为平面，推杆 2 的接触面为球面，相互作用时，会产生横向推力，不利于推杆的运动，甚至造成推杆运动卡死。而将摆杆 1 和推杆 2 的接触面互换后(见图 10-18(b))，受力状况明显改善。

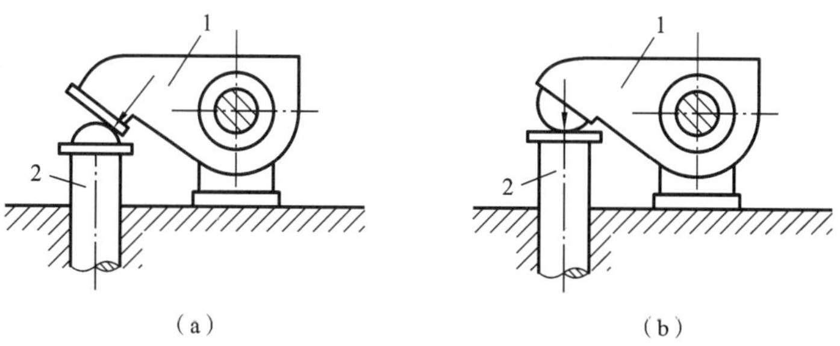

图 10-18　摆杆与推杆的功能面位置变换

1—摆杆；2—推杆

改变零件工作面的形状可得到新的结构形式。例如，把齿轮的渐开线齿面改为圆弧齿面，把平带传动改为 V 带传动，把滚动轴承的球形滚动体改为圆柱形滚动体等都属于改变形状的实例。

改变零件数目或功能面数目可改变结构。如将单键连接改为双键连接，将一个支点由单个轴承支承改为由两个轴承支承，将单排链改为双排链等，均可得到功能不同的结构。

改变零件的尺寸或改变零部件之间的距离，如增大齿轮模数、增加轴径、扩大传动中心距等，也能变换结构。

通过上述位置、形状、数量尺寸等结构形态的改变，可派生出新的不同的结构方案，供设计者选择。

10.3 机械产品创新设计的评价体系和评价方法

我国制造业的工业增加值已经进入世界前四位，但与发达国家的差距还很大，主要表现在产品的性能和品质上，更为关键的是缺乏自主知识产权，缺乏自主创新产品。要求加快机械产品的现代设计理论与方法学研究，走可持续发展的道路。

10.3.1 机械产品创新设计的内容和原则

机械产品创新设计的内容一般应包括三个方面：

(1) 机械产品运动方案的创新和构思；

(2) 机械产品构形设计的创新和新材料、新工艺的应用；

(3) 机械产品的造型的创新设计。

机械产品创新设计的内容虽然包括上述三个方面，但最关键的还是机械产品运动方案的创新设计。

机械产品创新设计要遵循的原则如下：

(1) 经济效益最好原则。设计的机械零件既要功能满足客户要求，又要成本低廉。考虑经济最佳性必须从设计和制造两个方面入手。设计上保证合理的原理方案，选用正确的材料；制造上考虑零件的加工工艺性和装配工艺性。

(2) 生态效益最好原则。不论是在产品制造过程中，还是在产品使用过程中，都要求产品对周围环境“零污染”。这就要求在设计过程中尽量选择低污染的材料及零部件，避免选用有毒、有害和有辐射性的材料。

(3) 安全可靠原则。安全可靠是机械产品品质的保证，必须确定零件在强度、刚度、耐磨性、稳定性及热平衡性上满足设计要求。对于重型机械，一般要求有自锁装置和保险装置，以确保操作员人身安全。

10.3.2 机械产品创新设计过程

机械产品运动方案创新设计过程可以描述如下：确认需求(包括潜在的需求)→技术可能性扫描→概念设计→经济技术评价与决策(贯穿整个创新设计过程)→可能实现功能的运动方案的优选和确认。

1. 需求确认

机械产品创新设计的起点是市场信息分析。当瞄准一个目标市场时，不管是自己的传统市场,还是过去没有涉足的新市场,首先都要研究已有产品在满足用户需求方面存在什么问题,并确认自己的竞争策略,即从哪些方面竞争取胜。竞争策略虽然有多种选择,但从根本和长远的角度考虑,还是要生产具有已有产品不具备功能的产品或在功能载体的设计上完全不同并在性能上更优的产品。通过分析市场信息,产生一个或几个未来能在竞争中赖以取胜的产品作为开发的目标,这是设计的出发点,是非常重要的一步。市场瞬息万变,关于市场的知识必须随时更新。

2. 技术可能性扫描

根据需求确定新产品的总功能后,还要确定其在技术上和经济上是否可行,这就是第二步要解决的问题。实现产品的总功能,首先是技术原理的选择及判断是否存在实现总功能的工作原理;其次是在一定技术原理下进行功能载体(即执行机构)的选用。新产品通常不是全部都是前所未有的,许多功能或子功能仍可由已有的执行系统或执行机构来实现。所以,机械产品创新设计初始总是在已有知识集中搜索可行的方案。

3. 概念设计

概念设计是机械产品运动方案全面创新的一个设计过程,其特点如下。

(1) 在设计理念上融入了设计师的智慧和经验,融合了设计师的哲理和创新灵感,使概念设计具有哲理色彩和创新性。

(2) 在设计内容上更加广泛。根据产品生命周期各阶段的要求进行需求分析、功能分析、确定功能工作原理、选择功能载件和组成运动方案等。从机械产品方案创新设计角度来看,其中最核心的部分还是机械产品运动方案的创新和构思。

(3) 在设计方法上更加全面地向着学科交叉方向发展,采用高新技术,融合各种现代设计方法,在满足约束的前提下,寻求最优运动方案,同时使设计过程更具创造性。

4. 技术经济评价与决策

在机械产品创新设计中,必须对机械产品运动方案进行技术经济评价与决策。显然,对不同类型的机械产品的评价体系是不同的,但是在方案创新设计阶段其仍具有一定的共同点。一般来说,对机械产品的评价分为功能性评价、工作性能评价、动力性能评价、经济性评价及结构紧凑性评价。在产品概念设计中初步确定几个方案,最后应用综合选优的方法来确定最佳方案。这里可以应用模糊综合评价法、系统工程评价法和价值工程等方法。不过,目前应用得最多的是虚拟现实和数字仿真方法,在有成熟软件时,采用这两种方法周期最短,资金耗费最少。

5. 运动方案优选与确认

机械产品创新方案设计是设计者在完成产品需求分析后进行产品设计的第一步。运动方案设计从质的方面决定了设计水平,它是实现产品创新和产品质量飞跃的关键阶段。需求是以产品的功能来实现的。体现同一功能的产品可以有多种多样的工作原理。因此这一阶段就是在功能分析的基础上通过创新构思、搜索探求、优化筛选取得较理想的工作原理方案。对于机械产品,就是要在功能分析和工作原理确定的基础上进行工艺动作构思和工艺动作分解,初步拟定各执行构件动作相互协调配合的运动循环图.提出机械产品运动方案和进行机械运动简图的设计,根据机械产品的工艺动作过程选用合适的执行机构,用一定的组合方式构成机构系统来完成机械产品的功能。图 10-19 为机械产品创新设计方案构思框图。

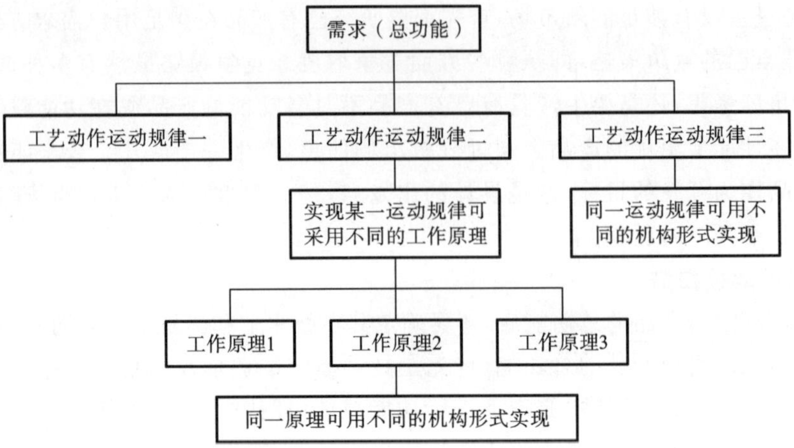

图 10-19 机械产品创新设计方案构思框图

10.3.3 工艺动作过程和执行机构

1. 工艺动作过程

机械产品概念设计的前期工作就是要进行工艺动作过程的构思。机器的功能是通过它的工艺动作过程来完成的。例如,缝纫机是通过刺布→供线→勾线→收线→送布的工艺动作过程来实现缝纫功能的。工艺动作过程取决于所需实现的功能的工作原理,采用不同的工作原理就会有不同的工艺动作过程。例如,采用滚齿原理和插齿原理的机构的工艺动作过程是不同的。但是采用同一工作原理的机构,其工艺动作过程也是可以不同的。工艺动作过程是实现机器功能所需的、按一定顺序组合而成的一系列动作。它往往可以按一定规则加以分解。

2. 执行动作

机器的工艺动作过程一般来说是比较复杂的,往往难以用某一简单的机构来实现。因此,从设计机械运动方案的需要出发,把工艺动作过程分解成以一定时间序列表达的若干个工艺动作。这些工艺动作,从机械设计的角度来看称为机械的执行动作,简称为执行动作。执行动作五花八门,但归纳起来无外乎表 10-1 所示的八种类别。

表 10-1 执行动作的类别

序 号	执行动作类别	具 体 说 明
1	连续旋转运动	包括等速旋转运动和不等速旋转运动
2	间歇旋转运动	实现不同停歇要求的间歇旋转运动
3	往复摆动	实现不同摆角的往复运动
4	间歇往复摆动	实现不同间歇停顿的来回摆动
5	往复移动	实现不同行程大小的往复移动
6	间歇往复移动	实现不同间歇停顿的往复移动
7	刚体导引	实现连杆型构件的若干位姿
8	预期运动轨迹	实现连杆上某些点的给定轨迹

3. 执行构件和执行机构

机械中完成执行动作的构件，称为执行构件。一般情况下，机构的从动件不止一个，从动件中执行构件至少有一个。执行机构是实现预期执行动作的从动件。执行机构也称为输出构件。在某些场合，执行动作同时由机构的两个执行构件来完成。为了完成执行动作，执行构件往往需要做成特殊构形。实现各执行构件所需执行运动的机构称为执行机构。一般来说，一个执行动作由一个执行机构来完成，但也有用多个执行机构完成一个执行动作，或用一个执行机构来完成一个以上执行动作的情况。

在机械系统运动方案的确定过程中，执行动作的多少、执行动作的形式以及各执行动作间的协调配合等都与机械的工作原理、工艺动作过程及其分解等有密切关系。确定执行动作、选择执行机构是机械系统运动方案设计中富有创造性的设计内容。

10.4　基于工艺动作过程的机械产品运动方案创新设计的过程模型

根据机械产品的功能要求、工作性质和动作过程等基本要求进行机械产品运动方案创新设计时：首先要根据需求构思工艺原理和工艺动作过程，找出执行动作要求和运动规律；其次，要按动作要求选择与之相对应的机构形式，通过一定的顺序组合完成上述工艺动作过程。图 10-20 为基于工艺动作过程的机械产品运动方案创新设计流程。由此可见，机械产品工作原理确定之后，构思工艺动作过程和分解工艺动作过程是机械产品运动方案设计中的重要步骤。工艺动作过程构思是由机械系统的功能出发，根据工作原理设计出可能的动作过程。

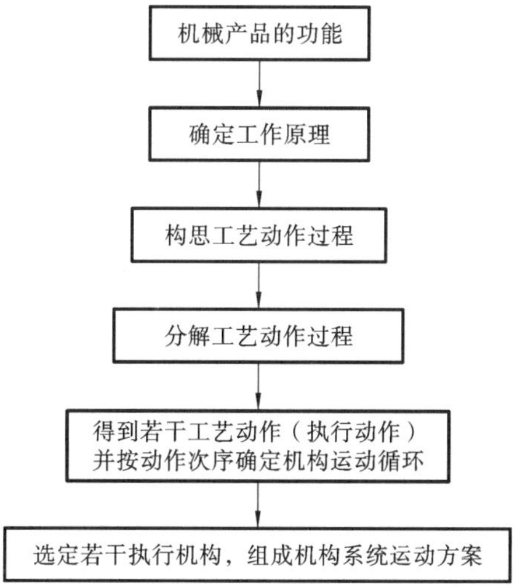

图 10-20　基于工艺动作过程的机械产品运动方案创新设计流程

10.4.1　工艺动作过程分解

工艺动作过程分解的目的是确定执行动作的数目以及它们之间的时间序列。原则上执行动作形式要从执行机构所能完成的几种执行动作中选择，以便从现有机构中选择合适的执行机构，否则需用机构创新设计方法创造新的执行机构，完成特殊的执行动作。

10.4.2 机械产品创新设计方法研究

1. 基于专利的产品创新设计过程

创新的途径很多，但它们都需要大量的已有知识和经验的支持。实践证明，除了基本的科学技术知识外，专利信息已经成为实现创新的最有效的知识来源之一。作为前人创新成果的结晶，相对其他知识，专利更富有创新性，技术含量高，可用性强。因此，基于专利实现创新，就像站在前人的肩膀上实现创新，使创新一开始就处于一个较高的基础之上，这样将大大提高创新效率和创新质量。有研究人员通过将创新设计系统与制造行业PDM系统集成，提出了基于专利和PDM系统的创新设计方法，其创新设计过程如图10-21所示。

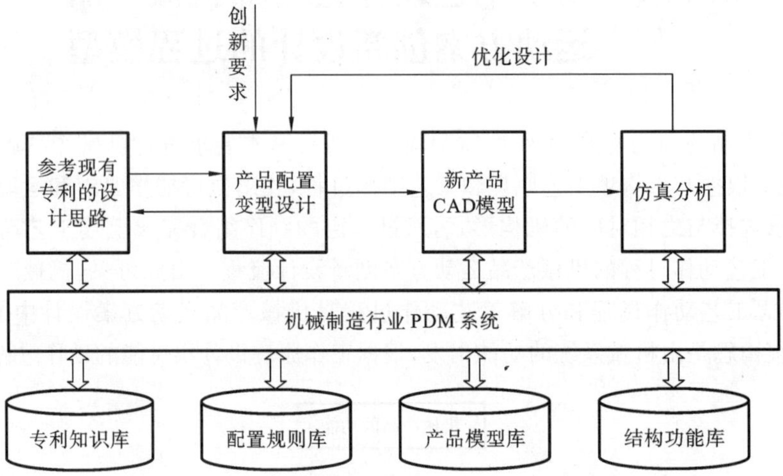

图 10-21 基于专利和PDM的创新设计过程

该方法支持一般产品的开发创新和快速变型设计，有利于提高零部件和生产过程标准化程度。将基于专利的产品创新设计方法和生产管理技术引入企业，必会增强企业的产品创新能力，有助于企业快速响应客户需求、提升管理水平，提高企业在市场中的综合竞争能力。

2. 创新技术主题的确定与分类

在采用基本专利的产品创新设计方法时，首先要针对所设计的产品搜集专利信息，然后对所搜集的信息进行整理归纳，从中寻找创新设计的灵感。

搜集的专利可以分为发明专利、实用新型专利和外观设计专利。发明和实用新型专利的说明书提供了发明或实用新型的技术特征，清楚、简要地表述了请求专利保护的范围。外观设计专利提供了该外观设计的图片或照片，必要时会做一定的简要说明。在专利局专利分类方法的基础上，结合一般产品的特点，提出了一般产品创新技术主题的确定与分类方法。创新技术主题的确定应当以权利要求书为主，并适当结合说明书（包括说明书附图）。以权利要求书为主确定技术主题时，应当完整地掌握权利要求中所记载的技术内容；如以独立权利要求来确定技术主题时，则应当将其前序部分记载的技术特征和特征部分记载的技术特征结合起来确定。以钻夹头设计为例，确定创新技术主题的方法有：

(1) 对于发明专利和实用新型专利，一般情况下以独立权利要求中的前序部分记载的技术特征为主，将特征部分记载的技术特征看作对前序部分的限定。例如：一种新型锁紧式钻夹头，其特征是空心钻体的前端开有一截面为三角形的环形沟槽，前套的前端与该沟槽卡接。创新技术主题：以前套与螺母套之间的沟槽卡接为特征的锁紧式钻夹头。

(2) 对于发明专利和实用新型专利的特殊情况，即独立权利要求中前序部分所描述的对象在分类表中没有确切位置的，以特征部分记载的技术特征为主，将前序部分记载的技术特征看作对特征部分的限定。例如：一种钻夹头，其主要组成部分包括前套、后套、空心钻体和螺母，此外，在空心钻体中部台阶面与所述螺母后端面之间安装有一组滚珠，其特征是螺母为一整体结构件。创新技术主题：设计一整体结构件钻夹头螺母。

10.5　机械创新设计评论

评论是整个设计过程的有机组成部分，对机械创新设计具有极大的促进作用。它能对机械创新设计的价值取向和完善目标产生积极的引导作用，有助于拓展设计者的设计思维，使得设计的成果能更好地满足社会的各种需求。优秀的机械创新设计评论不仅可以总结机械创新设计的实践过程，同时也能对后续的改进和再创新起到推动和指导的作用。随着科学技术的不断进步，机械产品更新换代的速度不断加快，机械创新设计也要有新的规律和模式。而机械创新设计评论作为重要的助推器，如果能有科学的评论体系并能不断完善发展，必然有利于机械设计人员创新技能的提高创新思维的拓展，有利于机械创新设计创作繁荣向上。

10.5.1　机械创新设计评论的特点

机械创新设计评论作为评论的一种类型，具有一般评论的共性，但是它又不同于一般的评论。比如：影视评论的评论对象是影视的剧情安排、拍摄效果等；文学评论的评论对象是有关文学作品的倾向性、作者的观念等；新闻评论是各界对当前发生的问题或事件发表的看法或者意见等。这些都不同于机械创新设计评论。机械创新设计评论针对的是整个机械创新设计的过程，甚至是对应的创新产品。各类评论者通过讨论、调查、学习和交流等手段，不断地对评论对象发表有关是与非、对与错、可行与不可行、肯定与否定的观点、意见。机械创新评论具有如下的特点。

1. 描述性

评论者对评论对象的描述是整个评论得以展开和继续的前提。描述是评论者对评论对象，如某个创新设计的产品、某个创新设计的方案、创新设计中的某个环节等等的认识和介绍。描述应该本着客观、公正、真实、准确的原则，可以从定性或者定量的角度出发；评论者在评论的时候，可以自主地选择评论切入的角度和侧重点，不需要特别专业的语言，也不一定要面面俱到，但切忌以偏概全、以点盖面；评论者应该以严谨、和谐、细致、客观的态度尽可能多地搜集与评论对象设计相关的资料和技术。尤其要注意了解评论对象遇到的各种特殊的影响和制约因素。描述对评论者自身而言是对评论对象的客观把握，对设计者和其他评论的接受者而言则是介绍、沟通和交流。

2. 价值性

机械创新设计评论对评论者没有严格的条件限制。通过筛选、分类和归纳总结机械创新设计评论，在客观上可起到加强信息交流和反馈的作用。在评论的过程中将专业人士和社会公众的分析一并呈现，从而促进设计者对创新设计进行反思、总结、修改和提高，促使设计者不断进取，设计能力不断提升，最终促进机械创新设计不断向前发展。

3. 权威性

专家、教授作为机械创新设计评论体系中重要的组成部分，他们所做的评论是最全面、最有深度、最具权威的。他们能凭借自己相关的专业知识和设计经验，对评论对象做出最有价值的评论，使评论具有明确的针对性和指导性。他们的评论能扩大机械创新设计的影响范围，为设计者指明再创新和完善设计的道路。

4. 启迪性

启迪作用是机械创新设计评论最主要也是最根本的目的，可以说是评论的精华所在。评论不仅要“评”，更要注重“论”。“论”就是要有论点、根据，有具备启迪作用的见解和意见。评论者不能人云亦云地跟在其他人后面对机械创新设计做一番简单的描述，或以特定的标准进行模式化的对比鉴定，而是应针对具体的评论对象，发表评论者个人的新看法、新观点、新思路。机械创新设计评论的目的就是为了给再创新和未来其他的设计提供新的方向和启迪。

10.5.2 机械创新设计评论的内容

机械创新设计是一个复杂的过程，最终的产品只是整个设计发展过程的一部分或一个阶段。因此，机械创新设计评论更应注意整个创新设计过程，而不是仅仅局限于它的某个部分。机械创新设计的价值在于所设计的产品的技术效益、经济效益和社会效益能否满足人们的需要，能满足则其价值方能得以实现。因此，在机械创新设计评论中，主要涉及创新设计的技术价值评论、经济价值评论、社会价值评论以及综合价值评论。

1. 技术价值评论

技术价值评论是针对设计过程中设计者能力、设计采用的核心技术是否满足设计的要求及满足的程度，对设计的可行性和先进性做出评论，涉及原理的设计、材料的选择、参数的设计、关键步骤的设计、操作使用情况等。技术价值评论主要利用理论计算和试验分析所得的数据资料进行分析，其中心目标是确定设计的方案能否实现规定的功能。技术价值评论不是阶段性的评论，它贯穿于机械创新设计的整个过程。

2. 经济价值评论

经济价值评论要评价的是设计方案的经济效益。大多数设计的最终目的都是为了投入市场获得效益。经济价值评论主要可以分为两部分：一个是从设计过程的经济性上做出评价，具体评价内容包括估算方案的技术投资、成本、利润、方案实施过程所需的各种费用等；另一个是从产品的经济效益的角度做出评价，具体评价内容包括市场竞争力、市场需求程度、经营周期和资金回收期等。在机械创新设计评价中前者所占的比重更多，而后者更多的偏向于市场评价。

3. 社会价值评论

社会价值评论是评论产品进入市场或投入应用后对社会带来的利益和影响，而影响的因素又是多方面的（主要包括生态保护、人文应用、工程应用等因素），不同的机械创新产品其侧重点也有所不同。所有成功的机械创新设计产品必然都能很好地推动技术进步和社会发展。

以上三种评论都是单项评论。综合价值评论就是指在三个单项评论的基础上，根据各方面的评论结果，从整体的角度对机械创新产品设计进行科学的、全面的评论。

10.5.3 机械创新设计评论的主客体和媒介

1. 机械创新设计评论的主客体

在机械创新设计评论过程中，主客体之间的关系是必然存在的，由此决定了评论的主体性原则。在机械创新设计评论中，评论的主体就是“人”，评论的客体则是机械创新设计的过程、所采用的核心技术以及设计的产品。在进行评论时，由于评论主体要受到知识、感情、经验等各种因素的影响，使得即使对同一个客体进行评论也会有不同的结论。因此，在这里有必要对评论的主体先进行分析。机械创新设计评论的主体可以划分为：设计者自身、同行、专家、非专业人士。

1）设计者自身

一个机械创新设计的方案完成后，第一个评论者肯定是设计者自身。当然，一般情况下，设计者在从事创新设计过程中往往会主观地认为自己的设计作品是很好的. 从而难以对自己的作品做出比较客观的评论。

2）同行

这里的同行指的是同样从事机械设计的人员，他们对别人的创新设计能给出客观的评论，更容易理解设计者的思维产生与活动过程。

3）专家

专家一般都具有深厚的理论基础、知识背景和实际设计开发经验，能把整个创新设计的过程、整个产品，甚至设计者本人看得更加透彻，他们的评论应最受设计者的重视，同时也是再创新最重要的评论来源。

4）非专业人士

进行机械创新设计基本都是设计出具有市场价值的产品，赢得公众的认可。现在的机械创新设计不仅与环境、社会、经济、技术、历史等方面相关，而且与公众生活、工作、活动及思想关系密切，通过机械创新设计评论，能够建立专业设计人员与非专业人士之间互相联系的纽带。虽然非专业人士的评论往往比较片面，但他们的评论也是促进机械创新设计进步与发展的重要因素，甚至能决定一个设计最终的成败。

2. 机械创新设计评论的媒介

就像机械创新产品本身丰富多彩、种类繁多一样，机械创新设计评论的媒介也可以是多种多样的。其中文字评论媒介的种类最多，最为广泛，例如报纸和期刊、学术论著和机械论坛等。机械创新设计评论的媒介还包括设计小组内部例会的讨论、各类机械创新设计比赛、创造发明的科普节目等等。

10.5.4 机械创新设计评论的技巧

机械创新设计评论需要一定的技巧与策略，只有很好地掌握评论的技巧，才能做出有价值、有意义的评论，真正地起到进一步改进和完善创新设计的目的。

1. 敢于评论，注重客观性

只有敢于评论，勇于对产品“说三道四”才能使创新设计及产品得到更好的改进。目前，在各行业有很多专业的评论家，并且他们大多数都不是从事他们所评论的行业，但他们的评论却往往能得到多数人的认可，因为他们相关的专业知识深厚，而且是局外人，可以提出中肯的意见，这方面是可以借鉴到机械创新设计评论中的。

2. 评得有水平

对机械创新设计进行评论的根本目的是为了解决问题，满足需求。特别是创新的产品，要求其能促进社会发展进步，使人类生活更美好。这是评价机械创新设计的一般标准。

设计者从自选的立足点与角度去思考与设计，而评论者又可按自己的价值观与侧重点去进行观察、认识、鉴别、评价。双方都有自身的局限性，因而难以确定统一的、全面的机械创新设计评论标准。这就使得评论者对机械创新设计的评论容易出现空泛、俗套、冗长、不知所谓的情况。要对机械创新设计做出有水平的评论，就必须避开这些忌讳。

3. 避免偏见

机械创新产品评论还没有形成正式的学科体系，但我们从其他的一些评论中不难发现，有评论就容易有偏见。机械创新设计是丰富多样、复杂曲折的，与之对应的评论也应该以多样的方式和角度，从不同层次去呈现。来自各方的不同评论应该相互融汇和渗透。正常的争论与辩解的良好氛围是评论体系不断进步发展的前提。

10.6 TRIZ 理论及机械产品创新设计案例

10.6.1 TRIZ：发明问题、解决问题理论

在具体的产品创新设计环节，设计理论、方法具有重要特殊作用，世界上很多国家都在从事这方面的研究工作，并且探讨了多方面的设计方法理论。对于技术系统进化原理，则是表现为发现问题、解决理论的核心内容。根据技术系统进化原理的具体要求可以看出，技术系统一直体现出进化的特点，要想保证进化不断推进，就应该有效解决冲突问题。进化速度是随着技术系统的冲突问题的有效解决而进一步降低的，要想使进化速度产生一定的突变效果，就应该有效地解决阻碍技术系统进化的深层次冲突。

TRIZ 是英文“Theory of Inventive Problem Solving”的缩写，也称作 TIPS，由著名的专家学者 Savransky 博士所给出。所谓的 TRIZ，是基于知识体系结构、面向发明人的有效解决问题的系统方法学，属于解决发明问题的理论范畴。

TRIZ 是苏联学者 Genrich S. Altshuller 等人在深入地分析和思考世界上 250 万多件高水平发明专利的基础上，提出的能够有效解决与发明创造技术相关问题的基本法则和原

理。TRIZ 是一种理论体系结构，能够有效保证技术问题的解决，实现各种方法的创新。

1) TRIZ 是基于知识的方法

(1) TRIZ 系统采用启发式方法来解决发明问题，其中用到了从全世界范围内的专利中抽象出来的知识。

(2) TRIZ 大量采用了自然科学及工程中的效应知识；

(3) TRIZ 利用了问题所波及领域的知识，这些知识包括技术本身、相似或相反的技术，或过程、环境、发展及进化相关知识。

2) TRIZ 是面向人的方法

通过 TRIZ 理论，能够有效地将系统分解为多个子系统，并能有效地对有用及有害功能进行区分。这些分解与区分取决于问题及环境，本身就有随机性，计算机软件在其中仅起到支持作用，而不能完全代替设计者。

3) TRIZ 是系统化的方法

(1) 在 TRIZ 系统中，问题的分析采用通用及详细的模型，该模型中问题的系统化知识是重要的；

(2) 解决问题的过程是系统化的，以方便地应用已有的知识。

4) TRIZ 是发明问题解决理论

具体表现在以下几个方面：

(1) 为了取得创新解，需要解决设计中的冲突，但解决冲突的某些步骤是不知道的；

(2) 未知的解往往可以被虚构的理想解代替；

(3) 通常理想解可通过环境或系统本身的资源获得；

(4) 通常理想解可通过已知的系统进化趋势推断。

TRIZ 理论成功地揭示了创造发明的内在规律和原理，着力于澄清和强调系统中存在的矛盾，其目标是完全解决矛盾，获得最终的理想解。它基于技术的发展演化规律研究整个设计与开发过程，而不再是随机的行为。实践证明，运用 TRIZ 理论可大大加快人们创造发明的进程而且能得到高质量的创新产品。

10.6.2　实际设计案例应用——自行车刹车装置的设计

在实际应用中，自行车的刹车装置很多，用来减慢或者阻止自行车速度。在设计自行车刹车装置时主要从方便性或者经济性角度进行考虑。一般来说，杠杆式和卡钳式的刹车装置较为常见，这两种刹车装置主要是依靠安装在刹车构架中轮缘两侧的两块橡胶皮的作用来工作的。在操作者按压下手柄的过程中，刹车装置卡住自行车边缘，通过轮缘接触刹车片，在两者之间产生摩擦力，摩擦力使正在运行中的自行车停下来，从而实现刹车。对于自行车刹车过程，设计标准条件是干燥的地面或者是潮湿的地面。所以，应该通过有效设计，使用刹车装置能够适应任意天气的要求，实现安全行驶。为了使自行车刹车装置适用于任何天气情况，可以从两个方面进行思考。一是刹车装置由满足一种条件的材料制成，即只能适应干燥的地面，或者只能适应潮湿的地面，需要使用者在不同的天气下进行刹车装置的更换；二是如果轮缘被水膜或者沙砾覆盖，则会在不同的地面条件(干或湿)下产生不同的性能。因此，对于这个问题，要想解决核心矛盾并不容易，这里可以有效利用 TRIZ 来解决。

对于以上问题，可以进行如下的简单陈述：

(1) 进行相应的调整或者置换处理,能够提高刹车装置在潮湿或者干燥环境下的可靠性,但是,其使用存在一定的不方便性。

(2) 通过有效调整技术参数,能够提升刹车装置、轮缘的稳定性,这样就可以得到相应的概念设计。根据系统要求,采用类似于"复合材料"和"媒介"的概念去解决问题。从"复合材料"的角度来说,是把均匀性的材料用复合材料替代;利用有效的中间物体来实现功能的转移,短时间内,实现将物体同另外一个容易移除的物体相关联。在此基础上,提出一种分离式的刹车结构设计方案,能够有效地解决可靠性与方便性之间的矛盾,具体的原理如下:在刹车的前端安装一个能够进行移动的软橡胶,利用弹簧能够进行倾斜度的调节,保证轮缘和移动橡胶的面具有一定的预设距离。在进行刹车的情况下,保证移动橡胶能够首先接触到轮缘,从而有效地把尘土、水膜、沙砾抹去。这样就利用 TRIZ 系统有效解决了矛盾。

在研究全世界专利的基础上所提出的 TRIZ 系统理论,具有较强的实用性和可操作性。工业设计的理论工作者应该尽快掌握 TRIZ 系统,并在企业中有效地推广应用该系统,保证其在我国企业产品创新中发挥更大的作用。

习题与思考题

10-1 创新设计主要有哪些方法?

10-2 试述机电一体化技术的特点。

10-3 请打破专业界限,构思一种机、电、光、液结合,能实现某功能的产品与小发明。

10-4 利用四杆机构的功能设计一个擦窗户的小装置,试画出构思的机构简图。

10-5 在机械系统创新设计实践中,你最大的收获是什么?不足有哪些?

参考文献

[1] 谭建荣.机电产品现代设计:理论、方法与技术[M].北京:高等教育出版社,2009.

[2] 王成焘.现代机械设计——思想与方法[M].上海:上海科学技术文献出版社,1999.

[3] 谢友柏.设计科学的争论和设计竞争力[J].中国工程科学,2014,16(8):4-13.

[4] 邹慧君.设计的哲学思考[J].机械设计与研究,2013,29(1):1-4,9.

[5] 谢友柏.现代设计与知识获取[J].中国机械工程,1996,7(6):36-41.

[6] 张执南,谢友柏.现代设计的基本属性[J].机械设计与研究,2012,28(3):1-3,6.

[7] 谢友柏.设计科学中关于知识的研究——经济发展方式转变中要考虑的重要问题[J].中国工程科学,2013,15(4):14-22.

[8] 黄纯颖.设计方法学[M].北京:机械工业出版社,1992.

[9] 杨现卿,任济生,任中全.现代设计理论与方法[M].徐州:中国矿业大学出版社,2010.

[10] 邹慧君.对设计的内涵、作用和方法的思考[J].机械设计与研究,2010,26(1):7-14,18.

[11] 凌卫青,赵艾萍,谢友柏.基于实例的产品设计知识获取方法及实现[J].计算机辅助设计与图形学学报,2002,14(11):1014-1019.

[12] 张建明,魏小鹏,张德珍.产品概念设计的研究现状及其发展方向[J].计算机集成制造系统,2003,9(8):613-620.

[13] 舒慧林,刘继红,钟毅芳.计算机辅助机械产品概念设计研究综述[J].计算机辅助设计与图形学学报,2000,12(12):947-954.

[14] 叶军.概念设计过程的分解、评价与综合[J].机械设计,1998(4):41-42,44.

[15] 李沛刚.基于功构模式的产品概念设计理论和方法研究[D].济南:山东大学,2010.

[16] 顾新建,杨青海,纪杨建,等.机电产品模块化设计方法和案例[M].北京:机械工业出版社,2014.

[17]谢里阳.现代机械设计方法[M].2版.北京:机械工业出版社,2012.

[18] 童时中.模块化原理设计方法及应用[M].北京:中国标准出版社,2000.

[19] 施进发,游理华,梁锡昌.机械模块学[M].重庆:重庆出版社,1997.

[20] 王树才,吴晓.机械创新设计[M].武汉:华中科技大学出版社,2013.

[21] 杨家军.机械创新设计与实践[M].武汉:华中科技大学出版社,2014.

[22] 张鄂,买买提明.现代设计理论与方法[M].北京:科学出版社,2007.

[23] 陈新.机械结构动态设计理论方法及应用[M].北京:机械工业出版社,1997.

[24] 温熙森,陈循,唐丙阳.机械系统动态分析理论与应用[M].长沙:国防科技大学出版社,1998.

[25] 韩清凯,于涛,孙伟.机械振动系统的现代动态设计与分析[M].北京:科学出版

社，2010.

[26] 闻邦春.产品设计方法学：兼论产品的顶层设计与系统化设计[M].北京：机械工业出版社，2012.

[27] 傅云.复杂产品数字样机多性能耦合分析与仿真的若干关键技术研究及其应用[D].杭州：浙江大学，2008.

[28] 戴晟，赵罡，于勇，等.数字化产品定义发展趋势：从样机到孪生[J].计算机辅助设计与图形学学报，2018，30(8)：1554-1562.

[29] 张玲，董天阳.基于专利技术的机械产品创新方法研究[J].浙江科技学院学报，2008，20(1)：11-14.